Analysis of Genes and Genomes

基因与基因组分析

基因与基因组分析

著　者　Richard J Reece
主　译　刘树林
副主译　石　爽　郭志荣　赵革新
译　者　（以姓氏拼音为序）
艾效曼　部小霞　范　芸　冯　海　高　倩
高志勇　龚　俊　郝　翰　胡代伦　黄　鹤
黄远深　李　凡　李文德　李永华　李有泉
廉文清　梁靖瑞　林　然　刘茜玮　刘若琳
罗凌琪　桑　田　宋韩明　汪业军　温娟娟
解玮琳　鄢谢桥　尹利民　原鹏波　岳　睿
赵亚楠　赵宇池　郑　鑫

北京大学医学出版社

JIYIN YU JIYINZU FENXI

图书在版编目 (CIP) 数据

基因与基因组分析 / （英）里斯（Reece, R. J）原著；刘树林译.
－北京：北京大学医学出版社，2006.8
书名原文：Analysis of Genes and Genomes
ISBN 7-81071-960-2

I.基 ... II.①里 ...②刘 ... III.基因－分析－医学院校－教学参考资料②基因组－分析－医学－教学参考资料 IV. Q343.1
中国版本图书馆 CIP 数据核字（2006）第 0445569 号

基因与基因组分析

主　　译：刘树林
出版发行：北京大学医学出版社 (电话：010-82802230)
地　　址：(100083) 北京市海淀区学院路 38 号　北京大学医学部院内
网　　址：http://www.pumpress.com.cn
E-mail：booksale@bjmu.edu.cn
印　　刷：莱芜市圣龙印务有限责任公司
经　　销：新华书店
责任编辑：安林　　责任校对：杜悦　　责任印制：郭桂兰
开　　本：787mm × 1092mm　1/16　印张：23.5　字数：575 千字
版　　次：2006 年 10 月第 1 版　2006 年 10 月第 1 次印刷
书　　号：ISBN 7-81071-960-2 /R · 960
定　　价：105.00 元

作者前言

像“基因工程”和“克隆”这样能激发人情绪的词语实不多见。报纸和电视总是用这些词语来描述不很正确的事物，甚至可能违反了自然规律。基因工程和基因的改变总能令人联想到奇怪的食物和异常的动物。但是，我希望读者在阅读本书时，能意识到基因工程及其赖以存在的分子生物学技术是理解生物如何工作的关键因素。几千年来，人们一直在运用基因，经常是不自觉地，例如通过有选择育种来获得预期提高的某种品质。我们在如何看待基因方面现正处于一个分水岭阶段：迄今的50年里，我们了解了遗传物质的结构；今后要做的是应用我们的研究能力来了解我们体内各基因之间及其与环境条件之间是如何反应的。举例来说，目前尚不可能在生化基础上确定为什么人们对药物治疗存在不同反应，但是我们已经掌握了探讨有关问题的技术。因此，后基因组时代的到来在带给我们兴奋的同时，也使我们有能力去解决问题——不管我们是否真的要去解决。

对基因和基因组的分析很容易被写成一系列用于解决某特定问题的技术。我在写作时刻意避免了这一点，并在适宜之处使用具体的例子来解析问题和提出可能的解决方案。我尽量引用已发表的著作，而且引用的全部是原始文献，以便有兴趣的读者继续探讨。这样做也使我得以将大量的观点和实验结合其历史背景加以描述。有一种广为流行的误解，认为我们关于基因如何工作的了解应该完全归功于 Watson 和 Crick。的确，他们的贡献绝不应被低估，然而其他很多人的工作也不应被忽略。人类全基因组测序，以及同样重要或甚至更为重要的实验模式生物的基因组研究，给未来生物科学的发展提供了特殊的机遇。现在越来越多的实验可以在全基因组水平上进行，而我们现在才刚刚开始认识其结果。

我与这本书时所遇到的问题之一，就是如何把握深度和广度之间的平衡。我特意集中于容易操作的实验系统——即用*E.coli*代表原核生物、酵母代表真核生物。此外，我所提到的高等真核生物几乎都是哺乳动物、特别是人，其目的在于为读者传递一些有关当今流行的研究思路和实验方法的信息，同时，也介绍一些与目前实验相关的历史背景。我们不可忽略前人的工作。这一做法使得果蝇及除*E.coli*之外的其它原核生物被排除在外，但这并不意味着对这些领域的轻视。我尽量用具体的例子概述本领域的全貌，而不是对方方面面蜻蜓点水或针对少数几个事例深究其错综复杂的细节。我是否确实将这一平衡把握得恰当尚待读者评判。然而，我可以断言的是，生物学研究现在正处于一个空前的令人激动的时期，希望本书能够对此有所反映。

致谢

在编写这本书的过程中，我得到了众多朋友的支持。百密一疏的失误或差错都是我自己的责任，但我在此感谢使错误得以减少到最低可能的 David Timson，Noel Curtis，Cristina Merlotti， Chris Sellick，Carolyn Byrne，Ray Boot-Handford 和Ged Brady。我的感激之情同样地呈献给Robert Slater（University of Hertfordshire）和 Mick Tuite（University of Kent)，感谢他们极具建设性的评论和建议。同时，感谢书中提及的为此书无私地提供数据、特许引用其工作的朋友和同事们。我特别感谢的还有 Jordi Bella，他为我展示了简便易学的分子制图程序。John Wiley 出版公司的 Nicky McGirr 告诉我这是一个好立项，她无比的热诚和鼓励使我得以度过我不自信的一段时光。当然，她是对的。用于检验本书诸多观点的“豚鼠”是曼彻斯特大学基因工程系各年级的学生们。我感谢读过本书部分手稿的学生对我从前的观点提出的挑战。Judith，Daniel和Kathryn对写这本书从一开始到写作的全过程都表现出惊人的耐心。读者如果觉得开卷有益，那么要感谢的应该是他们而不是我。最后，我希望对我的老师Tony Maxwell 和 Mark Ptashne 表示感谢，他们以其各自不同的方式，使我体味到他们对科学发自内心的热忱和严谨的科研作风。

译者前言

在我们的《医学微生物学》课堂上，学生们总是表现出对生命科学的极大兴趣和高涨的学习热情。每次课后，学生们都通过E-mail踊跃提问，其中很多问题都是围绕着遗传物质的结构和基因组学研究前沿的。然而医学微生物学这门课的重点并不在这里。有鉴于此，我们计划组织有关教师编写一部适合于医学生的基因与基因组学方面的辅助或参考教材。但这是一项浩大的工程，一切都要从头做起。其中最重要的是要保证教材的质量，因此不是短期所能完成的。为此，我们筛选了近年来国际上出版的有关基因与基因组学方面的书籍，以期找到内容的深度和广度适宜且能反映基因组学领域最新进展的教材或专著，供医学专业的教师和学生选用。英国曼彻斯特大学的 Richard J Reece 所著《Analysis of Genes and Genomes》正好符合我们这些方面的要求。

《Analysis of Genes and Genomes》这本书的最大特点是深入浅出，易于被初涉本领域的学生接受；内容较为广泛而系统，使读者在阅读后对本领域能有个较全面的了解；图文并茂，使很多复杂的内容变得直观和易于理解。考虑到我们推荐此书的主要对象是没有接触过基因组学领域的医学生，他们对基因组学的英文专业词汇不熟悉，于是我们组织了一些对基因和基因组学领域的研究有基本了解和极大学习热情的医学本科生和研究生共同翻译了此书，学生的翻译初稿由博士后研究人员和教师审校。我们的翻译原则是直译以最大限度地忠实于原文。

本书在翻译和出版过程中，曾蒙多方面的支持和帮助。在此，我们衷心感谢北京大学医学出版社对我们给予的鼓励和帮助。由于时间和水平所限，错误和疏漏在所难免，因此我们敬请读者批评指正。

译者

2006 年 4 月

缩写词及缩略语表

AAT	α_1-antitrypsin	抗胰蛋白酶 α_1
AAV	adeno-associated virus	腺病毒相关病毒
AD	activation domain	转录激活结构域
BAC	bacterial artificial chromosome	细菌人工染色体
CaMV	cauliflower mosaic virus	花椰菜花叶病毒
CAP	catabolite activator protein	分解代谢产物激活蛋白
CBD	chitin-binding domain	甲壳素结合结构域
CDK	cyclin-dependent kinase	细胞周期蛋白依赖性激酶
cDNA	complementary DNA	互补 DNA
CFI	cleavage factor I	切割因子 I
CFII	cleavage factor II	切割因子 II
CHEF	contour-clamped homogeneous electric field	等压电场
ChIP	chromatin Immunoprecipitation	染色质免疫沉淀
CMV	cytomegalovirus	巨细胞病毒
CPSF	cleavage and polyadenylation specificity factor	切割与多聚腺苷酸化特异因子
CStF	cleavage stimulation factor	切割刺激因子
CTD	carboxy-terminal repeat domain	羧基末端重复序列域
DBD	DNA binding domain	DNA 结合域
DEAE	diethylaminoethanol	二乙氨基乙醇
DHFR	dihydrofolate reductase	二氢叶酸还原酶
DNA	deoxyribonucleic acid	脱氧核糖核酸
DTT	dithiothreitol	二硫苏糖醇
ECM	extra-cellular matrix	细胞外基质
EMS	ethyl methane sulphonate	甲基磺酸乙酯
ER	endoplasmic reticulum	内质网
ES	embryonic stem	胚胎干（细胞）
EST	expressed sequence tag	表达序列标签
FIGE	field inversion gel electrophoresis	倒转电场凝胶电泳
FISH	fluorescent *in situ* hybridization	荧光原位杂交
FRET	fluoscence resonance energy transfer	荧光共振能量传递
GST	glutathione-S-transferase	谷胱甘肽 -S- 转移酶
HAC	human artificial chromosome	人类人工染色体

HAT	histone acetyltransferase	组蛋白乙酰转移酶
H-DAC	histone deacetylase	组蛋白脱乙酰酶
HSV	herpes simplex virus	单纯疱疹病毒
IMAC	immobilized metal ion affinity chromatography	固相金属离子亲和层析
IMPACT	intein mediated purification with an affinity chitin binding tag	内含肽介导的几丁质亲和纯化
ITR	inverted terminal repeats	反向末端重复序列
LTR	long terminal repeats	长末端重复序列
MBP	maltose binding protein	麦芽糖结合蛋白
mRNA	messenger RNA	信使 RNA
MCS	multiple cloning site	多克隆位点
MLP	major late promoter	主要晚期启动子
MSV	maize streak virus	玉米条纹病毒
NLS	nuclear localization signal	核定位信号
OD	optical density	光密度
ORF	open reading frame	开放读码框
PABII	polyA binding protein II	多聚腺苷酸结合蛋白 II
PAC	P1 artificial chromosome	P1 人工染色体
PAP	polyA polymerase	多聚腺苷酸聚合酶
PCR	polymerase chain reaction	聚合酶链反应
PFGE	pulsed-field gel electrophoresis	脉冲场凝胶电泳
RdRp	RNA-dependent RNA polymerase	RNA 依赖性的 RNA 聚合酶
RF	release factor	释放因子，终止因子
	replicative form	复制型
RFLP	restriction fragment length polymorphism	限制性片段长度多态性
RIP	ribosome inactivating protein	核糖体失活蛋白
RISC	RNA-induced silencing complex	RNA 诱导沉默复合物
RNAi	RNA interference	RNA 干扰
rRNA	ribosomal RNA	核糖体 RNA
RT	reverse transcription	逆转录
	reverse transcriptase	逆转录酶
RT-PCR	reverse transcription-polymerase chain reaction	逆转录 - 聚合酶链反应
SAM	S-adenosylmethionine	S- 腺苷基甲硫氨酸
SDS	sodium dodecyl sulphate	十二烷基硫酸钠
siRNAs	small inhibiting RNAs	小干扰 RNA
SNP	single-nucleotide polymorphism	单核苷酸多态性
snRNP	small nuclear ribonucleoprotein	小核内核糖核蛋白
SRB	suppressor of RNA polymerase	RNA 聚合酶抑制子

STS	sequence tagged site	序列标签位点
SV40	simian virus 40	猿病毒 40
TAF	TATA-box binding associated factor	TATA 盒结合相关因子
TBP	TATA-box binding protein	TATA 盒结合蛋白
TdT	terminal deoxynucleotidal transferase	末端脱氧核糖核酸转移酶
TGMV	tomato golden mosaic virus	番茄金色花叶病毒
TK	thymidine kinase	胸腺嘧啶核苷激酶
tRNA	transfer RNA	转运 RNA
VA RNAs	viral associated RNAs	病毒相关 RNA
VNTR	variable number tandem repeats	可变数目串联重复序列
YAC	yeast artificial chromosome	酵母人工染色体

目 录

目录

第 1 章 DNA：结构与功能

要点

- 核酸是遗传信息的携带者
- DNA 为反向平行的双链螺旋结构
- DNA 螺旋的两条链通过碱基配对（A 与 T，G 与 C）相联结
- DNA 复制是双链解链后两条链分别复制
- 分子生物学中心法则
  DNA → RNA → 蛋白质
- 转录是以 DNA 的一条链为模板合成 RNA 的过程
- 翻译是 RNA 分子解码合成蛋白质的过程

每种生物都携带着为自身生长和繁衍所需的信息。遗传的基本概念以及由此导致对基因的认识，可追溯到 1865 年，是由 Gregor Mendel 通过他的研究提出的；V. Orel 对此有详细的回顾（Orel, 1995）。孟德尔根据他的豌豆培育试验结果，得出结论：每株豌豆的每个基因都由两个**等位基因**（**alleles**）组成，但只呈现出一种**表型**（**phenotype**）。尽管孟德尔对此变化之中的分子过程一无所知，他却能够清楚地认识这个复杂的现象，也许这才是孟德尔的伟大之处。大约在同一时期，人们发现遗传是通过精子与卵子的结合实现的。此时Ernst Haeckel注意到精子的主要物质成分是细胞核，于是推测遗传信息可能就存在于细胞核之中。

1.1 核酸是遗传物质

自从“遗传”这一概念诞生以来，人们就相信遗传物质是亲代通过物理方式传给子代的。蛋白质和核酸都曾被认为有可能是遗传物质。在 20 世纪 40 年代以前，许多科学家倾向于蛋白质。这主要有两个原因，首先，细胞之中的蛋白质含量丰富，尽管每种蛋白质在不同类型细胞之中的含量差异很大，但对于大部分细胞来讲，蛋白质总量占细胞干重的一半以上。其次，人们推测，遗传性状的表达需要复杂的信息传递过程，而核酸则显得过于简单了。DNA（脱氧核糖核酸）首先由瑞士化学家 Johann Frederick Miescher 在 1869 年分离出来。他先将细胞核从细胞之中分离出来，之后又从提取出的细胞核中分离出了一种他称之为核素（nuclein）的酸性物质。Miescher发现，与蛋白质不同，核素之中含有大量的磷而不含硫。Miescher非常有远见，他说：“如果有人想要假设某种单纯的物质导致受孕的话，那么他就毫无疑问地首先应该考虑核素。”

1926 年，Levene 和 Simms 根据 DNA 分子是由大约等量的四种核苷酸所组成的知识，并且在测定了核苷酸之间连接方式的基础之上，假设了一种四核苷酸的结构（图1.1）来解释核苷酸在核酸之中的化学排列（Levene & Simms, 1926）。他们设想了一种非常简单的四核苷酸

单元，这种单元不断重复，最终形成一条长的核酸分子。由于四核苷酸结构相对简单，人们普遍认为核酸无法提供遗传物质所预期的化学多样性。而蛋白质由于包含有20种不同的氨基酸，则可能满足物质多样性的基本要求。

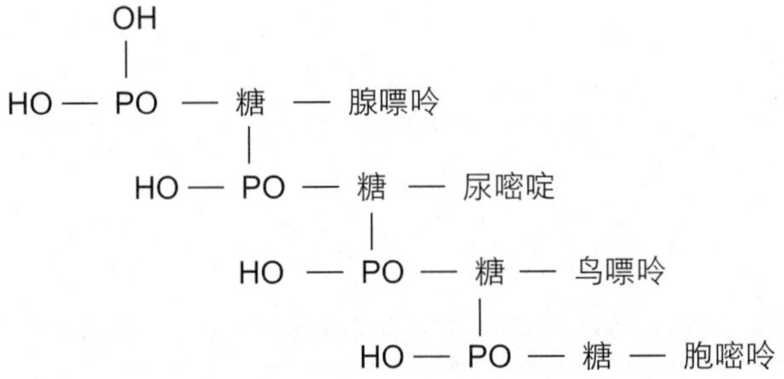

图 1.1　Levene 和 Simms 在 1926 年提出的四核苷酸核酸模型。在提出这个模型的时候，曾考虑到植物和动物的核酸可能不同，而且此时 DNA 和 RNA 的区别也还不是很清楚。

1928 年，Frederick Griffith 用不同型别的肺炎链球菌做了一个实验（Griffith, 1928）。一些菌株有毒力，能够使人和小鼠患肺炎。另一些菌株无毒力，不致病。两种肺炎链球菌在形态学上的区别在于，有毒株在菌体外有一多糖荚膜，而且在琼脂平板表面上菌落呈光滑型。无毒株则没有荚膜包裹，同时菌落呈粗糙型。光滑型的菌株有毒力，是因为其表面的多糖荚膜使得它们不易被宿主的免疫系统吞噬，因此他们易于繁殖从而引起肺炎。粗糙型的菌株没有多糖荚膜的保护作用，于是很容易被宿主的免疫系统吞噬并清除掉。

Griffith 了解到，只有在向小鼠体内注射活的光滑型肺炎链球菌的时候，才能够引起肺炎。加热杀死之后的光滑型肺炎链球菌和粗糙型肺炎链球菌单独注射到小鼠体内时，都不会引起肺炎。Griffith又做了一个关键的实验（图1.2）：虽然粗糙型肺炎链球菌和杀死之后的光滑型肺炎链球菌分别注入到小鼠体内均不致病，但如果将两种混合在一起注射，则小鼠死亡。对死亡小鼠的血液进行分析，可以查到大量能够致病的光滑型肺炎链球菌。于是Griffith得出结论，加热杀死的光滑型肺炎链球菌能够把活的粗糙型肺炎链球菌转化成光滑型。他将这种现象称为**“转化”**（transformation），同时提出，转化原理可能是多糖荚膜的某些成分，或者是荚膜合成所需的某种物质，尽管他也注意到了荚膜单独是无法引起肺炎的。

1944 年，Oswald Avery, Colin MacLeod 和 Maclyn McCarty 发表了他们关于细菌转化的研究工作，证明引起转化的因素是 DNA（Avery, Macleod & McCarty, 1944）。他们首先培养了大量的光滑型肺炎链球菌，然后收集细菌并将其加热杀死。在匀质化以及经过几轮洗涤剂提取之后，他们得到了一种提取物。将这种提取物和粗糙型肺炎链球菌混合注射，仍然有细菌转化效应。提取物中的蛋白质已经通过氯仿萃取除去，同时通过酶促反应除去多糖。最终，沉淀出少量产物，酒精处理得到一种纤维性物质，这种物质仍然能够引起粗糙型肺炎链球菌的细菌转化。从最初的 75 L 培养的细菌细胞中，最终得到了 10 ~ 25mg 这种“活性因子”。进一步实验无可置疑地证实了这种转化因子是DNA。实验中提取得到的那种纤维性物质，通过分析其氮 / 磷比值，结果与 DNA 完全吻合。为了除去最终提取物质中可能存在的污染物，他们使用胰蛋白水解酶和糜蛋白酶对其进行处理，之后又用核糖核酸酶（一种 RNA 分解酶）

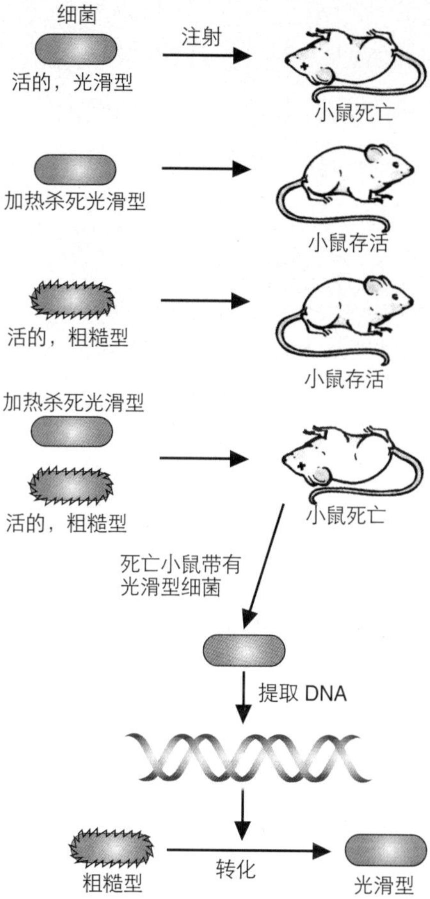

图 1.2 Griffith 的实验和 Avery，Macleod，McCarty 等人的实验数据，证实是 DNA 引起肺炎链球菌的转化。Griffith观察到，注射活的、光滑型肺炎链球菌会引起鼠的肺炎和死亡，而肺炎链球菌在加热后再注射则不致病。粗糙型肺炎链球菌在单独注射的时候也不致病，但在和加热杀死的光滑型肺炎链球菌混合注射的时候，会被其转化成致病菌。Avery，MacLeod 和 McCarty 证实是 DNA 引起转化。

处理。这样的处理能够完全排除蛋白质和RNA参与此过程的可能性，但处理之后的产物仍然具有转化活性。最后经脱氧核糖核酸酶处理，转化活性消失，于是最终得出结论：DNA是引起转化的因素。

支持 DNA 是遗传物质这一学说的另外一个主要证据来自 T2 噬菌体（bacteriophage T2）（一种细菌的病毒）感染大肠埃希菌（*Escherichia coli*）的实验。噬菌体由蛋白衣壳和包绕在其中的DNA 核心组成（图 1.3）。在 20 世纪 50 年代早期，人们对噬菌体感染过程的早期步骤所知甚少。人们只是知道噬菌体最开始吸附在细菌表面，其后有一段约为十分钟的隐伏期，然后子代病毒颗粒合成，最终导致宿主细胞裂解和噬菌体释放。Alfred Hershey 和 Martha Chase 推测，如果知道在感染初期噬菌体蛋白质和核酸的去向，对于这些早期步骤的本质就能够有更进一步的认识。于是在感染过程中，他们使用 ^{32}P 和 ^{35}S 放射性核素标记来追踪噬菌体的分子组分（图 1.4）。由于DNA 含磷不含硫，因此^{32}P 有效地标记了 DNA；同时蛋白质只含有硫

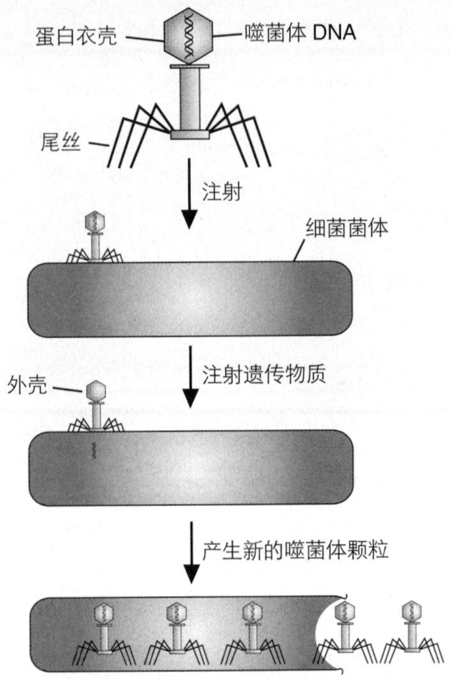

图 1.3 T2 噬菌体的生活史。在感染过程当中，噬菌体首先吸附在 *E. coli* 的细胞表面。但并非整个噬菌体颗粒都进入细胞内，只有遗传物质进入细菌，并进行复制。而不含有遗传物质的噬菌体“空壳”则留在细菌表面。一旦新的噬菌体颗粒合成完毕，细菌细胞就会裂解，同时噬菌体释放到周围的介质当中。

而不含有磷，于是 ^{35}S 标记了蛋白质。如果在 ^{32}P 或 ^{35}S 环境中培养 *E.coli*，之后再用 T2 噬菌体病毒去感染，新合成的噬菌体的DNA或蛋白质就相应地被放射性核素标记了。这些标记过的噬菌体可以从感染的培养物中分离出来，然后用于感染那些未被标记过的细菌。Hershey 和 Chase 将 T2 噬菌体分成两组，分别使用 ^{35}S 或 ^{32}P 标记，再去感染未标记过的细菌。通过离心把细菌细胞从游离的噬菌体中分离开来，然后重新悬浮。细菌悬液然后用搅拌器搅拌，以便从受感染的细菌细胞上除去噬菌体的空壳。因为遗传物质要进入宿主细菌体内复制，所以这些“空壳”不应该含有遗传物质。Hershey 和 Chase 发现，大约 80% 的 ^{35}S 随着噬菌体的空壳被移除了，而被移除的 ^{32}P 却只有大约20%。于是他们得出结论，“大部分的噬菌体DNA进入细胞，同时残余物之中至少包含了 80% 的含硫蛋白”。这个结果以及 Avery，MacLeod 和 McCarty的工作，提供了无可争辩的证据表明DNA是遗传的分子基础。然而奇怪的是，Hershey 和Chase好像对他们的结果有些怀疑，因为他们在论文中是这样做结论的：“……蛋白质在噬菌体繁殖中没有作用，而 DNA 有一些作用”（Hershey & Chase，1952）。

1.2 核酸的结构

我们在上一节已经看到，遗传物质是DNA，或者更准确地说，是核酸。在绝大多数生物体之中，遗传物质是DNA。然而，许多病毒以RNA（核糖核酸）作为其基因组的组成成分。

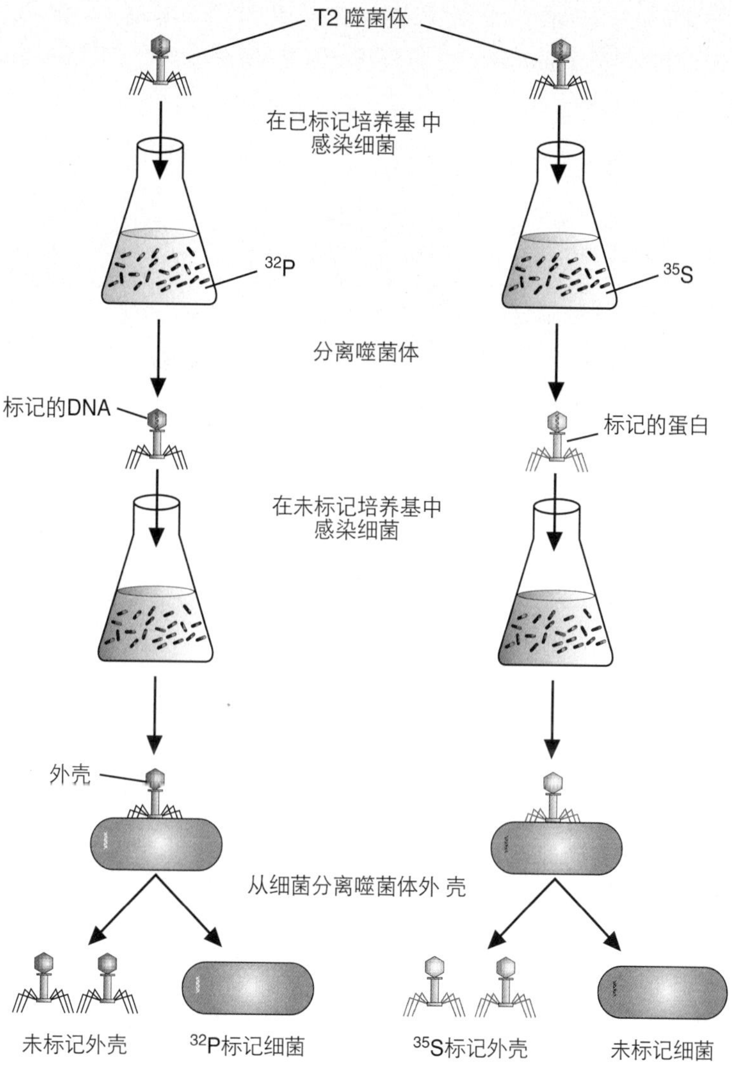

图 1.4 Hershey-Chase 的搅拌器实验表明核酸是遗传物质。Hershey 和 Chase 在分别含有 ^{32}P（用来标记核酸）和 ^{35}S（用来标记蛋白质）的培养基中用噬菌体感染*E. coli*。然后，再用这些已经被放射性标记的噬菌体去感染未被标记过的*E. coli*。在培养之后，离心分离出细菌，再将吸附在细菌表面上的噬菌体用搅拌器挣脱。他们发现，当DNA被标记的时候，细菌也具有放射性，而标记过的蛋白质则存在于噬菌体空壳之中。于是他们得出结论：遗传物质——也就是说能够产生下一代的物质——是核酸。

DNA和RNA都是由核苷酸线性聚合而成的分子。每个核苷酸分子包括三个部分：含氮碱基、五碳糖和磷酸（图 1.5）。碱基与糖结合称为核苷（nucleoside），而碱基 - 糖 - 磷酸结合起来称为一个核苷酸（nucleotide）。由于含有 2' －脱氧核糖，DNA 核苷酸被称为脱氧核糖核苷酸，而 RNA 含有核糖，因此被称为核糖核苷酸。核苷酸碱基可以是双环的嘌呤（purine）或单环的嘧啶（pyrimidine）。DNA 和 RNA 均由两种含有嘌呤的核苷酸和两种含有嘧啶的核苷酸构成。其中嘌呤类化合物包括腺嘌呤（adenine，A）和鸟嘌呤（guanine，G）两种，他们既存在于 DNA 也存在于 RNA 分子中。嘧啶类化合物有三种，DNA 和 RNA 分子中均含有胞嘧啶（cytosine，C），而胸腺嘧啶（thymine，T）仅出现于DNA分子中，尿嘧啶（uracil，U）仅出现于 RNA 分子中。

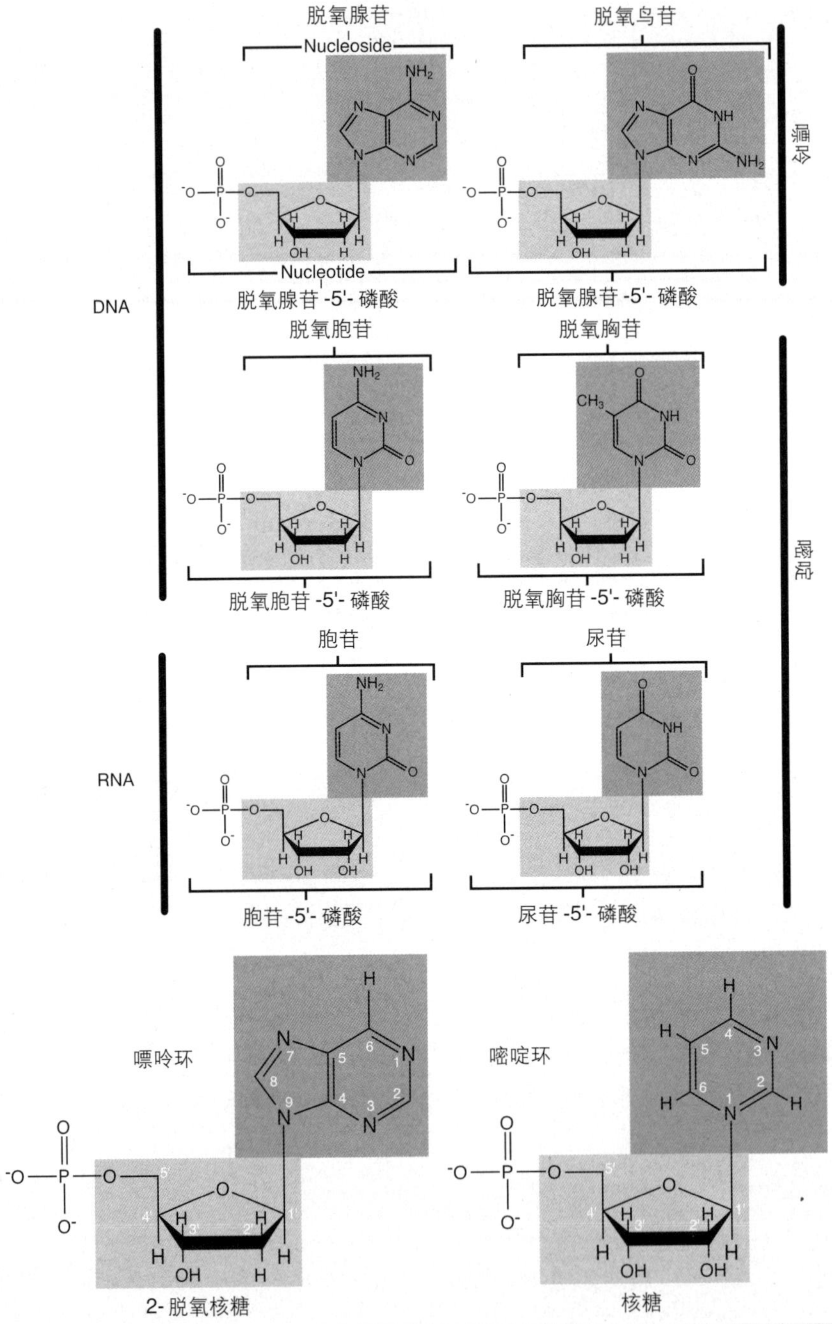

图 1.5　核酸之中的嘌呤和嘧啶的结构。含氮碱基以深色显示，糖基以浅色显示。在其下方的是本书中所使用的编号方式。嘌呤环上的分子从 1 ~ 9 编号，嘧啶环从 1 ~ 6 编号。糖分子上的原子是从 1' ~ 5' 编号。

核苷酸的编号方式见图1.5，在本书中使用这种编号方式。在嘧啶之中，碳、氮原子都是从 1 ～ 6 编号，而在嘌呤之中，则是从 1 ～ 9 编号。糖环上的碳原子，无论是核糖或是脱氧核糖，编号都是从 1' ～ 5'（读作 1-prime to 5-prime）。因此，2' －脱氧核糖的糖环在 2' 碳原子上缺少一个羟基。脱氧核苷酸的连接方式是相同的，都是由前一核苷酸的 3'-OH 和下一位核苷酸 5' 位磷酸间形成糖－磷酸键。（见图 1.6）两个核苷酸分子结合在一起称为二核苷酸（dinucleotide），三个连在一起称为三核苷酸（trinucleotide），而许许多多的核苷酸结合成一条很长的链，就称为多聚核苷酸（polynucleotide）。

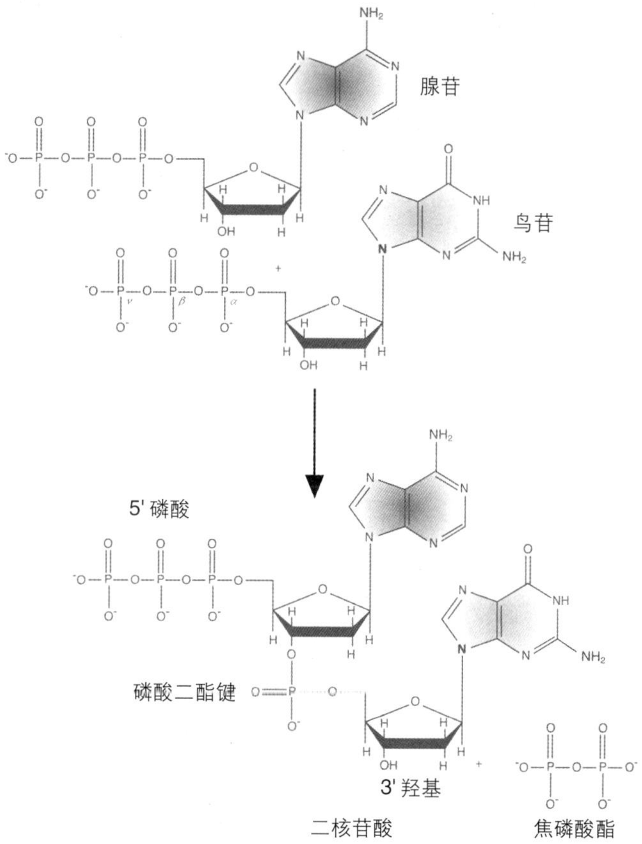

图 1.6　核苷酸的连接。腺嘌呤核苷酸和鸟嘌呤核苷酸的连接。鸟嘌呤糖环上的磷酸，被命名为α、β或 r 。在二核苷酸的形成过程中，焦磷酸根（包括β、r 磷酸）脱去，同时磷酸二酯键将3'羟基和糖环5' 碳原子上的酸连接起来。DNA 分子必定含有一个游离的 5' 磷酸和一个 3' 羟基。

在 20 世纪 50 年代早期，化学家 Erwin Chargaff 通过实验来确定核酸的化学组成时，认识到核酸中每种核苷酸的含量比例是不均衡的。Chargaff 从许多生物体中分离出了DNA，包括原核生物和真核生物（Chargaff, Lipshitz & Green, 1952； Chargaff *et al*., 1951； Zamenhof, Brawerman & Chargaff, 1952）。他用强酸处理DNA分子，使之水解成为小的核苷酸分子，之后用纸色谱法将这些核苷酸分离开来。他的实验结果表明：四种碱基的相对比例是不均衡的，同时也不是随机的；腺嘌呤（A）和胸腺嘧啶（T）的含量是相等的，这一现象普遍存在；同时鸟嘌呤（G）和胞嘧啶（C）的数量也是相等的（表 1.1）。夏格夫法则（Chargaff's rules）对任何物种均有效，表述如下：

表 1.1　夏格夫法则。多种来源 DNA 中的各种核苷酸比例。嘌呤：嘌呤、嘧啶：嘧啶的比值相差很大，而嘌呤和嘧啶的比值总是恒定的。

生物	A 比 G	T 比 C	A 比 T	G 比 C	嘌呤：嘧啶
牛	1.29	1.43	1.04	1	1.1
人类	1.59	1.75	1	1	1
鸡	1.45	1.29	1.06	0.91	0.99
鲑鱼	1.43	1.43	1.02	1.02	1.02
海胆	1.83	1.80	1.02	1.00	1.01
小麦	1.22	1.18	1	0.97	0.99
酵母	1.67	1.92	1.03	1.2	1
Hemophilus influenzae (流感嗜血杆菌)	1.75	1.54	1.06	0.93	1.01
Escherichia coli (大肠埃希菌)	1.05	0.95	1.09	0.99	1
Serratia marcescens (粘质沙雷杆菌)	0.76	0.63	1.03	0.85	0.92
Bacillus schatz	0.68	0.58	1.07	0.9	0.96

- A=T，C=G
- 嘌呤总数 = 嘧啶总数
- （C+G）总百分比不一定等于（A+T）的总百分比

这些发现提出了这样一种可能性，在DNA分子中，正是由于核苷酸的精确比例，决定了其遗传特异性。但是至于 A = T，G = C 的重大意义，直到 DNA 分子的空间结构被解决之后，才逐渐被人们所了解。正如我们在下文中会知道的，A总是和T配对，G总是和C配对。

在 1940 ~ 1953 年之间，许多科学家都对DNA结构的研究产生了很大兴趣。在探测蛋白质结构方面，已经建立了X线衍射技术。一束X线射在规则排列的分子上，无论是晶体或者纤维。当X线遇到排列中的原子的时候，会发生衍射，衍射之后的射线会在X片上产生斑点。通过对图样研究，我们可以得到这些排列着的分子的结构和形状。早在 1938 年，William Astbury 就将此技术用于分析 DNA 纤维。到了 1947 年，他已经在 DNA 分子之中发现了一长为 0.34nm 的周期（或者称为重复单元）。在 1950 ~ 1953 年之间，Rosalind Franklin 用高纯度 DNA 样本获得了更高质量的 X 线数据。她的工作肯定了 0.34 nm 的周期性，同时提出 DNA 分子可能是某种螺旋结构。然而 Franklin 并没有提出一种 DNA 结构模型。而 Linus Pauling 和 Robert Corey 使用了 Franklin 的数据和其他资料一起，提出了 DNA 分子的三螺旋结构，其中磷酸接近轴的中央，而碱基排在外侧（Pauling & Corey，1953）。

1.3 双螺旋结构

Franklin 注意到由于样本的制备和储存方法不同，DNA 纤维可以产生两种不同形式的衍射图样。第一种（A型）由相对脱水的纤维组成，而第二种（B型）则普遍存在于多种环境条件下。她还注意到根据样本水合程度的不同，A型和B型结构之间的变化是可逆的（Franklin & Gosling , 1953）。一般认为 DNA 的 B 型结构是具有重要生物学意义的构象。DNA 的其他构象类型（右旋A型和左旋Z型）在一定的条件下确实存在，可能在某些细胞活动中起到重要的作用。例如，最近有人报道了一个与Z型DNA特异结合的蛋白质家族（Schwartz *et al.*, 2001）。在此，我们将重点研究 B 型 DNA 的特性和相互作用。

1953 年，James Watson 和 Francis Crick 试图建立 DNA 的分子模型，并认识到 Pauling-Corey模型是错误的，因为在这个模型中，一些原子之间的距离太近，而事实上这些原子不可能离得这样近。结合 Franklin 的 X 线衍射图和 Chargaff 规则，Watson 和 Crick 于 1953 年提出了如今著名的双螺旋模型（Watson & Crick, 1953a），如图 1.7 所示。该模型具有以下主要特

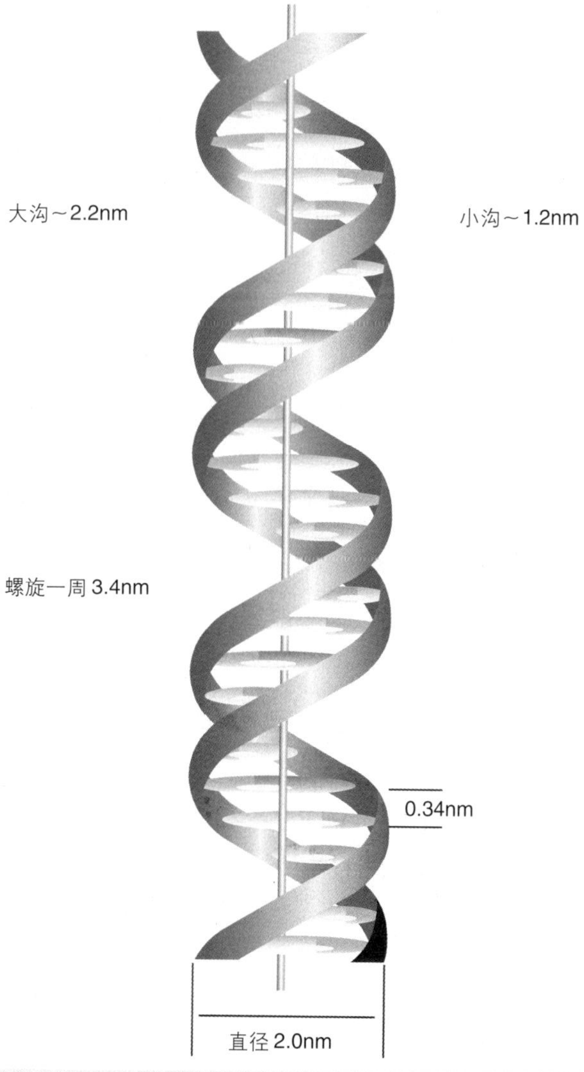

图 1.7 Watson 和 Crick 的 DNA 分子模型。

征（根据高分辨率的 X 线晶体衍射数据对原始模型的某些特点有所更新）：

（a）两条长多核苷酸链围绕同一中心轴盘曲，形成右手双螺旋链——沿垂直轴自上而下观察呈顺时针旋转。

（b）两条链反向平行，即每条单链都有其特定的走向，而两条链走向相反。

（c）两条链的碱基对是平面结构，与纵轴垂直。碱基对平面逐次“堆积”，间距为0.34 nm，位于双螺旋的内侧。

（d）两条核苷酸链上的含氮碱基由氢键连接成碱基对。

（e）每一个完整螺旋的螺距为 3.4nm，即每条链由略多于 10 个碱基对（10.4 个碱基对）组成了螺旋的一周。

（f）沿着分子明显存在有交替的大沟和小沟。

（g）双螺旋的直径为约 2 nm。

在 Watson 和 Crick 的模型中，双螺旋中央的含氮碱基之间的配对是最重要的结构。然而其他一些结构对于理解双螺旋结构也非常重要。

1.3.1 反向平行螺旋

两条多核苷酸链反向平行的特性是双螺旋结构的关键部分。由于碱基和磷酸核糖的结合

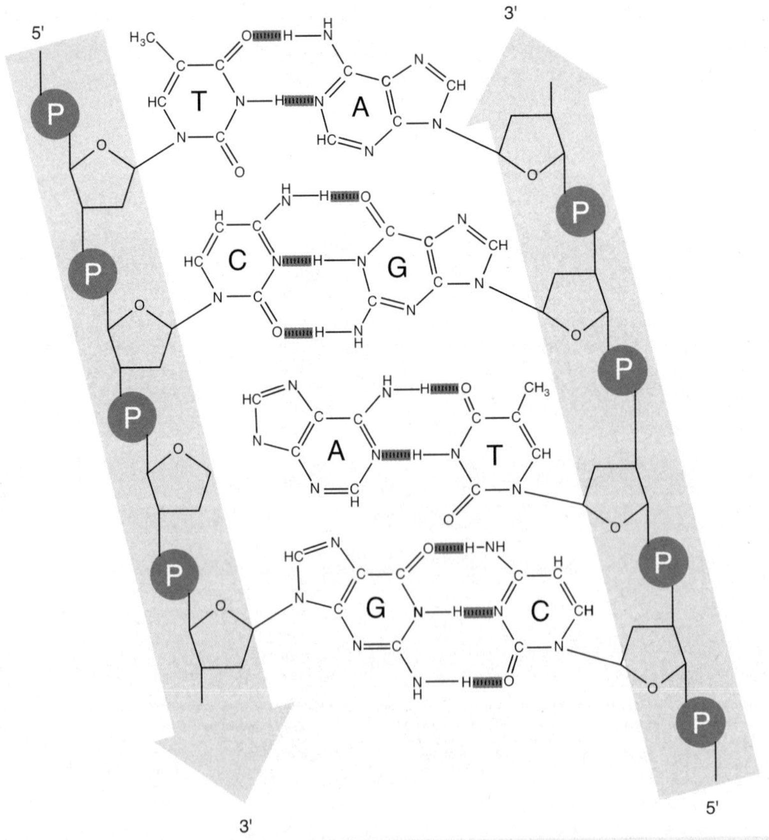

图 1.8 DNA 碱基配对和互补。DNA 螺旋的两条链是反向平行的（箭头所示为 5' 到 3' 方向）。两条链上的碱基是互补的，A 总是和 T 配对，G 总是和 C 配对。

角度的约束，如果两条链是正向平行，那么双螺旋就很难形成。故一条链是沿 5' 到 3' 的方向走行，另一条链则沿 3' 到 5' 方向走行，如图 1.8 所示。5' 和 3' 这种命名法是由我们在图 1.5 中看到的糖环的编号系统中派生的。根据规定，DNA序列的书写顺序是从5'端到3'端，也就是说，一条DNA单链是由脱氧核糖环上的5'碳原子上连有的游离磷酸基团起始的。其他的核苷酸通过磷酸二酯键连到这条链上，该磷酸二酯键由一个脱氧核糖 3' 碳原子上的羟基和邻近脱氧核糖5'碳原子上的磷酸基形成。链的末端是最后一个脱氧核糖3'碳原子上的游离羟基基团。

1.3.2 碱基对和碱基堆积

DNA两条链的碱基是与螺旋轴近似垂直的平面结构，碱基顺次堆积。对计算机生成的高分辨率的 X 线晶体模型的衍射图进行检查，可以得出如图 1.9 所示的结构图。从图上可以看出，这些碱基对并不都是和螺旋轴相垂直的，有的呈**螺旋桨状扭曲**（propeller twist），该处的嘌呤和嘧啶对并不是位于平面，而是相互成一定角度，就像螺旋桨的桨叶一样（Dickerson, 1983）。嘌呤（A 或 G）与嘧啶（T 或 C）在双螺旋内部的配对对于维持双螺旋的完整性非常重要。

嘌呤 - 嘧啶对的长度是一定的，嘌呤 - 嘌呤（过大）或者嘧啶 - 嘧啶(过小)的配对都会改变这一长度。在一个碱基对中，嘌呤和嘧啶互称为补体，因此在一个DNA分子中的两条单链是**互补的**（complementary）。因此，如果 DNA 分子的其中一条链上的碱基序列是 5'-ATGATCAGTACG-3'那么另一条链上的碱基序列一定是5'-CGTACTGATCAT-3'。这两个碱基序列是互补的：

```
单链一：5'-ATGATCAGTACG-3'
           ||||||||||||
单链二：3'-TACTAGTCATGC-5'
```

我们在以后的很多章节中都会看到，DNA 双链互补这一认识是很多基因工程实验的基础。两条 DNA 链的配对是特异性的。如上所述，DNA 双链的精确配对具有高度的稳定性并且容易形成螺旋。后面也将学到，一些 DNA 具有高度的互补性，但并不是完全精确的互补，这些 DNA 仍保留有相互作用的能力。

1.3.3 不破坏双螺旋而得到其中的信息

如何能够读取出储存在DNA序列中的信息而不必解开双螺旋呢？核糖 - 磷酸形成的骨架稳定的特性似乎形成了“读取”DNA序列的一个难以穿越的屏障，然而沿着螺旋轴排列的大沟和小沟使得碱基可以借此被读取。如图 1.7 所示，DNA 沿着螺旋轴有交替排列的大沟和小沟，这是因为轴两侧连接碱基和核糖的糖苷键并不是正对的，所以双螺旋的两条核糖-磷酸骨架并不是在螺旋轴两侧平分的，骨架间形成的沟的大小也是不同的。大沟比较宽（约2.2nm）而且浅，而小沟则窄（约1.2nm）而且深。大沟的底部主要由每个碱基对特定部分的氮原子和氧原子组成，而处于小沟的底部的氮原子和氧原子，不论对嘌呤，还是对嘧啶都不具特殊作用。因此，相对于小沟来说，大沟产生相互作用的可能性就更加依赖于碱基的序列。这一发现使人们推测DNA的特异结合蛋白是主要与位于大沟内部或沿着大沟的特异性基团形成氢键来识别 DNA 的。蛋白质识别 DNA 的特异序列的一个最普遍的方式就是向 DNA 的大沟里插

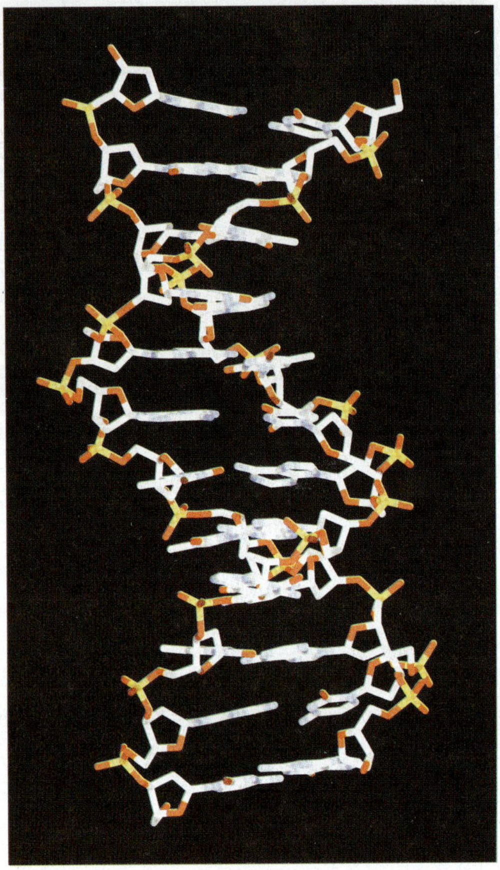

图 1.9 计算机生成的 DNA 模型。所示的双链 B 型 DNA 结构来自高分辨率 X 线晶体衍射结果。红色的为氧原子，橙色的为磷原子，白色的为碳原子，蓝色的为氮原子。

入一段蛋白质的 α 螺旋。α 螺旋是由 Pauling 和 Corey 在 1951 年最初提出的，是指蛋白质的一种二级结构区域，在此区域内多肽链上的氨基酸形成一个右手螺旋结构（Pauling *et al*., 1951）。每一个氨基酸在螺旋轴方向的垂直距离为0.15 nm，每一螺周有3.6个氨基酸基团（见附录 1）。多肽链骨架的直径大约是 0.5nm，然而从螺旋轴上会发出氨基酸侧链，这使得蛋白质的 α 螺旋能够几乎准确地和双链DNA分子的大沟相适应。α 螺旋发出的氨基酸侧链可以与 DNA 分子大沟的碱基形成氢键。图 1.10 显示了蛋白质和 DNA 的相互作用模式。

1.3.4 氢键

Watson 和 Crick 的 DNA 结构模型预测两条多核苷酸链是通过非共价氢键而不是共价的相互作用结合在一起的。这就引出了一些重要的问题：氢键是什么？它的强度是否足以维持 DNA 双螺旋的完整性？

关于第一个问题：氢键是指存在于通过共价键结合的氢原子和一个具有孤对电子的原子间的弱的静电相互作用，而具有孤对电子是以共价键结合的氧原子和氮原子的一个特性。氢原子呈部分正电性，孤对电子呈部分负电性，这两种相反的电性就造成了弱的化学吸引力。

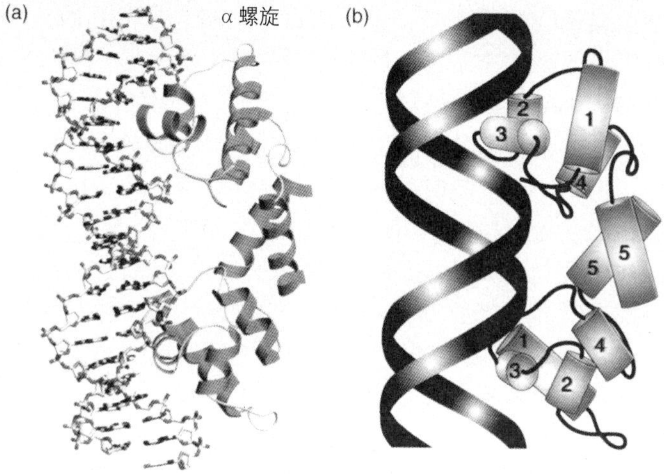

图 1.10 λ 噬菌体的 λ 阻遏物和 DNA 之间的相互作用。
(a) 计算机生成的DNA与 λ 阻遏物之间相互作用的模型。右侧表示的是 λ 阻遏物的 α 螺旋，它们彼此通过不形成二级结构的氨基酸相连接。两分子的 λ 阻抑物（二聚体）与一段17个碱基对的双链DNA片段相互作用。
(b) λ 阻抑物的5个螺旋。λ 阻抑物与DNA结合区域的每个单体有5个螺旋，从蛋白质的氨基末端开始分别编为 1 － 5 号。螺旋 3 位于大沟中并且其侧链（图中未显示）伸至大沟的边缘并与碱基对相接触。螺旋 2 和 3 形成了一个螺旋 - 转角 - 螺旋结构的 DNA 结合基序，这一结构在许多 DNA 结合蛋白中都已发现。螺旋 3 作为识别螺旋在大沟内与特定 DNA 序列相接触，而螺旋 2 作为稳定螺旋与 DNA 骨架间非特异性地相互作用为 DNA- 蛋白质之间的相互作用提供稳定性。

一般来讲，化学键是将原子向一起吸引的力。两个自由原子自发地结合成键会伴随着未成键原子内部能量的释放和向其他形式能量的转换，比如热能。某一化学键的强度是以其形成时所释放的能量来度量的，键的强度越大，成键时释放的能量越多。因此，成键时所释放的能量(ΔG)可以用来描述键的强度。ΔG 的大小可以由下面的公式来计算：

$$\Delta G = -RT\ln K_{eq}$$

式中 R 是摩尔气体常数（$8.314JK^{-1}mol^{-1}$），T 是绝对温度，ln$K$eq 是分子中成键和未成键形式平衡常数的自然对数。共价键短（0.095 nm）且牢固，其 ΔG 的范围在－ 100 到－ 150K $Jmol^{-1}$ 之间；氢键较长（约 0.3nm）而且强度弱得多，ΔG 的范围在－ 10 到－ 30$KJmol^{-1}$ 之间。

对双螺旋的研究发现，腺嘌呤（A）与胸腺嘧啶（T）之间形成两个氢键，而胞嘧啶（C）与鸟嘌呤（G）之间形成三个氢键（如图 1.8）。虽然一个氢键很弱，但每 1000 个碱基有 2500 个左右的氢键将它们结合在一起，这就使得双螺旋结构非常稳定。同时也意味着，AT形成的碱基对在热动力学上不如 GC 形成的碱基对稳定，这一点我们将在后面的章节中讲到。

1.4 DNA 的可逆变性

双链 DNA 是一种非常稳定的分子，在脱水的样本中，可以完整地保存上千年。在 3000 年前的埃及木乃伊里已经分离出了DNA的片段。在这些样本中，双螺旋仍保持完整，而DNA

已经断为碎片了。也就是说DNA已不是一个由上百万个核苷酸连接而成的不间断的长链，而是随着一些组成磷酸二酯骨架的共价键的断裂，形成了一些短的、500 ~ 1000个碱基对的片段。

维持双螺旋结构的非共价键力的一个主要特点就是组成DNA的两条链可以简单地通过加热就被分离（变性）。加热DNA样本时的热能可以破坏双螺旋两条链间较弱的氢键，但却不能影响每条单链内部的共价键（Lin & Chargaff, 1966）。DNA两条链分离的同时DNA的物理性质也发生变化。其中的变化之一就是DNA吸收紫外线的方式，DNA吸收波长在260nm的光波是因为在DNA的碱基上有交替的单双键存在（图1.5）。每个核苷酸碱基的吸收光谱都有一点细微的差别，DNA整体的吸收光谱是它们的平均值。纯的DNA溶液是透明的，而且直到大约320nm之前的光都几乎没有吸收。逐渐向紫外区内移动时，在大约260nm处有一个吸收峰，随即在220 ~ 230nm之间有一个下降，在短波长的紫外区溶液基本是不透明的。浓度为0.05mg/mL的天然双链DNA溶液在260nm吸收峰处的吸光度（或者叫光密度，OD）大约是1.0。

当DNA双螺旋经过诸如加热等处理后变性形成单链时，吸光度上升。同样浓度的DNA溶液(0.05mg/mL)如果变成单链形式，吸光度将会变为1.5。这种吸光度的数据经常以下面的形式表示：

$$1.0A_{260nm}\text{double} - \text{strandedDNA} = 50\mu g/mL$$
$$1.0A_{260nm}\text{single} - \text{strandedDNA} = 33\mu g/mL$$

DNA从双链变成单链时吸光度增加，这种现象称为增色效应（Thomas, 1993），如图1.11中所示。这种效应显示了在双螺旋堆积碱基的电偶中存在相互作用。双链DNA中碱基对的堆积会因为碱基堆积中邻近碱基对相互竞争的作用而减弱单个核苷酸的吸收，而在单链DNA中没有这种竞争的存在，因而单链DNA比双链形式对光有更大程度的吸收。

当DNA样本被加热时，螺旋开始解离，这一过程又称为熔解。由于AT碱基对结合时只有两个氢键连接，那么在DNA中有较多A和T的区域就会先解离。随着温度继续升高，DNA越来越多的呈现出单链的特性，直到最后，整个DNA都解离成单链。通常把DNA的双螺旋结构失去一半时的温度称为该DNA的熔解温度(T_m)。并不是所有的DNA分子的熔解温度都是相同的，而是与DNA的长度和CG、AT碱基对的比例有关。大体说来，短的DNA和AT碱基对比例高的DNA的熔解温度比较低。长链DNA分子的熔解温度可以根据下面的公式计算：

$$T_m = 16.5(\log[Na^+]) + 0.41(\%GC) + 81.5℃$$

式中［Na^+］是DNA溶液中的钠离子浓度，（%GC）是双链中GC基团的百分比。因此，如果一种DNA分子有40%的CG基团(典型的哺乳动物基因组)，处于50mM的氯化钠溶液中，熔解温度应该是76.4℃。我们在以下的章节中将学习到，短链的DNA分子（15到30个碱基对）经常用于基因工程实验。对于这种很短的互补链，上面的公式就失效了，而一般用下面的估算式（也叫Wallace规则）来确定熔解温度（Wallace *et al.*, 1979）：

$$T_m = 2(AT) + 4(GC)$$

也就是说，每一个AT碱基对可以使双螺旋的熔解温度（反映了其稳定性）提高2℃，而每一个 GC 碱基对可以使其熔解温度提高 4℃。因此一条有 20 个碱基的寡核苷酸链（5 个 A、6 个 T、3 个 C、6 个 G）和与其互补的碱基序列的退火温度大约是 2(11)+4(9)=58℃。在以后的章节中，在学习到聚合酶链式反应（PCR）和核酸分子杂交时，我们将逐步了解到退火温度的重要性。

通过加热使双链DNA分子解离为单链的过程是完全可逆的。当温度下降时，加热解离成的单链将重新组成双链DNA。温度降低后，使双链间氢键断裂的热能就少了，两条链间的随机碰撞就会使它们再次结合形成双链。如果控制温度使其相对缓慢地下降（每秒钟1～2℃），将会形成完整的双螺旋结构。两条DNA单链分子将会靠拢并且形成一个精确的双链结构，就和样本加热前一样。如果温度下降得很快，比如将94℃的DNA分子直接投入到冰里，碱基将不能正确地配对而 DNA 仍然处于相对单链的状态。

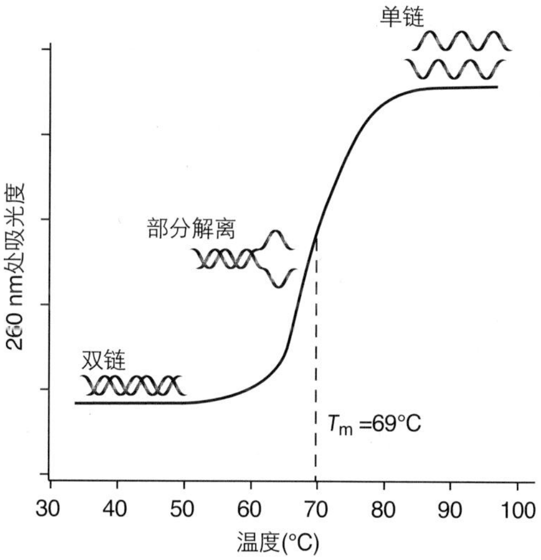

图 1.11　加热双链 DNA 分子的作用。当加热双链 DNA 分子使其温度高于环境时，双链结合在一起的非共价氢键开始断裂，随之260nm处的吸光度增加。在更高的温度时（高于90℃），DNA分子的两条链将完全解离。这一过程是可逆的。如果温度相对缓慢地降低，DNA的两条互补链将重新结合成一条配对正确的双链 DNA 分子。DNA 的双链解离一半时的温度称为溶解温度（T_m）。

1.5 细胞中 DNA 的结构

不同类型的生物体用不同种类的核酸来构成自身的基因组。例如，病毒的基因组可能由双链 DNA、单链 DNA 或 RNA 构成。大多数真核生物的染色体由直线型双链 DNA 构成，而原核生物的基因组一般则由一环状 DNA 分子构成。也就是说，其 DNA 分子没有 3' 和 5' 自由端，而是首尾相接，构成一个连续的双链DNA环。在原核细胞中，人们还发现了染色体外的DNA分子——质粒。我们将在第3章中提到，了解细胞调控质粒的方式，对于分子生物学和基因工程学的发展是十分重要的。质粒中的 DNA 分子一般是单链或双链的环状 DNA 分子。

图 1.7 所显示的 DNA 结构很容易给人这样的印象——双螺旋结构就是僵硬的棒状结构，

但事实并不是这样的。DNA分子的电镜照片（如图1.12）告诉我们，DNA分子是线状的，而不是棒状的，它会把自己缠绕起来，形成多种不规则的结构。在真核细胞中，DNA分子可以和多种蛋白质（例如DNA复制、转录所需的蛋白质，DNA在细胞内包装所需的蛋白质）相结合。这些蛋白质把DNA缠在身上或以其他方式约束DNA，或把DNA分子弄弯。对于短的线型DNA分子来说，这种约束不难实现。例如，盘绕DNA分子某个局部的双螺旋会产生张力，而解开该DNA分子的另一个局部，就可以使张力得到释放。直线型DNA分子有自由端，因此DNA的链可以相对自由地旋转。但对于环状DNA来说，张力是个大问题。因为它没有自由端，所以不能采用上述方法来释放张力。DNA分子的缠绕导致了DNA超螺旋的形成（图1.13）。

1965年，Jernome Vinogard等人提出，闭环DNA可以采用"缠绕环状结构"。这种结构是这样形成的：线型双链DNA分子的一端与另一端相应盘绕，使分子产生形变。随后，DNA分子首尾相接，形成一个封闭的环。DNA螺旋的这种自身卷曲叫做超螺旋。要想形成超螺旋或是将超螺旋从闭环DNA中释放出来，必须破坏至少一个磷酸二酯骨架。

对于某个特定的DNA分子来说，超螺旋的程度可以用连环数（L_k）来表示。连环数指的是原有的直线型双螺旋DNA中，一条链绕另一条链缠绕的次数。超螺旋的形成不仅会增加或减少DNA分子的扭转数，也会使DNA分子的连环数在最终形成闭环分子时发生变化。变化前和变化后两个连环数的差，简称连环差（$\triangle L_k$），则反映了一个分子整体的超螺旋水平。有兴趣的读者可以查阅介绍DNA拓扑学的教科书（Bates & Maxwell, 1993），书中对这类问题有详细的论述。

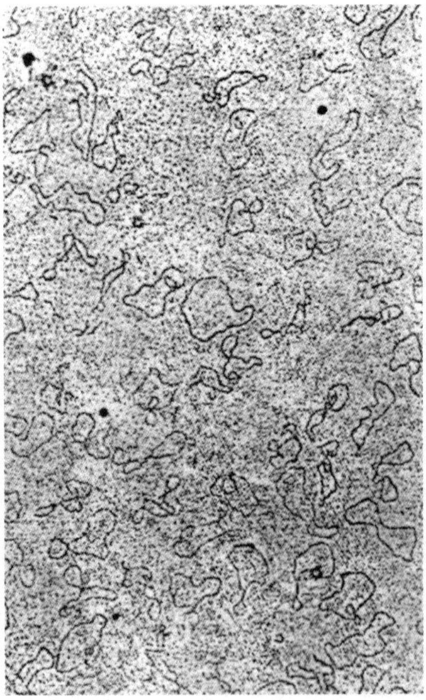

图1.12　双链DNA的电镜像。从多瘤病毒中分离出来的环状DNA显示了双链DNA的许多交叉。这说明DNA是超螺旋的（Vinograd *et al.*, 1965）。

原核细胞的闭环DNA是负超螺旋，也就是说，环状DNA分子的连环数小于构象所决定的螺旋圈数，其超螺旋程度要小于相应的线型DNA分子。虽然真核细胞中含有直线型DNA分子，但染色体中DNA的长度意味着，DNA分子内的张力不容易通过分子末端释放。我们不妨打个比方。有一根水龙软管，管子中间被扭了一下，你怎样打开这个纽结呢？朝相反的方向旋转这根管子，纽结就会移到管子的末端，然后消失。如果一个线型DNA分子很短，那么分子上的“纽结”也可以直接通过这种方式消除。但对于染色体中的长DNA分子来说，通过这种方式消除“纽结”就不现实了。一方面，这些DNA分子简直是太长，若想让一个纽结从分子的中央移到分子的末端，实在太困难；另一方面，与这些DNA分子相结合的蛋白质分子会阻碍纽结的移动。怎么办？回到水龙软管的比喻。我们还有一个打开纽结的方法：在纽结附近切断软管，再制造新的“末端”，使纽结就近消除，从而恢复管子的形状（当然这种方法在日常生活中是不实际的）。细胞就是用这样的方法来消除DNA分子的张力。细胞中有一种酶，叫做拓扑异构酶。它先切断DNA分子（单链、双链均可）的磷酸二酯骨架，使张力就近释放，然后在断裂处把分子接起来，重新形成一个DNA分子。

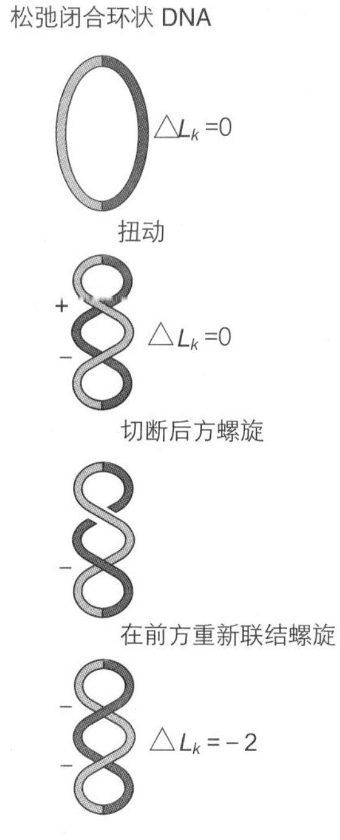

图 1.13 DNA超螺旋的形成。最上面显示的是没有超螺旋的、松弛的闭环DNA。为使交叉后的两条链便于区分，我们人为地将DNA分子一半用浅色、另一半用深色表示。分子的卷曲会产生一个正的超螺旋和一个负的超螺旋。这个过程不会引起连环数的改变。然而，如果破坏DNA的骨架，进而旋转DNA分子，释放张力后将其重新接合，则连环数会减2。这时的DNA分子就变成了负的超螺旋。

1.6 真核细胞的核小体

我们体内的每个细胞都含有大量DNA。组成一套人体基因组各染色体的DNA共约3.2×10^9个碱基对。因为我们是二倍体生物，每个染色体都是成对的，所以，在我们体内大多数细胞中，DNA 的总长度要达到 6.4×10^9 个碱基对。按一个碱基对的长度为 0.33nm（如图 1.7）计算，DNA 的总长度大约相当于 2.1m。这么长的分子是怎么塞到直径只有 5 ~ 10μm 的细胞核中去的呢？答案是，DNA 是被高度压缩的。DNA 分子缠绕蛋白质分子组成了核小体(nucleosomes)。在细胞分裂间期，遗传物质（以及与之相联系的蛋白分子）相对松散，弥漫于整个细胞核，称为染色质（chromatin)。当有丝分裂开始时，染色质高度浓缩；到有丝分裂的前期，染色质被压缩成光镜下可见的染色体。在这个过程中，DNA分子的长度被压缩了大约 10000 倍。

从细菌和病毒中提取出来的遗传物质由 DNA 或 RNA 的链构成，几乎不含蛋白质。但在真核细胞，大量蛋白质和DNA一起构成染色体。电镜观察显示，染色质纤维是由一系列线性排列的球形颗粒组成的。这些颗粒沿染色质链的长轴规则分布，形成念珠样结构。这些颗粒最初被称作 υ 小体（Olins & Olins, 1974)，现在叫做核小体。

染色质可以被特定的核酸酶，例如微球菌核酸酶所消化，产生大约长 200bp 的 DNA 片段，或是由此形成的多聚体（Wingert & Von Hippel，1968)。染色质 DNA 的消化如果是随机的，就会产生各种长度的片段。这说明染色体DNA由重复单位组成，这些重复单位被保护起来，防止酶对其裂解，而重复单位之间的DNA则被酶攻击裂解，断裂下来的两个或多个单位接合起来，就形成了多聚体。

在染色质中与DNA结合的蛋白质分为两种：碱性带正电的组蛋白和比其正电性弱的非组蛋白。其中，组蛋白在结构上发挥了最重要的作用。组蛋白含有大量带正电的氨基酸，如赖

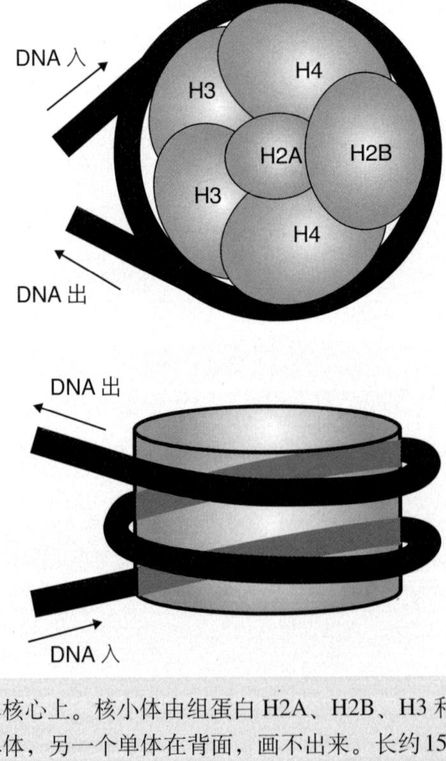

图 1.14 DNA 盘绕在核小体核心上。核小体由组蛋白 H2A、H2B、H3 和 H4 各两分子组成。图中显示的 H2A 和 H2B 都只有一个单体，另一个单体在背面，画不出来。长约 150bp 的 DNA 在八聚体核心周围大约绕两圈。

氨酸和精氨酸（见附录 1），因此能够通过静电相互作用与 DNA 核苷酸带负电的磷酸基相结合。组蛋白有五种：H1、H2A、H2B、H3 和 H4。核小体的核心是由组蛋白 H2A、H2B、H3 和 H4 各两分子组成的八聚体，大约 150 个 DNA 碱基对缠绕其上形成左手超螺旋，每个核心上缠绕约 1.7 圈（如图 1.14）。1997 年，Richmond 等人成功地观察到了高分辨率的核小体—DNA复合体的X线晶体结构，使人们对于核小体的结构有了进一步的认识。在这样的分辨率条件下，组蛋白中的大多数原子都是可见的，而且DNA盘绕组蛋白的精确路线也能很清楚地追踪到。这一高分辨率结构还揭示，某些组蛋白的氨基末端会从八聚体中伸出来，突向核小体的外面。这些氨基末端尾巴的意义在于，它们可以和邻近的核小体相互作用，形成核小体－核小体联系。在讲到基因表达规律时，我们会进一步讨论组蛋白尾巴的重要性。

在对核小体结构进行广泛研究的基础上，人们推测了染色质纤维在细胞核内是如何形成的，以及在有丝分裂期如何卷曲成染色体。如图 1.16 中的模型所示，直径 2nm 的 DNA 双螺旋先是缠绕在组蛋白核心上，形成直径 10nm 的核小体。随后，核小体由大约 200 bp DNA 相相连，形成电镜下的念珠样结构。组蛋白H1不属于核心八聚体，它可以像封条一样，在DNA进出核小体的地方，把 DNA 糊在核小体上。

核小体的形成是DNA组装的第一步。由此，DNA的长度缩短到原来的1/3。但在细胞核中，染色质并不以伸展的形式存在，而是要继续组装，使染色质纤维的直径由 10nm 增加到 30nm，形成螺线管样的结构。目前，对于这种变化的生理意义，人们还不清楚。这样的变化也许只是体外培养条件下盐浓度改变的结果。不过，这种 30 nm 粗纤维确实由大量紧密堆砌的核小体组成。但对于其精确的定位和结构的细节，人们还知之甚少。最近，有人指出，30nm

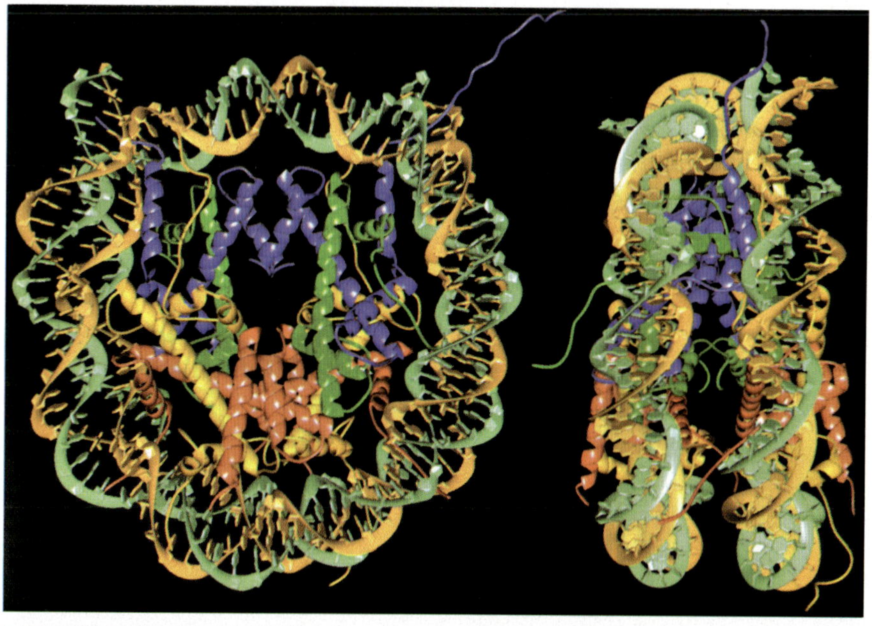

图 1.15 通过高分辨率 X 线结晶学技术后得到的核小体－DNA 复合体的结构。无论是顶面观还是侧面观，DNA链（用绿色和橙色表示）都盘绕在组蛋白八聚体周围。除氨基末端形成的组蛋白尾从复合体中伸出来以外，蛋白质核心都被包裹在复合体的内部。（经《自然》杂志许可，采自 Tim Richmond）

粗纤维可能会采取一种紧密螺旋的之字形结构，平均每10nm的长度上有四个核小体（Beard & Schlick, 2001）。30nm 粗纤维的形成是 DNA 组装的第二步。在此过程中，DNA 的总长度大约缩短了一半。

要想变成有丝分裂期的染色体，还需要一个步骤：30nm粗的染色质纤维组成一系列环状区域，使染色质纤维的结构进一步压缩。随后，纤维卷曲成染色体臂，进而组成染色单体，最终成为有丝分裂中期的染色体。

在从完全伸展的DNA螺旋变成高度浓缩的染色体的过程中，压缩的比例必须达到500：1。但按照上述模型，压缩比例只能达到50：1，其余的组装工作是靠30nm粗纤维的卷曲和折叠来完成的。染色体中DNA的紧密组装，向DNA的复制和转录提出了严峻的挑战。我们将在下一节讨论这个问题。

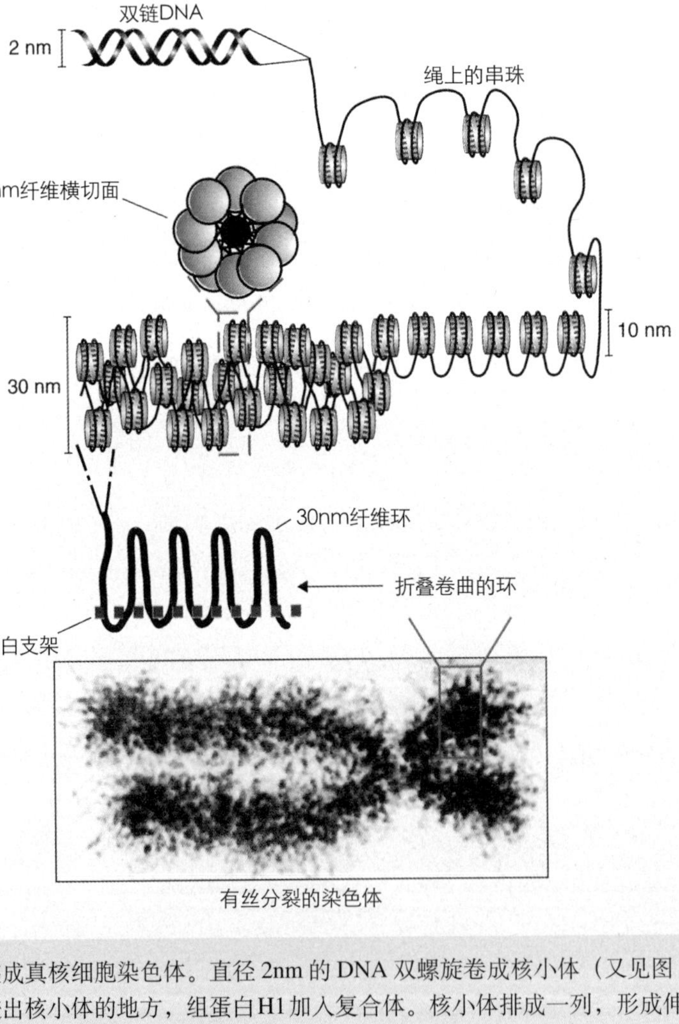

图 1.16 DNA 组装成真核细胞染色体。直径 2nm 的 DNA 双螺旋卷成核小体（又见图 1.15）。在某些部位，大致是DNA进出核小体的地方，组蛋白H1加入复合体。核小体排成一列，形成伸展的10nm纤维，然后进一步压缩，成之字形排列，形成30nm粗纤维。30nm粗纤维随后盘绕在蛋白质骨架上，进一步折叠、卷曲，形成有丝分裂中期的染色体。图的最下面即为染色体的电镜照片。

1.7 DNA 的复制

Watson 和 Crick 在 1953 年完成了他们著名的论文。文中指出：“我们注意到，我们所假设的特殊配对法揭示了一种遗传物质可能的复制机制。”他们很清楚地认识到，根据碱基的排列和性质，DNA双螺旋的每一条链都可以作为模板，来合成一条互补链（如图1.17）。Watson 和Crick提出，如果双螺旋解开螺旋，亲链上的每个核苷酸都会同与其互补的核苷酸产生亲和力（Watson & Crick, 1953b）。于是，每条亲链都可以作为合成新链的模板，从而形成两条同样的双链 DNA。在这个模型中，每个新合成的 DNA 分子都由一条亲链和一条与之互补的子链构成。因此，这种复制模型就被称为半保留复制。

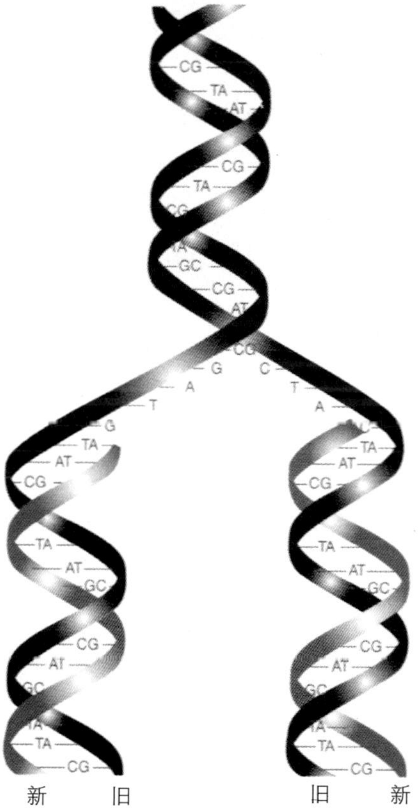

图 1.17　Watson 和 Crick 提出的双链 DNA 复制模型。亲代 DNA（用黑色表示）的两条链分开后，每条链都可成为新链（用灰色表示）合成的模板。这种复制被称为半保留复制。合成出的子代DNA分子含有一条新链和一条旧链。

除此之外，还有两种以亲链作为模板的 DNA 合成模型。第一种模型被称为“全保留复制”。这种模型认为，DNA复制时，亲链展开，暴露碱基序列，进而合成新链。两条新合成的DNA链结合起来，组成一个螺旋。而亲链随后恢复原状。第二种模型被称为“散布式复制”。这种模型认为，一条亲链中的亲代DNA会被扯开，散在分布于子链中，最终形成新旧混杂的DNA。

Matthew Meselson 和 Franklin Stahl 于 1958 年进行的实验表明，细菌合成新 DNA 采用的是半保留复制（Meselson & Stahl, 1958）。图 1.18 描述了他们这个经典的实验。他们在培养基中培养了许多代 *E.coli*。这种培养基中唯一的氮源是分子较重的 ^{15}N 但不具放射性的氯化铵衍生物（$^{15}NH_4Cl$）。这就意味着，^{15}N 将会成为这些 *E.coli* 碱基的一部分。因此，这些 *E.coli* 的 DNA 就会比普通氯化铵（$^{14}NH_4Cl$）中 *E.coli* 的 DNA 重。氯化铯密度梯度离心法可将普通 DNA 和重型 DNA 区分开，因为重型 DNA 比普通 DNA 跑得远。运用这种方法，人们可以在细菌 DNA 复制时检测其中每种氮核素的量。Meselson 和 Stahl 把含有重型 DNA 的细菌转移到含有普通氯化铵的培养基中，并逐代分离细菌。当DNA在普通培养基中复制一代后，他们发现，细菌 DNA 的密度介于只含 ^{15}N 的 DNA 和只含 ^{14}N 的 DNA 之间。这个实验结果同半保留复制模型是相符的。而若按保留复制模型，将会看到两个分开的条带。因此，实验与保留复制模型不符。在经历了两代细胞分裂后，Meselson和Stahl确实也观察到了两个不同密度的 DNA 条带：第一条处在 $^{14}N/^{15}N$ 混合 DNA 的位置，第二条处在 $^{14}N/^{14}N$ DNA，即只含 ^{14}N 的 DNA 的位置。以后的几轮复制中，$^{14}N/^{14}N$ 带的比例逐渐增加。

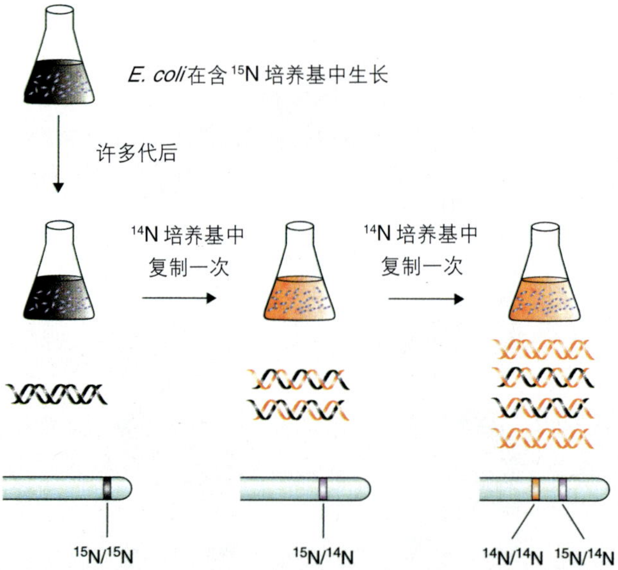

图 1.18 Meselson-Stahl 的实验。细菌在含有较重的氮放射性核素（^{15}N）的培养基中传代。把从这些细菌中分离出的 DNA 进行密度梯度离心，记录其运动条带。然后，这些细菌被移入含有普通氮放射性核素（^{14}N）的培养基中。经过一代后，从细菌中分离出的所有DNA在进行密度梯度离心后都显示出与前面不同的运动条带。经过两代后，观察到了两种DNA：第一种DNA的运动条带和一代之后的运动条带相同；第二种DNA的运动条带和从未标记的培养基（^{14}N）中分离出的相同。在随后的几代中，第二种DNA条带变宽，而第一种DNA（即中间密度DNA）条带变窄。这个实验结果是半保留复制模型最有力的证据。

上述实验否定了保留复制模型，但不能否定散开复制模型。然而Meselson和Stahl通过对复制的DNA单链的分析，把散开复制模型也否定了。他们对上述DNA加热（如图1.11），得到了DNA单链。他们发现，DNA 单链要么是含 ^{15}N 的密度，要么是含 ^{14}N 的密度，而没有中间密度。如果存在中间密度，就说明新合成的DNA是亲链序列和子链序列的混合体。但事实上，没有中间密度出现，这就否定了散开复制模型。半保留复制在真核细胞中也存在（Taylor、Woods & Hughes，1957）。目前，半保留复制已成为公认的 DNA 复制的一般机制。

1.8 DNA 聚合酶

细菌和真核细胞都拥有多种 DNA 聚合酶。*E. coli* 有三种 DNA 聚合酶（表 1.2）。最先分离出来的DNA聚合酶，现在称为DNA聚合酶Ⅰ，主要参与DNA修复，而不是DNA复制。DNA聚合酶Ⅱ也参与DNA修复，而DNA聚合酶Ⅲ才是主要参与复制的酶（Kornberg & Baker, 1992）。DNA聚合酶Ⅲ是一种多亚基酶，以多亚基二聚体的形式行使功能。对于多种DNA聚合酶，人们已经从结构水平上进行了研究，并结合广泛的生化分析，为阐明其作用的分子机制铺垫了道路。

DNA 聚合酶可以具有三种不同的酶活性：

表 1.2. *E. coli* DNA 聚合酶Ⅰ、Ⅱ和Ⅲ的特性

	聚合酶Ⅰ	聚合酶Ⅱ	聚合酶Ⅲ
主要功能	DNA 修复和去除引物	DNA 修复	DNA 复制
大小，kDa	109	120	140
结构基因	*polA*	*polB*	*dnaE*、*N*、*Q*、*X*、*Z*
每个细胞所含的分子数目	400		10~20
5' → 3' 聚合作用	+	+	+
3' → 5' 外切酶活性	+	+	+
5' → 3' 外切酶活性	+	–	–

- 所有的 DNA 聚合酶都能够指导 DNA 片段按 5' → 3' 方向进行合成。
- 许多种 DNA 聚合酶还具有 3' → 5' 外切酶活性，可以去除新合成链 3' 末端的核苷酸。通常认为这是一种“校读活性”，切除错配的核苷酸，然后替换上正确的碱基。
- 某些 DNA 聚合酶尚具有 5' → 3' 外切酶活性，能够切除已经合成的核苷酸序列。在后面我们将会了解到，在 DNA 复制过程中，这种外切酶活性参与连接随从链(lagging strand)上生成的不连续 DNA 片段。

DNA 聚合酶不能独立启动 DNA 合成，还需要具备 3' 游离端，使得酶可以在此端加上新的核苷酸。这意味着从起始点不同方向启动DNA复制要有两条引物，每条引物与被复制的相应单链DNA 互补。如上所述，DNA 的合成只能从 5' → 3' 方向上进行，即新的核苷酸加到已存在的多核苷酸链的3'端。由此产生一个问题，DNA分子的两条亲链都必须要复制，但仅一条链是从复制起始点按照 5' → 3' 方向进行复制。这条链被称为**前导链**（leading strand），它可以被不间断地复制出来——当 DNA 聚合酶在其适宜的方向上工作时，DNA 的复制就可以无间断地进行。另一条链，即**随从链**(lagging strand)的复制，看来只得从3'→5'方向进行了，但这是不可能的。随从链是以一种不连续的方式来进行复制的（图1.19）。进行不连续合成时，从 5' → 3' 方向上产生大量短小的 DNA 片段（Okazaki *et al.*, 1968），随后，它们连接在一起构成完整的新合成的 DNA 链。

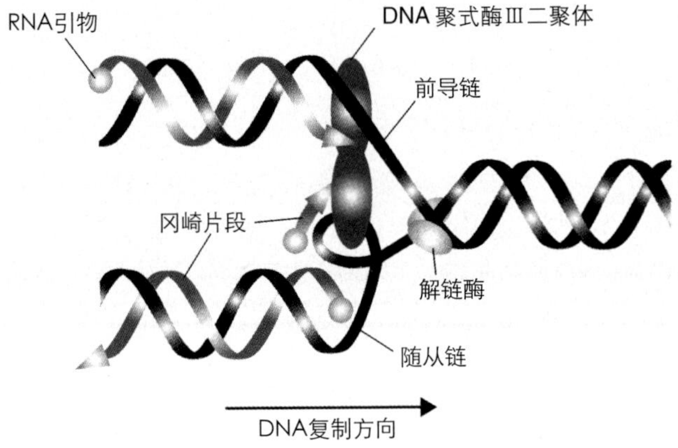

图 1.19 DNA 聚合酶Ⅲ催化的 DNA 复制。DNA 分子的两条亲链在复制叉(replication fork)处被解链酶(helicase)打开，前导链和随从链随后被接入DNA聚合酶Ⅲ的二聚体。前导链的DNA复制通过一条单链RNA引物按照5'→3'的方向延展。短小的随从链的片段（冈崎片段）的合成需要多个引物的参与，连接酶随后将这些片段连接起来。

在以后的章节中，我们将会了解一种 RNA 依赖的 DNA 聚合酶——**逆转录酶**（reverse transcriptase）。这种酶是在某些病毒（逆转录病毒）中发现的。逆转录病毒的遗传物质是 RNA，而不是 DNA。感染宿主细胞之后，病毒以自身 RNA 为模板，合成一条互补的 DNA（cDNA）。这种DNA随后就可能整合到宿主细胞的基因组上。如果病毒DNA得以表达，逆转录病毒的基因组就产生了。第 5 章将讨论如何在体外利用逆转录酶从 RNA 合成 DNA。

1.9 DNA 复制的过程

DNA的复制是怎样开始和结束的呢？如前所述，细胞内的DNA是一种大分子，DNA序列的复制显然需要受到严密的控制。我们可以把DNA的复制分为三个阶段：起始、延伸和终止。

- *复制的起始*

DNA复制的起始不是随机发生在基因组的任何位置上的，而是开始于被称作复制起始点（origins of replication）的特殊位点。一旦 DNA 合成启动，两个复制叉从复制起始点向两个方向扩展，开始启动整个基因组的复制。细菌（例如*E. coli*）只有一个单独的复制起始点（称为 *OriC*）。而真核细胞具有多个不同于 *OriC* 的复制起始点——据估计酿酒酵母就有大约 300 个复制起始点，而人类细胞的基因组在复制的过程中需要启用 20000 个以上的复制起始点。*OriC* 是 245 bp 的 DNA 序列，是一些蛋白质（即 DnaA，B，C）的结合位点。这些蛋白质的结合可促进DNA解开螺旋（打开），从而使DNA复制酶得以阅读碱基序列。原核生物和真核生物的复制起始点可能在功能上大体相同，但是二者不能相互替代。DNA螺旋一打开，DNA

聚合酶就可以通过“阅读”碱基对的氢键来靠近碱基序列并合成一条互补的DNA链。然而，如前文所述，聚合酶必须在有游离的3' 端羟基存在时才能发挥作用。这个羟基是由一条长度为 5 ～ 15 个核苷酸的 RNA 引物（该引物是与 DNA 互补的）提供的。引物的合成是由一种RNA聚合酶（称为引物酶primase）引导的，这种聚合酶不需要3' 游离端来启动合成。随后，DNA的合成在两条链上同时进行。DNA的复制还需要一些其他蛋白的参与。其中，单链DNA结合蛋白（SSBs）可使在复制过程中产生的单链 DNA 片段保持稳定，而 DNA 解旋酶（helicases）则将DNA解旋并使之与聚合酶形成复合物（图1.19）。此外，各类拓扑异构酶（例如 DNA 螺旋酶）可缓解 DNA 螺旋在解旋过程产生的张力。

- *复制的延伸*

既然DNA聚合酶Ⅲ只能使复制在5' → 3' 的方向进行，那么DNA分子的两条链是怎样被同时复制的呢？图 1.19 显示了DNA的前导链和随从链合成的机制。在这个模型中，DNA聚合酶Ⅲ二聚体使前导链进行不间断的复制，而随从链则绕成环状，如此，使得核苷酸的聚合能够在两条模板链上都按照从 5' → 3' 的方向进行。DNA 折成环状可以倒转模板在酶上的方向，但并不改变随从链上DNA实际合成的方向。合成了大约1000 ~ 2000对碱基之后，随从链上聚合酶Ⅲ的单体如果遇到一个已经完成的冈崎片段，就会脱离随从链。然后，随从链又会重新成环，上述过程周而复始。DNA聚合酶的5' → 3' 核酸外切酶活性可能有助于完整冈崎片段的形成。最后，DNA连接酶将冈崎片段的磷酸二酯骨架相互连接，构成一条新合成的完整的随从链。DNA 连接酶的作用机制及在基因工程的应用将在第 2 章中讨论。

- *复制的终止*

DNA 合成的准确终止同准确开始一样重要。对于细菌，比如含有环状基因组的 *E. coli*，如果从一个单一的位点开始双向复制的话，复制将会在绕基因组半周的位置上终止。复制的终止不是一个被动的过程，它发生在特定的DNA序列（称为终止子序列）上，此序列为Tus蛋白结合位点。缠绕在终止子序列上的 Tus 蛋白具有高度的不对称性，它可以允许在一个方向上移动的复制叉通过，却阻断在相反方向上的DNA复制（Kamada *et al.*, 1996）。人们对于真核生物 DNA 复制的终止知之甚少。

在真核细胞内，基因组的复制必须与细胞周期协调一致，以保证在细胞分裂时有两份完整的基因组。细胞周期根据分裂细胞的显微镜下观察可划分为四个阶段（图1.20）。镜下观察表明，分裂的细胞都要周期性地经过分裂期和分裂间期。在分裂期发生细胞核和细胞的分裂，在分裂间期显微镜下几乎看不到变化， 而 DNA 复制就在这时进行。细胞周期的四个阶段如下：

- M 期（有丝分裂期）- 细胞核与细胞分裂的时期。
- G1期（gap 1）- 细胞的生长期，转录、翻译和其他一般性的细胞活动都在这个时期进行。
- S 期（合成期）- DNA 合成和基因组复制的时期。
- G2 期（gap2）- 第二个间期，也是为细胞分裂做最后准备的生长期。

培养的人细胞完成一个完整的细胞周期需要20个小时，其中9个小时以上要用在G1期，而S期约占8个小时，G2持续约2个小时。细胞实际用于分裂的时间（M期）仅有45分钟，显然，S期和M期之间的相互协调非常重要，这保证了在细胞分裂之前有一次，而且仅有一次完整的基因组复制。在进入S期和M期之前短暂的阶段是至关重要的细胞周期检验点（cell-cycle checkpoints）。蛋白质、细胞周期蛋白以及细胞周期蛋白依赖性激酶（CDKs）控制着细胞进入周期中每一个阶段。周期蛋白是一繁杂的蛋白家族，可以结合并激活CDK家族的某些成员。在细胞周期中，大部分周期蛋白的浓度发生剧烈的变动，导致了CDK活性的消长，而CDK活性水平的变化正是细胞周期调控的基础。其他的检验点主要存在于S期，具有诸如确保在复制完成以前修复DNA的损伤等作用。Lee Hartwell，Daul Nurse 和 Tim Hunt 由于发现了真核生物细胞周期的关键调节物，而荣获2001年的诺贝尔生理学或医学奖。

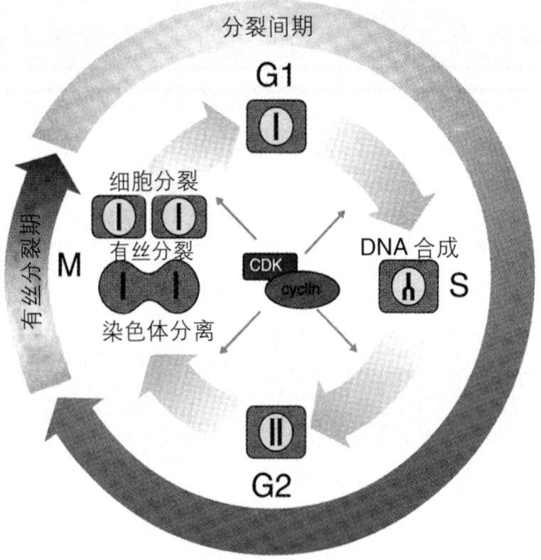

图1.20 真核细胞的细胞周期被分为细胞分裂期（有丝分裂）和分裂间期。当一次分裂完成后，细胞在第一间隔期生长（G1），在进入第二间隔期（G2）期之前进行DNA合成（S）。最后，复制好的染色体分开，发生细胞分裂（M期）。细胞周期中特定阶段的进程受一系列蛋白的控制——周期蛋白、周期蛋白依赖的激酶（CDKs）。上述过程都要受检验点的调控。

1.10 重组

DNA不应该被看成一种静止不变的分子，它是在不断地变化的，重组就是引起这些变化的机制之一。重组是DNA分子的大规模重排。这种重排的发生是两个DNA分子具有较长的相似序列区域（**同源重组 homologous recombination**）或较短的一致序列区域（**位点特异性重组site-specific recombination**）的结果。含有二倍染色体的细胞，有大量机会找到同源的伙伴使得重组发生。1947年，Alfred Hershey 和 Max Delbruck 分别独立地首次证明细菌系统的重组。他们研究了噬菌体对 *E. coli* 的感染。如果一个 *E. coli* 细胞同时被两种不同基因型的T2噬菌体所感染，最终的噬菌体群体既包括原始型也包括重组型的噬菌体（Hershey, 1947）。

同源性重组发生在序列基本相同的DNA分子之间。两个DNA分子间遗传信息的交换和混合，使得重组后的DNA分子成为前两者的混合体。人们提出了一些机制，来解释这些现象发生的分子基础。1964年，Robin Holliday 首次明确地阐释了对于重组的分子过程的理解要点（Holliday, 1964）。Holliday 的重组模型要求在两个同源DNA分子的相同位点（称为供体和受体DNA）上生成一个缺口（两个核苷酸分子间的磷酸二酯键的断裂），然后发生链的交换反应，随即DNA连接酶将缺口封住。供体DNA和受体DNA链间的交换导致了Holliday连接体的形成（Holliday junction）——在这种结构中，正在交换的DNA链把供体和受体DNA分子连接在一起。Holliday 连接体进行分支迁移，使得不同的 DNA 分子链间产生更多的重组。最后，连接体的拆分形成重组的DNA分子。然而，在这里我们要集中介绍的是Meselson和 Radding1975 年提出的修正模型，这是因为一条 DNA 链上的一个缺口就可以引起重组的发生，而不是像 Holliday 模型所说，重组需要两个 DNA 分子缺口才能发生。其基本模型见图 1.21（a）。下面简述一下 Holliday 连接体的形成、拆分以及 *E. coli* 中某些参与此过程的蛋白质。

- 缺口是由RecBCD核酸内切酶产生的，该酶在称为chi（χ）位点（5'-GCTGGTGG-3'）的序列处将链切开。
- 链的侵入由 RecA 蛋白催化，单链 DNA 结合蛋白（SSB）亦参与此过程，其作用是稳定游离的单链 DNA。
- 链侵入之后形成的 D 环同样被 RecBCD 核酸内切酶断开。
- 链交换发生，链的末端被 DNA 连接酶所封闭，形成 Holliday 连接体。
- Holliday 连接体形成后，由 RuvA 和 RuvB 蛋白催化，发生分支迁移。
- Holliday连接体的拆分需要RuvC蛋白，它可以断开两条DNA链。DNA连接酶在DNA链断开后将其封闭。

在这一系列过程的终了，细胞将含有两个已完成交换的DNA分子。上述过程也发生在真核生物中，所用酶的活性也类似。最近，用RuvA加以稳定的Holliday连接体的高分辨率结构已经得出（Hargreaves *et al.*, 1998）。

与同源重组不同，当一特定的DNA与另一DNA没有同源性时，前者有一序列作为与其他DNA重组的靶位，此时发生位点特异性重组。在原核生物中，典型的例子是，λ噬菌体在溶原阶段将其 DNA 整合在 *E. coli* 的染色体上。λ噬菌体的生活史将在第 3 章中详细介绍。这种重组发生在与细菌DNA（*attB*）具有序列同源性的噬菌体DNA（*attP*）位点之间，而这两种DNA分子其他的序列是完全不同的。该过程如图 1.21（b）所示。催化这一过程的酶被称为整合酶（integrase, Int），参与其中的还有一种宿主蛋白，叫做整合作用宿主因子（integration host factor, IHF）。当噬菌体 DNA 被从 *E. coli* 的基因组上切割下来、开始形成新的噬菌体颗粒的时候，需要一种叫做切除酶Xis的噬菌体蛋白。这种位点特异性重组仍然需要较短的同源区域间的碱基配对（*attP* 和 *attB* 位点），但却不需要任何同源重组通路中的任何蛋白质参与。

1.11 基因和基因组

DNA碱基序列中包含着遗传信息，它指导着构建细胞的蛋白质和酶的合成。核酸被编排成一个个单元，我们称之为**“基因”**（gene）。一个物种全部的基因构成了这个物种的**基因组**（genome）。绝大多数基因被用作合成蛋白质的模板。每种类型细胞内的蛋白质各不相同，例

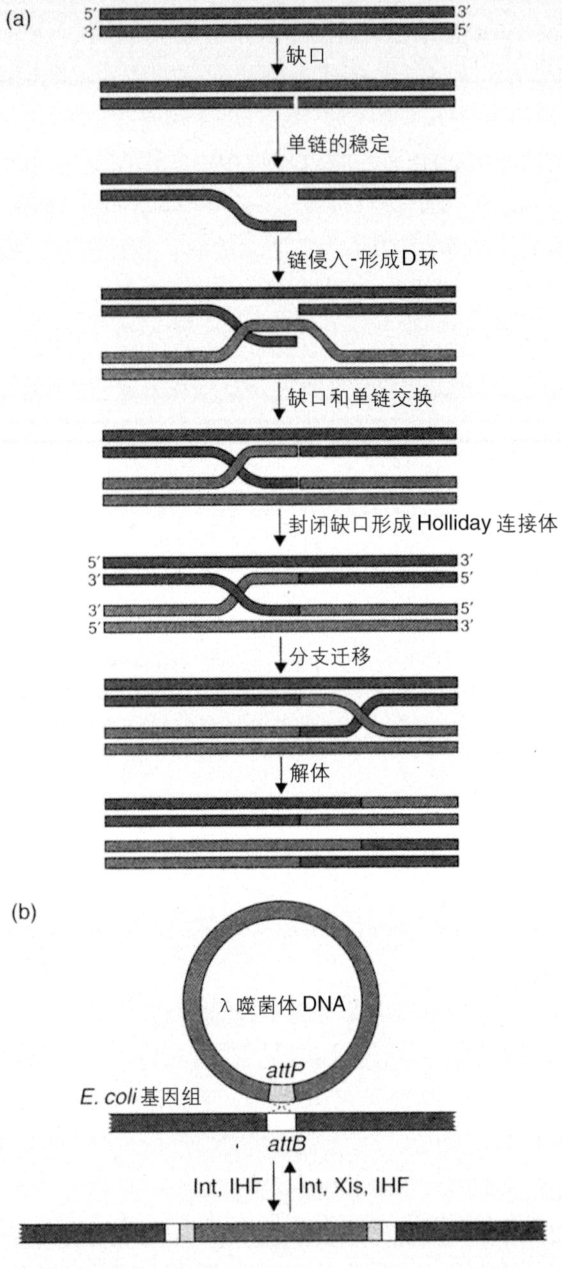

图 1.21 同源重组和位点特异性重组
(a) Meselson-Radding 的同源重组模型。
(b) λDNA 位点特异性整合到 *E.coli* 基因组上。详见正文。

如毛囊细胞合成角蛋白，胰腺 β 细胞合成胰岛素。但是，在某些因素（比如细胞是否能得到某些营养物质）的影响下，细胞中蛋白质的成分也能够发生明显的改变。这就意味着在某些类型的细胞中，有些基因可以表达，而另外一些基因则不表达。同时，细胞必须有能力对外界信号作出反应，进而激活某些基因的表达。这就向我们提出了许多问题：细胞怎样在基因组中辨别出哪些是基因，哪些不是基因，又怎样在启动某个基因的同时又不影响其他基因的表达？

1.12 基因组中的基因

什么是基因？令人惊讶的是，对于这个问题没有一个普遍被接受的答案。从最广泛的意义来说，基因可被看作是由核酸组成的遗传单位。在经典遗传学中，基因被描述成染色体上不连续的片段，这些染色体片段决定着生物体的性状。在这里，我们用基因一词来描述开放读码框（open reading frame, ORF，指基因中能被转录并翻译出蛋白质的区域）以及转录控制元件（启动子promoter和终止子terminater）。于是，基因就不仅包含编码序列本身，也包含了表达这些编码序列所必不可少的信息。绝大多数编码蛋白质的ORF具有相同的模式（图1.22）：在特定的DNA碱基三联体（ATG）处起始，在终止信号处结束。终止信号也是DNA碱基三联体（TGA，TTA或TAG）。在起始和终止信号之间的序列，或者直接用来编码蛋白质（原核生物），或者被分割成一系列的外显子（exons）和内含子（introns）（真核生物）。在后面章节中，我们将会讨论外显子和内含子，但是，随着完全测序的基因组的出现（见第9章），基因通常被定义为起始和终止信号之间至少含有100个密码子的一段DNA序列。但是，单靠这段序列指导蛋白质的合成是不够的。每个基因都需要它旁边其他DNA序列的辅助，这些序列可以用作蛋白质（如RNA聚合酶，参与转录和翻译的起始和终止的蛋白质等）的结合位点。结合之后，基因的编码部分与启动子、终止子就组成了功能基因，有时也被称作“转录单位”。

一个基因组中有多少个基因？对于细胞来说有多少基因是必需的？一次会有多少个基因表达？基因组全序列分析（见第 9 章）使我们可以解答其中的一些问题，至少是一部分。

- *一个基因组中包含多少个基因？* *E.coli* 基因组（长度 4.6Mb）包含有大约 4200 个基因。*E.coli* 基因的平均长度约为 950bp，基因间的平均间隔约为 118bp，所以，基因组的大部分长度是用来编码RNA或蛋白质的。酿酒酵母（*Saccbaromyces cerevisiae*，一种单细胞真核生物）拥有一个更大的基因组（13.5Mb）和大约6000个基因。人类基因组的长度（3300Mb）几乎是酵母的250倍，但是基因的数目（30000）却只是酵母的五倍。
- *多少基因是生物体必需的？* 要确定一个基因是否为生物体所必需，就要通过某种方法破坏其功能。我们通常通过基因敲除来实现这一点，即从基因组里移走该基因，以确定其在细胞生命活动中的作用。此类分析表明，*E.coli* 和酵母菌有一半的基因是它们生存所必需的。许多表面上非必要的基因也许在某些特殊条件下起着特别的作用，而这些条件在实验中并未涉及（比如营养饥饿作用）。同时，表面上看起来必要基因的低百分比，也许反映了某些基因组合在功能上的多重性。
- *一次有多少个基因同时表达？* 在一个特定细胞中表达的基因将使这个细胞有别于其它的细胞。在肝细胞中表达的基因，一定会有一些与在皮肤细胞中表达的基因不同。对于像酵母这样的全基因组序列分析已经完成的生物体，基因组全部基因的表达分析表明，任何时间约有90%的基因同时表达，但其中80%的基因表达水平很低——每个细胞内有 0.1 ~ 2 个转录本（Causton *et al.*，2001）。不同的基因，表达水平有很大的

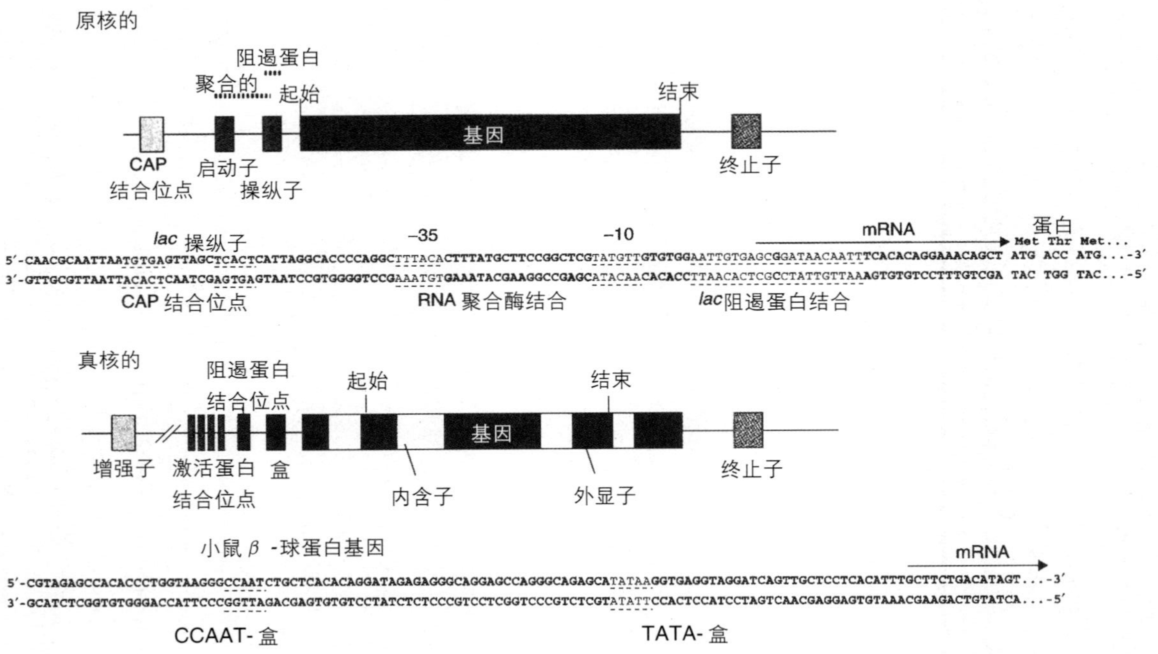

图 1.22 典型的原核及真核蛋白质编码基因的结构。原核生物的一个基因家族（例如编码一个反应通路上各个酶的基因）常作为一个多顺反子共同转录。操纵子包含启动子（RNA聚合酶结合位点）和增强子元件（如cAMP激活蛋白）的结合位点。这种结合激活了转录。此外，操纵子还可以包含阻遏蛋白的结合位点。阻遏蛋白可附着在DNA上，阻止聚合酶的结合，从而终止转录。转录在操纵子3'末端的终止序列停止。图的下方显示了乳糖操纵子控制区的序列。真核生物各个基因的表达和调控是独立进行的。它们可在5'端包含激活剂和抑制剂的结合位点，也可在起点上游几千个碱基的位置包含基因完全表达所必需的增强子元件。激活剂促进RNA聚合酶II全酶结合在TATA盒上，转录就在结合位点3'方向的不远处开始。同原核生物一样，真核生物转录终止也发生在基因3'端的特定位点。真核基因和原核基因的最大区别在于真核基因存在着分割编码序列（外显子）的内含子。在转录本被翻译之前，内含子就通过剪接作用被去除。图的下方显示了小鼠β-球蛋白基因的启动子DNA序列。

差异。含量高的蛋白质是由表达程度高的基因编码的，而含量很低的蛋白质（例如每个细胞只有一个拷贝）通常是由表达水平很低的基因编码的。

DNA 与其编码的蛋白质之间的中介是RNA。从DNA序列到蛋白质的转变要经历两个阶段。首先，DNA转录出RNA，随后，RNA再翻译出蛋白质的多肽序列。如前所述（图1.5），RNA 和 DNA 的不同点在于，RNA 含有核糖，而DNA 含有脱氧核糖。另外，在RNA 中，尿嘧啶取代了胸腺嘧啶，与腺嘌呤互补结合。转录过程与DNA的复制过程很相似，只是两条DNA链中仅有一条被复制。转录产生两类 RNA，即信使 RNA（mRNA）和结构 RNA（包括核糖体 RNA（rRNA）和转运 RNA（tRNA））。mRNA 尽管是各类 RNA 中数量最少的——在大多数细胞中，只占 RNA 总数很小的一部分——但却是遗传信息的载体。

1.13 转录

由 DNA 双螺旋中的一条链复制出 RNA 的过程称为转录。DNA 的反义链指导互补 RNA 分子的合成。合成出来的RNA除了用U代替T外，与有义链是一致的。原核生物与真核生物的转录过程有着根本的区别。在这里，理解各自的转录过程是非常重要的。我们在后面将要讨论的许多实验都使用了真核细胞，但是，*E.coli* 在几乎所有的基因工程实验中都发挥了重要的作用。

转录由一段特殊的DNA 序列开始，我们称之为**启动子（promoters）**。像 DNA 的复制一样，转录过程也包括了三个阶段——起始、延长和终止。转录的起始通常发生在启动子的 3' 端，终止则发生在基因编码序列下游的特殊位点。乍一看，典型原核基因与典型真核基因的总体结构体系是很相似的（图1.22）。但是，真核基因的控制区域在原核细胞中不能发挥作用，反之亦然。

在原核细胞中，绝大多数的蛋白质编码基因在转录水平上一直处于活化状态。也就是说，即使没有其他因子的存在，RNA聚合酶也能识别基因的启动子，与之结合并且合成RNA。对转录的控制通过阻遏蛋白来实现。DNA 结合阻遏蛋白的位点跟它结合 RNA 聚合酶的位点是相邻的。阻遏蛋白与DNA结合后，可以阻止RNA聚合酶的结合，也可以阻止已结合的RNA聚合酶发挥转录作用。真核细胞 RNA 聚合酶（pol Ⅱ）自己不能够识别启动子序列。因此，真核基因在没有其他因子存在的条件下是转录失活的。不论是在真核细胞还是在原核细胞中，转录都是一个高度有序的过程。基因表达的适宜时间和水平对所有的细胞活动过程都是必不可少的。

1.13.1 原核生物的转录过程

Francois Jacob和Jacques Monod 第一次阐明了转录调控系统（Jacob & Monod, 1961）。他们研究了 *E.coli* 乳糖代谢系统。乳糖是由一分子的半乳糖和一分子的葡萄糖构成的双糖。当 *E.coli* 的生存环境以乳糖作为糖类来源的时候，它就会表达编码下列物质结构基因。

- β - 半乳糖苷酶 由 *lac*Z 基因编码，能够水解葡萄糖和半乳糖之间的化学键。
- 乳糖透酶 由 *lac*Y 基因编码，可以穿透细胞膜，并把外界的乳糖带入细胞内。在没有透酶存在时，细胞膜对乳糖基本是不通透的。

- 硫代半乳糖苷乙酰基转移酶 *lac*A 基因编码，功能不明。

编码这些酶的基因在 *E. coli* 基因组中彼此相邻，而且负责它们转录调控的 DNA 就位于这些基因的5'端。这种结构基因与控制这些基因表达的元件，共同构成了一个调节单位，我们称之为乳糖操纵子。为了能够代谢乳糖，结构基因必须表达，并合成相应的蛋白质。因此，我们可以把它想像成一个简单的基因开关，当乳糖缺乏的时候乳糖结构基因失活，反之，有乳糖存在的时候它就启动。但我们也应该知道，乳糖操纵子的结构基因还受到其他因子的调控。*E.coli* 最佳的糖源是葡萄糖，因为它不需要被修饰就能进入呼吸途径。所以，如果同时存在葡萄糖和乳糖，细菌就会关闭乳糖代谢而进行葡萄糖的代谢。乳糖操纵子包括以下几类 DNA 元件。

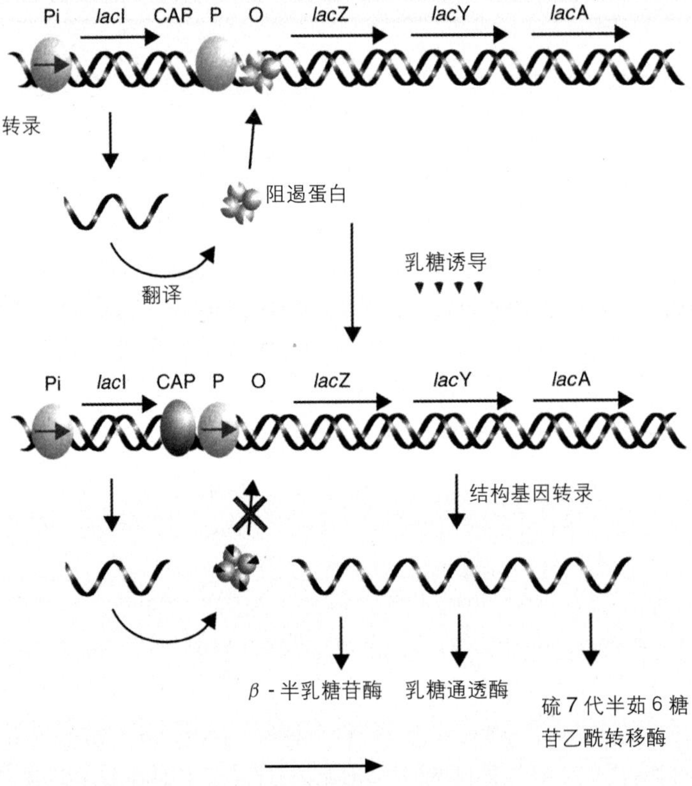

图 1.23 *E.coli* 乳糖操纵子的激活。在没有乳糖时，阻遏蛋白与操纵子序列（O）结合，阻止 RNA 聚合酶与启动序列（P）的结合，进而阻止结构基因的转录。乳糖进入细胞后，将与阻遏蛋白结合，使阻遏蛋白的构象发生变化，阻止它与 DNA 的结合。于是，结合在 P 位点的聚合酶将对乳糖操纵子的结构基因（*lac*Z、*lac*A 和 *lac*Y）进行转录。乳糖操纵子基因的全部激活只有当葡萄糖不存在，分解代谢产物激活蛋白（CAP）与操纵序列结合，进而使 RNA 聚合酶结合 P 位点时才能进行。

(a) 操纵序列（*lac*O） 阻遏蛋白的结合位点。

(b) 启动序列（*lac*P） RNA 聚合酶的结合位点。

(c) 调节基因（*lac*I） 编码 Lac 阻遏蛋白，后者与操纵序列结合，阻止 RNA 聚合酶与启动序列的结合，从而阻遏结构基因的转录。

(d) Pi *lac*I 的启动序列。

(e) CAP（分解代谢物基因激活蛋白） cAMP/CAP 复合物的结合位点。

在没有乳糖的时候，虽然RNA聚合酶与启动序列结合，但与此同时，*Lac*阻遏蛋白与操纵序列结合，于是，结构基因的转录就被抑制了（Lee & Goldfarb, 1991）。既然不能转录出mRNA，也就不能翻译出蛋白质。阻遏蛋白是由 *lac*I 基因合成的，而 *lac*I 基因的启动则有赖于RNA聚合酶与另一个启动序列（Pi）的结合。当细胞内有乳糖时，乳糖就作为操纵子的诱导者。它与*lac*阻遏蛋白结合，使其构象发生变化，导致阻遏蛋白与操纵序列分离。此时，与启动序列结合的 RNA 聚合酶就可以在 DNA 上自由移动了，乳糖的代谢也就可以进行了。

这提出来一个与之相关的问题就是，乳糖的基因开关在转录起始时是如何自动打开的。如上所述，在没有乳糖存在时，操纵子的结构基因，包括乳糖进入细胞所需透酶的编码基因，都是关闭的。因为开关的激活需要乳糖的进入，所以，在这样的情况下，开关的激活看来是无法完成的。但是，我们要声明一下，刚才所说的，是一个超级简化的模型。事实上，即使在乳糖缺乏时，每一个乳糖结构基因也都保持一个低表达水平，称为本底水平（大约每个细胞有五个拷贝）。这就意味着，当细菌遇到乳糖时，能够把少量乳糖分子转运进细胞内，从而诱导乳糖操纵子结构基因的全面启动。当全部诱导发生作用后，细胞内每种蛋白质产物大约有 5000 个拷贝。

乳糖操纵子的调控更加复杂，因为当葡萄糖存在时，它需要被关闭（抑制），而不论乳糖是否存在。葡萄糖对乳糖操纵子的抑制是通过CAP位点介导的。当细胞内葡萄糖水平很高时，cAMP的生成会被抑制，所以，当葡萄糖水平下降时，更多的cAMP就会生成。cAMP与一种叫做CAP（分解代谢基因激活蛋白）的蛋白质结合，CAP蛋白随后在乳糖操纵子的CAP位点与 DNA 结合。这种结合通过增加启动序列与 RNA 聚合酶的亲和力来激活乳糖结构基因的转录。因为葡萄糖通过阻碍乳糖操纵子的全部激活来抑制其转录，所以我们把这种调控现象叫做分解代谢产物阻抑。

像原核细胞内的许多其他的操纵子一样，乳糖操纵子的三个结构基因将被转录成单一的多顺反子mRNA。因为原核生物的DNA分子上没有物理间隔，所以这个多顺反子刚刚合成就开始翻译。在 mRNA 上，每一个 ORF 都包含其自身的核糖体结合位点（见下文），并且能够不依赖乳糖操纵子的其他基因而独立翻译。

从上面我们看到了转录是如何开始的，那么，它是如何结束的呢？一旦RNA聚合酶开始了转录过程，它就沿着 DNA 模板移动，合成 RNA，直到它遇到终止子序列。在这里，聚合酶停止向增长的RNA链上添加核苷酸，释放合成完了的RNA，并从DNA上解离下来。转录终止的产生主要有两种机制。

- *依赖 Rho 因子的转录终止* 蛋白质Rho结合在新合成的RNA链上，它似乎可以在聚合酶停留在某个 DNA 片断时终止转录。
- *不依赖 Rho 因子的转录终止* 内部终止序列可以使转录出来的 RNA 形成发卡结构，使 RNA 聚合酶从 DNA 上解离下来。这种终止途径不需要其他因子的帮助，是 *E. coli* 最普遍的转录终止机制。

1.13.2 真核基因的转录过程

真核细胞基因表达的激活过程远比原核细胞复杂。在影响二者基因激活和RNA合成的问题上，主要有以下差别。

- 真核细胞含有多重 RNA 聚合酶。
- 真核细胞的 DNA 形成了核小体结构，给转录设置了一道障碍。
- 在真核细胞中，转录在细胞核中进行，翻译在细胞质中发生。而核与质之间存在着物理屏障。这就需要存在一种保护机制，使 mRNA 在翻译之前不在胞质中降解。
- 真核基因转录产物是单顺反子，每个基因含有各自的启动子，生成独立的转录本。
- 真核基因是不连续的，被划分成编码区和非编码区。

在讨论典型真核基因的转录后加工过程时，上面这些问题将会逐个被涉及。

真核细胞含有三种RNA聚合酶，它们各自专一地转录不同的基因（表1.3）。每种聚合酶都是大分子蛋白质复合物，复合物中的成分可以调节聚合酶的活性。RNA聚合酶Ⅱ基因（用来编码蛋白质）的活化是通过转录激活蛋白与基因启动子 DNA 的结合来完成的（图 1.24）。当缺乏这些激活剂的时候，转录就不能进行。这些激活剂的作用是我们思考的焦点。但它的作用看上去仅仅是将各种蛋白质复合物集合到特定的启动子上。因此，对基因表达的调控将以激活剂为目标。激活剂至少有两个独立的功能。第一，它们必须能够与DNA结合，这样，它们才能在繁冗的基因组中找到各自的靶基因。第二，它们要能参与蛋白质－蛋白质相互作用。这一点是很有必要的，它可以使 RNA 聚合酶和其他复合物通过激活结构域集合到基因上。这两种功能都可以被调节，从而使基因表达收到调节，对特殊信号进行应答。

真核基因的转录还存在另外一个问题：多数DNA都被包裹成核小体，这对于转录复合物的形成来说是一道障碍。许多激活剂都能够与它们的同源DNA识别序列结合，不论这些DNA是否被包裹在核小体中（Tayor *et al.*, 1991），然而，其他激活剂要想与DNA结合就必须移开核小体。与 DNA 结合后，激活剂会把下列复合物中的一种或多种聚集在基因上。

表 1.3 RNA 聚合酶的特性（旧称聚合酶 A、B、C）

RNA 聚合酶	定位	产物
Ⅰ	核仁	28S、18S 和 5.8SrRNA
Ⅱ	核质	mRNA 和部分 snRNA
Ⅲ	核质	tRNA、5SrRNA 和部分 snRNA

- *染色质修饰复合物* 组蛋白构成了核小体的核心。但如图1.15所示，组蛋白的氨基端却从核小体中伸了出来。这些“尾巴”可以经过其中特定氨基酸的乙酰化、磷酸化或者甲基化作用（图1.25（a））而被修饰，这种修饰对邻近基因的转录能力有着重要的影响。尽管这些尾巴并非保持核小体结构的完整性所必需，但是它们在染色质高度有序结构的形成以及与染色体非组蛋白的相互作用中扮演了重要的角色。近来，许多研究者都注意到了组蛋白的乙酰化在转录中的作用。很多年前人们就发现，基因或染色体中有转录活性的区域内，组蛋白的乙酰化水平较高，而在非转录区域，组蛋白的乙酰

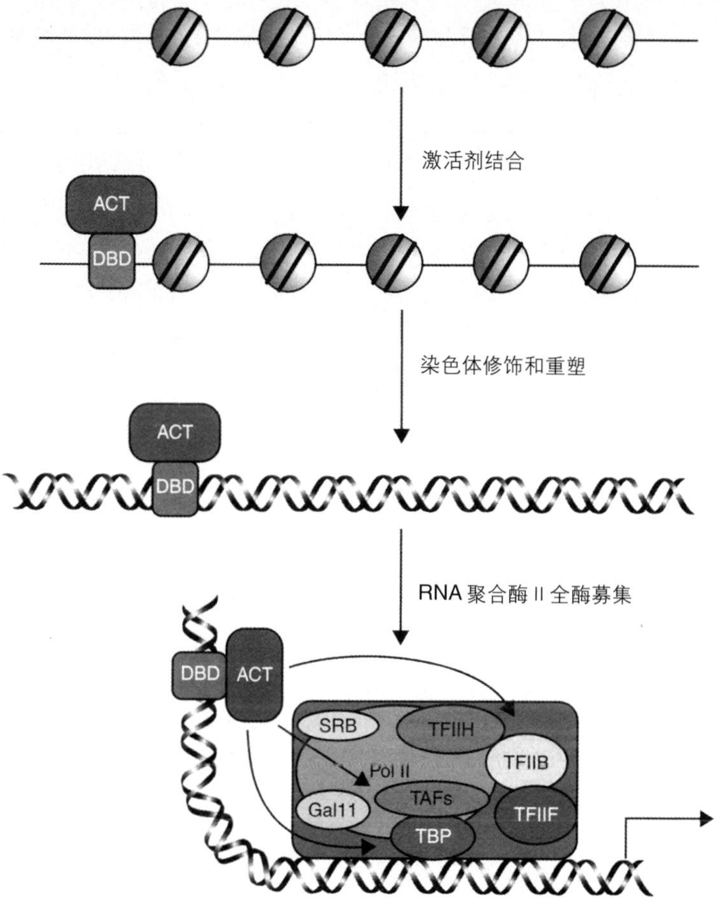

图1.24 转录激活剂在调控真核基因表达开关方面的多重作用。激活剂通过其DNA结合结构域（DBD）与 DNA 结合。这种结合可以发生在没有核小体的区域（如图所示），也可以发生在核小体 DNA 上。激活蛋白的激活区域（ACT）将染色质修饰复合物和染色质重塑复合物集合到基因上。随后，激活蛋白又将RNA 聚合酶II全酶结合到DNA上，使转录开始。聚合酶全酶在细胞中多以一个或多个独立的亚单位形式存在。

化水平较低（Allfrey, Falkner & Mirsky, 1964）。但是这一现象当时并没有得到足够的重视，直到科学家发现，转录激活剂能将染色质修饰复合物聚集到基因的启动子上（Bhaumik & Green, 2001；Larschan & Winston, 2001）。组蛋白的乙酰化反应由组蛋白乙酰化转移酶（HAT）催化。它的逆反应则由组蛋白脱乙酰酶（H-DAC）催化。赖氨酸残基的乙酰化消除了蛋白质的正电荷（图1.25（b））。一方面，低乙酰化组蛋白的尾巴缠绕着DNA，尾巴上带正电荷，吸引着带负电荷的磷酸戊糖骨架；另一方面，乙酰化的组蛋白尾与DNA结合得较为松弛，组蛋白－DNA复合物也就不那么具有刚性，转录发生时，也就更容易解离。

- *染色质重塑复合物* 这些复合物，如酵母菌SWI/SNF蛋白（读作“swich-sniff”，根据首次分离得到的基因筛选产物的命名法命名），利用ATP释放的能量来移动核小体。它们活动的精确机制还不清楚，但我们知道，它们可以像ATP驱动器那样沿DNA链移动，并在移动时破坏蛋白质－DNA相互作用（Pazin & Kadonaga, 1997）。

- *RNA聚合酶Ⅱ全酶* RNA聚合酶于1960年第一次被分离出来（Stevens. 1960；Weiss, 1960）。真核细胞含有多种RNA聚合酶，根据对二环八肽α-鹅膏蕈碱的敏感性不同，可以将它们分类：RNA聚合酶Ⅰ的作用不受这种化合物的影响；而RNA聚合酶Ⅱ在短时间内就会被低浓度的α-鹅膏蕈碱所抑制；RNA聚合酶Ⅲ在哺乳动物细胞中能被高浓度的α-鹅膏蕈碱所抑制。每一种聚合酶都是高分子（约500kDa）的多蛋白复合物，典型的RNA聚合酶Ⅲ含有8～14个独立的亚基。在这里，我们将重点讨论RNA聚合酶Ⅱ（polⅡ）因为他负责蛋白质编码基因的转录。酵母菌的polⅡ含有12个亚基，分别由RPB1到RBP12基因编码。最近，其中10个亚单位的晶体结构已经得到确认（Cramer *et al.*, 2000；Cramer, Bushnell & Kornberg, 2001），如图1.26所示；它为我们研究RNA合成过程的结构基础提供了有益的启示。最大的亚单位Rpb1p内含有一个高度保守的羧基端结构域（CTD），其中含有Tyr－Ser－Pro－Thr－Ser－Pro－Ser共有序列。酵母菌的CTD含有26或27个这样的重复单位，而人类的CTD含有52个重复单位。这个序列可以被高度磷酸化，而磷酸化作为一个重要的步骤，可将RNA聚合酶从能识别启动子的形式转变成能实现转录延长的形式（Hampsey，1998）。后面我们会看到，除了在转录中的作用，CTD对于转录后加工过程，如加帽、加尾和剪切也起了一定作用。如前面所述，聚合酶Ⅱ自己不能与DNA结合，而需要其他的蛋白质（称为转录因子）来实现其功能。有6种基本的转录因子（TFⅡA,ⅡB,ⅡD,ⅡE,ⅡF和ⅡH）对于特定基因DNA的结合，以及起始转录所用聚合酶复合物的合成来说是必需的。大多数转录因子不是单一的蛋白质，而是多蛋白亚基复合物。例如TFⅡD由13个多肽构成：一个TATA盒结合蛋白（TBF）和12个TATA盒结合相关因子（TAF）（Lee & Young，2000）。聚合酶Ⅱ在细胞内以大分子蛋白质复合物的形式存在，称为全酶。全酶由与CTD相互作用的SRB（RNA聚合酶抑制子B）蛋白，Med（介导蛋白）和一些转录因子构成。全酶中转录因子的精确组成目前还不清楚。SRB和Med蛋白起着胶水的作用，它们使RNA聚合酶Ⅱ与基本转录因子之间的作用更加稳固，并对转录因子作出应答（Koleske & Young, 1994；Malik & Roeder, 2000）。这种中介复合物与RNA聚合酶Ⅱ一起进入起始复合物，并在起始的终末或在RNA链延长的早期被释放出来（Svejstrup *et al.*, 1997）。转录激活剂与全酶中的一些组分相互作用，包括TBF，TAF，TF2B以及一些SRB、Med蛋白。不论细胞内发生了哪些相互作用，结果都表现为聚合酶Ⅱ复合物与从核小体中释放出来的启动子结合。聚合酶一旦与启动子结合，转录就开始了。

根据上面描述的激活剂与蛋白质之间的相互作用，我们导出了一个基因相互作用的模型。在这个模型中，激活剂必须首先与DNA结合；随后，激活剂将染色体修饰复合物和重塑复合物集合起来，把核小体从启动子上移开；最后，聚合酶Ⅱ结合到启动子上，转录开始。全部转录的发生并不需要整个基因上核小体的除去。如果启动子能够与RNA聚合酶及转录因子结

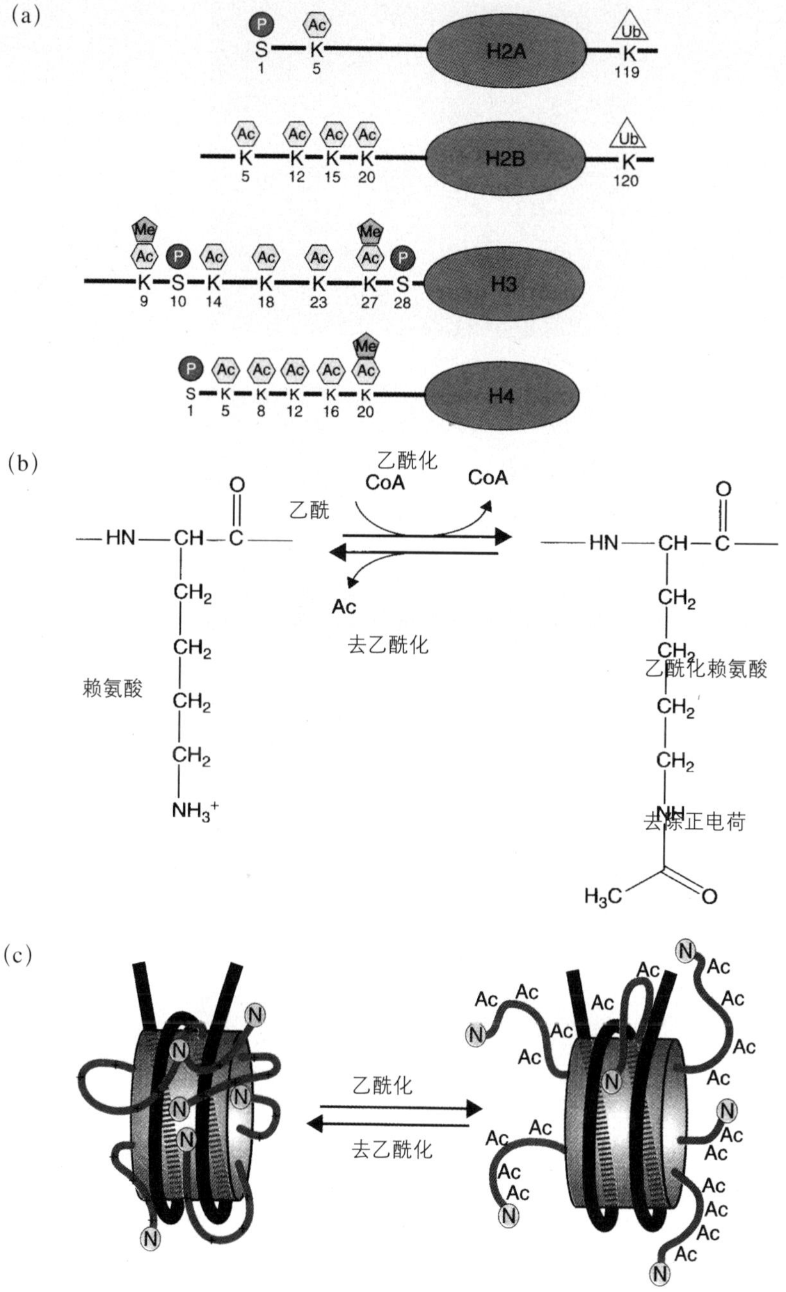

图 1.25　组蛋白尾的修饰：

(a) 组蛋白的氨基末端“尾巴”可以通过丝氨酸（S）或赖氨酸（K）残基的磷酸化（P）、乙酰化（Ac）或甲基化（Me）得到修饰。图中的数字表示各蛋白质中氨基酸的位置。此外，组蛋白 H2A 和 H2B 的羧基端还能被泛素化（Ub）。DNA 和组蛋白的修饰可使核小体内部或附近基因的表达发生重大变化。（经 Elsevier 许可，根据 FEMS 微生物学综述第 23 卷第 503~523 页翻印。原文是 Pérez-Martín 的《酿酒酵母的染色质及其转录》）

(b) 组蛋白尾的乙酰化改变了它的电性，使组蛋白 -DNA 复合物变得松弛，从而促进转录的发生。

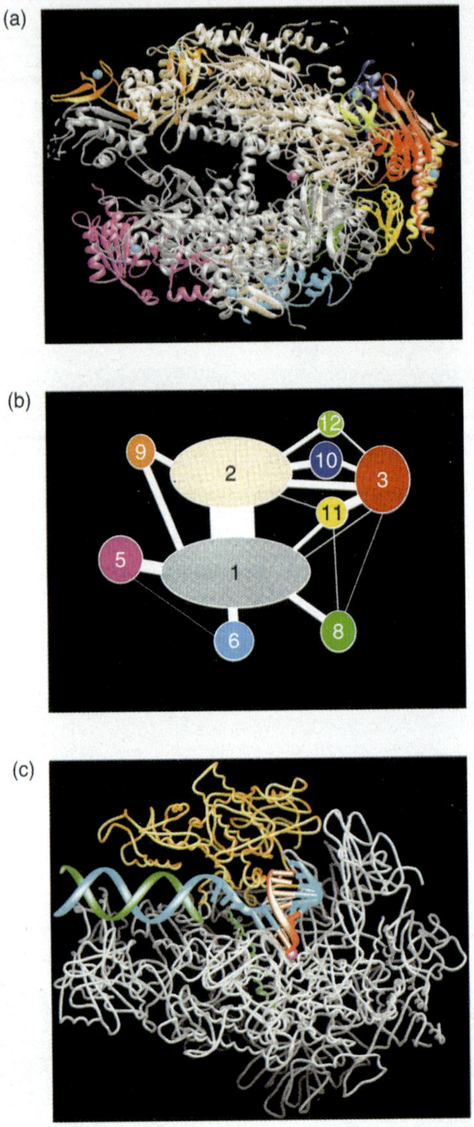

图 1.26 酵母 RNA 聚合酶 II 的结构
(a) X 线晶体衍射所确定的 RNA 聚合酶 10 个亚基的骨架模型。分子中心大裂隙处的红色球体代表活性区域的 Mg^{2+}。
(b) 各个亚基的排列情况示意图。
(c) 蛋白质、双链 DNA（绿色和蓝色）和 RNA 组成的复合物。
这些图片由 Munich 大学的 Patrick Cramer 友情提供，并经《科学》许可，进行翻印。

合，核小体就不会抑制转录的延伸。核小体的组蛋白中带正电荷的部分（赖氨酸和精氨酸残基）位于带负电的 DNA 螺旋附近。随着聚合酶的前进，DNA 从核小体上移开并且组成一个闭合的环。与此同时，RNA 聚合酶头端的扭转使 DNA 产生超螺旋。这种超螺旋取代了组蛋白八聚体与DNA的结合，而在RNA聚合酶后面的DNA仍与组蛋白八聚体保持结合。按照这种方式，在RNA聚合酶通过时，核小体结构与DNA骨架是不会分开的。(Studitsky，Clark & Felgerfeld，1995年)。所以RNA聚合酶在进行基因转录时，不会受到核小体的阻碍。转录水平基因表达中的重要事件就是，RNA 聚合酶与启动子结合，并发挥功能。

真核生物转录终止的分子过程目前还不大清楚。有些转录本在成熟 mRNA3' 端下游超过1000bp的地方才终止，而且，终止过程发生在一些终止区域，而不是在一些特定的位点。在聚合酶自身结束转录之前，转录本就被从延伸的聚合酶上切了下来（图1.27)。而当转录本被分离下来后，RNA聚合酶的功能并没有结束。同时，聚合酶还指导转录本的加工过程，例如剪切和多聚腺苷酸化（McCracken *et al.*，1997；Hirose & Manley，1998)。最新的证据揭示了转录过程中的酶学和细胞学机理，RNA的合成和翻译可以被广泛地联系起来，组成一个“基因表达工厂”，使基因表达每一阶段的充分性和专一性达到最大化（Ma niatis & Reed，2002)。

1.14 RNA 的加工

原核基因与真核基因最显著的差别在于后者可以被划分为**外显子**（**编码区**）和**内含子**（**非编码区**)。20 世纪 70 年代中期，Philip Sharp 和 Richard Roberts 分别做了实验，将 DNA 和其转录生成的 mRNA 进行杂交，并通过电镜观察杂交产物。他们发现，RNA 与母本 DNA 的杂交发生在 DNA 不连续的片段上。而这一结合将会导致 DNA 序列部分成环，成环部分就对应着没有在 mRNA 中出现的 DNA 序列（Chow *et al.*，1997；Berget、Moore & Sharp，1997)。Walter Gilbert为这些不同的区域命名：在mRNA中出现并表达的基因区域叫做外显子，而插入其间的序列片断叫做内含子。mRNA 前体转变为 mRNA 终产物（即切除内含子）的机制，是这一发现所引起的研究热点。在我们探讨这个问题之前，需要首先了解，在mRNA分子转录生成之后，到底发生了什么。

一旦转录完成，mRNA产物就会被广泛地修饰。几乎是在mRNA的合成刚刚完成时，它的 5' 端就被加上了 7- 甲基鸟苷残基的帽子，鸟苷通过 5'-5' 缩合与初级转录本的 5' 端相连，从而建立起一个由 3'-G-5'ppp5'-N-3'p 组成的帽子结构。帽子形成后，甲基群被加在鸟嘌呤残基以及第一个和/或第二个邻近的核苷酸上（图 1.27)。帽子的作用还没有完全的清楚，但是研究表明，帽子与结合在它上面的蛋白质共同指导核糖体的连接及翻译的正确起始。除了5'端的帽子以外，mRNA 的 3' 端与正在延伸的 mRNA 链分开，并加上了多聚腺苷酸尾。

RNA 转录本的剪切与多聚腺苷酸化是在 RNA 内含的 polyA 信号的指导下完成的。脊椎动物 mRNA 前体的核心 polyA 信号由两个识别元件组成，它们位于剪切 - 多聚腺苷酸化位点

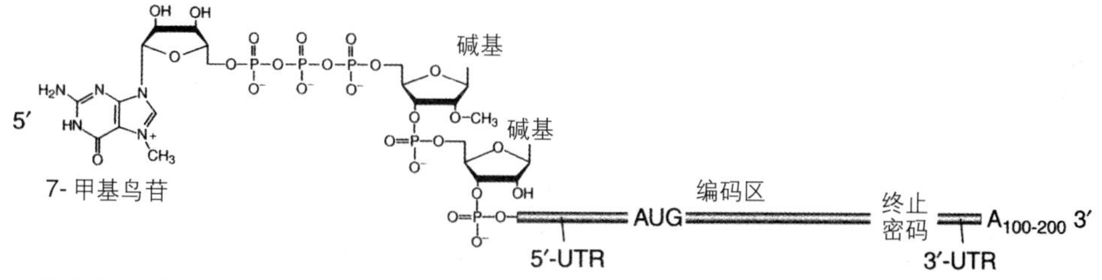

图 1.27 真核生物成熟 mRNA 的分子结构。转录后，mRNA 的 5' 端加上 7- 甲基鸟苷帽子，第一位或第二位核糖的 2' 位发生甲基化。转录本的 3' 端被 100~200 个腺苷酸残基多聚腺苷酸化。

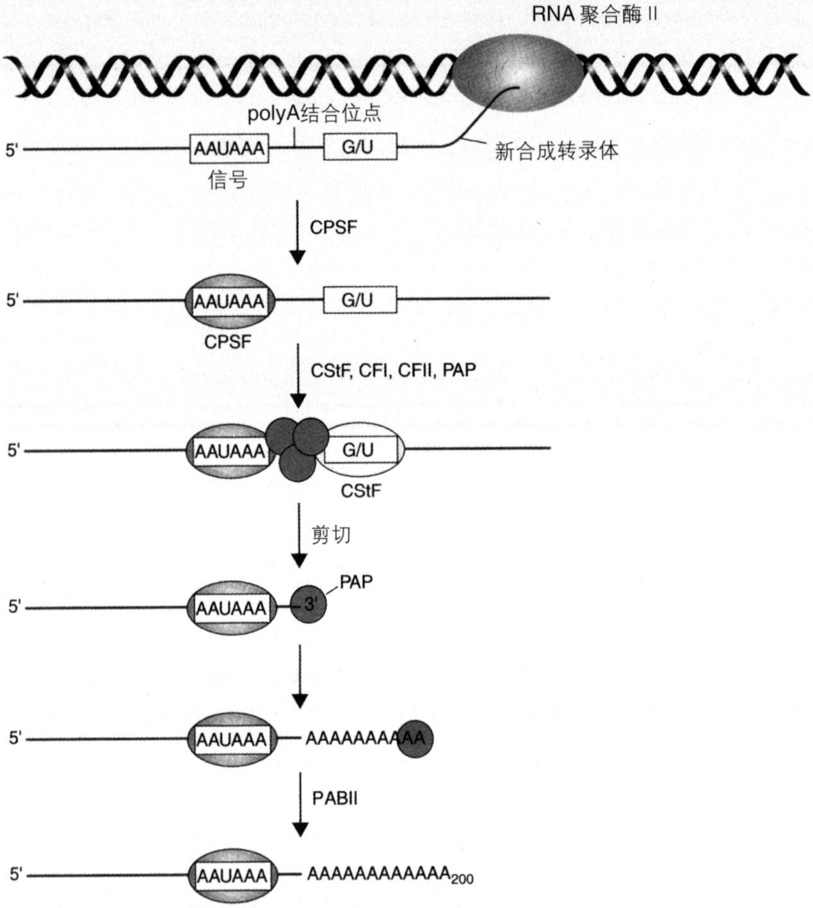

图 1.28 mRNA 转录本的剪切和多聚腺苷酸化。图中显示了新形成的转录本上 polyA 结合位点、信号 AAUAAA 和下游 U/GU 区域。一个由切割与多聚腺苷酸化特异性因子（CPSF）、剪切因子 I 和 II（CFI 和 II）以及切割刺激因子（CStF）组成的复合物与这些序列结合。多聚腺苷酸聚合酶（PAP）也在这个阶段加入到复合物中。RNA 剪切开始后，CPSF 仍与被剪切 mRNA 的 5' 端结合。而 3' 端迅速降解，PAP 开始合成 polyA 尾，介导最初 10 个腺苷酸的加入。最终，多聚腺苷酸结合蛋白 II（PAB II）参加反应，刺激 polyA 的形成并延长至约 200 个腺苷残基。

的侧翼。典型的结构是，在一段富含 U 或 GU 残基的多变元件上游约 20 ~ 50 个核苷处，存在一个保守的5'-AAUAAA-3'六聚物元件。初级转录本的剪切发生在这两个元件之间，并同时在 5' 剪切物的 3' 端加入了大约 200 个腺苷。这一过程需要两种蛋白质因子：一种是切割与多聚腺苷酸化特异性因子（CPSF），它与AAUAAA模体相连；另一种是切割刺激因子（CStF），它连接在富含 GU 元件的下游。随着核 PolyA 信号被聚合酶切出来，它被集合在 RNA 聚合酶 CTD 上的一系列剪切与多聚腺苷酸化作用因子的子集所识别。装配进行过程中陆续有因子加入到复合物中，最终剪切发生。多聚腺苷酸化作用紧随其后，约 200 个腺嘌呤核苷酸残基加到 mRNA 3' 端。只有 mRNA 存在多聚腺苷酸化作用，但并不是所有的 mRNA 都会发生多聚腺苷酸化；例如，编码组蛋白的mRNA就不发生。多聚腺苷酸化由多聚腺苷酸聚合酶（PAP）

催化，它不仅可以稳定转录本，而且与成熟mRNA从细胞核向细胞质的转运有关。我们将在后面的几章中看到，polyA的加入有重要的实际意义。在各种RNA中，只有mRNA可与polyT的杂交，这已成为基因工程中的一种重要工具。

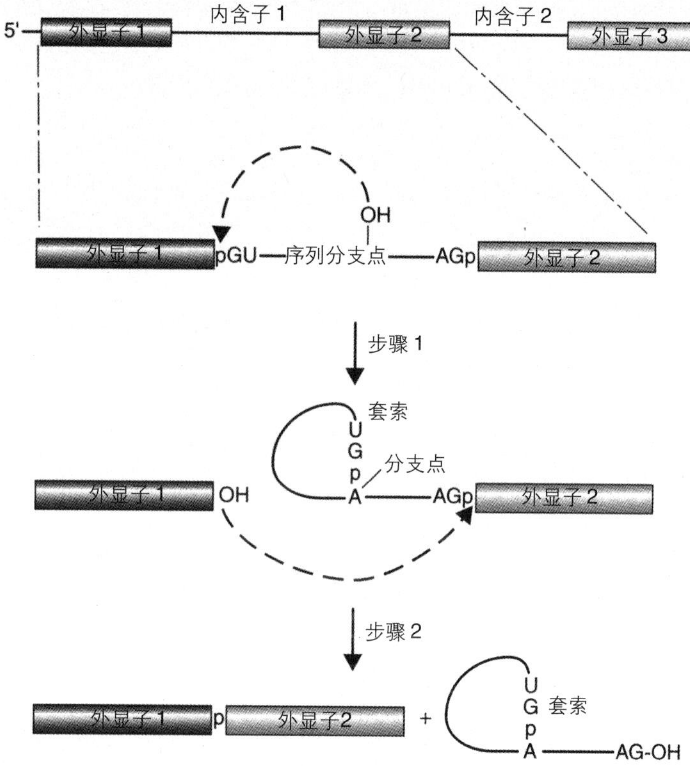

图 1.29　外显子的剪接与成熟 mRNA 的合成。核内 mRNA 前体的剪接过程要经历两个完全不同阶段。步骤 1 为亲核攻击：内含子 1 分支点腺苷酸残基的 2'-OH 攻击内含子 1 5' 端与外显子 1 连接的磷酸二酯键，切除外显子 1，形成了一个套索结构。步骤 2 也为亲核攻击：外显子 1 的 3' 端攻击内含子 1 的 3' 端与外显子 2 连接的磷酸二酯键，内含子 1 以套索形式被剪切下来，外显子 1 和外显子 2 连接在一起。

1.14.1 RNA 的剪接

不同种类的RNA有不同的**剪接**机制。我们在这里阐述的是已经较为清楚的，并在基因工程中有重要意义的mRNA的拼接机制。mRNA经过加帽和多聚腺苷酸化之后，再经过内含子的去除和外显子的融合，成为一个可翻译的整体。很明显，这个过程需要十分精确，任何出现在外显子融合过程中的基因滑动，都会对蛋白质的翻译造成灾难性的损害。

那么，内含子和外显子之间的界限是如何标记的呢？剪接过程又是通过什么分子机制开始的呢？令人吃惊的是，存在于内含子与外显子之间的RNA保守序列并不长。大多数的内含子开始于双核苷序列5'-GU-3'，终止于双核苷序列5'-AG-3'（图1.29），同时，内含子中还有一些保守性较低，可作为剪接必需复合物结合位点的序列。这些复合物统称剪接体(spliceosome)，只在细胞核中出现，它包含了RNA和蛋白质成分。剪接体中的RNA链都比较短（100～200个核苷，）并且与蛋白质结合，共同组成了核内**小核糖核蛋白质**（snRNP或

snurp)。这些 RNA 分子含有丰富的尿苷残基。据此，snRNP 被分别命名为 U1,U2,U4,U5,和 U6。图1.29描述了一个由剪接体催化完成的剪接全过程模型。内含子的去除和外显子的接合依靠两次转酯反应完成。在内含子序列中常有一个分支部位的腺苷酸残基（A），其2'和3'端可与套索中的两个磷酸二酯键结合。形成了内含子的套索结构和外显子的融合。核内小核糖核蛋白不仅在催化过程中发挥作用，而且在剪接反应进行时，可保持两相邻内含子的接近状态。对于剪接机制感兴趣的读者可查阅相关综述（Sharp, 1994）。

1.14.2 选择性剪接

既然真核基因中每个外显子都可编码一部分蛋白质，可以设想，通过对mRNA前体的可变剪接，我们就可以得到不同的mRNA，最终得到不同的蛋白质。选择性剪接是一种广泛存在的现象，最新研究显示，至少有 30% 的人类基因存在这个现象（Sorek 和 Amitai, 2001）。这些剪切变种与其原始序列的差别是怎样的呢？由这些剪接变种翻译的蛋白质的生理功能可能相同，可能相反，可能完全不同，也可能无关。因此，选择性剪接可能在不改变原始基因的条件下使蛋白质的功能大大增加。

一个最引人注意的选择性剪接发生在黑腹果蝇的性别决定基因。在性别决定过程中，有三个基因参与：*sxl*（性别致死基因）、*tra*（性别转换基因）、*dsx*（双重性别基因）（Chabot, 1996）。它们都会产生一种 mRNA 前体，每种 mRNA 前体有两种可能的剪接模式，模式的选择取决于果蝇的性别。图1.30显示了它们的剪接方式：①雄性包含了基因中的两个外显子（*sxl* 中的外显子 3 和 *tra* 中的外显子 2），它们共同制造了含有终止密码子的 mRNA 分子，并产生

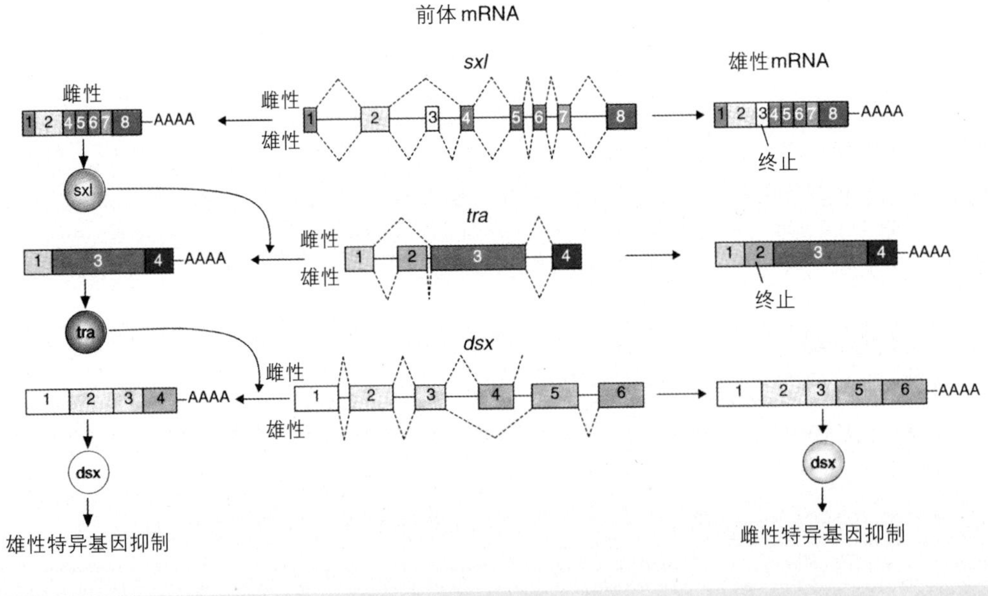

图1.30　果蝇性别决定过程中的可变剪接。每幅图中央显示的是性别决定基因（*sxl*、*tra*和*dsx*）的mRNA前体，在它上面是雌性的剪接模式，下面是雄性的剪接模式。相应的mRNA剪切产物也表示出来了（雌性的在左边，雄性的在右边）。在雌性，*sxl* 和 *tra* 相应 mRNA 的蛋白产物控制着剪接位点的选择。由于雄性具有含终止密码的外显子，所以这些蛋白不在雄性表达。但雄性会产生 *dsx* 蛋白，它会抑制其他雌性特异基因的转录。而 *dsx* 蛋白的雌性译本则抑制雄性特异基因的转录。

了无活性的蛋白质。雄性唯一有活性的蛋白质产物是由*dsx*基因编码的，这个蛋白使所有的雌性特异基因失活。②雌性转录的mRNA外显子中不含有终止密码子。就*sxl*和 *tra*来说，蛋白质产物对于观察到的剪接模式有正性作用，它决定了在剪接体中哪些内含子被切除。

1.15 翻译

翻译过程发生在：带有相关蛋白质结构性 RNA 内，对 mRNA 中的线性信息序列进行解码，制造出线性氨基酸链的过程。这条氨基酸链被称为多肽，它组成了蛋白质。

mRNA的核苷酸序列被解读成一系列三联体（密码子）。每一个密码子编码一个特异氨基酸，并将其插入多肽序列。翻译开始于起始密码子 AUG，结束于终止密码子 UAA、UGA 或 UAG（参看附录1）。从起始密码子开始，各三联密码子依次解读。在蛋白质中有20种不同的氨基酸，而密码子有64种，因此，密码子存在简并现象，即大多数氨基酸都可由一种以上的密码子编码。例如蛋氨酸由一个密码子（AUG）编码，而亮氨酸和精氨酸均可由六个密码子编码。遗传密码大体上是普遍适用的，各种生物的绝大多数基因都遵循相同的密码。但是，一些线粒体的编码基因并不遵循这一法则。例如终止密码UGA在人类和酵母的线粒体中编码色氨酸。

DNA 序列中发生的碱基变换将使编码产生的蛋白质序列发生巨大的变化。如图 1.31 所示，DNA有意义链中的T变成了G，丝氨酸密码子（UCU）也就变成了丙氨酸密码子（GCU）。核苷的插入或删除将会对蛋白质的编码产生更大的影响。例如，GC碱基对的插入改变了转录读码框，使得插入点之后的蛋白质序列与原始序列完全不同。这样的变异属于移码突变。不是所有的 DNA 突变都会导致蛋白质序列的改变。如果上述的丝氨酸密码子由 UCU 变成了 UCG，这个密码子仍旧编码丝氨酸，这样的突变称为沉默突变，因为它没有改变最终的蛋白

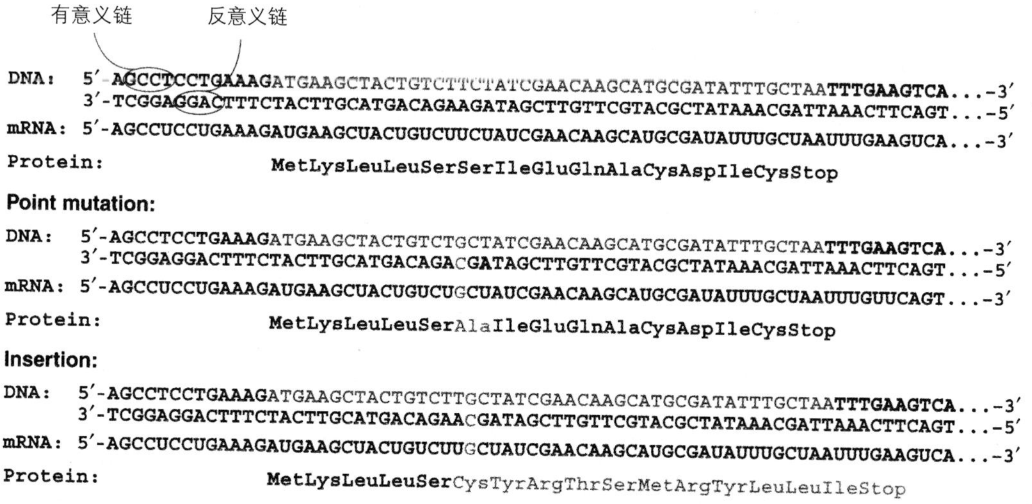

图 1.31　DNA 的转录和翻译和蛋白质的生成。发生在 DNA 序列中的变异将对蛋白质的生成产生重大影响。图中所示的是一个点突变效应和编码区单核苷的插入突变效应，这导致了图示蛋白质序列的根本改变。

质序列。

tRNAs在翻译过程中充当了中介物的角色。它们把特异的氨基酸转运到相应的mRNA氨基酰-tRNA三联体。氨基酰tRNA合成酶将特定密码子编码的氨基酸和包含相应反密码子的tRNA连接起来。密码子和反密码子的配对使氨基酸正确地添加到正在延伸的多肽链上。核糖体是mRNA翻译的场所，它由大、小两个亚基组成。每个亚基都是结构RNA（rRNA）和蛋白质的复合体，执行着翻译过程中不同的化学反应。和DNA的复制和转录类似，翻译的过程也可分为三个阶段：起始、延长和终止。在细菌中，mRNA起始密码子上游约4～8个碱基处，有一个富含嘌呤的保守序列（5'-AGGAGGU-3'），称为SD（Shine-Dalgarno）序列（Shine & Dalgarno, 1975）。它可以与核糖体30S小亚基的16SrRNA 3'端的一段保守序列5'-ACCUCCU-3'互补配对，从而定位核糖体，起始翻译。真核生物核糖体的结合部位，是围绕在起始密码子（用下划线表示）周围的Kozak序列（共有序列是5'-ACCAUGG-3'）（Kozak, 1986）。结合之后，核糖体沿着mRNA从5'端向3'端移动（图1.32）。翻译开始于AUG起始密码子，结束于终止密码子，核糖体与之分裂。终止密码子不与tRNA结合，而与释放蛋白RF结合，使核糖体解离。在最佳状态下，每秒约有15～20个氨基酸参加聚合（Crowlesmith & Gamon, 1982）。但实际的翻译速率是要比这快，因为在翻译时，一条mRNA上不只结合一个核糖体，而是大量核糖体组成多核糖体。mRNA上结合的核糖体数量将影响翻译速率：结合在mRNA上的核糖体越多，蛋白链就制造得越多。单个mRNA的密码子的使用也会在很大程度上影响延长速率。某些密码子对应的tRNA分子要比其他密码子丰富，这使得高度表达基因的密码子使用情况与其他基因不同。

由于许多抗生素就在翻译阶段设立靶点，所以翻译阶段是基因工程中具有特殊意义的过程。下列抗生素作用机制就是如此：

- *氯霉素*——抑制核糖体50S亚基的肽基转移酶活性。
- *红霉素*——阻止核糖体50S亚基的移位。
- *梭链孢酸*——阻止延长因子与核糖体解离，从而阻止移位。
- *嘌呤霉素*——是氨基酰-tRNA类似物，导致肽链过早终止。
- *链霉素*——导致mRNA的误译，阻止链的起始。
- *四环素*——阻止氨基酰-tRNA与核糖体A位点的结合。

真核生物的蛋白链含有指导翻译后加工与细胞区室化的信息。所有蛋白质的翻译过程都开始于新合成肽链氨基端的蛋氨酸残基（由AUG编码）。对于许多真核与原核细胞中共同存在的蛋白质而言，这个残基被蛋氨酸氨基肽酶所移除，这就使最终的蛋白链开始于第二个密码子编码的氨基酸。（Bradshaw、Briday & Walter，1998）。可溶性细胞溶质蛋白在肽链合成完成后从核糖体上释放，由于已经处于合适的环境，它们可迅速执行特殊功能。但是，还有许多真核蛋白质被限定在细胞的特定区室内。多肽本身携带有决定其最终使命的信息。被限定在细胞核中积累的真核蛋白质含有一个核定位信号（NLS），它由支配性的短链碱性氨基酸（如PKKKRLV）组成，介导蛋白质进入细胞核（Goldfarb *et al.*，1986）。另外，分泌蛋白和膜整合蛋白在翻译过程中运输到内质网（ER），这类蛋白质氨基端有疏水肽链，称为信号肽。它介导多肽-核糖体复合物与内质网的结合，新合成的氨基酸链穿过内质网膜，而信号肽会被剪切下来，蛋白质最终被高尔基体运送到它们的目的地。但如果末端羧基含有内质网滞留信号（KDEL 四肽序列），它将驻留在内质网中（Munro & Pelham, 1987）。

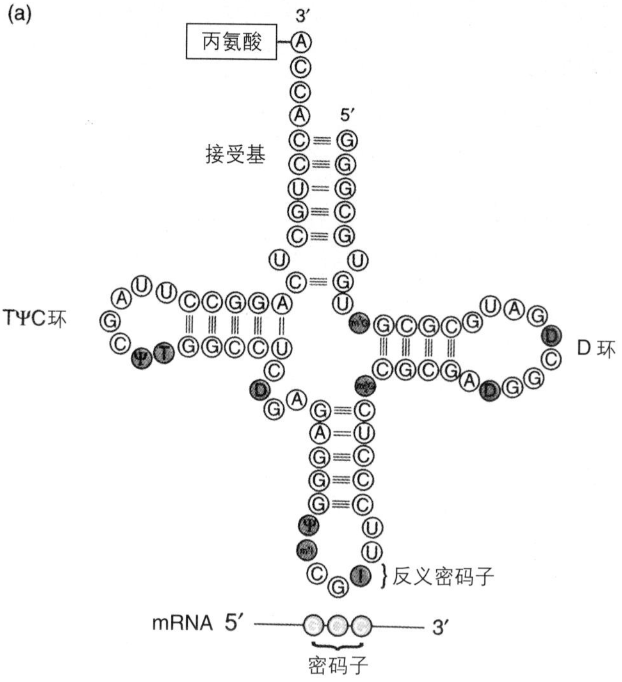

图 1.32 (a) 酵母丙氨酸 tRNA 的三叶草模型。tRNA 分子内含有下列稀有碱基（用黑色表示）：假尿苷（ψ）、肌苷（I），二氢尿嘧啶（D）、胸腺嘧啶核糖核苷（T），甲基鸟苷（m^1G）二甲基鸟苷（$m_2{}^2G$）甲基肌苷（mI）。tRNA 的反密码子与相应的 mRNA 的密码子配对。

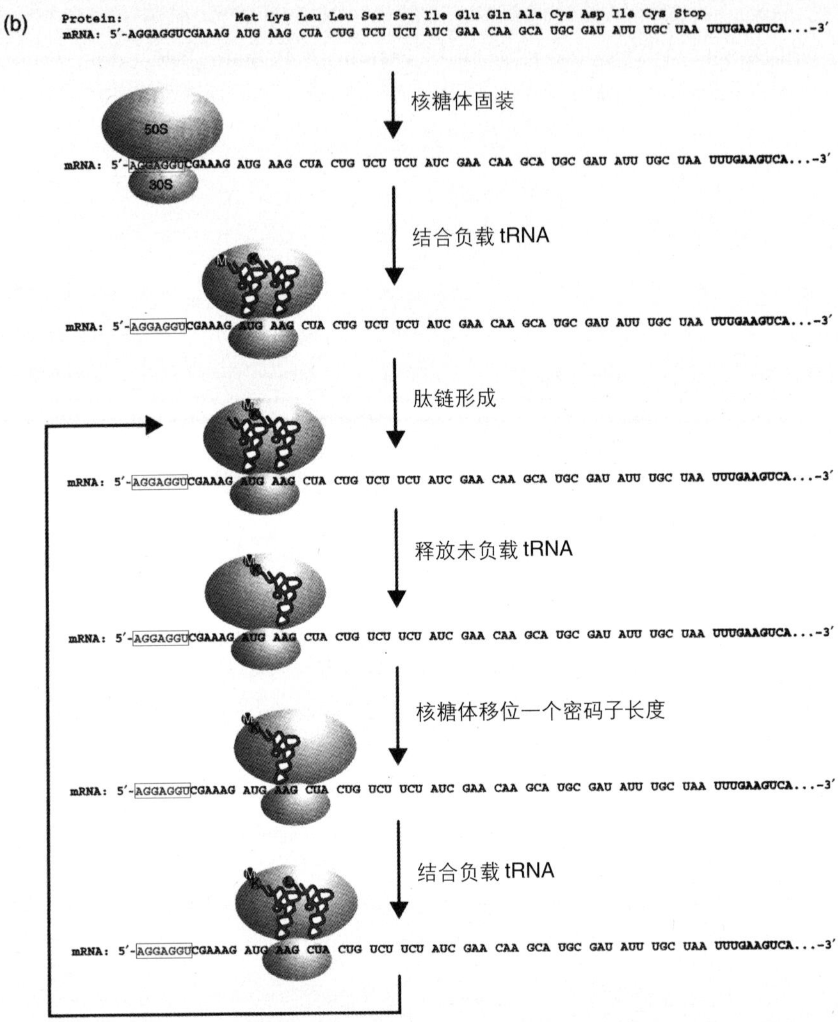

图1.32 （b） 细菌的mRNA分子在核糖体上的翻译过程。核糖体与mRNA的结合位点就在起始密码子（AUG）上游的SD序列（框内序列）。30S核糖体亚基直接与该序列连接，并与50S亚基缔合。缔合形成的70S核糖体是一个由蛋白质和rRNA组成的大型复合物，可覆盖mRNA的约35个碱基。特殊起始rRNA（fMet-tRNA$_f$）上的反密码子根据碱基互补配对原则与起始密码子结合（在P位点）。下一个氨基酰-tRNA（负载了适当的氨基酸）与下一个密码子（在A位点）结合从而开始肽链的合成。肽链的形成过程需要把P位上tRNA所携带的氨基酸转移给A位上新进入的氨基酰-tRNA。无负载的tRNA随后离开复合物，核糖体向下一个密码子移动。之后的氨基酸以同样的方式加入到肽链中。

第 2 章 基因分析中的基本技术

要点

- 限制酶、细菌转化和琼脂糖凝胶电泳的偶然发现，使得分子生物学在 20 世纪 70 年代有了飞速的发展
- 在确定的位点切割 DNA 并接入外源 DNA 分子已成为可能
- 克隆——对分离出的单个基因进行研究——现在变得切实可行
- 通过凝胶电泳对 DNA 进行高分辨分析
- 印迹杂交技术检测同源核苷酸序列
- DNA 的快速纯化

基因分析中的一个主要问题是不同来源的DNA分子本身都具有相似的化学性质。我们已经知道，组成人类基因组的 DNA 非常长，在大多数细胞，这个长度大概为 6.4×10^9bp，而这么长的DNA分子仅由四种不同的核苷酸组成。DNA分子如此的长度和复杂性的相对缺乏，使得分离研究单个 DNA 片段或基因成为一项艰巨的工作。我们知道，DNA 的碱基序列对基因的编码是非常重要的，而想要研究单个基因的功能，最关键的是要把这个基因分离出来，独立地研究。我们非常希望能够把单个基因从一个基因组中切割出来。但是，在20世纪70年代以前，人们始终没有找到特异性切割DNA序列的方法。在DNA的特定位点进行切割成为分子生物学发展的瓶颈。Werner Arber、Daniel Nathans 和 Hamilton O.Smith 因发现了能特异切割 DNA 序列的限制酶，获得了 1978 年的诺贝尔奖。

当我们思考如何分离一段特殊的DNA片段时，有几个重要因素必须考虑。我们需要分离的是一段我们感兴趣的DNA片段，并将其克隆，这样我们可以在没有其他人类基因干扰的情况下只复制和放大这一段基因。如何完成上述过程呢？研究基因功能的最好方法是把它注入分子生物学家最喜欢的 *E. coli* 内，进行克隆。我们之所以选用 *E. coli* 用于克隆，是因为它有以下几个优点：细胞生长迅速，能够高效表达外源基因并且所用菌株对人体基本无害。但是，在我们把外源 DNA 序列插入到细菌内的过程中，仍然存在一些问题。一般来说，DNA 序列必须包含复制子才能复制。病毒和细菌的基因组通常只含有一个复制子。所以，仅仅把一段外源DNA片段放入细菌细胞内并不能导致该片段的复制。而且这些外源DNA很可能会被细胞降解。追溯到 19 世纪 50 年代，注意到如果噬菌体是由一个特定的 *E. coli* 菌株（比如菌株 C）中制取出来的，那么，它对同样的菌株将有很高的感染性，而对其他 *E. coli* 菌株（菌株 K）感染性很低。有趣的是，如果同样的噬菌体是从 *E. coli* K 菌株中制备出来的，那么它既可以有效地感染 K 菌株，也可以有效地感染 C 菌株。在 *E. coli* C 菌株中制备的噬菌体在进入 K 菌株时似乎受到了某种限制。Werner Arber 记录到从 C 菌株中制备出的噬菌体的 DNA，进入K菌株后很快被降解了（Arber, 1965）。降解的发生是因为细菌含有一种特化的限制修饰系

统，该系统能够避免它们被外源 DNA 序列的侵入。

2.1 限制酶

生物的限制修饰系统有两个组分：限制性内切酶和DNA甲基化酶。限制酶（或者叫做限制性内切酶）可在特定部位切割 DNA。应当指出的是，它的切割位点在 DNA 分子的内部，而不是分子的末端。最早的限制性内切酶是 1968 年从 *E.coli* K 实验室菌株中分离出来的（Meselson & Yuan, 1968）。这个酶能够切断 DNA，但是精确的 DNA 切割位点仍不清楚。这个酶可进行大量的复杂活动，使它变得难以研究（表 2.1）。

表 2.1 限制性内切酶的性质 改编自 Dryden，Murray & Rao（2001）

性质	I 型	II 型	III 型
限制和修饰	单个多功能酶	分离的核酸酶和甲基化酶	分离的、共享一个相同亚基的酶
核酸酶亚基结构	异三聚体	同二聚体	异二聚体
辅助因子	ATP、Mg^{2+}、SAM	Mg^{2+}	Mg^{2+}、SAM
DNA 切割的必要条件	在任何方位有两个识别位点	单个识别位点	两个头对头的识别位点
DNA 切割位点	随机，距离识别位点大约 1000bp	位于或靠近识别位点	距识别位点 3' 端 24～26bp
酶的更新	不更新	更新	更新
DNA 移位	有	无	无
甲基化位点	位于识别位点	位于识别位点	位于识别位点

1970 年，Hamilton Smith 和他的合作者从流感嗜血杆菌 Rd 菌株中检测到了限制酶的活性，并且指出，它可以在特异位点切割DNA。这个被叫做Hind II 的酶，可以识别一个6bp双链 DNA 序列（5'-G-T- 嘧啶 - 嘌呤 -A-C-3'）：

5'-GT（T/C）¦（G/A）AC-3'
3'-CA（A/G）¦（C/T）TG-5'

并在 DNA 序列的中部（图中虚线所示的位置）同时切断两条 DNA 链。Smith 发现这个酶并不能切断流感嗜血杆菌的基因组DNA，但是可以在40多个位点切断噬菌体T7的基因组（39937bp），形成很特殊的片段样结构。限制酶 Hind II 始终能够识别出上述的序列并且直接在这个序列的中间将其切断。这个序列被认为是Hind II 的识别位点。不管这段6bp的特殊序列出现在 DNA 分子的什么部位，只要它们不被修饰，Hind II 都会切断。

事实上，Smith是非常幸运的。流感嗜血杆菌包含两种不同的限制酶，Hind II 和Hind III，这两个酶都有可能出现在经他部分提纯的有限制酶活性的产物中。Hind III 识别并切割 5'-AAGCTT-3' 序列，但是这个序列不出现在噬菌体 T7 的基因组中，因此，Hind III 不会干扰他所得到的片段。

Smith 发现 Hind II 后不久，另外一种限制酶，EcoR I，被从 *E.coli* RY13 株中分离出来（Hedgpeth，Goodman & Boyer, 1972）。这个酶可以识别 5'-GAATTC-3'。如今，人们已先后

从超过 230 种细菌中分离出 900 种以上的限制酶。限制酶是按照来源命名的：第一个字母表示来源菌的属，第二个和第三个字母表示来源菌的种。按照惯例，这些字母要用斜体表示，但是最近这项规定取消了，所以现在写这些名字就不用斜体了（Roberts *et al.*, 2003）。核酸酶名字后面的数字表明它从菌株中分离的顺序。比如，将第一个从斯氏普城菌中分离的限制酶命名为 Pst Ⅰ，而把第二个从嗜热脂肪芽孢杆菌 ET 中分离出来的限制酶命名为 BstE Ⅱ。

这里有个问题值得我们去探究：为什么生物体产生的限制酶，不会损伤自身的DNA呢？在 Smith 的实验中，他观察到了 Hind Ⅱ对 T7 基因组的切割，但是编码该限制酶的流感嗜血杆菌基因组DNA，尽管有很多的Hind Ⅱ识别位点，也未被切割。答案在于限制修饰系统的修饰部分。流感嗜血杆菌和其他许多生物体一样，在产生限制酶的同时，产生另一种可以修饰自身 DNA 的酶，使其不被限制酶切割。比如，*E. coli* RY13 菌株，既可以产生 EcoR Ⅰ，也可以产生EcoR Ⅰ甲基化酶。和许多限制酶一样，基因组中核酸酶和修饰酶的编码基因在基因组中彼此相邻。EcoR Ⅰ甲基化酶使甲基与 EcoR Ⅰ识别位点第二个腺嘌呤的 N6 位共价结合（图1.5），使其不被EcoR Ⅰ切割（图2.1）。事实上，只要两条DNA链中有一条发生了这种甲基化，就可以有效地阻止相应限制酶的切割。在完全甲基化的DNA序列进行半保留复制后，

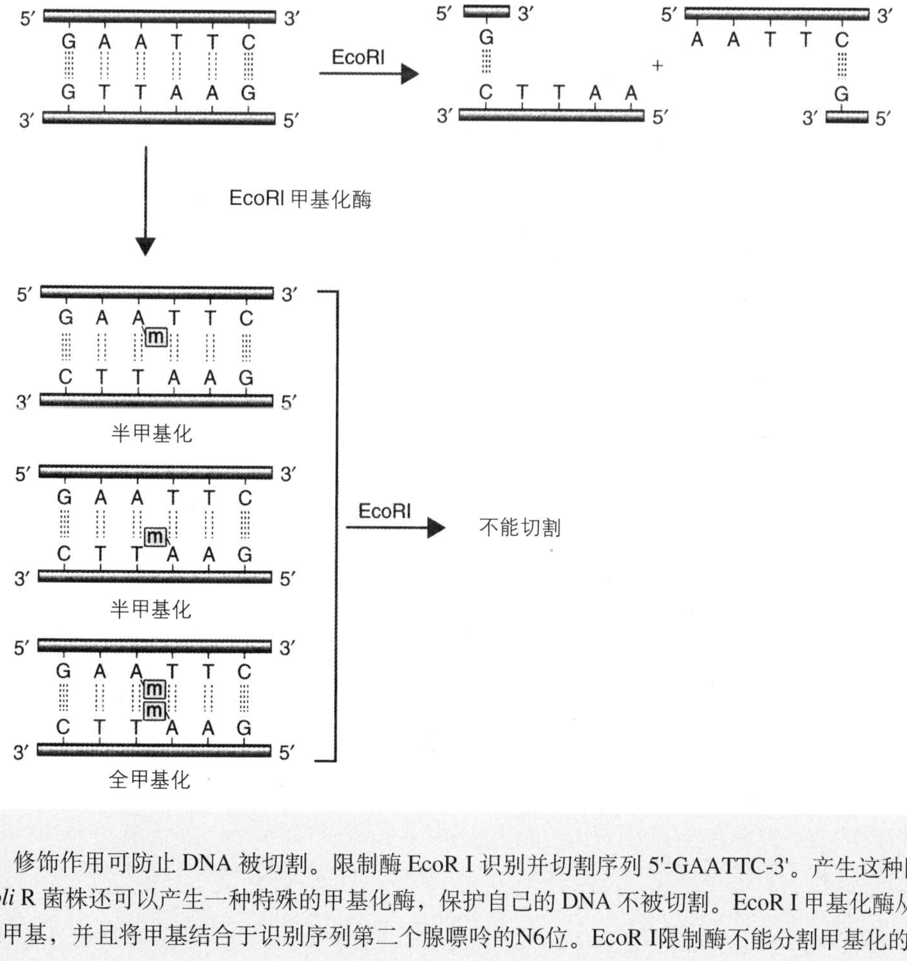

图 2.1 修饰作用可防止 DNA 被切割。限制酶 EcoR Ⅰ识别并切割序列 5'-GAATTC-3'。产生这种限制酶的 *E.coli* R 菌株还可以产生一种特殊的甲基化酶，保护自己的 DNA 不被切割。EcoR Ⅰ甲基化酶从 SAM 中获取甲基，并且将甲基结合于识别序列第二个腺嘌呤的N6位。EcoR Ⅰ限制酶不能分割甲基化的DNA。

半甲基化的DNA可以保护细菌DNA不被降解，EcoRI甲基化酶最终使DNA恢复成完全甲基化的状态。EcoRI识别位点的腺嘌呤的甲基化，不会影响整个DNA的结构，但是可以阻止酶对DNA的切割（Jen-Jacobson *et al.*, 1996）。DNA甲基化酶（又称DNA甲基转移酶）采用了非常精细的机制，将甲基结合到双链DNA中特定的碱基上。我们已经从结构上对大量的甲基化酶进行了研究（图2.2）。甲基化酶与DNA的结合使得有待甲基化的碱基暴露了出来，并且稳定了螺旋上由蛋白质其他部分遗留下来的单个碱基。碱基翻转包括了双链DNA中骨架键的旋转，暴露未堆积的核苷酸，这些核苷酸可以作为酶促化学反应的底物（Cheng & Roberts, 2001）。

所以生物体可以在保护自己DNA的同时降解没有被正确甲基化的外源DNA。正如我们后来看到的，甲基化酶是基因工程的重要工具。通过使用甲基化酶，人们可以在体外培养中，保护某个确定的DNA序列不被限制酶切割。

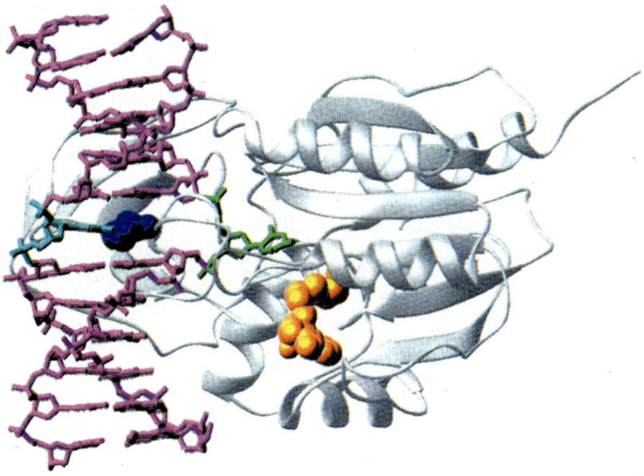

图2.2 Hha I与DNA结合的甲基化酶的结构。这个酶（白色）把一个氨基酸（深蓝色）插入DNA双螺旋的识别位点（5'-GCGC-3'），并将第一个胞嘧啶残基（绿色）完全地翻转到螺旋轴的外面（Blumenthal & Cheng，2001）。这个残基甲基化所需的甲基由SAM（金色）提供。这个甲基化了的碱基大概会在酶解离之后返回螺旋。经Emory大学的Xiaodong Cheng授权，转载自Blumenthal和Cheng（2001）。

2.1.1 限制修饰系统的类型

根据酶的复杂性、所需辅助因子的种类以及切割位点，限制修饰系统被分成三种类型（尽管我们发现新的系统不适合这种分类方法）。各个系统的特性见表2.1。1968年首次被分离出来的限制酶EcoK，属于Ⅰ型内切酶。它可以识别DNA序列5'-AACN$_6$GTGC-3'，其中的N可以是任何一种核苷酸。切割是随机的，切割位点与识别位点之间有一定的距离。Ⅰ型限制酶的活动需要ATP、SAM和Mg^{2+}。这种酶由三个亚基组成：一个决定DNA识别位点的特异性亚基，一个修饰亚基和一个限制亚基。在SAM存在的情况下，不管识别位点是否被甲基化，酶都会和识别位点结合。如果识别位点被甲基化，那么ATP水解，促使酶与DNA分离。如果识别位点只有一条链被甲基化（半甲基化），那么ATP会刺激另一条链的甲基化，而SAM将作为甲基的提供者。如果识别位点没有被甲基化，那么DNA就会被切割。伴随着DNA序列的从酶中翻出，切割在距识别位点几千bp的地方发生。由于这种酶切割DNA是相对随机的，因此它在基因工程中不是特别有用。

HindII、HindIII和EcoRI限制酶都属于Ⅱ型限制酶。它们识别旋转对称的DNA序列——一条DNA链上5'到3'的序列和另一条链上5'到3'的序列相同。这种DNA序列通常被称作“回文结构”。回文结构结合位点可以是连续的（如KpnI识别序列5'-GGTACC-3'），也可以是间断的（如BstEII识别序列5'-GGTNACC-3'，其中的N可以是任何一种核苷酸）。Ⅱ型限制酶的活动只需要Mg^{2+}切割位点通常在识别位点内部或附近。不同的Ⅱ型限制酶识别并切割不同的位点，但是同一种限制酶总是以同样的方式切割同一个特殊的碱基序列，不管这个DNA来自哪里。而来源不同的限制酶也常常识别同样的DNA序列，尽管它们切割DNA的方法可能不同。这些酶互称同裂酶。例如限制酶SmaI和XmaI都可以识别相同的DNA序列（5'-CCCGGG-3'），那么它们就互为同裂酶。但是SmaI在位点中部的胞嘧啶和鸟嘌呤之间切割DNA链，XmaI在每条DNA链的第一个胞嘧啶后面切割DNA。

Ⅲ型限制酶系统是由两种不同的亚基组成的复合体：一个亚基（M）负责DNA序列的识别和修饰，另一个亚基（R）具有核酸酶活性。DNA切割需要Mg^{2+}、ATP和SAM。识别位点近似对称，而切割位点则位于一条DNA链上，识别序列的一侧，并与识别序列有着精确的距离。这两个识别位点处在相对的方向上是使DNA双链断裂的必要条件。

2.1.2 其他修饰系统

实验室中用来做DNA分离的大多数*E.coli*菌株包括三个位点专一的DNA甲基化系统（图2.3）这些系统对DNA的修饰作用可以避免潜在的限制酶识别位点被切断。因此，*E. coli*的这些系统所给予的，限制酶对DNA甲基化的敏感性，对于基因工程来说是非常重要的。

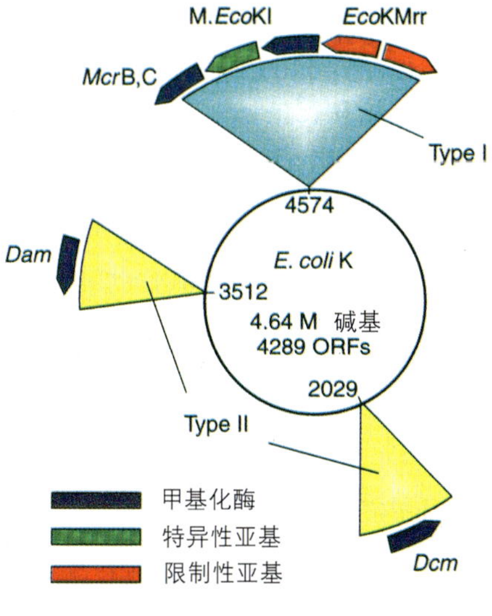

图2.3 实验室*E. coli* K菌株中发现的限制修饰系统。这个限制修饰系统的基因组定位为*E.coli* K12。图中的圆圈表示*E. coli*的基因组，圈内的数字表示基因组定位。*E.coli*含有两个Ⅱ型修饰系统（*Dam*和*Dcm*），两个Ⅰ型限制修饰系统（*Mcr*和*EcoKI*）。各种甲基化酶，限制性和特异性亚基如图例染色。

（a）*Dam 甲基化作用。Dam* 基因特异性的甲基化酶，使 5'-GATC-3' 中腺嘌呤残基的 N6 位甲基化。该点腺嘌呤的甲基化不会影响它与胸腺嘧啶配对。*Dam*甲基化作用存在于多种细胞活动中，包括 DNA 复制。*Dam* 甲基化酶是相对缓慢的酶，所以新合成的双链DNA被会半甲基化——母链被甲基化了，而子链还没有（Campbell & Kleckner, 1988）。但不久之后，两条链都会被甲基化。这是非常重要的，因为*E. coli*复制起点（*oriC*）的甲基化水平决定了复制是否会进行。如果两条 DNA 链上的 *oriC* 处都被甲基化了，那么这个位点可以作为复制起点，DNA合成就会继续。但如果DNA的*oriC*被半甲基化，则 *oriC* 就不会被激活，DNA 复制就不会开始。一轮复制后，*oriC* 缓慢的再次甲基化作用使新一轮复制的起始延迟，直到第一次复制完成（von Freiesleben *et al.*, 2000）。

（b）*Dcm 甲基化作用。Dcm* 基因特异性的甲基化酶使 5'-CCWGG-3' 中内侧胞嘧啶残基的 C5 位，其中的 W 可以是 A 或者 T 残基。Dcm 甲基化在细胞内的确切作用仍不很清楚，因为敲除了 *Dcm* 基因的 *E. coli* 没有明显的表型（Palmer & Marinus, 1994）

（c）*Mcr 系统.* 在 20 世纪 80 年代，人们发现来源于不同细菌或真核生物的 DNA，在某些*E. coli*菌株内只能进行低水平复制，因为引入的DNA被宿主细胞限制了。这个现象是由DNA中的甲基胞嘧啶引起的，所以被叫做修饰的胞嘧啶限制作用（*Mcr*）。一个*Mcr*系统由两个基因编码：*McrB* 和 *McrC*。这两个基因在*E. coli*基因组中与*Eco*KI限制修饰系统的位点靠近（图 2.3）.。这些基因编码的蛋白质能够识别 DNA 序列 5'-R-mC-$N_{40\text{-}80}$-R-mC-3', 其中的 R 可以是 A 或者 G，N 可以是任何一种核苷酸，mC 是甲基胞嘧啶。切割可以发生在双链上甲基胞嘧啶残基之间的多个位点，并且需要在GTP的帮助下改变两个5'-RmC-3'结合位点之间DNA的位置（Panne, Raleigh & Bickle, 1999；Stewart *et al.*, 2000；Panne *et al.*, 2001）。

如果内切酶识别位点与甲基化位点部分或者完全重叠，那么，*Dam*- 和 *Dcm*- 依赖甲基化作用可能会妨碍限制性内切酶的切割作用。比如，MboI （识别序列5'-GATC-3'）不切割被 *Dam* 甲基化了的 DNA，但它的同裂酶 Bsp143I 可以。类似地，*Eco*RII（5'CCWGG-3'，其中的 W 可以是 A 或者 T） 不切割被 *Dcm* 甲基化的 DNA，但它的同裂酶 MvaI 可以。

Ⅱ型限制酶切割的精确性使得它在基因工程中派上了大用场。但修饰系统也很重要，因为如果想要在一个确定的位点切开宿主细胞DNA，插入外源DNA，那么必须要把它们从宿主细胞中去除。

2.1.3 Ⅱ型限制酶是如何工作的?

尽管在一级结构上没有多少同源性，但所有已知结构的Ⅱ型限制酶都有一个高度翻转的催化中心，这个中心由一个五链的 β 折叠与两个 α 螺旋侧翼相接构成。（图 2.4，Kovall & Matthews, 1999）。限制性内切酶似乎是以非特异性结合的方式，“扫描” DNA 分子的长度 (Pingoud & Jeltsch, 2001)。 一旦遇到特异的识别序列, 这个限制酶的构象就会发生巨大的变化，催化位点被激活。接下来，这个酶会在DNA双螺旋的每条磷酸戊糖骨架上进行一次切割，产生一个3'羟基和一个5'磷酸基（图2.4）。这两个切割位点彼此相关，并与识别位点有联系，由单独的限制酶决定。一旦切割形成，DNA分子就会断裂成碎片。并不是所有的限制酶都像上面描述的Hind Ⅱ一样对称地切割DNA，形成平端。很多酶切割DNA骨架的位点不是彼此直接相对，因此，留下DNA分子的5'-或3'-粘性末端。(见图2.5)

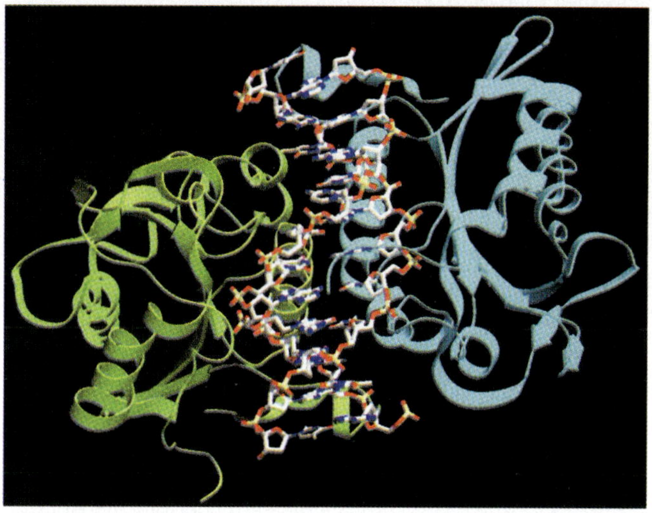

图2.4 与DNA结合的限制性内切酶BamH Ⅰ的结构。限制性内切酶识别双链DNA序列5'-GGATCC-3'，并在两个G残基之间切开磷酸二酯键。这个切割形成了两个带有5'粘性末端的DNA片段。这种蛋白质是由相同亚基组成的二聚体（分别用绿色和青色表示）

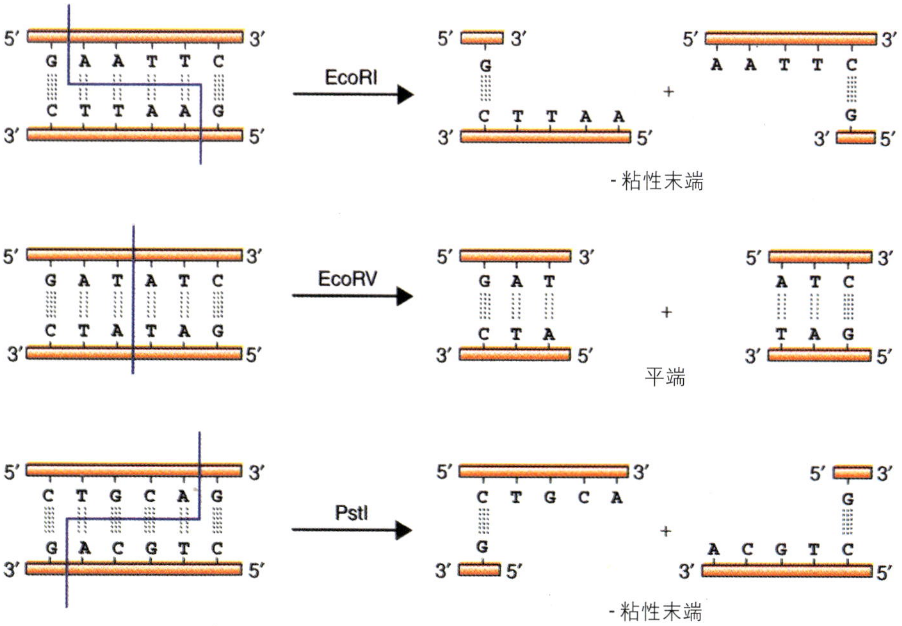

图2.5 Ⅱ型限制酶对DNA的切割。不同的限制酶识别不同的DNA序列，并切割DNA，形成粘性末端，或平端。每个酶的识别位点和切割位点如图所示，并用蓝线进行标识。切割之后，粘性末端氢键断裂，两个新的DNA末端形成。

以限制酶 EcoRI 为例。这个酶的识别序列是 5'-GAATTC-3'。当这个酶遇到这个序列时，它就在 G 和与 G 邻近的 A 之间切断 DNA 骨架。(Mertz & Davis, 1972)。一旦这个切割形成，由此产生的片段就只能靠互补碱基之间相对较弱的氢键固定在一起。而这些氢键已经弱到足以使DNA片段分开的地步。所产生的每一个片段都有一个由未成对碱基组成的突出的5'末端。其他的酶，如 PstI，对 DNA 骨架的切割形成了突出的 3' 末端。突出的 3' 和 5' 末端又叫粘性末端，因为它们可以和互补的碱基序列结合。换言之，如果一段未配对的碱基（5'-AATT-3'）遇到另外一段未配对的序列（3'-TTAA-5'），它们就会彼此配对结合——它们之间有“粘性”。尽管具有粘性末端的DNA片段可以通过碱基互补配对进行结合，但它们不能构成连续的磷酸戊糖骨架。配对的粘性末端DNA 骨架上的缺口可以用 DNA 连接酶进行修复（见下文)。粘性末端的细胞来源，甚至是物种来源，都不会影响它们的粘性。任何一对互补的序列都有相互结合的趋势，哪怕其中一个序列来自人的 DNA，另一个来自细菌的 DNA。

限制酶识别位点在一个特定DNA序列中出现的频率是多少？到目前为止，我们谈过的大多数的限制酶所识别的 DNA 序列都是 6bp。其他限制酶也可以识别长些（7 或 8 个碱基对）或短些（4 或 5 个碱基对）的 DNA 序列。识别位点的长度在决定一个特异 DNA 分子切割频率的过程中扮演了重要的角色。我们假设所有的碱基出现的频率是相同的，那么，识别4bp靶序列的限制酶每隔4^4（=256bp）就会切割一次。识别6个碱基对目标的限制酶，每4^6（=4096）bp 切割一次，而识别 8bp 靶序列的限制酶，每 4^8（=65536）bp 切割一次。所以，用 EcoR Ⅰ处理基因组,将会得到一系列约 4000 bp 的 DNA 片段。任何一种酶切割 DNA 的实际频率明显地取决于组成该识别位点的碱基在DNA分子中实际出现的频率。正如我们在第1章中了解到的， Chargaff 发现，在不同的生物体中，C+G的总数与A+T的总数是不相同的。差别常用基因组的GC 含量（基因组中G或者C核苷酸的百分比）来描述。如果基因组总的GC 含量低，而切割位点的GC 含量却很高，切割DNA的频率就会比较低。此外，高真核状态的基因组往往含有比我们预测的随机状态少的5'-CG-3'二核苷酸对 （又叫CpG岛， Bird， 1980)。因此，识别序列含有这种模体的限制酶切割高真核状态 DNA 的频率比我们预测的要低。

2.2 DNA 分子的连接

限制性内切酶的发现意味着人们可以在特定的位置切断DNA分子，基因工程面临的下一个问题就是如何将两个DNA分子连接在一起。20 世纪 60 年代末，这个问题得到了解决。几个实验室同时发现了DNA连接酶，它可以催化两个DNA分子间形成一个磷酸二酯键（Weiss & Richardon, 1967；Zimmerman *et al*., 1967)。DNA 连接酶要求一个 DNA 链的 3' 自由端有一个羟基，另一个DNA链的5'端有一个磷酸基。在这两个基团间形成磷酸二酯键需要能量。在*E.coli*和其他细菌中，能量由NAD^+提供，而在动物细胞和噬菌体中，能量由ATP提供。DNA 连接酶只能将属于双螺旋分子的DNA 节段连接在一起，而不能连接两个单链DNA 分子。正如我们在第 1 章中所见，DNA 连接酶的作用是在复制后对双链 DNA 骨架的切口进行修复。这种连接过程对于DNA的正常合成和损伤修复来说，都是至关重要的，而且它也被用来连接DNA 链，构成重组 DNA。

DNA 连接酶的详细作用机制已经被研究清楚了（Timson, Singleton & Wigley，2000)。ATP 或者 NAD^+ 与连接酶反应形成共价结合的酶 -AMP 复合物，在复合物中，AMP 与酶活性

部位赖氨酸残基的 ε - 氨基以磷酰胺键相连（图 2.6）。复合物的 AMP 端激活 DNA5' 端的磷酸基。另一个 DNA3' 端的羟基亲核攻击活化的磷原子。这样，在两个 DNA 片段间形成磷酸二酯键，AMP 被释放。焦磷酸在酶 - 腺苷酸复合物的形成过程中释放并水解，驱动了后续反应的进行。因而，如果以 ATP 为能量来源，那么在 DNA 骨架之间形成一个磷酸二酯键需要消耗两个高能磷酸键。

连接裸露 DNA 的最适温度是 37℃，但是在这个温度下，由限制性内切酶切出的 DNA 粘性末端之间的氢键不够稳定。例如，经 *Eco*RI 酶切后，两个 DNA 片段仅由末端的四个 A-T 碱基对相连，这四个氢键不能耐受这样的高温。考虑到酶的活性和氢键稳定性，连接 DNA 片段

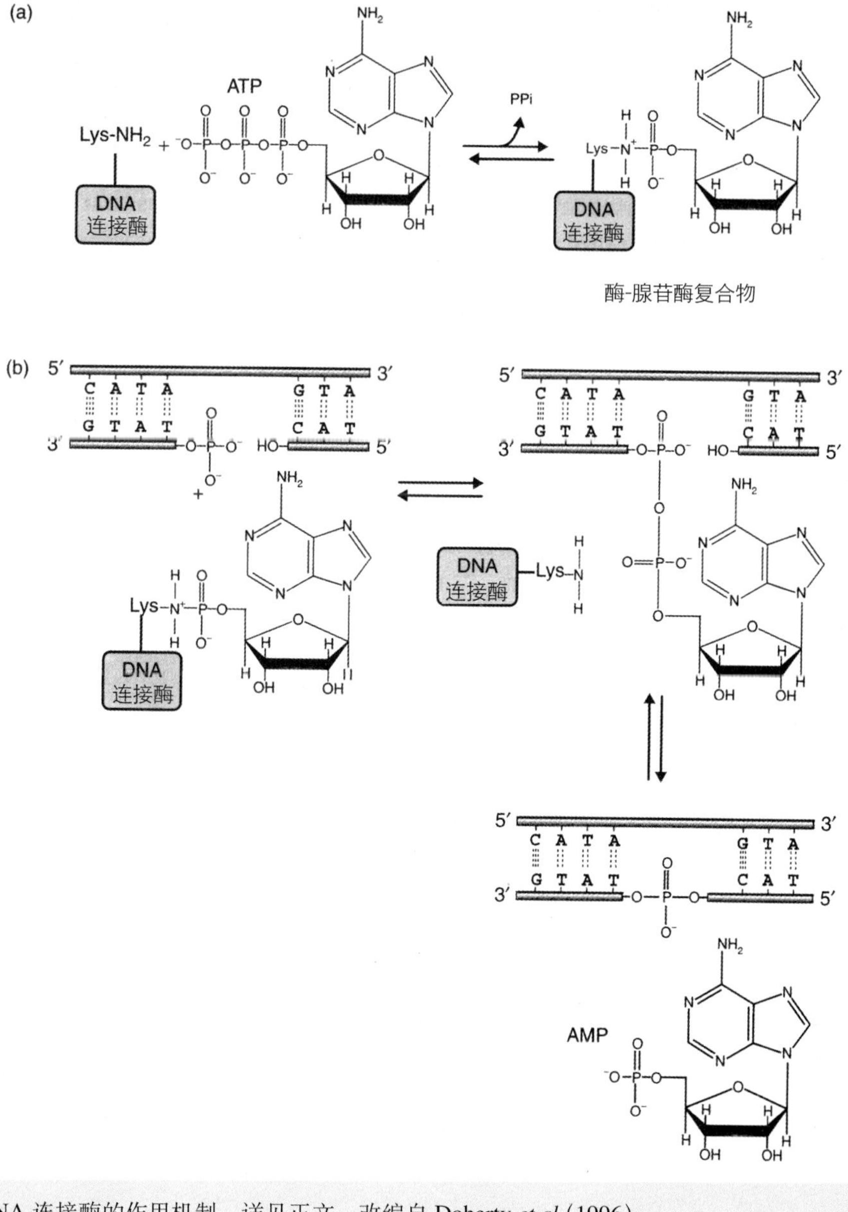

图 2.6 DNA 连接酶的作用机制，详见正文。改编自 Doherty *et al.*(1996)

粘性末端所需的最佳温度应是一个折中的数值大约是4～20℃（Sgaramella & Ehrlich, 1978）。当取自 *E. coli* 的 DNA 连接酶浓度很高时，它只能连接平端 DNA。研究者认为高浓度的连接酶可以促进DNA片段连接反应的发生。取自 T4 噬菌体的连接酶也可以连接平端DNA片段，但片段连接粘性末端的效率更高（Ferretti & Sgaramella, 1981）。图 2.7 展示了 DNA 分子切割和连接的基本过程。

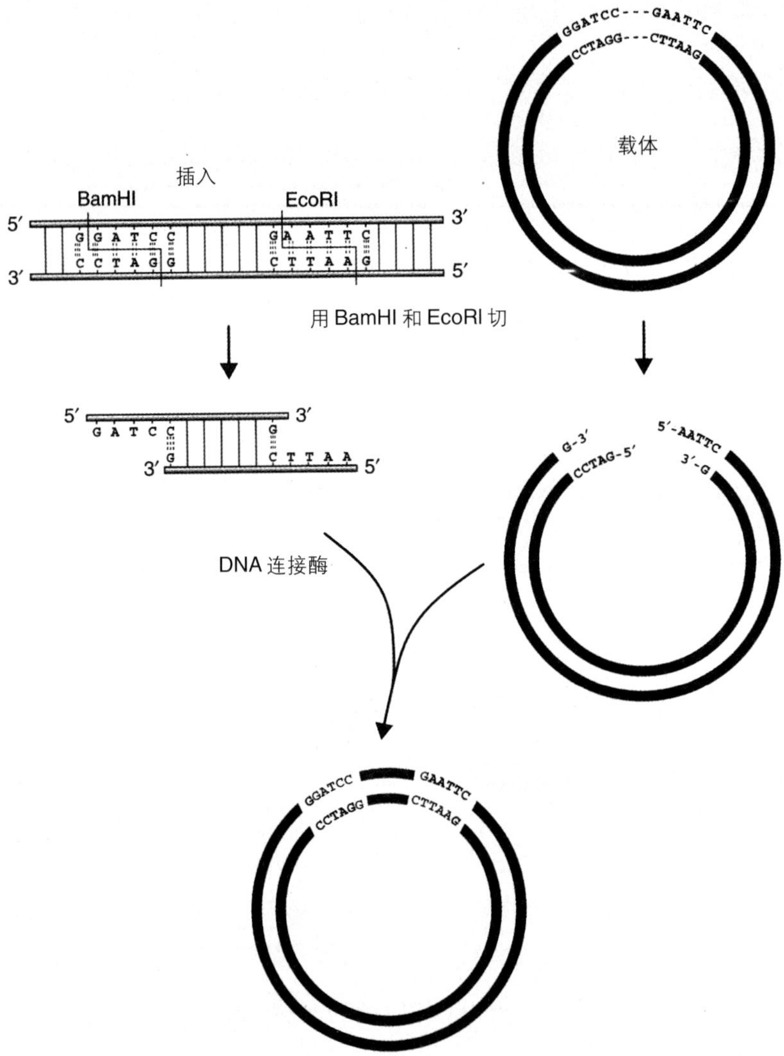

图 2.7 应用限制性内切酶和DNA连接酶切断并连接DNA。线型DNA（待插入）和闭合环状质粒DNA（载体）分别包含 BamHI 和 EcoRI 的识别位点。在DNA连接酶存在的情况下，将带有合适末端的DNA片段混合在一起，就可以形成载体 - 嵌入杂合的 DNA 分子。

2.3 克隆的基础

由上所述，DNA分子已经能够随意分解和组合，这最终促使科学家在1972年进行了第一次DNA克隆实验（Jackson, Symons & Berg, 1972）。这是人类历史上第一次从一种来源的DNA上截取一段，并将其插入或者复制到另一种来源的DNA上。也许最普遍的克隆实验就是将一段外来 DNA 插入到适合的载体中，使其可以随 *E. coli* 的繁殖而复制。我们将在第三章探讨各种适用的载体，在这里，我们仅将载体看作一个闭合环状双链质粒DNA分子即可。如果我们想将外来的DNA序列插入这个载体，就需要切断载体，产生一段线型DNA，进而用DNA连接酶将外来的 DNA 序列接上去。

要将DNA插入载体，首先需要两种不同的限制性内切酶（图2.7）。用限制性内切酶处理载体和目的DNA序列可产生许多DNA片段。在载体中，限制性内切酶的识别位点彼此靠近。我们将在第三章中看到，在基因工程质粒中，这种现象十分普遍。用BamHI和EcoRI切割这样的一个载体，将会产生两个片段，一段长（包含载体的大部分），一段短（识别点之间的DNA序列）。当DNA连接酶存在时，这些片段均不能自己成环，因为它们的末端不相匹配。线型嵌入的 DNA 序列被 BamHI 和 EcoRI 作用后，会产生三个片段，但其中只有一个片段含有适合 BamHI- 和 EcoRI- 的末端；其他两个片段位于这个片段的两端。将末端互相匹配的载体和嵌入DNA片段混合在一起，它们之间就可以形成氢键。而如果末端不相匹配，氢键就不会形成。接下来，DNA连接酶作用于上述中间产物，封闭DNA骨架，形成载体嵌入杂交DNA分子。如果其他嵌入 DNA 片段与载体之间形成氢键（称为“通过它适合 BamHI 的末端”），闭合环状载体就不会形成了。我们在下一部分将会谈到，这样的DNA进入细菌后，不能在其体内复制。

这种克隆实验设计之所以成功，是因为两种限制性内切酶切割的载体DNA不含有互相匹配的DNA末端。如果仅用单一的限制性内切酶或者用两种产生同一粘性末端的限制性内切酶切割载体，那么在DNA连接酶存在时，载体可以轻松地重新连接成环状。不过在载体被切割后，再用磷酸酶处理就可以避免这种现象的发生。磷酸酶催化 5' 端的磷酸基与核酸和三磷酸核苷分离。由于经磷酸酯酶处理的 DNA 片段缺乏磷酸基，而磷酸基又是 DNA 连接酶发挥作用所必需的，所以，如此处理就可以抑制载体的自我连接，从而提高载体嵌入杂交DNA分子的产率（见图2.8）。当载体被磷酸酶处理后，DNA连接酶就只能修复一条链上磷酸二酯骨架的缺口（图2.9）。一旦目标DNA分子经转化进入细菌，另外一条链的骨架就要靠细菌的DNA修复系统来修复了。

在克隆的DNA片段中，限制性内切酶有可能找不到满足实验者预期的识别位点。这个问题可以通过下列途径解决：

- *平端连接*。如果载体内的限制性内切酶留下平端（如EcoRV，见图2.5），那么其他任何含有平端的DNA片段都可以与这个载体连接。许多限制性内切酶在切割DNA后都会形成平端。其他位点可以通过下面两种方法转化为平端：①用核酸酶（如绿豆核酸酶）将粘性末端切平；②用DNA聚合酶将粘性末端补平。这种填充反应通常在脱氧核糖核苷酸存在的情况下由 DNA 聚合酶 I 的 Klenow 片段催化。例如，对用 EcoRI 切割的 DNA 末端进行填充（图 2.5），需要 dATP 和 dTTP 的存在；而对用 BamHI 切割的

DNA末端进行填充，则需要所有四种dNTP同时存在。平端克隆最主要的障碍在于DNA连接酶催化这些反应的效率较低。

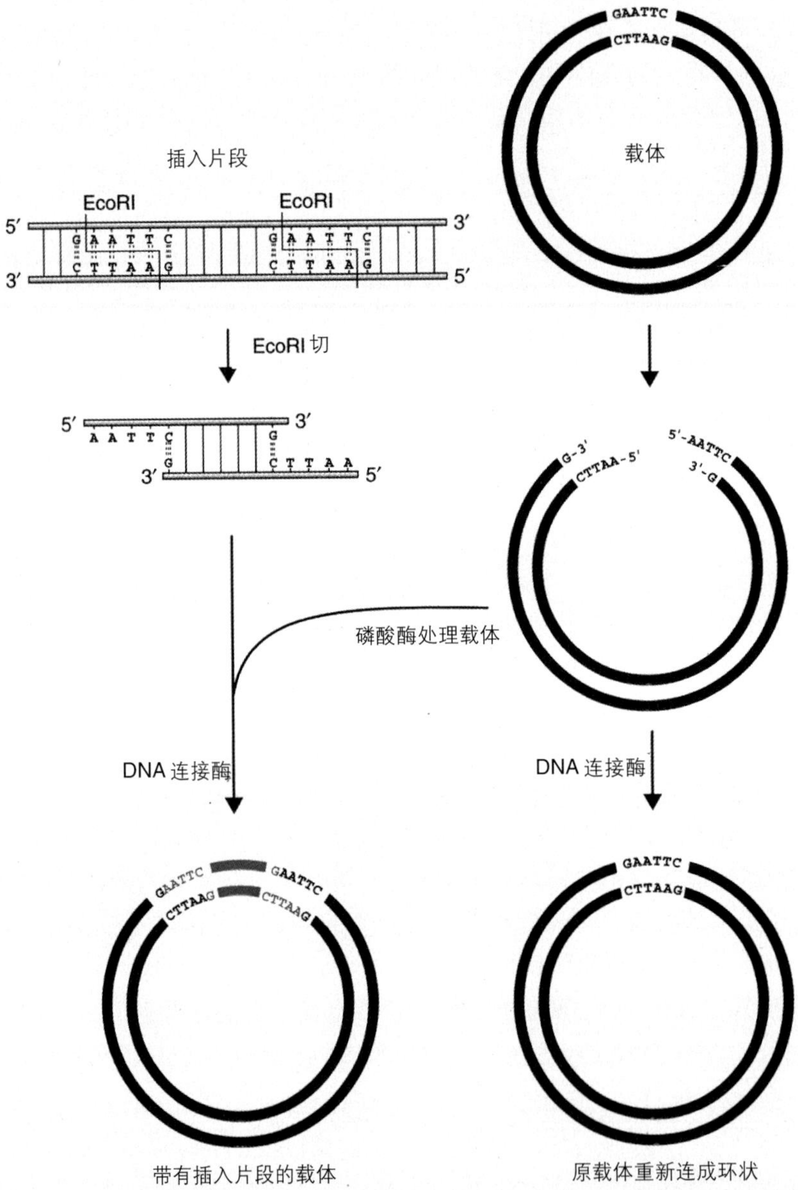

图 2.8　向含有单一特定的限制性内切酶识别位点的载体中插入目的DNA。载体含有一个EcoRI识别位点，目的DNA含有两个。它们经过酶切产生的片段如图所示。向切断的载体中加入连接酶，它就会重新连接成环。我们可以用磷酸酶处理切割后的载体，去掉载体DNA 5' 端的磷酸残基，避免上述反应的发生。切割后的目的DNA可以提供DNA连接酶需要的磷酸基，所以将载体和目的DNA混合后可生成杂交DNA分子。

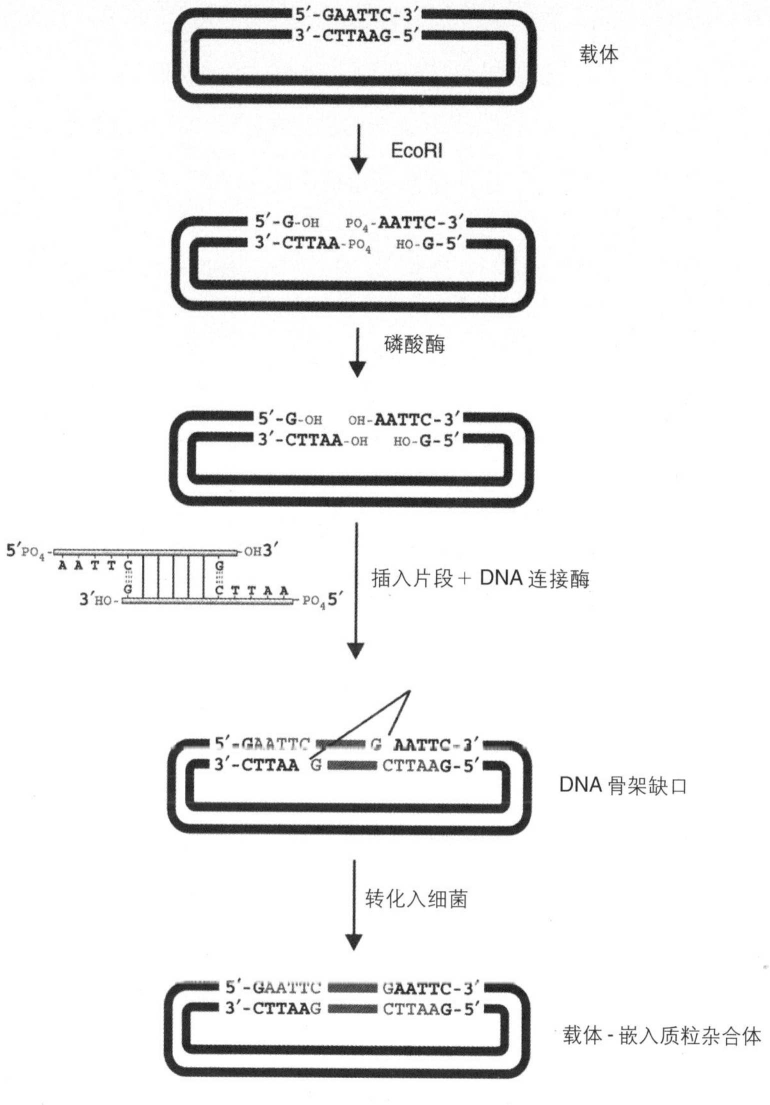

图 2.9 被磷酸酶处理后的载体 DNA 与适当的目的 DNA 连接。载体被 EcoRI 切割后，用磷酸酶处理，以去掉 5' 端的磷酸基。因此，连接仅在目的 DNA 的 5' 端和载体之间进行。而目的 DNA 的 3' 端和载体的 5' 端都是羟基，所以不能连接。载体 - 嵌入杂交体转化细胞后，DNA 骨架修复，形成完整的载体—嵌入质粒杂交体。

- *寡核苷酸接头连接*。若想将分别含有 EcoRI 和 PstI 末端的 DNA 片段连接在一起，可以先合成一个小的 DNA 分子将这两个末端连接起来。DNA 连接酶会利用寡核苷酸接头高效地修复这两个本不匹配的粘性末端，使这个接头像一座桥，连接在两个末端之间。

单链接头：

EcoRI	接头	PstI
5'-G	5'-AATTTGCA-3'	G-3'
3'-CTTAA		ACGTC-5'

↓ DNA 连接酶

5'-GAATTTGCAG-3'
3'-CTTAAACGTC-5'

双链接头：

EcoRI	接头	BamHI
5'-G	5'-AATTAGATCA-3'	GATCC-3'
3'-CTTAA	3'-TCTAGTCTAG-5'	G-5'

↓ DNA 连接酶

5'-GAATTAGATCAGATCC-3'
3'-CTTAATCTAGTCATGG-5'

- 利用突变产生新的限制性酶切位点。DNA序列可能发生变异，产生新的酶切位点或破坏原有的酶切位点。我们将在第七章讨论这一问题。

2.4 细菌转化

1970年以前，很多人致力于研究*E. coli*对外来DNA的转化，但是成果甚微。回过头来看看Griffith和Avery，Macleod和McCarry的实验（第一章），我们知道，有些细菌可以转化裸露的DNA，但其发生的概率极小。而且，正如我们已经看到的，噬菌体可以高效率地感染各种*E. coli* 株，但是如果换做裸露的DNA进行同样的实验，转化的效率就非常低了，原因如下：

(a) *使裸露DNA进入细胞不是一件容易的事。*DNA带有许多电荷，不容易穿过细菌的细胞膜。但在20世纪70年代早期，人们已经设计出使*E. coli*对裸露DNA进入感受态的方法（见下文）。

(b) *一旦外来DNA进入细胞，它的结局如何？*外来DNA要想留在细菌体内并参与复制，必须整合到细菌的染色体中，作为细菌基因组的一部分进行复制或者单独复制。发生整合的确切机制还不清楚，而且概率通常很小。如果外来DNA整合失败，它将在细菌生长过程中丢失。丢失的原因很简单，要复制DNA分子，就必须要有复制起点。缺乏复制起点的DNA片段，即使逃脱了细菌的限制系统，也会在细胞分裂后被宿主细胞遗失，最终丢失。外来DNA分子即使包含了复制起点，在它进入的细菌内，复制起点也不一定发挥作用。如果DNA片段不能独立复制，那就应该将它们连接到一个合适的复制子上。这样的复制子就称为**载体**（Vector）或**克隆运载工具**（clbning vehicles）。小质粒和噬菌体是最便捷的载体，因为它们本身就是复制子，不需要通过整合到宿主的基因组中来维持，而且它们完整的DNA可以很容易地分离出来。作为载体的不同的质粒和噬菌体将在第三章中详述。

（c）监控转化过程。假设你能够使外来DNA进入细菌体内并使其稳定存在，那么该怎样区别转化和没有转化的细胞呢？外来DNA即使编码一种基因产物，也会由于原核与真核基因表达的差别（第一章），不能有效地在转化细胞内转录和翻译。要解决这个问题，就要将外来DNA插入一个有选择性标记的克隆载体，这个选择性标记可以在转化细胞中表达。这些标记通常是抗生素抗性基因，我们将在第三章中详细讨论。

1970年，Mandel和Higa发现，用 $CaCl_2$ 处理过的*E.coli*允许裸露DNA进入。随后的研究显示，这种化学转化处理方法也可以使质粒进入细菌体内，但是转化效率差别极大。人们观察到，在转化过程中使用高压电脉冲（电穿孔法，electroporation）及基因枪（gene gun），可以提高转化效率。转化过程的结果是将一个DNA分子插入宿主细胞。所有经常用来克隆外来DNA片段的质粒和噬菌体载体都可以作为单一的载体分子插入宿主细胞。这个分子可能会在宿主细胞内多次复制，但是复制出来的所有分子都是一样的。结果是，DNA片段的混合物与一个共同的载体连接在一起，并且转化进入*E. coli*，在转化成功的菌群中，每一个细菌有且仅有一个重组DNA分子。在细菌转化和细胞生长的过程中，DNA片段混合物被分离为单独的组分。这对于从复杂的DNA文库中分离单一的重组DNA种系来说，是至关重要的（第五章）。

2.4.1 化学转化

*E.coli*的化学转化是一个简单的过程。概括地说，先是将处于对数生长中期的细胞，在 $CaCl_2$ 溶液中离心并重新悬浮。然后将外来DNA（通常包含在质粒中）和感受态细胞置于冰浴，并在37～45℃水浴中进行短暂（30s）的热休克。接下来，将细胞放入营养培养基，细胞生长使质粒转化的基因产物，即质粒赋予细胞的显性性状（如抗生素抗性）得以表达。最

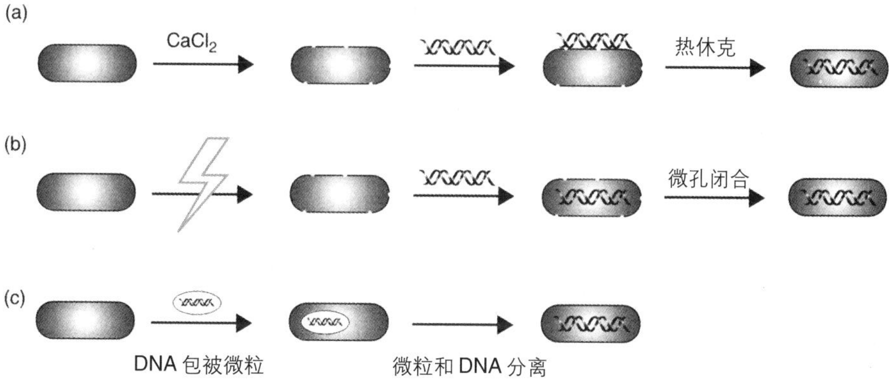

图2.10 细胞转化的三种方法。
a）化学转化。用 Ca^{2+} 处理细胞，可以使细胞进入对DNA摄取的感受态。DNA可以粘着在细胞表面，并由短暂的热休克引发细胞的摄取。
b）电穿孔。用电脉冲处理细胞，可使细胞表面形成微孔。DNA可在微孔自发闭合　之前通过其进入细胞。
c）基因枪。连接在微粒上的DNA分子射向细胞，穿过细胞膜进入胞浆。在胞浆中，微粒与DNA分离。

后，将细胞置于选择培养基，只有转化成功的细胞才能继续生长。$CaCl_2$在这个过程中的作用不清楚。研究者推测，$CaCl_2$可能作用于细胞壁，并且与DNA和细胞壁表面的结合有关。细胞对DNA的摄取可能是在热休克的时候完成的（图2.10）。

由于*E. coli*的转化是许多克隆实验中的关键步骤，因此这一步的效率越高越好。转化的效率由宿主特异性及其他一些因素控制，但是转化发生的分子机制还不甚明了，而且实现高转化率的实验条件都是根据经验得出的。转化效率一般在下述情况时提高：

- 使用缺乏限制系统的菌株，以减少降解外来DNA的可能性
- 在*E. coli*细胞中，某种核酸内切酶（如*rec*BC）发生变异
- 不仅要用Ca^{2+}处理*E.coli*感受态细胞，其他多种阳离子也同样适用（如Rb^{+}和Mn^{2+}）（Hanahan, 1983）。

化学转化的操作步骤对于*E.coli* K12株普遍适用。一般转化效率为每成功转化1微克DNA就产生10^7～10^9个转化子，具体依赖于所使用的*E.coli*的株型（Liu & Rashidbaigi, 1990）。

2.4.2 电穿孔

电穿孔采用电场脉冲，使生物膜上出现微孔。这些微孔叫做“电微孔”，分子、离子和水分子可以通过它穿越细胞膜。如果使用一个适合的电场脉冲，被电穿孔的细胞还可以恢复，同时电微孔也自动封闭，细胞还可以继续生长。微孔的形成极为迅速（约需1μs），相比之下，微孔的闭合就慢了许多，所用时间要以分钟计算。用电穿孔技术转化细菌或更高等的细胞在20世纪80年代风靡一时。电穿孔发生的机制却没有搞得很明白，因此，与化学转化技术类似，操作标准的进步往往是依靠经验调整电脉冲参量（强度、持续时间、次数和脉冲间歇）而实现的（Ho & Mittal, 1996；Canatella *et al.*, 2001）。

影响电微孔形成的两个主要因素是靶细胞的类型、电脉冲的强度和持续时间。一定类型的细胞对特定的电脉冲有良好的回应，其他类型的细胞却不一定。总的来说，绝大多数细胞对电脉冲功率的选择性不强，可以在广谱功率的电脉冲作用下摄入DNA。若要引发特定的细胞形成电微孔，脉冲的强度和持续时间就必须严格控制。即电脉冲的强度和持续时间必须要高于临界值，才能引发电微孔形成，超过临界值，微孔的数目和直径都会随脉冲强度和持续时间的增加而增加。继续增加，以至上限，在很高的脉冲强度和持续时间的作用下，微孔的直径和微孔的总面积就会大到使细胞不能修复的程度，造成不可逆的损伤。在电穿孔脉冲的作用过程中，电场驱使电流穿过待转化的细胞。缓冲液和细菌培养基中离子（如Na^{+}）的浓度必须保持在足够高的水平，才能引发足够的电流。但是这样大的电流会产生很高的能量，导致细胞死亡。不过，使用高强度、短时间的脉冲作用，或者使用两个持续时间非常短的脉冲作用，就可以削弱电流的热效应（Sukharev *et al.*, 1992）。另外，在转化之前，细胞应该在蒸馏水中充分洗净，去除一切盐类，防止它们在脉冲作用时发出“火花”。

2.4.3 基因枪

基因枪是一种能够精确地将DNA射入靶细胞的工具（Johnston & Tang，1994）。人们将待转化的DNA附着在由金或钨制成的金属微粒上，包被着DNA的微粒附于塑料子弹的末端，而后子弹上膛。扣动扳机的爆破力驱使子弹穿过枪管，直指正对枪口的靶细胞。当子弹到达

枪口时，将会被捕捉并被迫停下来，但是包被着DNA的金属微粒继续冲向靶细胞。一些微粒穿过细胞壁并进入胞浆。在胞浆中，DNA和微粒分离，完成细胞转化。基因枪特别适合用于那些用其他方法难以转化的细胞（如植物细胞）。它也可以用来将目的DNA转移到活的动物体内。例如一种对抗口蹄疫的疫苗已经问世了，这种疫苗由几种病毒基因构成，当这些基因在猪体内表达后，可使其免受口蹄疫病毒野毒株的感染（Benvenisti *et al*., 2001）。

2.5 凝胶电泳

在剪切和接合DNA分子方面的进展最早是通过监测其在蔗糖梯度溶液中的沉降速度而得到的。这种技术依据分子大小的差别，对含有待分离物质的高浓度蔗糖溶液进行离心。它需要的DNA相对较多，并且不能区别DNA分子大小的细微差别。因此，我们就需要一种能对基因工程实验进行有效监控的分离技术，它只需要少量原料，但能得到较高的分离效率。我们已经知道，DNA带有很多电荷。构成每股DNA磷酸戊糖骨架的磷酸盐为其提供了大量负电荷。较小的DNA片段含有的磷酸较少，所带有的负电荷也少于较大的DNA片段。但无论是小的还是大的DNA分子，单位长度上的电量是一样的。所以，在自由溶液中，阻力可以忽略不计，给小的和大的DNA片段施加同样的电流，那么它们会以同样的速率移向正电极（阳极）。因此，若要区分不同的DNA分子，就要加上阻力，由于小分子DNA比大分子DNA所受阻力小，所以它将更快地移向阳极。让DNA片段穿过凝胶，可以为分离不同大小的DNA片段提供必需的阻力。

2.5.1 聚丙烯酰胺凝胶电泳

聚丙烯酰胺凝胶电泳（Polyacrylamide Gels, PAGE），作为一种分离蛋白质的方法，于1959年被提出（Raymond & Weintraub, 1959）。这种技术同样可以应用于核酸的分离。通过改变构成凝胶的聚丙烯酰胺的百分比（从3%～30%），我们可以改变凝胶孔隙的大小，以分离不同大小的分子。PAGE在分析DNA分子时是一种强而有力的技术，即便是在长度上只差一个碱基对的DNA分子，也能非常有效地分离开。这种高水平的分辨能力使PAGE成为分析DNA序列的理想工具。然而，这种技术只适用于相对较小的DNA分子（长度小于1000bp）。大分子DNA不能进入聚丙烯酰胺的孔隙，因此不能被凝胶分离。由于一般用于克隆基因的载体都太大，因此需要一种备选技术。

2.5.2 琼脂糖凝胶电泳

琼脂糖是一种存在于海藻中的天然胶体。它是一种由基本重复单位（由交替出现的半乳糖和3，6-脱水半乳糖组成的琼脂双糖）构成的线性多糖。琼脂糖凝胶的制作方法是：将干的琼脂糖悬浮于缓冲液中，浓度1%～3%，加热煮沸至溶液变为澄清。再将溶液倒入合适的凝胶模板，模板中有梳子，用来制造上样孔。之后，将溶液冷却至室温，使胶凝固（图 2.11）。凝胶做好后，将梳子拔掉，把DNA样品加入上样孔。然后，给凝胶加上一个恒定的电场（10V/cm），DNA就会向正极（阳极）方向移动。

琼脂糖凝胶的分辨能力比PAGE低。在琼脂糖凝胶上形成的条带也相对比较模糊，这是由于凝胶孔隙的大小不能被精确地控制。一个1%的琼脂糖凝胶的孔隙尺寸多种多样，一个

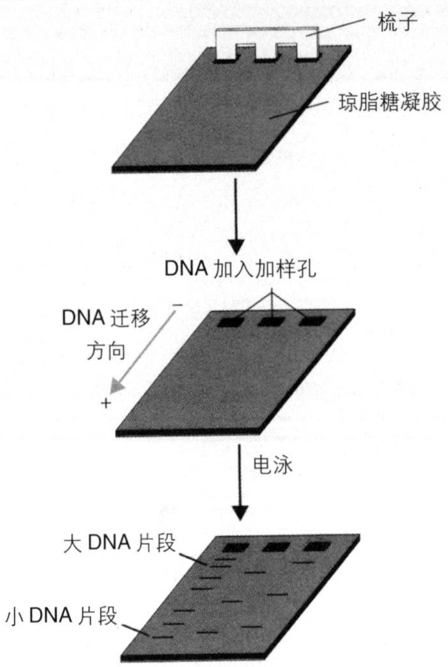

图 2.11 琼脂糖凝胶电泳。将熔化的琼脂糖倒入插有梳子的模板。凝胶做好后，拔出梳子，将 DNA 样品加入上样孔。加上电流，使带负电的DNA在凝胶上向正极移动。较小的DNA分子在穿过凝胶时具有比较大的 DNA 分子移动得快。

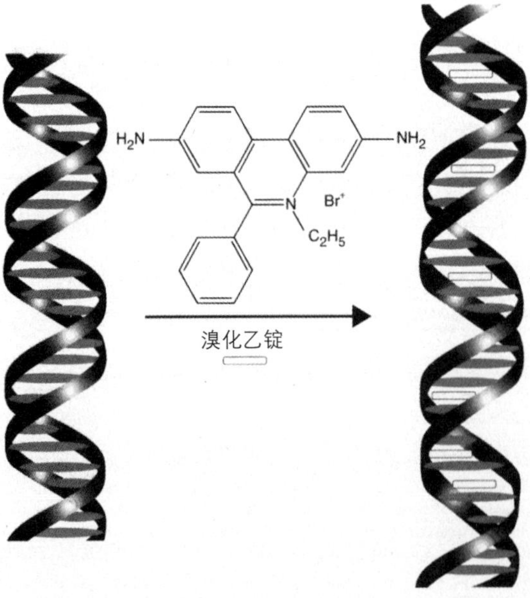

图 2.12 溴化乙锭与 DNA 的结合。溴化乙锭是一个平面分子，它能嵌入到层叠的双链 DNA 碱基对之间。溴化乙锭的结合使双螺旋变形，并使DNA的总长度增加。结合了溴化乙锭的DNA可在紫外光下发出荧光。

2% 的凝胶的孔隙尺寸范围要集中一些，但还是非常多样的。DNA 片段在琼脂糖凝胶上被分离开后，必须进行染色，使它们能够被看到。最普通的染色方法是将凝胶浸泡在溴化乙锭溶液中。溴化乙锭是一个平面分子，它能嵌入到层叠的 DNA 碱基对之间（图 2.12）。使双螺旋结构变形，局部的螺旋解开。溴化乙锭能与双链DNA有效结合，但是与单链DNA和RNA的结合能力要差一些，因为单链DNA和RNA的碱基堆积相对缺少。把含有DNA的凝胶浸泡到溴化乙锭中，将使溴化乙锭聚集到DNA分子中。用紫外光（260 ~ 300nm）照射浸泡后的凝胶可以看到溴化乙锭的荧光，DNA 就以荧光带的形式显现在凝胶上。

我们已经知道，单位长度DNA所带的电荷是恒定的，而凝胶中的阻力可以按DNA的长度成比例增加，一个 2000bp 的片段所受阻力应该是一个 1000bp 的片段所受阻力的两倍。因此，DNA的分子质量与其在凝胶上的移动速率之间应为线性负相关。采用琼脂糖凝胶，200 ~ 15000bp 之间的 DNA 分子可以被有效地分离。两个主要因素决定了 DNA 片段在穿过一块加上了恒定电流的琼脂糖凝胶时所具有的速度：DNA 片段的分子量（或者长度）和DNA 片段的形状。通常，小的DNA 片段能够比大的DNA 片段更快地通过琼脂糖凝胶（图 2.13（a））。

(a)

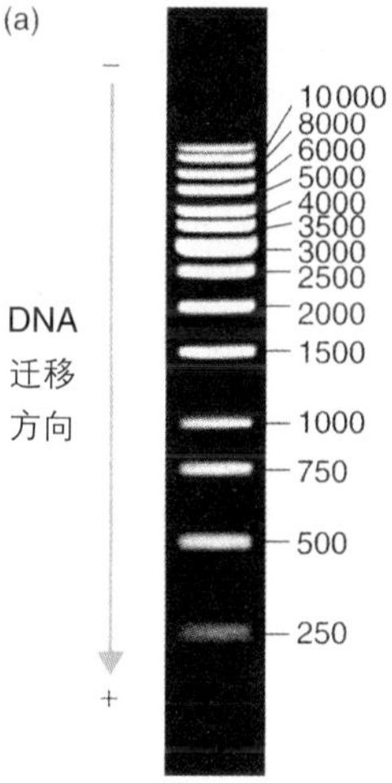

(b)

大小 (bp)	迁移距离 (mm)
10000	12.00
8000	12.85
6000	14.55
5000	16.12
4000	18.24
3500	19.74
3000	21.86
2500	23.97
2000	27.32
1500	31.72
1000	38.79
750	43.29
500	50.25
250	59.35

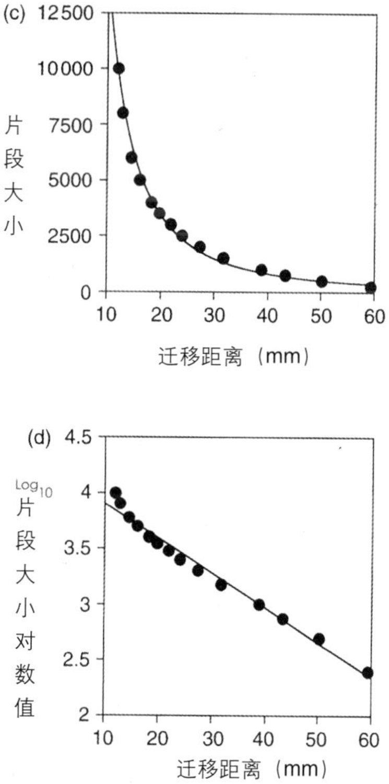

图 2.13　DNA 片段在琼脂糖凝胶内的移动。
(a) 显示已知大小 DNA 片段分离情形的琼脂糖凝胶。
(b) 凝胶中的 DNA 片段大小和移动距离。
(c) 用（b）中的数据做出的片段大小对移动距离的曲线图。这幅图显示，片段大小与移动距离之间的关系不是线性的。
(d) 片段大小取对数后对移动距离所作的曲线图。这幅图显示，片段大小的对数值与移动距离成线性负相关。

然而，如果我们对一组已知长度的 DNA 片段穿过琼脂糖凝胶时的情形进行观察，我们会发现，DNA 片段大小与移动距离之间并不成线性负相关（图 2.13）。

如果我们测量已知大小的 DNA 分子在琼脂糖凝胶中移动的距离，记数描点，作出 DNA 片段大小对移动距离的曲线图，我们会看到，移动距离与分子大小的对数值成线性负相关（图 2.13（d））。这个结果是在观察电泳之后 DNA 片段与上样孔之间的距离后得到的。500bp 和 1000bp 的 DNA 片段在凝胶上被分得很开，但 8000bp 和 10000bp 的 DNA 片段在凝胶上靠得很近（图 2.13（a））。由这种对数负相关关系，我们可以推知，任何超过 30kb 的 DNA 片段在琼脂糖凝胶上的移动距离将没有什么差别。也就是说，一个 30kb 的 DNA 片段与一个 60kb 的 DNA 片段将会移动到相同的位置。所以琼脂糖凝胶不能有效地分离大的 DNA 片段。所有这些DNA片段都能够进入凝胶的孔隙，也都能够在电流的驱动下穿过凝胶，但是它们不能被分离。无论是增加凝胶泳道的长度，还是降低凝胶中琼脂糖的浓度，都无济于事。要理解这种现象，我们就必须思考 DNA 片段到底是如何穿过凝胶孔隙的。

DNA是一种细长的，带有较多电荷的聚合物。在穿过凝胶孔隙时，DNA会倾向于选择阻力最小的路径，并采用端点优先的方式通过（图 2.14）。许多不同的理论模型已经被提出来，以解释 DNA 在凝胶中的运动（Slater, Mayer & Drouin, 1996）。或许这些有弹性的 DNA 分子穿过凝胶的最简单的方式，是蛇行，或者滑行（图 2.15）。由于孔隙的筛网效应，小的 DNA 片段比大的 DNA 片段更容易穿过凝胶。然而，大的 DNA 片段以这种方式在凝胶中穿行时，很容易缠绕或打结，运动受阻，使得它落在预测水平之后，而这种预测仅仅是根据它的大小而得到的。长度在30000bp以上的DNA片段打结现象十分明显，足以阻碍它在凝胶孔隙中的滑行。更大的片段也都了同样的命运，因此，长度在 30kb 以上的 DNA 片段在琼脂糖凝胶中位移相同。

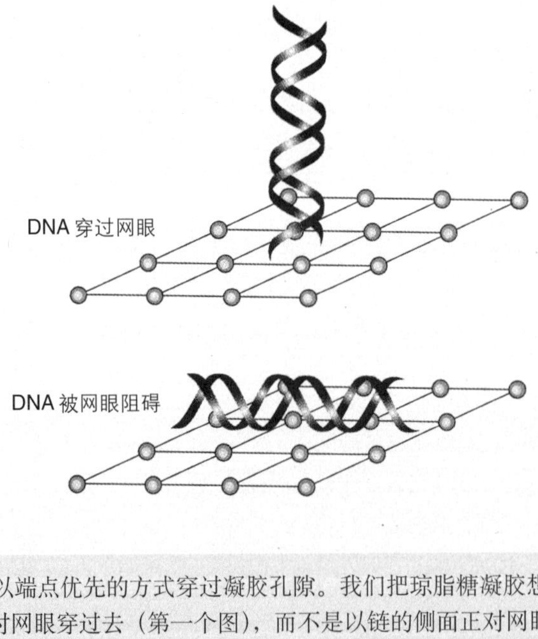

图 2.14 DNA 被认为是以端点优先的方式穿过凝胶孔隙。我们把琼脂糖凝胶想像成一张网，不难想像，如果DNA以链的前端正对网眼穿过去（第一个图），而不是以链的侧面正对网眼穿过去（第二个图），那么它将更容易通过孔隙。这种穿越方式有时也称为蛇行或者滑行。

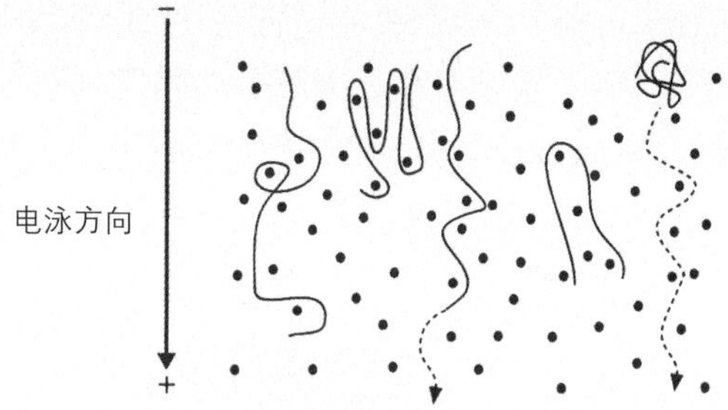

图 2.15 DNA 蛇行通过孔隙。DNA 分子在穿过孔隙的过程中可能以各种方式受阻。由于长度原因，大分子 DNA 比小分子 DNA 似乎更容易卡在孔隙里。这可能就是大于 30kb 的 DNA 分子在常规的琼脂糖凝胶上都会跑到同一个位置上的原因。

另一个影响DNA片段在凝胶中运动的重要因素是DNA片段的拓扑结构。比如，从*E.coli*细胞中分离出来的质粒 DNA 总是负超螺旋的闭环分子。这种相对紧密的结构使 DNA 分子能够快速通过琼脂糖凝胶（图2.16）。如果质粒双螺旋链中的一条链断了，那么质粒中的超螺旋结构也就随之破坏。破坏越严重，分子在琼脂糖凝胶中的运动越慢。如果用限制酶将同样的质粒一下子切断，那么得到的这种线性化的DNA的运动速度将介于超螺旋分子与开环分子之间。因此，碱基数完全相同的 DNA 拓扑异构体在同一块琼脂糖凝胶上也可到达不同的位置。

图 2.16 拓扑结构对于 DNA 片段运动的影响。碱基数目和序列都相同的三个 DNA 片段，在一块琼脂糖凝胶上可以到达不同的位置。超螺旋DNA结构高度紧密，能够迅速通过凝胶。如果超螺旋DNA的一条链断开了，即有一条磷酸戊糖骨架被破坏，那么分子就会形成开放式结构，运动减慢。两条链都被破坏了的线性 DNA，在琼脂糖凝胶中的运动速度居中。

2.5.3 脉冲场凝胶电泳

如上文所述，所有长度在 30kb 以上 DNA 片段，无论大小如何，都以同样的速度运动。在凝胶上表现为一个大的弥散条带。为了克服琼脂糖凝胶力的这种局限性，Schwartz & Cantor 提出了脉冲场凝胶电泳（Pulsed-field gel electrophor esig, PFGE），作为一种区分大分子DNA

的手段（Schwartz & Cantor, 1984）。他们没有给凝胶中的 DNA 片段施加恒定电场，而是不断改变电流的方向，以改变DNA分子在穿过凝胶时的路径（图 2.17）。运用这种技术后，在琼脂糖凝胶中进行分离的 DNA 上限从 30 ～ 50kb 提高到了 10Mb（10000kb）以上。

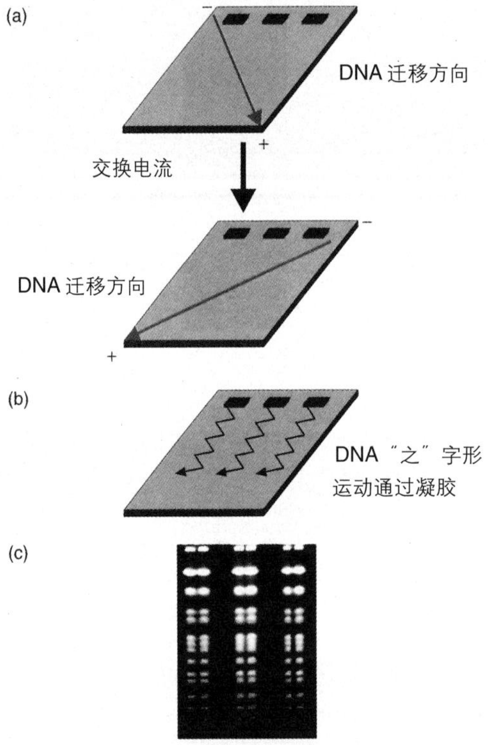

图 2.17　脉冲场凝胶电泳（PFGE）。
(a) PFGE过程中电流的改变。对加在凝胶上的电流进行时间限制，即设定脉冲时间，通常约0.5~2分钟。经过这段时间，改变电流的方向。
(b) 反复改变电流方向，DNA将沿之字形的路线通过凝胶。最初的PFGE技术是用两个非匀强电场来改变在电泳过程中的DNA的运动方向（Schwartz & Cantor, 1984）。之字形的运动促进了大分子DNA的分离，但是非匀强电场导致 DNA 条带呈弓形。
(c) 正如在这里展示的对酵母菌染色体的分离，采用匀强电场可以得到直线形的分离产物。

如果在电泳过程中迫使DNA改变动动方向，未分离的弥散DNA条带中不同大小的片段就开始分离。这可能是因为对方向的改变限制了或者降低了分子纽结的形成。随着作用于凝胶的电场方向的每一次改变，小的DNA片段将比大的DNA片段更快地在新的方向上开始运动。于是，大的DNA将落后于小的DNA，从而使两者分离开。最初的脉冲场系统采用的是由固定电极产生的不稳定电场，因此，DNA不能沿着直线运动。这给结果的分析带来了麻烦。理论上，DNA应该沿着直线进行分离，这样可以简化泳道之间的比较。获得直线型路径最简单的方法就是使用场翻转凝胶电泳（FIGE），它采用了平行电极来确保电场是匀强电场。在电泳过程中，FIGE 周期性地改变电极的电性。由于 FIGE 使 DNA 的运动方向每次变化 180°，因此 DNA 将会在翻转上花费一些时间。FIGE 的这种翻转变化使得它对于 2000kb 以下 DNA 的分离最为有效。更进一步说，FIGE 有运动倒置的功能，使得在电泳过程中，大 DNA 能够运动到小 DNA 的前面。匀强电场与 PFGE 的联合运用也能使 DNA 进行直线运动。例如，箝位匀强电场（CHEF）电泳只把 DNA 运动方向改变一个小的倾斜角，通常在 96° ～ 120° 之间。这使得DNA总是以之字形向前运动，但并不离开它的泳道，于是，电泳条带就成直线形（图 2.18）。

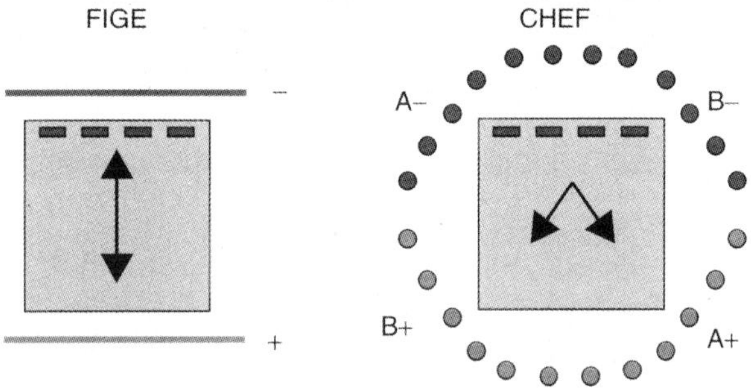

图 2.18　PFGE 的两种主要类型。倒转电场凝胶电泳（FIGE）的电流方向以 180° 角来回变化，从而使全体DNA的运动方向发生同样的改变。而等压电场电泳（CHEF）系统则采用多重电极，使电场的具体定位能发生精确的改变。

在 PFGE 过程中，有许多参量共同作用，从而影响了特定凝胶的有效分离范围。它们包括：所用的琼脂糖的类型和浓度、缓冲液的成分、缓冲液的温度、电场强度、方向改变的角度等等。然而，脉冲时间是改变有效分离范围的基本要素。脉冲时间是指前后两次电场转向之间的电场持续时间。短一些的脉冲时间引起的较小的DNA分子的分离，因为在电场方向改变之后，小的 DNA 片段能够比大的 DNA 片段更快地开始运动。同理，长一些的脉冲时间引起的较大的 DNA 分子的分离（图 2.19）。

PFGE 的出现意味着，代表全部染色体的单个 DNA 分子能够很容易地用凝胶分离出来。大分子DNA，如完整的染色体，可以很容易地切开。但由于黏度很高，它们很难被吸量管吸移。在电泳过程中，对DNA完整性的要求是显而易见的。尝试分离部分降解了的或截断了的 DNA，将导致电泳条带出现拖尾效应使分析变得困难。解决这个问题的方法是，首先将未破坏的细胞（如细菌或酵母菌）包埋到琼脂糖小块中，再用酶处理小块，降解细胞壁和蛋白质，从而在琼脂糖中剩下裸露的未被破坏的DNA。然后将小块切成一定大小，如果需要的话，再用限制酶处理小块。最后，将它放入琼脂糖凝胶的上样孔中。

2.6 核酸印迹杂交

当我们观察在用溴化乙啶染色的凝胶体上的 DNA 片段时, 所有 DNA 分子看起来都是相同的。(图 2.13（a)）然而我们知道，凝胶体每个带上 DNA 的序列是互不相同的——即使是

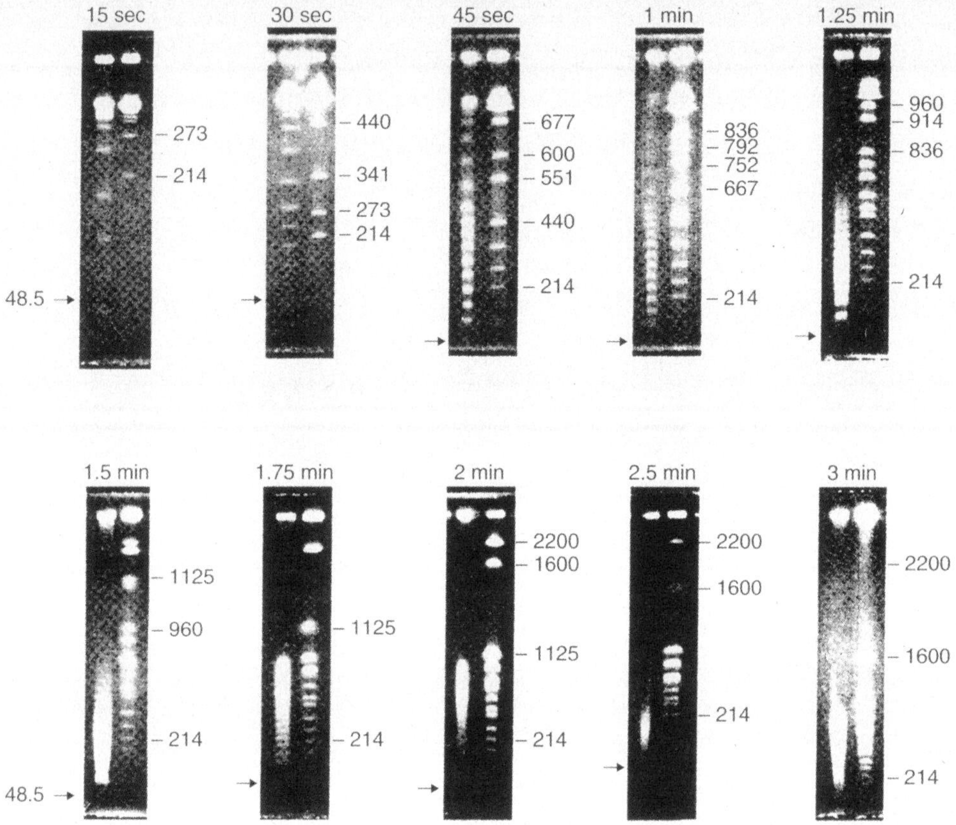

图2.19 脉冲时间对于大小不同的DNA片段分离的影响。在其他条件相同的情况下，仅改变脉冲时间，用PFGE分析酿酒酵母的染色体和一系列已知分子大小的DNA标记物。请注意，随着脉冲时间的延长，大的DNA片段分离效率较高。标记物以kb为单位。经Whitehead研究所的Bruce Birren允许，转引自Wrestler *et al.*(1996)

长度上相同的片段，序列也会不同。而DNA分子的序列对其功能有相当重要的作用。20世纪70年代中期，人们已经可以区分序列不同的DNA片段的条带。这些方法通过核酸杂交，探测互补片段。最早的印迹方法是1975年由Ed Southern发明的，目的是探测在琼脂糖凝胶上与已知核酸片段互补的DNA片段。

2.6.1 DNA印迹杂交（Southern blotting）

在DNA印迹杂交的过程中，从琼脂糖凝胶上转移下来的DNA片段被固定在一个膜上。电泳之后，用碱使分离下来的DNA片段变性，形成单链。这是它和与其互补的DNA序列结合的前提。凝胶上的DNA变性之后，被转移到膜上。转移可以有两种方法：电泳印迹法和毛细管印迹法。琼脂糖凝胶和膜彼此接触，缓冲液从胶上流到膜上，DNA片段随着缓冲液流动，并印在膜上。最先使用的是硝酸纤维素膜，但是这类膜易碎而且易坏。如今人们普遍使用尼龙膜。转移后，DNA片段需要固定在膜上，以免脱落。常用的有80℃烘烤和紫外交联。紫外交联以DNA的一部分T残基之间，以及尼龙膜表面带正电荷的氨基之间形成的交联为基础。

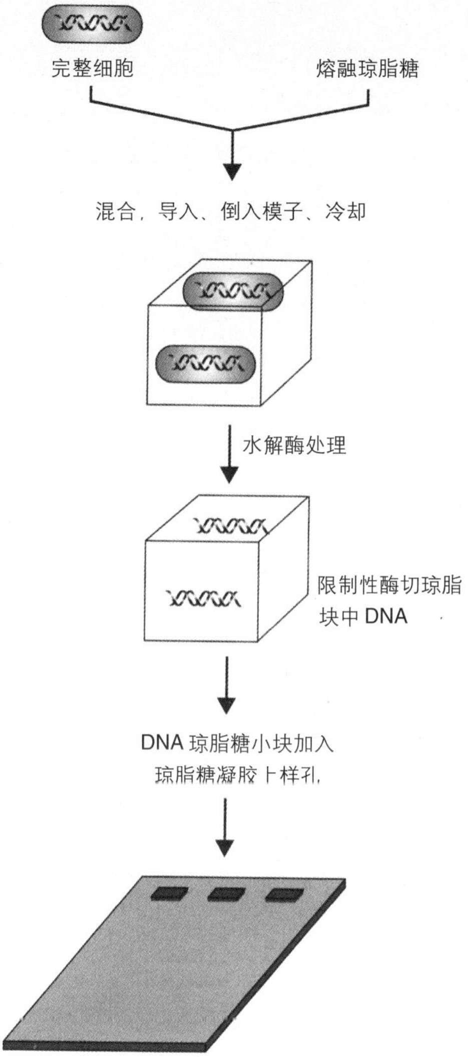

图 2.20 PFGE 所用的高分子量 DNA 的制备。完整的细胞和常温、熔融状态的琼脂糖混合，到入方形的模子。琼脂糖块成型后，用水解酶处理，使细胞壁破裂，释放染色体DNA。如果有必要，可用限制酶处理琼脂糖块中的 DNA。处理过的琼脂糖块加入琼脂糖凝胶上样孔，进行 PFGE 操作。

固定之后，膜被放在一个充满被标记（通常是放射性的）的单链核酸（DNA或RNA）的溶液中。被标记的核酸（或称探针）可以和膜上与其互补的序列杂交。单链探针与互补序列的作用，将使其与膜通过非共价氢键结合起来，这种结合方式也是一般DNA双螺旋的结合方式。最后，洗去膜上非特异性结合的探针，并用 X 线检测特异性结合。（图 2.21）

DNA印迹杂交法被用来检测与探针序列相同或相近的DNA序列。探针与膜上DNA序列的杂交，是实验成功的关键。我们已经看到，单链DNA不仅会与互补序列紧密结合，也会与近似的序列以较低的亲和力结合。不同DNA序列的不同亲和力，可以用来确认与探针不完全相同而仅仅是相关的DNA分子。这种分析可以通过改变反应温度（或盐浓度）来实现，在某

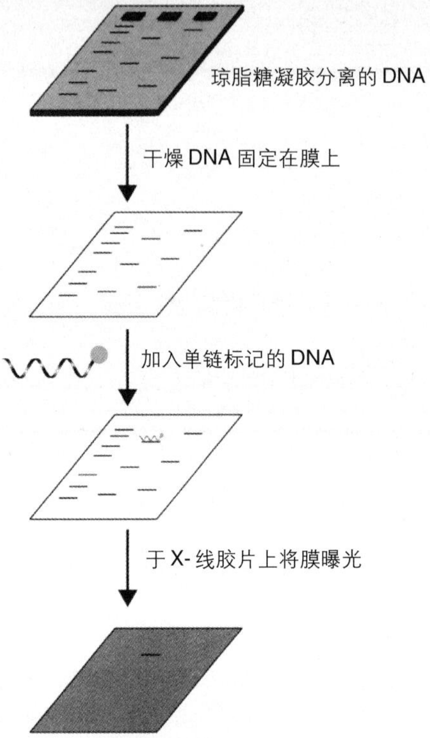

图 2.21 DNA 印迹杂交。从琼脂糖凝胶中分离的 DNA 片段被转移到膜上。DNA 先被制成单链，再加入标记探针。探针与膜通过碱基之间的氢键结合，可以用X线检测到。放射标记的探针可使底片上与膜互补序列对应的位置形成条带。

个温度（或盐浓度）下，特定探针可以在结合后被洗掉（如图2.22）。在高温下（选择得严格）洗膜，除了结合得最紧密的序列以外，其他序列将全部热解。因此，在 X 线下显现出的带，将是与探针相同或高度相关的。在低温下（选择得不那么严格）洗膜，与探针相关性较低的序列在X线照射下也会出现阳性结果。当待检基因序列未知时，这种方法非常有用；如果蛋白质序列已知而相应的DNA序列未知，这种方法就更有用了。我们将在第六章深入讨论这个问题。

2.6.2 “东西南北”印迹杂交

自从 Southern 率先发明了 DNA 印迹杂交，许多针对不同对象的印迹杂交方法相继出现。这类技术都包括原料从凝胶向膜的转移，以及对目标分子的特意性检测。有趣的是，它们的名字都是罗盘上的方向，而不是对操作过程的概括。

- *RNA 印迹杂交（Northern blotting）* 是用探针检测RNA的方法（Thomas, 1980）。RNA 从琼脂糖凝胶上分离，并转移到膜上。让待检测的RNA和与其互补的，被标记过的单链 DNA 或 RNA 的杂交，从而达到检测目的。

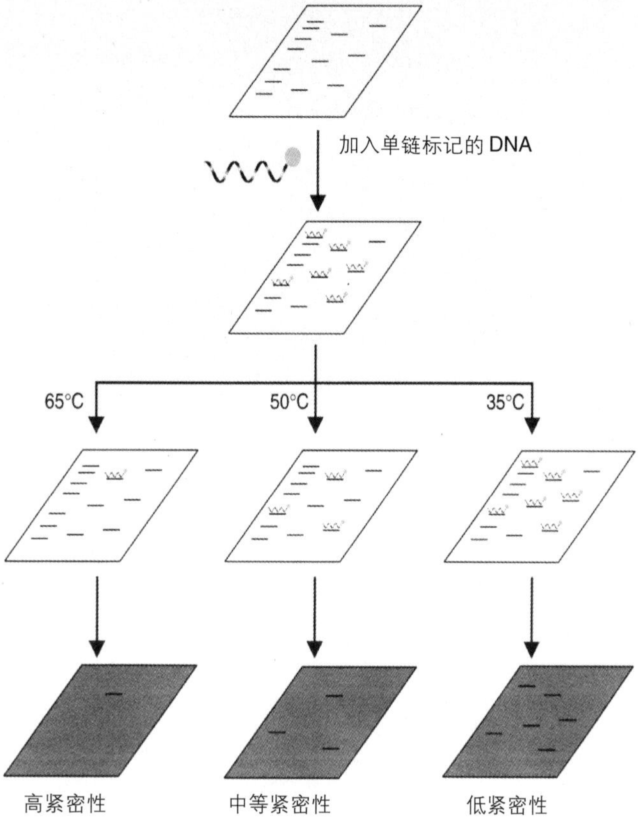

图 2.22 DNA 印迹杂交的膜在不同温度下洗脱，对产物的选择性不同。高温洗脱后，只会留下结合最紧密的 DNA 分子，即与探针序列最接近的 DNA 分子。低温洗脱可使与探针序列差别相对较大的 DNA 分子也保留在膜上。具体的洗脱温度由探针的长度及其在膜上找到匹配序列的可能性决定。

- *蛋白质印迹杂交（Western blotting）* 是用抗体特异性检测蛋白质的方法（Burnette, 1981）。蛋白质被聚丙烯酰胺凝胶分离，凝胶中包含去垢剂 SDS，使蛋白质保持变性（非折叠）状态。蛋白质从凝胶体转移到膜上，过程和 DNA 印迹杂交的转移过程差不多。被测蛋白质可用抗体检测。抗体与抗原之间在膜上发生特异结合，结合的位置可以检测到。最初，人们用放射性物质标记抗体，但现在已经被抗体“三明治”广泛取代。这种技术的操作方法如下：一个未标记的抗体（一抗）和膜上的抗原结合。然后，用标记的抗体（二抗）来探测一抗的位置。这种方法有几个优点：第一，与多价的天然抗体结合意味着灵敏度的增加；第二，一个二抗可用来探测许多不同的一抗。例如，单克隆一抗来自小鼠，二抗来自兔抗鼠的免疫球蛋白质，它能够与许多不同的鼠源一抗结合（如图 2.23）。
- *DNA- 蛋白质印迹杂交（South-western blotting）* 用来检测与特定 DNA 序列结合的蛋白质（Singh *et al*., 1988）。可以从凝胶上分离蛋白质，也可在膜上直接印记。然后，膜与一个标记过的双链DNA 寡聚核苷酸作用。如果蛋白质可以与DNA结合，它将被检探测出来。

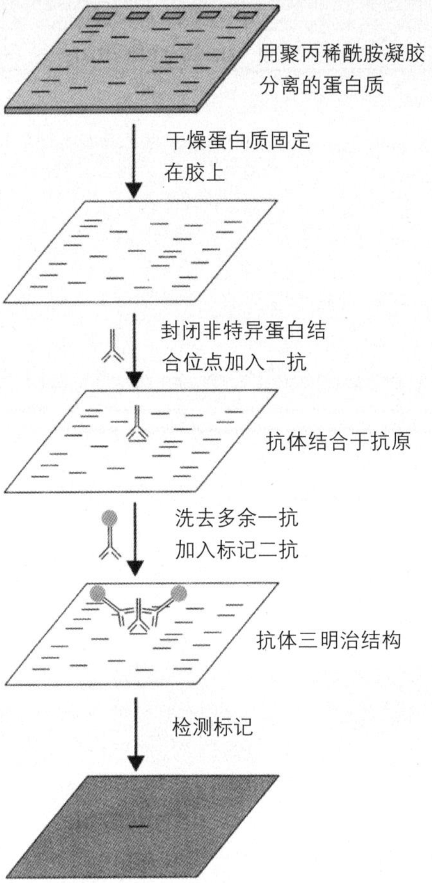

图 2.23 蛋白质印迹杂交——用抗体检测蛋白质。蛋白质由 PFGE 分类得到。凝胶中常含有 SDS，使蛋白质保持变性状态。分离的蛋白质转移到醋酸纤维素膜上。膜上的非特异性蛋白结合位点用可溶性乳胶封闭。然后，加入一抗，一抗与待检测的蛋白质抗原结合。接着加入二抗，用来检测一抗的位置，形成三明治结构。二抗常用一些特殊的酶标记，这些酶与底物结合后，可使膜变色，或使膜发光。经X线照射，信号可以放大，达到检测的目的。

2.7 DNA 纯化

我们在本章讨论过的许多技术，都需要使用相对较多的纯化DNA。从细胞中分离核质并不难，细胞壁的溶解将导致核酸原料从破损的细胞中泄漏，我们可以获得这些原料。但是DNA将会与 RNA 或蛋白质混杂，因此需要从这些混合物中提取出纯化的 DNA 片段。

基因组 DNA 经常采用下列步骤分离。

- 宿主细胞壁的溶解。溶解的方法依赖于宿主细胞本身的性质。例如，细菌细胞要先用溶菌酶破坏细胞壁，再用去垢剂溶解。而酵母细胞则先用消解酶处理，再用玻璃珠破坏细胞。
- 离心过滤，除去细胞残骸。

- 上清与苯酚混匀，使蛋白质变性除去。氯仿经常与苯酚的联合使用（称为酚氯仿混合液），因为这样做不仅会使蛋白质变性，也会使水和纯苯酚之间的界限变得稳定。
- 残留在水相的核酸可以用酒精沉淀。DNA 将形成纤维状的白色沉淀，可离心过滤收集。
- RNA 可以用 RNA 酶除去。

为了实现广泛的应用，DNA 必须被纯化。等密度离心可用于混合物中 DNA 的分离，也可用于特定类型DNA分子的分离。CsCl可以在离心过程中自发生成一个的均匀的密度梯度，与DNA混合后，DNA分子将只在离心管的特定位置沉淀。在那里，体系的梯度密度与DNA的自身密度相同，DNA将留在那里形成一个带。DNA带形成之后，从离心管中分离出来，CsCl将在用酒精沉淀DNA时分离。这个技术的主要优点是可以分离不同种类的DNA分子（如图2.24）。体系中的溴化乙锭会与DNA结合。而超螺旋DNA拓扑结构的约束，意味着闭合环状DNA分子（例如质粒）只能少量与溴化乙锭结合。而开环DNA和线性DNA可与更多溴化乙锭结合，并形成不缠绕的松散结构（如图 2.12）。这种开环或线性 DNA 分子的密度比它们相应的超螺旋异构体要小些。于是，它们可以在CsCl/EtBr梯度中处于不同位置，进而被分离。等密度离心的主要缺点是太费时间，CsCl 中 DNA 条带的形成需要 36 ~ 48 小时。因此这个技术正逐渐被商品试剂盒所取代，试剂盒使快速而廉价的 DNA 分离成为现实，并使有害试剂的暴露达到最小化。它的原理将在下面讨论。

质粒DNA的纯化（见第三章）对克隆和体外基因操作是极其重要的。一个显著的问题是，如何区分同一细胞中少量的质粒DNA和大量的染色体DNA。质粒DNA通常从细菌细胞中分离出来。而细胞溶解仍旧是其中一个很重要的步骤。细胞溶解不足或溶解过多都会使质粒产率下降。从细胞中提纯质粒 DNA 的通用方法，是以 Birnboim 和 Doly（1979）的最初尝试为基础的。这个方法属于碱裂解法。在碱性环境中（pH12.0～12.5），直线形DNA将变性，

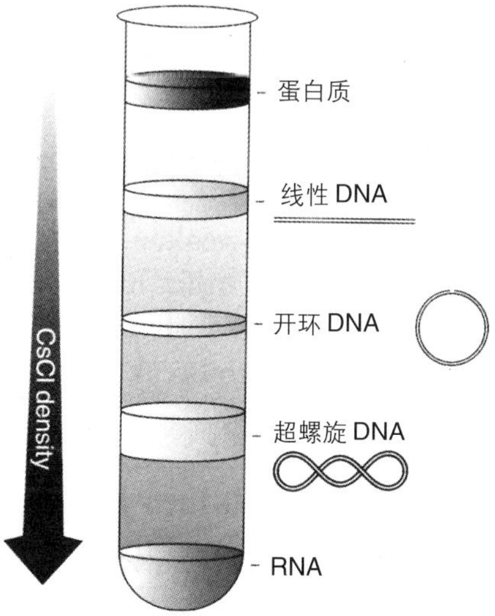

图 2.24 DNA 分子在 CsCl-EB 梯度中进行的等密度离心。DNA 样品与 CsCl 和 EB 混合，高速离心 48h，各种形式的 DNA 组分由于受 EB 的解旋作用的程度不同，而在自己相应的密度形成条带。

而闭合环状 DNA 不变性。这些步骤使环状 *E.coli* 基因断裂，产生大的线性 DNA 片段。这类纯化质粒 DNA 的方法只需要少量的细菌培养液（1 ~ 5ml），通过一个典型的微量制备过程，可以得到 10μg 纯化的质粒 DNA。质粒纯化的基本步骤如下（如图 2.25）：

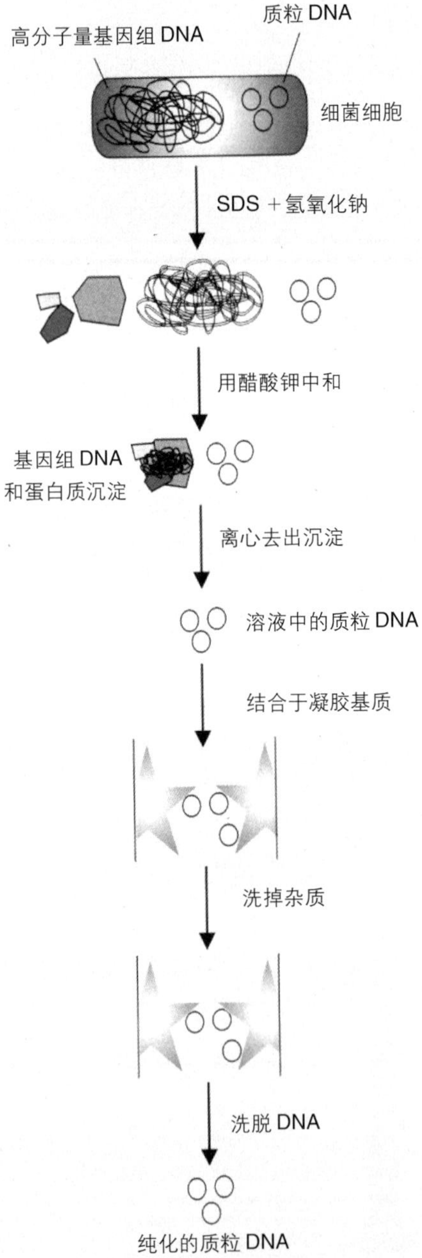

图 2.25　质粒 DNA 的纯化。用 SDS 使含有质粒 DNA 的细菌细胞裂解，用 NaOH 使基因组 DNA 变性。经过复性，基因组 DNA 与 SDS- 蛋白质复合物聚集形成沉淀，离心除去。上清中的质粒 DNA 与杂质所不能结合的基质作用，得到纯化。最后从基质中抽提出来。

- 细菌细胞先用 NaOH 处理成碱性，再用去垢剂 SDS 处理。SDS 破坏细胞膜并使蛋白变性。在这个过程中，染色体 DNA 变性，而质粒 DNA 仍保留在溶液中。
- 混合物用酸性醋酸钾（pH5.2）中和。染色体 DNA 在中和后复性，并聚集形成不可溶的网状结构。高浓度的醋酸钾也可以使蛋白质—SDS复合物和高分子量RNA沉淀。而质粒 DNA 分子仍旧保存在溶液中。
- 上述沉淀通过离心除去，上清中的质粒 DNA 进一步被纯化。
- 在溶液中的质粒DNA，可以结合到硅或阴离子交换树脂上，进而与杂质（细菌代谢产物，RNA，基因组DNA片段等）分离。在许多小规模微量制备DNA 的过程中，质粒 DNA 在一个含有高盐的缓冲液的容器中，与硅基质结合。在这种条件下，其他杂质因不会与基质结合而被洗掉。然后，DNA可以用低盐的缓冲液（或水）从基质中抽提出来。在大规模的质粒制备过程中，质粒DNA经常与阳离子交换树脂结合，如二乙氨基乙二醇（DEAE），而缓冲液中则含有 1M NaCl 等物质。这种盐浓度允许 DNA 与基质结合，而不与混合物结合。经过洗脱，盐浓度升到 1.6M ，就可以抽提DNA了。这种技术要求 DNA 处在沉淀状态（用乙醇或异丙醇），并于使用前在低盐缓冲液中重悬。

第 3 章 载体

要点

- 载体是可用于携带外来 DNA 片段并能自我复制的 DNA 分子。
- 克隆到载体上的 DNA 片段可被分离出来，数量上可以满足大部分实验操作的要求。
- 载体的本质是对自然存在的 DNA 序列进行修饰和组合，使之具备特定的功能。
- 载体的选择主要取决于插入其中的 DNA 分子的大小。
- 载体的发展满足了各种特殊的需要，包括获得单链 DNA 高水平表达编码蛋白质的基因以及 RNA 的生成。

大部分分子克隆实验利用 *E. coli* 进行克隆 DNA 片段的扩增。即使克隆的 DNA 片段最终要进入真核细胞，在被转入到最终宿主之前，DNA的组分却在*E. coli*体内也是一成不变地复制。克隆也可能在其他生物体中进行，但*E. coli* 凭借其优势，成为基因工程的首选。*Escherichia coli*，以德国内科医生Theodor Escherich（1857-1911）的名字命名是杆状的革兰阴性菌，以快速旋转的长鞭毛为动力器官（图 3.1）。它是人体口腔和肠道内正常菌群的一部分，保护肠道免受细菌感染，帮助消化，并产生少量维生素B12和维生素K。*E. coli* 在水和土壤中也存在，已被广泛应用于实验研究，很可能是人们了解得最为透彻的生物。作为实验用生物，*E. coli* 有下列独特优势：

- 易于在简单、便宜的培养基中生长；
- 在对数生长阶段有 20 ~ 30 分钟左右的快速倍增期；

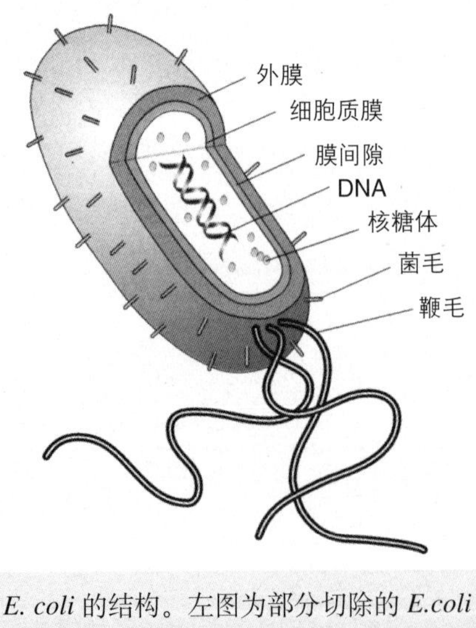

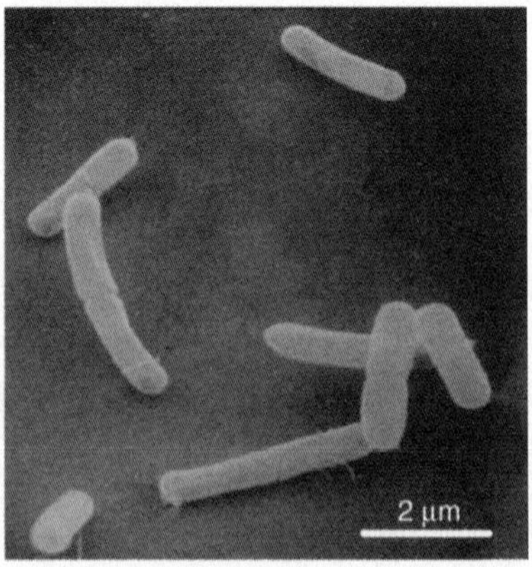

图 3.1 *E. coli* 的结构。左图为部分切除的 *E.coli* 模型，显示了细胞的层次和组成，右图为电镜下的 *E. coli*。

- 实验室株基本安全，并含有使其在实验室以外环境无法生存的突变；
- 遗传学性状已研究清楚；
- 基因组测序已经完成；
- 非染色体的 DNA（质粒和噬菌体 DNA）可用于携带外源 DNA 片段。

E.coli 通常为无性生殖，但为了增加多样性并实现基因库共享，它们有使遗传物质从一个菌体传递到另一个菌体的机制，早在 20 世纪 40 年代中期，人们就已经知道，细菌可以通过一种半有性方式交换遗传物质。Lederbeg 和 Tatum 的实验清楚地证实了通过细菌接合（bacteriol conjugation）进行的遗传信息传递。(Lederbeg & Tatum，1946)。使细菌具备这种传递能力的是一套F基因（F是fertility的缩写）。这些基因可以存在于细菌染色体外独立复制的环状DNA上，也可以整合到细菌染色体中。含有这些基因的细菌（雄性菌）利用菌毛（pilus）与邻近细菌连接，然后两个细胞拉近，DNA 便从一个细菌传递到另一个细菌。

F 因子有三种表现形式：

- F　又叫F因子（F　episome)，是环状双链DNA分子（99159bp)，只携带F基因，在细菌中以非染色体的质粒形式存在。
- Hfr　高频重组体。F 元件被整合到 *E. coli* 基因组中，接合发生时，F 基因拖带着 *E. coli*基因组的其余部分一起通过菌毛传递。最后，菌毛断裂，而通常此时整个基因组尚未转移完毕。*E. coli* 的基因组可以用从转移起点开始所经过的时间（分钟）来测量。某个特定基因从一个细菌转移至另一个细菌所用的时间可以显示它到复制起点的距离。
- F'　是一个大型环状双链 DNA 分子，包含 F 基因和其他一些基因，后者可以有效地从一个细菌传递到另一个细菌，因为被转移的DNA很短，可以在鞭毛断裂前转移到另一个细菌内。

F'附加体可以复制，并作为独立于细菌染色体而存在，这种能力使它成为外来DNA序列的理想载体。稍后我们将会看到，经过修饰加工的F'附加体确实可以携带外来DNA片段。但是，它的大小要求复杂的分析和操作，它的基因转移特性会使它不稳定。

通常，外来DNA片段需要载体携带以确保其在宿主细胞中的复制和增殖。对载体的最佳描述是：一个可用于携带外来 DNA 片段的自主复制的 DNA 序列。所有载体本质上都是可在特定环境下复制的自然存在的DNA序列。常用的载体有质粒和 λ 噬菌体。一般来说，载体可看作一系列不同的模块，列为有效的分子克隆提供了必要的条件。那些主要用于复制DNA片段的载体，我们称为克隆载体；而主要用于表达DNA中基因的载体，我们称为表达载体。用于分子克隆的载体必须拥有以下特点：

- 自我复制的能力；
- 有筛选标志，使转化细胞能与未转化的细胞区分开。

另外，多数载体包含至少一个，通常是多个限制性酶切位点，这样，DNA片段可相对容易地被克隆到载体上。现在有一大批不同类型的载体可供使用，其中很多载体特异性很高，可用来执行特定的功能，本章中，我将讨论载体设计的一般要点，并重点讨论克隆实验中的常用载体（表 3.1)。

3.1 质粒

表 3.1 常用载体的一般特性

载体	主要用途	最大可插入大小（kb）	举例
质粒	一般 DNA 操作	10～20	pBR322，pUC18
	若干有专门用途的衍生物		
λ（插入）	创建 cDNA 文库	～10	λ gt11
λ（替换）	创建基因组文库	～23	λ ZAP，EMBL4
柯斯质粒	创建基因组文库	～44	pJB8
M13	体外突变，DNA 测序	8-9	M13 mp18
噬菌体质粒	一般 DNA 操作，体外突变	10-20	pBluescript
YAC	创建基因组文库	1000-2000	pYAC4
PAC	创建基因组文库	75-90	pAd10SacB Ⅱ
BAC	创建基因组文库	130-150	pBAC108L

质粒是天然存在的染色体外DNA片段，能以非染色体的状态稳定传代。质粒广泛分布于原核细胞中，大小从大约 1500bp 到超过 300kb。大部分质粒以闭环双链 DNA 分子的形式存在，这种DNA分子常常为细菌赋予特定的表型。使细菌产生对抗生素或重金属的抗性，并产生普通细菌不能产生的DNA 限制酶和修饰酶。质粒的复制通常与其宿主细胞的分裂相偶联，也就是说，质粒复制与宿主基因组复制同时进行。根据细胞中质粒的拷贝数可将质粒分为两类：松弛型和严紧型。松弛型质粒（Relaxed plasmids）（勿与松弛型 DNA 混淆，见第一章）在一个细胞中有很多拷贝（10 ～ 200），而严紧型质粒（stringent plasmids）只有单拷贝或较少的拷贝数（1 ～ 2）。这种差异一部分来源于质粒复制的不同机制。一般而言，松弛型质粒利用宿主蛋白进行复制，而严紧型质粒则自己编码复制所需的蛋白因子。

信息栏 3.1 基因和 DNA 的命名。

质粒、基因和其他DNA片段的名字乍看上去似乎只是一堆杂乱无章的字母和数字。遗传学家起初是用相应的表型为基因和 DNA 片段命名。例如，鼠毛色基因 c 和 A 分别指白化鼠和刺鼠相应的基因座位。其他的基因命名反映了其生物学功能，例如，*Hbb*基因编码血红蛋白 β - 链，*Adh* 基因编码乙醇脱氢酶。研究果蝇的遗传学家使用一套最古怪的基因命名法——如*fushi tarazu*（简写为*ftz*，来自日语，意指“片段缺乏”），*spätzle*（简写为*spz*，是一种德国面条），*dunce*（*dnc*），*forkhead*（*fkh*），*hedgehog*（*hh*）和*ether-a-go-go*（*eag*）。在中期扩展、染色体区带分析、体细胞杂交、同工酶分离、基因和表型的染色体定位等技术建立后，人们便可以找到功能未知基因在染色体上的对应位点了。我们也可以用基因所编码的酶或其他蛋白质来命名基因。通常，基因的名字用斜体字表示，而基因产物的名字不用斜体字。但这可能导致混淆，因为两者之间并不一定有一对一的关系。同时，在不同的生物间，命名法可能不同，这种不系统的基因命名法不仅仅导致同一个基因功能在不同生物中有不同的叫法，而且会导致同一生物的同一基因，由于命名者的不同，而被冠以不同的名称。

传统重组质粒的名称多带有其构建者名字的首字母，后面跟上一个能表明质粒构建次序的数字，或者也可能有更深的含义。比如，质粒pBR322的名字可分为以下几部分：

- p——质粒；
- BR——由Paco Bolivar和Ray Rodrigues的名字命名，他们构建了该质粒（Bolivar *et al.*, 1977）；
- 322——质粒的种系编号。

本实验室构建的质粒用pRJRXXX命名法，其中XXX是一个指明质粒构建顺序的三位数，这样，它们就可以很容易地在实验室质粒清单中找到。其他质粒有特殊命名，但仍然令人费解。比如，pUC质粒是以加州大学命名的，而pYAC4质粒则是以其主要功能命名。尽管人们为了规范质粒命名法作出过许多尝试（White，Mattais & Nebert, 1998），但以前所用的旧名字仍然沿用。事实上，以构建者为DNA命名确实会产生一物多名的情况，而用其他方法命名则可能不会发生这种情况。

现在的大多数常用质粒以天然存在的*E. coli*质粒ColE1或其近亲pMB1的复制起始点为基础。ColE1是一个长6646bp的闭环DNA分子，它编码大肠杆菌素E1（*cea*基因的产物）以及一个抗性基因，后者使宿主菌免受细菌素（*imm*基因的产物）伤害。大肠杆菌素E1是一种跨膜蛋白，可引起细菌的细胞膜产生致死性去极化，形成孔道。(Konisky & Tokuda, 1979)而抗药性基因编码的蛋白可以阻断这种作用。(Zhang & Cramer, 1993)。利用含大肠杆菌素E1的平板，我们可以区分含有ColE1质粒的细菌与不含该质粒的相似细菌。这种方法操作起来很困难，已经被更简单的抗生素筛选法所取代（见下文）。

ColE1质粒利用宿主细胞提供的DNA聚合酶，以松弛型方式进行复制。与细菌复制起点（Ori C）不同，ColE1的复制是单向的，它不编码启动蛋白，但编码一系列参与复制启动过程的非翻译RNA分子和一种对RNA分子起重要调控作用的蛋白质。ColE1的DNA复制起点位于一个DNA区域内，在该区域内，有两个RNA分子（RNA Ⅰ和RNA Ⅱ）从启动子开始，顺次转录出来（图3.2）。RNA Ⅱ与ColE1复制起点互补配对，并形成一个DNA-RNA杂交体。(Cesareni *et al.*, 1991)。与ColE1结合的RNA Ⅱ分子在起点处被宿主编码的RNA酶H切割下来，作为DNA复制的引物。根据碱基互补原则，RNA Ⅱ只能结合在一条DNA链上，故ColE1质粒的复制是单向的。RNA Ⅰ也参与复制过程的控制。RNA Ⅰ与RNA Ⅱ的5'端互补配对，RNA Ⅰ和RNA Ⅱ形成的互补杂交体不能作为复制的引物。RNA Ⅰ的寿命相对较短，因此，ColE质粒在每个细胞中大约有15～20个拷贝。ROP蛋白对RNA Ⅰ和RNA Ⅱ之间的互补结合起稳定作用。(Helmer-Citterich *et al.*, 1988)。

ColE1的DNA复制可产生若干重要结果。调节因子的排列方式导致了质粒的不相容性，即有两个拥有相同复制起点的质粒不能在同一细胞中共存。细胞中已有质粒的RNA Ⅰ阻止了进入细胞质粒的RNA Ⅱ形成引物，故该质粒无法复制。当由连接反应进入的质粒混合物被转化进入细胞时，质粒的这种性质就显得尤为重要。以这种方式产生的单个转化子将只含有一种质粒，而不是几种混合质粒。拥有不同复制起点的质粒（例如 ColE 和 P15A）可以在同一个细胞中共存。ColE1 的复制的另一结果是，DNA 复制的启动不需要合成新的蛋白质。当有阻断蛋白质合成的抗生素（如氯霉素）存在时，染色体DNA停止复制，但以ColE1质粒都能继续复制，并在细胞内高度集中（每个细胞 1000 ～ 2000 拷贝）（Clewell, 1972）。

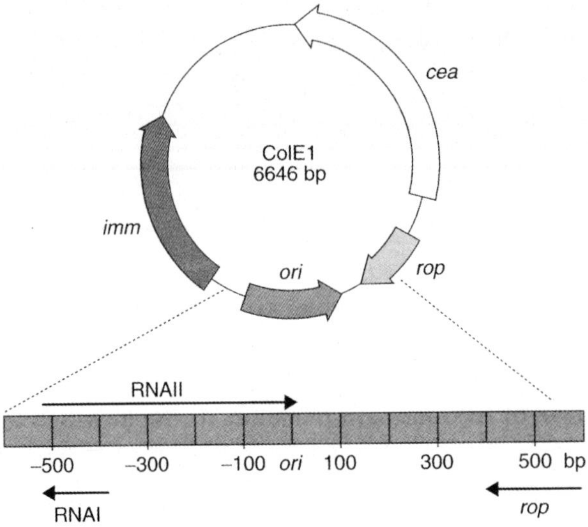

图 3.2 ColE1 质粒的复制起点。
ColE1质粒是闭环双链DNA分子，长6646bp。它编码大肠杆菌素E1（*cea*基因的产物）以及阻断含此质粒的细胞中细菌素毒性的免疫蛋白（*imm*基因的产物）。DNA复制是单向的，如图中*ori*箭头所示。两个非翻译 RNA 分子（RNA Ⅰ和 RNA Ⅱ）以及 *rop* 基因编码的蛋白质控制着复制过程（详见正文）。这些复制控制元件与起点（ori）的相对位置如图所示。基因上所示箭头表示转录方向。

3.1.1 pBR322

ColE1及与其亲缘关系十分相近的PMB1都可能成为有用的克隆载体，但它们也有很多缺点。首先，重组质粒（由质粒DNA和插入的目的DNA组成）难以识别，这意味着它们无法广泛应用。人们需要一个复制过程与 ColE1 相同，而其中的重组体容易被识别出来的质粒。

质粒 pBR322（图 3.3）是第一个被广泛应用的质粒载体。它是一个用天然质粒组分及其他 DNA 片段构建出来的小型质粒（4363bp）（Bolivar *et al.*, 1977）。

pBR322 包括以下组分：

- *复制起点*　pBR322 含有 ColE1 的复制起点和 *rop* 基因，这些确保了它有相当高的拷贝数（每个细胞含有 15-20 个拷贝），如果用氯霉素扩增，则拷贝数可以增加 200 倍。
- *抗生素抗性基因*　pBR322含有两个可用作选择标志的基因。氨苄青霉素抗性基因（记做 *bla*，或 AMP^R）从转座子 Tn3 克隆到质粒中；四环素抗性基因（记做 *tet* 或 TET^R）则来自 pSC101 质粒。（Bernardi & Bernardi, 1984）

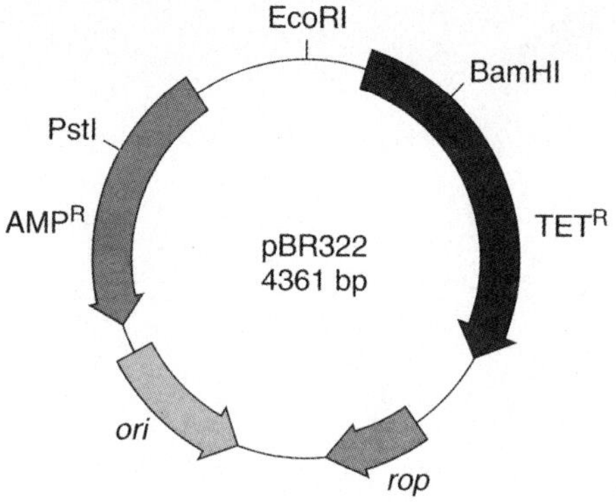

图3.3　质粒pBR322. 它含有ColE1的复制起点（*ori*和*rop*），以及两个抗生素抗性基因：氨苄青霉素抗性基因（AMP^R，亦称*bla*编码的β - 内酰胺酶）和四环素抗性基因（TET^R）。两个基因各含有许多在质粒序列中仅出现一次的限制酶识别位点。

- *克隆起点*　pBR322拥有若干独特的限制酶识别位点。其中一些位于某个抗生素抗性基因上。例如，Pst Ⅰ，Pvu Ⅰ和 Sac Ⅰ的位点在 AMP^R 上，而 BamH Ⅰ和 Hind Ⅲ的位点位于 TET^R 上。

在插入失活（insertional inactivation）过程中，pBR322 中的抗生素抗性基因可用于重组体的直接筛选。例如，如果我们想把一段DNA 克隆到pBR322 的BamH Ⅰ位点上，那么插入的DNA将会影响四环素抗性基因，而氨苄青霉素抗性却不会有任何改变。细胞经转化后，先在含氨苄青霉素的细菌平板上生长，以除去不含质粒的细胞。能在氨苄青霉素中生长的细胞，经平板复印法复制到含氨苄青霉素和四环素的培养基中，则在只有氨苄青霉素时生长，而在加入四环素后死亡的细胞内含有插入外来DNA的质粒（图3.4）。换句话说，在质粒的抗生素抗性基因中插入一段外来 DNA，会使该基因产物失活，从而导致细菌对抗生素敏感。

3.1.2 pUC质粒

作为首个广泛用于分子克隆的质粒，pBR322是分子生物学上一大突破，但其鉴别重组体的二次筛选程序耗时长且易出错。1982年，一系列新质粒被研制出来，只需一次筛选即可识别含外来 DNA 的细胞。这些新质粒就是 pUC 质粒（Vieira & Messing, 1982）。与 pBR322 相比，它们有另外三个重要特点：

- *高拷贝数*　不需氯霉素放大，在复制起点发生一个突变，就可在一个细胞内产生500～600 个质粒拷贝。该突变是RNA Ⅰ起始位点上游的一个G变成了A，它降低了RNA Ⅰ转录的水平，从而增加了利用 RNA Ⅱ作为引物的 DNA 复制。
- *蓝白斑筛选*　是插入失活筛选的一种特殊形式，若将其用于转化子初步筛选，则不必进行第二轮筛选。它利用载体编码的 *E. coli* β - 半乳糖苷酶（α - 肽）的氨基端，通过分子间互补，恢复了宿主编码的缺陷型β - 半乳糖苷酶（ω - 肽）的活性。*E. coli* 的β - 半乳糖苷酶是一个大型多肽（单体含 1173 个氨基酸，117K Da），它是 lac Z 基因的产物，活性形式是同四聚体（468K Da）。*lac* Z 的 5’ 区的某些突变会阻断蛋白质产物（ω - 多肽）中各亚

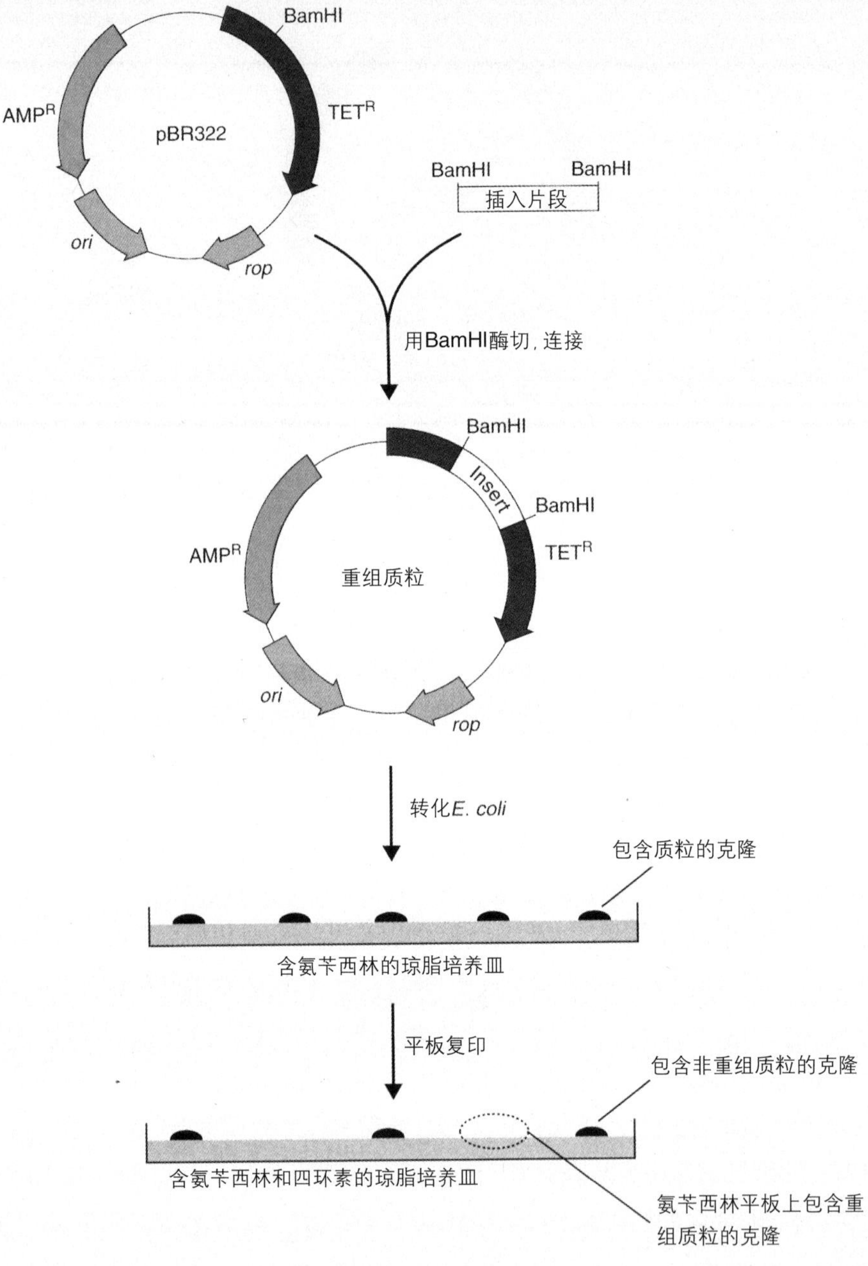

图 3.4 pBR322 的抗生素抗性基因的插入失活。如果在 TET^R 基因中的 BamH Ⅰ限制酶识别位点插入一段DNA，产生的重组质粒转换入细菌后，仍能产生对氨苄青霉素的抗性，但无法使细菌在含有四环素的平板上生长。在插入 DNA 后，TET^R 基因的功能就会失活。

单位的缔合，而单体是不具酶活性的（Ullmann, 1992）。在某些这样的突变株中，如果存在*lac* Z产物氨基端的小片段（α -多肽，50个氨基酸），则各亚单位的组装（以及酶的活性）便可得到恢复。（Juers *et al.*, 2000）。这些 *lac* Z 突变株的作用叫做α - 互补。*lac* Z Δ M15 等位基因的产物缺乏野生株β - 半乳糖苷酶的11-41个氨基酸，可产生α - 互补作用。Messing及其合作者利用α - 互补，创建了pUC质粒系列克隆载体。(Vieira & Messing, 1982)。这些载体在α - 肽基因片段的序列中含有一系列多克隆位点（MCS)。MCS不改变*lac* Z的读码框，也不破坏该片段进行α - 互补的能力。(图3.6) 但是，如果在MCS中插入其他DNA片段，将会影响α -多肽的编码序列，使它丧失功能。如果在对转化株进行初筛选的平板上加入显色底物X Gal（5- 溴 -4- 氯 -3- 吲哚 - β -D- 半乳糖苷）和β - 半乳糖苷酶诱导剂IPTG，非重组分子分解无色底物，使菌落呈蓝色，而重组子会形成白色菌落。

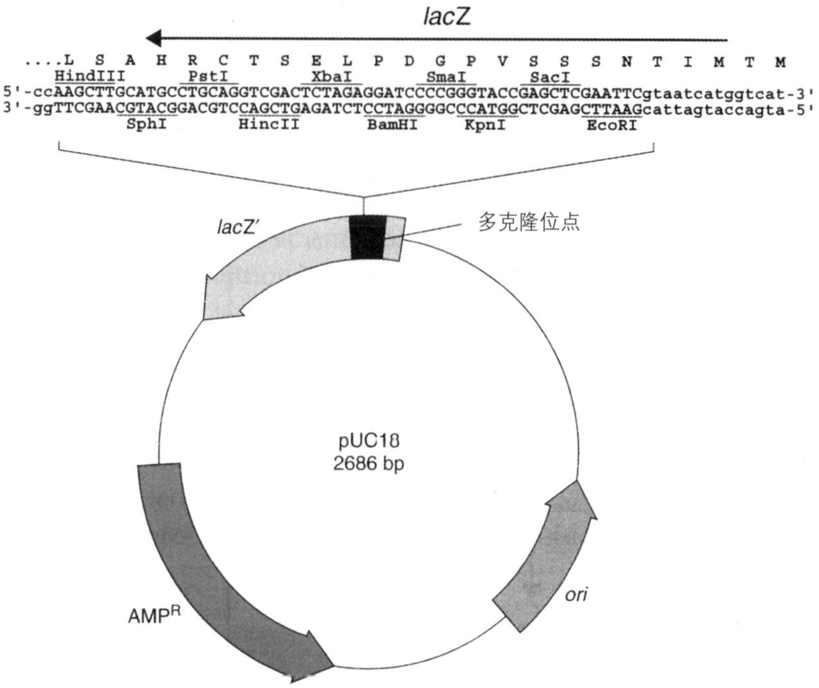

图3.5 pUC质粒。pUC18质粒是一种小型质粒，它含有ColE1复制起点的突变体，可使DNA进行高拷贝复制。pUC18质粒还含有氨苄青霉素抗性基因（AMP^R）和*lacZ'*基因。*lacZ'*基因编码的α - 肽由β - 半乳糖苷酶的前63个氨基酸组成。在*lacZ'*的编码序列中还存在着许多限制酶识别位点。这种多克隆位点（多接头）被用来克隆DNA片段。插入序列的存在将破坏*lacZ* α - 肽的功能，这一特性被用来检测。应当注意，不同pUC质粒多克隆位点的组成不同。

- 克隆位点或多接头　这是一个合成的含有多个唯一的限制酶识别位点的DNA序列。它插入到编码β -半乳糖苷酶α -肽的质粒中，但不影响其表达或功能。但是，在任何一个多接头限制酶识别位点中插入一个外来DNA片段，都会破坏α - 肽的活性。因此，重组菌落仍显白色，而非重组菌落变蓝。

与pBR322相比，pUC质粒的最大优点在于，外来DNA片段可被克隆到多个限制酶识别位点，并且重组体可被快速筛选出来。另外，α -互补只要求质粒携带一个小型基因，pUC系

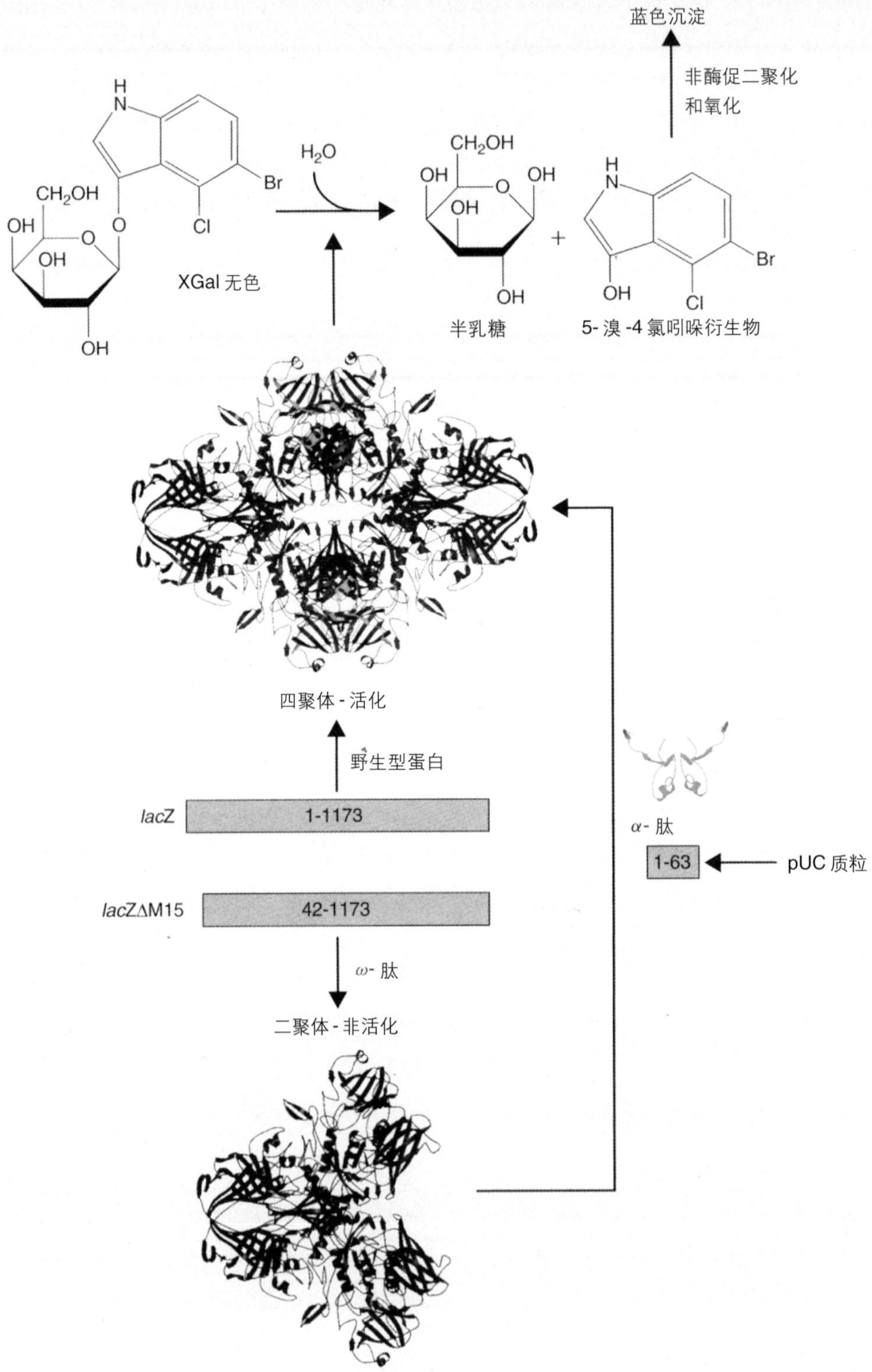
蓝色沉淀
非酶促二聚化
和氧化
H2O
XGal 无色
半乳糖
5- 溴 -4 氯吲哚衍生物
四聚体 - 活化
野生型蛋白
lacZ
1-1173
lacZΔM15
42-1173
ω- 肽
二聚体 - 非活化
α- 肽
1-63
pUC 质粒

列载体中编码α - 多肽的 DNA 长度还不到 400bp。如果需要整个 *lac* Z 开放读码框，这些载体中就必须含有超过3500bp的DNA。一般来说，很多质粒载体的稳定性随其大小的增加而减少，这就对克隆到质粒中的 DNA 长度构成了限制。例如，当 pUC 质粒的大小达到 15kb 时，细菌携带它的能力将显著下降（表3.1）。因为α -多肽很小，载体的总长度也达到最小，这使它可以携带相对较大的插入物。

3.2 选择性标记

到目前为止，我们所讨论的质粒的最基本特点是对宿主细胞的精确选择。现在就有很多这样的选择系统，而对于选择性标记的选择要由所转化细胞的类型决定。有一些质粒只能在原核细胞中发挥作用，有一些却有着更广的适用范围。下面列出的是一些选择性标记以及它们的作用机理：

- *氨苄青霉素*　能够结合并抑制许多参与革兰阴性菌细胞壁合成的酶，使正常的细胞复制无法进行。氨苄青霉素抗性基因（AMP^R 或 *bla*）编码的β - 内酰胺酶进入细菌周浆间隙后，能够促进氨苄青霉素β -内酰胺环的水解，从而破坏这种抗生素。经过一段时间后，培养皿或者培养基中的氨苄青霉素可以被β -内酰胺酶完全破坏。此时选择压力消除，那些缺少这种质粒的细菌也会变多。
- *四环素*　能够结合核糖体 30S 亚单位上的蛋白质，抑制核糖体沿 mRNA 的移位，从而干扰蛋白质的生物合成。四环素抗性基因（TET^R）编码一种由 399 个氨基酸组成的蛋白质，这种蛋白质位于革兰阴性菌的外膜，可以阻止四环素进入细胞，但不能破坏它。选择压力的持续存在使得细菌在培养过程中，始终保留这种含抗性基因的质粒。
- *氯霉素*　能够结合核糖体的50S 亚单位，抑制蛋白质的合成。氯霉素抗性基因（CM^R）可以编码氯霉素乙酰转移酶（CAT），CAT是一种四聚体胞内蛋白，它可在乙酰辅酶A存在的情况下，催化氯霉素羟乙酸衍生物的形成，使氯霉素无法与核糖体结合。像氨苄青霉素抗性基因一样，这种抗性基因的产物也可以破坏抗生素。
- *卡那霉素和新霉素*　能够与核糖体结合，抑制蛋白质的合成，KAN^R基因编码的蛋白可以分泌到周浆间隙中，干扰抗生素进入细胞中。像四环素抗性基因一样，KAN^R的基因产物并不能破坏抗生素。
- *博来霉素和zeocin 抗生素*　属于糖肽类抗生素，可以与DNA 结合，抑制 DNA 和 RNA 的合成。他们对于绝大多数的细菌（包括*E. coli*），真核微生物（如真菌），植物细胞，

图 3.6　α - 互补和 XGal 染色。XGal（5- 溴 -4- 氯 -3- 吲哚 - β -D- 半乳糖苷）被功能性β - 半乳糖苷酶切割成半乳糖和 5- 溴 -4- 氯 - 吲哚衍生物。吲哚自发地发生二聚化和氧化，产生不溶性蓝色染料。(5, 5'- 二溴 -4，4'- 二氯 - 靛，图中未显示）。β - 半乳糖苷酶是 *lac* Z 的产物，其活性形式是同一多肽的四聚物。*lac* Z 的某些突变体（如 lac Z Δ M15）产生不包括β - 半乳糖苷酶单体（1173 个氨基酸）的氨基端末端的蛋白质。这类称为ω -多肽的衍生物无法形成具有活性的四聚物，不能发挥β -半乳糖苷酶的作用。若细胞中有 *lac* Z α - 多肽（第 1 ～ 63 个氨基酸）的协同表达，则ω - 多肽又可执行功能。也就是说，α - 多肽促进了四聚体的形成，恢复了酶的功能。

动物细胞都有作用。放线菌（*Streptoalloteichus hindustanus*）的 *Sh ble* 基因可以编码一个小的蛋白质，与zeocin抗生素结合，产生抗性。（Gatignol，Durand和Tiraby, 1988）

- *潮霉素 B* 通过干扰核糖体的移位，干扰蛋白质的生物合成。这种抗生素对真核细胞和原核细胞都有作用。它的抗性基因（HYR^R，编码潮霉素-B-磷酸转移酶）能够通过磷酸化作用使之失活。

以质粒为基础的载体现在已经得到广泛的应用，并发挥了重要的作用。本书后面的章节中将对于它们进行详细的讨论，这里只向读者简单介绍质粒应用的几个实例。

- *一般的克隆* 实验室中对于 DNA 的绝大多数操作都是在质粒上进行的，因为质粒 DNA 分子在储存和应用上都十分便利，所以大多数 DNA 重组试验都选用质粒作为研究对象。
- *穿梭质粒* 这些质粒不但包括 *E. coli* 的复制起点和选择性标记，还包括功能类似的，可使其在其他宿主细胞中稳定存在的DNA序列。例如在酿酒酵母体内进行基因克隆和基因表达的质粒就包括了*E. coli*及酿酒酵母的复制起点和选择性标记。而在把DNA导入真菌之前，人们常将 *E. coli* 作为宿主细胞。
- *RNA 的生成* 很多质粒都能使克隆到其中的 DNA 片段转录成 RNA。这样的质粒（如从噬菌体T3，T7，SP6中提取的质粒）包含与RNA聚合酶结合的启动子，可以在体外培养中利用纯化的 RNA 聚合酶和 DNA 质粒而合成 RNA。这种方法生产的 RNA 常常用作 RNA 印迹杂交的探针。
- *蛋白质的生成* 许多质粒中都包含了表达外源基因所需启动子。这种表达往往是在*E. coli*中实现的，但如果使用合适的启动子，蛋白质的合成就可以在几乎所有的生物中实现。强启动子产生高水平的蛋白质表达，而弱启动子产生低水平。此外，蛋白产物的水平还可以通过调整质粒的拷贝数来实现。

由于目前大量可供研究使用的质粒，所以人们又发展了在不同功能的质粒间进行DNA片段转移的技术。假如你克隆了一个基因，既希望它在 *E. coli* 中得到高水平表达，又希望它在哺乳动物组织培养的细胞中产生能被单克隆抗体识别的，有标记的蛋白质。这时，你可以设计不依赖限制酶在载体间进行DNA片段穿梭交换的方法，如图3.7。编码目的基因的DNA片段利用 Cre 重组酶，从一个质粒转移到另一个质粒。Cre 重组酶是一种从噬菌体 P1 中获得的 38kDa 的蛋白质（Sternberg *et al.*, 1981），它能够在特殊的 *lox*P 位点介导 DNA 序列内或序列间的重组（Abremski & Hoess, 1984）。这个位点由两个 13bp 的反向重复序列和这两个序列之间 8bp 的间隔序列组成。这个间隔序列具有明确的定位，确保重组按照精确的方向和定位进行。供体质粒包含两个 *lox*P 位点，分列目的基因两侧。受体的质粒包含一个 loxP 位点，并与供体基因元件融合。当目的基因被转运后，它将与专门为受体设计的特殊表达元件连结起来。如果目的基因的编码序列在供体中与上游的loxP位点相配，则它在受体载体中也将自动与所有的多肽相配。可变的供-受体质粒系统建立在 λ 噬菌体介导的位点特异性重组的基础上（Karami、Inze & Depicker, 2002）。在这种情况下，重组位点（*att*）的侧翼 DNA 片段可以在 λ 重组蛋白的介导下进入含有适宜重组位点（*att* × *att*P 或 *attL* × *att*R）的载体。

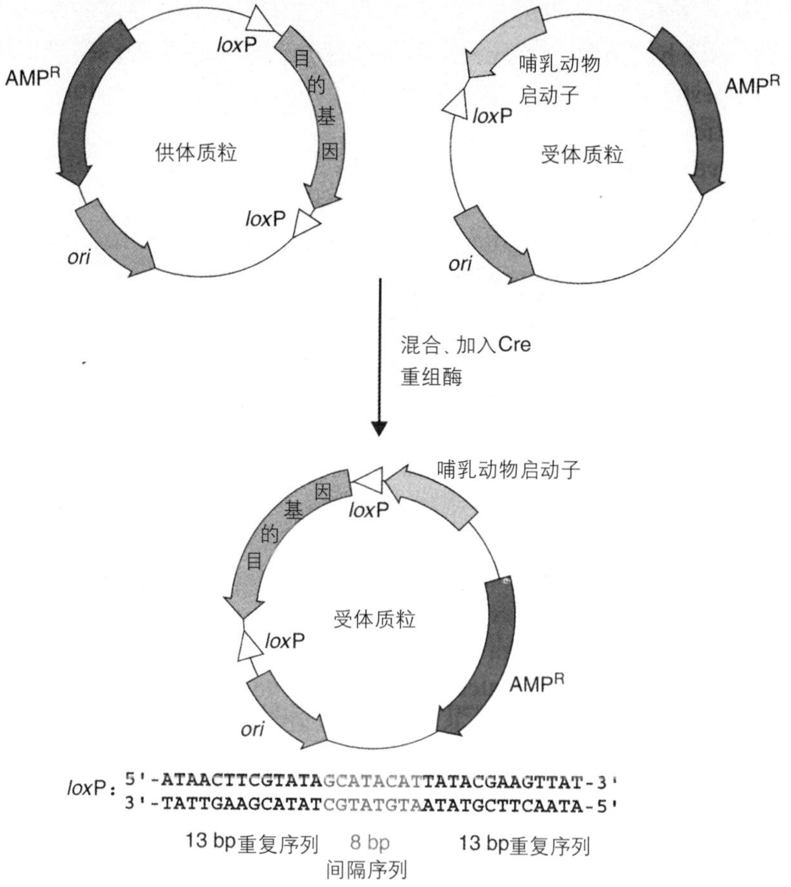

图 3.7　通过重组进行的质粒间基因转移。利用 Cre 重组酶，供体基因转移到受体基因的 lox P 位点。详见正文。

质粒的多功能性使其成为很多的基因研究实验的载体。不过质粒载体同样也存在着一些明显的缺陷。首先，质粒进入细菌的效率非常低，只有感受态的细胞才能接收质粒DNA分子，而这是不能满足要求的。在最好的情况下，每μg 质粒 DNA 可以转化 1×10^9 个 *E. coli* 细胞，而 1 μ g 质粒的 DNA 分子数是 1.5×10^{11}。这也就意味着只有不到 1% 的 DNA 分子能够被利用。其次，质粒携带外源大分子 DNA 片段的能力十分有限（表 3.1），对绝大多数质粒来说，一旦总长度超过 15kb，它们就变得不稳定，易于自发的重组，使得 DNA 要么重排，要么丢失。因此，需要发展其他载体，以克服这些困难。

3.3 λ 载体（λ vectors）

20世纪50年代初期，André Lwoff描述了*E. coli*的一个惊人特性，当他用中等剂量的紫外线照射某种*E. coli*时，细菌停止生长，大约90分钟之后，细菌溶解，并向培养基中释放出许多病毒颗粒，称为λ（图 3.8）。这些病毒，准确地说是噬菌体，可以感染那些先前并不能被λ噬菌体感染的 *E. coli*。但也并不是所有的细菌都可以在这样的照射剂量下产生这样的溶解现象，大多数 *E. coli* 在这样的小剂量照射下是不会受到什么影响的。不过，那些曾经暴露在λ噬菌体下而未发生溶解的细菌，也能表现出这个显著的特性。

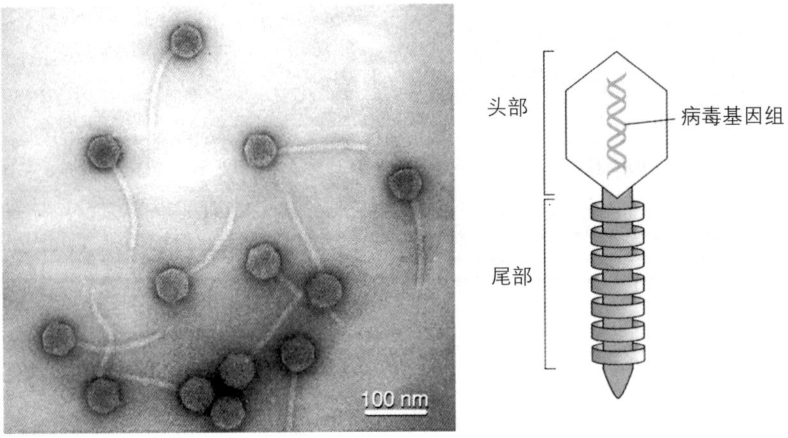

图 3.8 噬菌体的结构。左图是从溶解细菌中释放的λ噬菌体的电镜照片，右图是λ噬菌体结构的模式图。（电镜照片取自 Wisconsin 大学的 Ross Inman 教授，更多电镜照片，请登录 Ross Inman 教授的网站 http://www.biochem.wisc.edu/inman/empics/）

被λ噬菌体感染后，*E. coli* 细胞只有两种命运：要么细胞溶解，新合成的噬菌体颗粒释放到周围的培养基中；要么噬菌体将自己的 DNA 整合 *E. coli* 的染色体中，进入潜伏阶段，称之为溶原性周期。图3.9形象的描述了λ噬菌体生活阶段。溶原性细菌在紫外线照射下会迅速溶解。在实验室中，λ噬菌体的生长和复制是可以在培养皿中进行控制的（图3.10），将噬菌体与 *E. coli* 细胞混合在用作上层琼脂的软琼脂中，再把这些混合物倾倒在营养琼脂板的表面，使细菌能够生长。在最初感染的地方，λ噬菌体可以导致 *E. coli* 细胞的死亡（溶解），在菌苔上出现混浊的空斑。λ噬菌体 DNA 就可以从这些空斑的噬菌体颗粒中纯化。

目前对于λ噬菌体遗传学与分子生物学的研究已经有了更加深入的进展，有兴趣的读者可以参考 Mark Ptashne 的专著（Ptashne, 1992）。噬菌体的 DNA 是直线形的双链分子，长 48502bp。基因组的 3' 和 5' 端各有 12 个碱基是单链，称为粘性末端，或 *cos* 末端。这些序列是互补的，可以相互结合形成环状双链DNA分子。除了两个正性调节基因 *N* 和 *Q*，λ的功能相关基因都聚集在λ基因组。经典基因组图谱左侧的基因编码噬菌体颗粒头部和尾部的蛋白，其下游基因编码的蛋白质与重组和溶原性过程有关。在溶原性过程中，环状的噬菌体DNA整合到宿主染色体中，并作为前噬菌体稳定复制。基因组图谱右侧的基因（*N*、*cro*、*cI*）与转录调节和前噬菌体重叠感染免疫有关。其下游基因则与DNA合成、晚期功能调节（*Q*）和宿主细胞溶解有关。

目前我们对于λ噬菌体以及其溶原性和溶菌性周期调节方式的深入了解，使之成为一种理想的可以携带外源DNA片段的载体。与质粒载体相比，λ噬菌体载体主要的优点在于，它能够更有效的侵入 *E.coli* 细胞。为了理解λ噬菌体如何作为载体，了解有关λ噬菌体的一些

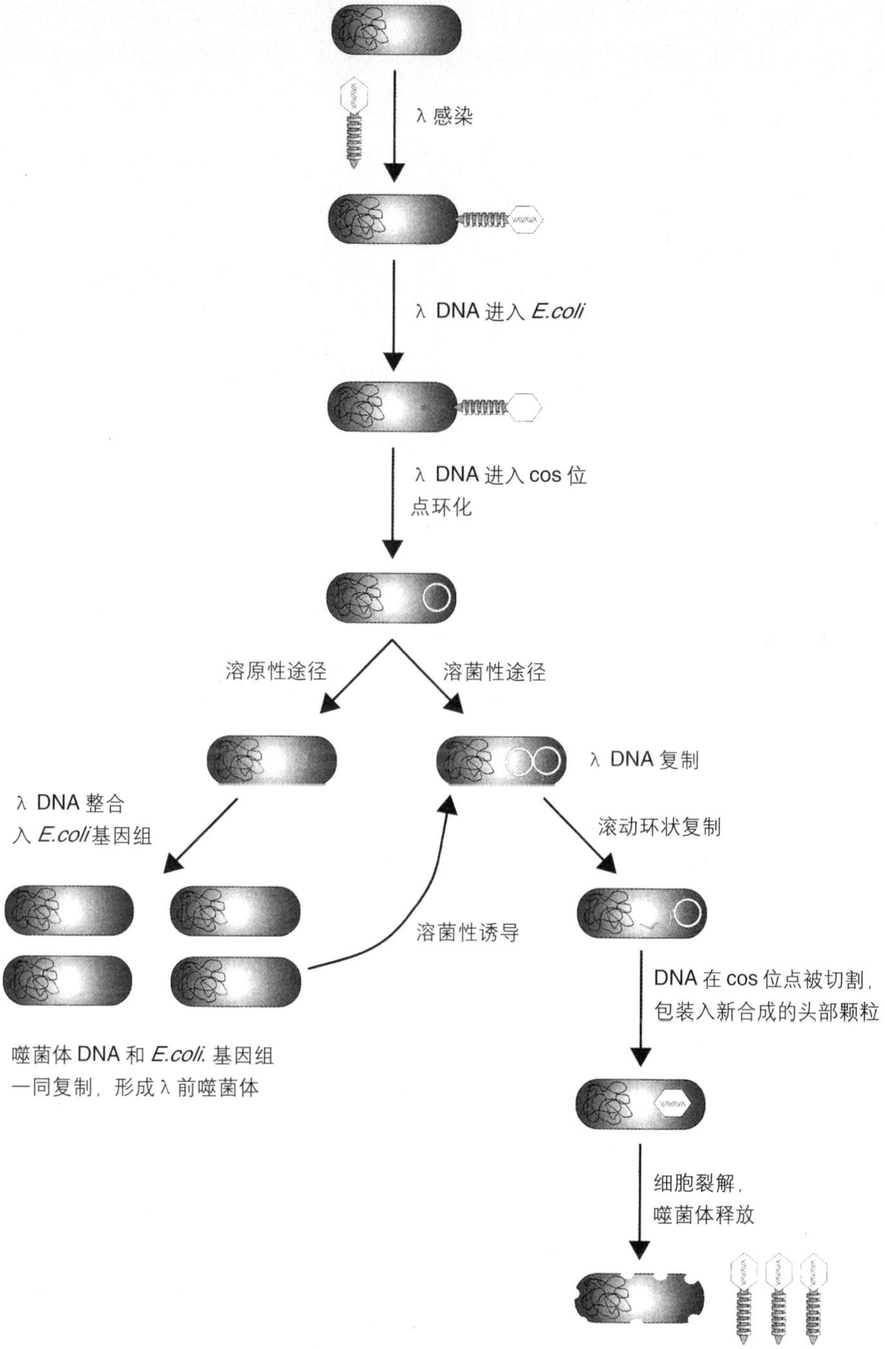

图3.9 λ 噬菌体的生活史，λ 噬菌体感染细菌后，粘附到噬菌体的表面，DNA进入细菌并成环。入侵的DNA可进入溶原性或者溶菌性周期。在溶原性周期中，λ DNA 整合到 *E. coli* 的染色体 DNA 上，与宿主的DNA一同进行复制，形成前噬菌体，实现传代。在溶菌性周期中，λ DNA并不参与整合，而是立刻复制和转录，产生新的噬菌体颗粒。最终，细菌细胞溶解，新合成的噬菌体释放到培养基中。溶原性周期也可以转化为溶菌性周期，例如用 UV 处理后，λ DNA 就会从 *E. coli* 的基因组中释放出来，进入溶菌性周期。

基本的知识是十分必要的，λ噬菌体侵入细胞和溶解细胞是按照一系列固定的步骤进行的：首先，λ噬菌体通过与细菌的麦芽糖受体结合，侵入细菌。噬菌体DNA注入细菌后，立即环化，之后便进入两种不同方式继续发展：

- *溶原性途径* 噬菌体 DNA 通过 *att*P 和细菌基因组 *att*B 位点的同源重组，整合到细菌的基因中，与细菌的DNA一同复制，前噬菌体的DNA一直存在于细菌中，直到溶菌性途径开始。
- *溶菌性途径*，噬菌体的产物，如 DNA 和蛋白质等大量产生，最终导致细菌的细胞溶解。

对溶原性周期和溶菌性周期的选择取决于cⅡ蛋白的活性。有活性的cⅡ蛋白为cⅠ抑制基因的转录所必需，也为其他一些基因的转录所必需，这些基因参与噬菌体DNA与*E. coli*染色体基因的整合，进而促进溶原性周期的发生；而失活的cⅡ蛋白则导致溶菌性周期的发生。

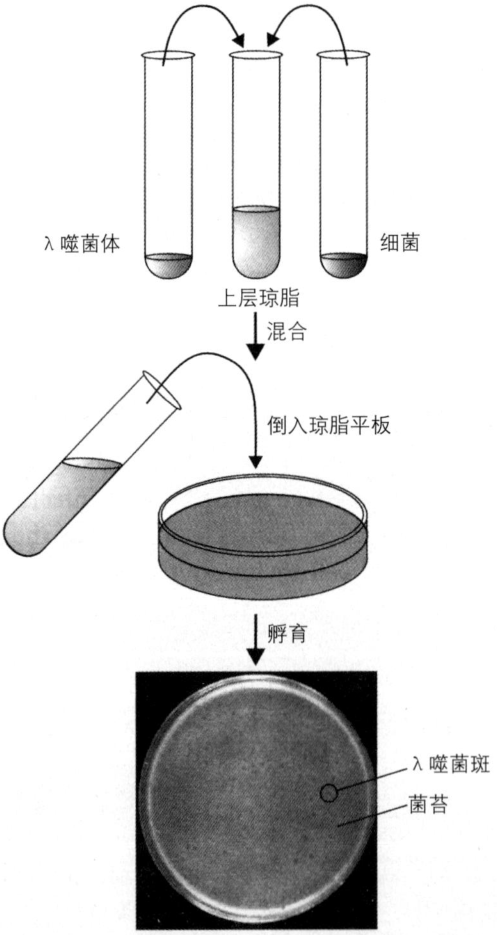

图3.10 λ空斑。λ噬菌体生长在实验室的菌苔上。细菌和λ噬菌体用液态的冷上层琼脂混合，混合物倒入预先制备好的琼脂平板上，上层琼脂凝固。平板在37℃放置12～16小时，λ噬菌体就在菌苔上形成混浊的空斑。

但 c II 蛋白并不稳定，很容易被细菌的蛋白酶破坏，而环境的条件则可以影响这些蛋白酶的活性。如果培养基的营养很丰富，蛋白酶的活性较高，则c II 活性受到抑制，噬菌体进入溶菌性周期。相反，如果 *E. coli* 细胞缺少营养，蛋白酶的活性降低，噬菌体就进入溶原性周期。这样的方式是有一定意义的，因为在缺乏营养的细胞中，同时也缺少产生新生噬菌体所必需的成分。

溶菌性途径的主要特点是，一系列与噬菌体DNA复制和新生噬菌体颗粒的制造相关的蛋白质基因的转录。

- *早期转录*　*N* 和 *cro* 基因的转录。这个转录过程可以被 *cI* 的基因产物抑制。在溶原性周期中，这种抑制是重叠感染免疫的基础
- *延迟早期转录*　N基因编码的蛋白质可以结合到细菌的RNA聚合酶上，促进噬菌体中与 DNA 复制相关基因的转录。
- *转录*　早期转录从单个复制起点开始；后期的复制则是通过滚环机制产生彼此相接的噬菌体 DNA 连环，而连接位点就是 *cos* 末端。
- *晚期转录*　*cro*基因编码的蛋白质达到一定水平后，就可以使早期转录停止，Q基因的产物能够使复制的过程活化，合成成熟噬菌体颗粒头部和尾部的蛋白质，以及溶解细菌所需的蛋白质。

最后，通过对连环DNAcos位点的切割，噬菌体新形成的头部裹入了单位长度的DNA片段，进而加尾。这样，一个成熟的噬菌体便形成了。一个细胞溶解时，会释放大约 100 个新

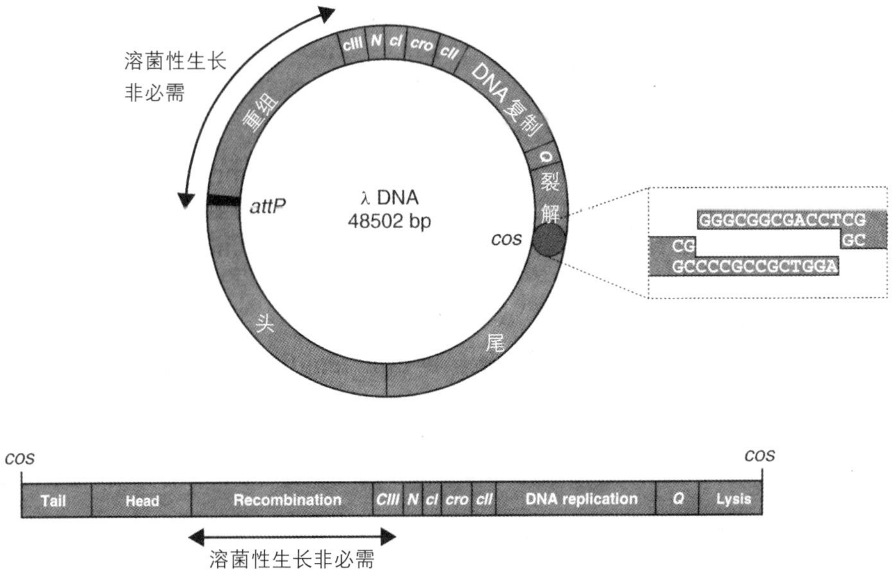

图 3.11　λ 噬菌体的环形和直线型基因组，λ 噬菌体 DNA 在噬菌体中是直线形的，而在 *E.coli* 细胞中却是环形的。从直线形向环形的转变需要*cos*位点DNA粘性末端的互补结合。许多基因都聚集到了含 λ DNA 的染色体上。它们中，有的为 λ DNA 与宿主染色体的整合所必需，有的参与新噬菌体的复制和聚集。其中的一部分基因如图所示，溶菌性生长非必需基因已被标注出来。

合成的噬菌体。

野生型的λ DNA几乎没有独特的限制酶识别位点，作为外源DNA片段克隆的部位。作为一个载体，λ DNA携带这些片段也不完全合适。此外，λ噬菌体对DNA的包装还有大小的限制，只有当DNA片段的长度是野生型基因长度的78% ~ 105%，也就是37 ~ 51kb时，才能进行最有效的装配。这也就限制了可被克隆到噬菌体基因组中的DNA的数量。但是，两个重要的进展使λ噬菌体成为一个合适的克隆载体。第一，那些重组所需的基因产物能够从λ噬菌体的基因中移除，而溶菌性周期依然可以完成，空斑同样也可以形成。那些剩余DNA，常常被叫做λ基因的左臂和右臂，足以使溶原性途径进行。第二，天然存在的限制酶位点可以被去除，而不影响整个基因的功能，这就使载体可以利用不同的位点插入外源DNA。

因此，λ载体可以在缺少重组所需基因的情况下进行装配，这样，它只能进入溶菌性周期，但可插入更大的外源DNA，目前已经发展了两类λ载体：

- *插入型载体* DNA被插入到特定的限制酶识别位点。
- *置换型载体* 外源的DNA取代载体中作为填充序列的一段DNA。

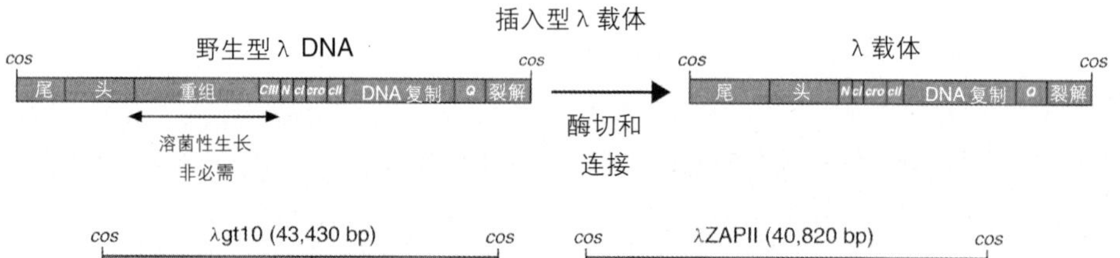

图3.12 插入型和置换形λ载体。所有的λ载体都含有溶菌性生长非必需基因。移走这些基因，可增加λ噬菌体的外源DNA载量。图中显示了两个插入型λ载体：①λ gt10的cI基因含有单一的EcoRI限制酶识别位点。重组子将形成清晰的，而不是混浊的空斑。②λ ZAP II的*LacZ'*基因会含有一个多克隆位点（MCS），重组子可用蓝白斑筛选试验进行检测。置换型λ载体中，只有重组子可以生长。如果没有插入外源DNA，只是两个λ末端DNA相连，总长度是不能满足包装要求的。

与插入型载体相比，置换型载体的优点就在于它能够携带更大的DNA分子。例如，λ EMBL4是一个42kb长的载体，在其左臂和右臂之间，有长为14kb的填充DNA。如果仅仅是两个臂相连，则产物只有28 kb。这种长度太小，不能装配到λ颗粒中。然而在左右两臂之间插入外源DNA，就能使基因达到适合装配的长度，装配长度的限制意味着，λ EMBL4可以携带大约23kb的外源DNA片段。(图3.12)

λ载体装配时的长度限制提供了一种机制，可以保证外源的DNA插入到λ的两臂之间，形成重组子。此外，还有其他一些方法可用来鉴定λ噬菌体的重组子。

- *c I基因的失活*　很多λ噬菌体载体（如λ gt11）在*c I*基因中有一些独特的限制酶识别位点，如果*c I*基因被外源DNA插入，噬菌体就会发生形态上的改变，形成的空斑就是清澈的，而不是混浊的。不过，这种筛选技术难度较大，需要很多观察技巧。
- *蓝白斑筛选*　λ载体（如λ ZAP）可携带表达β-半乳糖苷酶α片段的*lacZ'*基因，表达β-半乳糖苷酶ω片段的*E. coli*细胞可用来筛选重组噬菌体。筛选方法与pUC重组子相似。

当重组λ基因组构建完成后，下一个问题就是如何将它的DNA导入病毒颗粒，进而实现其在*E.coli*中的复制（图3.13）。体内λ DNA的包装首先要形成一个头部前体。该前体由*E*基因编码的衣壳蛋白组成。然后，连环状λ基因组在*cos*位点被切割，形成单位长度的λ DNA，进入头部前体。接着，一种小型衣壳蛋白D进入头部前体，使头部前体成熟，成为完

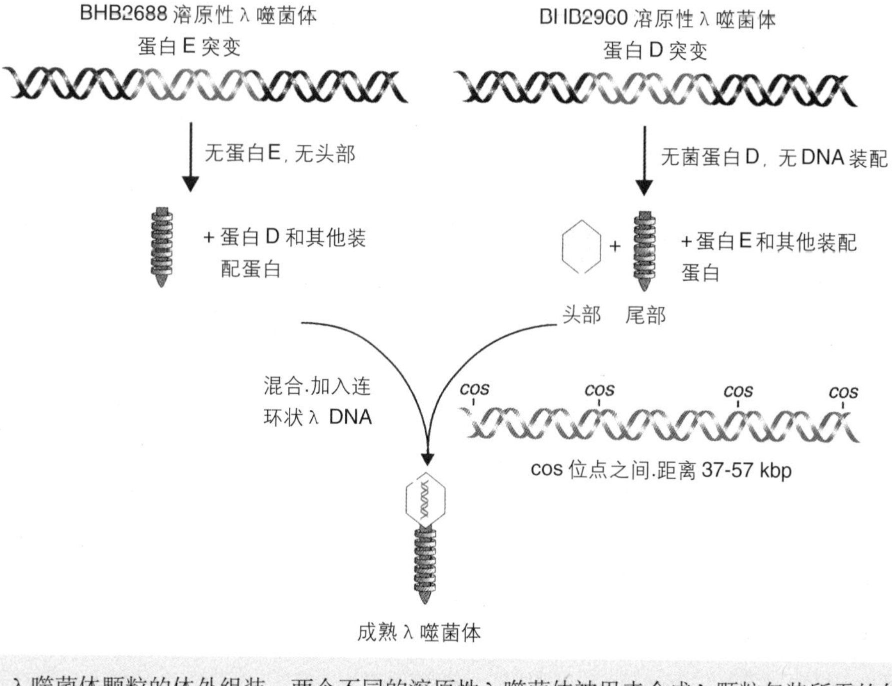

图3.13　λ噬菌体颗粒的体外组装。两个不同的溶原性λ噬菌体被用来合成λ颗粒包装所需的各种成分。一种噬菌体（BHB2688）的E基因有缺陷，使头部无法合成；另一种噬菌体（BHB2960）的D基因有缺陷，使DNA无法正常包装。二者混合后，互相补充，可形成连环状λ DNA，连环状DNA（37~51kb）可在*cos*位点发生断裂，被包装形成成熟的噬菌体颗粒。

整的头部。其他基因产物也聚集过来，将完整的尾部加上去。使用含有两种不同包装缺陷型溶原性噬菌体的 *E. coli* 菌株，可实现体外 λ 重组基因的包装。若 E 基因发生突变，则 E 蛋白的合成就会发生障碍，进而阻止了BHB2688株头部前体的形成。若D基因发生突变，也可阻止头部前体和闭合DNA的成熟，进而阻止BHB2690株完整头部的形成。而当BHB2688株和BHB2690株混合后，却能实现基因产物互补，进而完成正确的组装。（图3.13）因此，重组 λ 基因组可以在体外构建，并被包装，形成成熟的 λ 噬菌体颗粒，进而导入*E. coli* 细胞，进行增殖和复制。

3.4 柯斯质粒载体（cosmid vectors）

在体外，将 DNA 包入 λ 噬菌体只有一个要求，就是 DNA 片段要有 2 个 *cos* 位点，并且两个位点之间要有 37 ～ 51kb 的插入序列。根据这个要求，柯斯质粒应运而生，它其实就是含有一个 λ 噬菌体 *cos* 位点的简单质粒（Collins & Br ü ning, 1978）。图 3.14 给出了柯斯质粒载体的全部结构和一个插入外源DNA的克隆方案。和质粒一样，柯斯质粒有一个复制起始点和一个筛选标记。柯斯质粒同样具有一个独特的限制酶识别位点，供DNA片段连接。包装反应完成后，将新合成的 λ 噬菌体感染 *E. coli*。外源 DNA 像普通 λ 噬菌体 DNA 一样进入菌体内，通过*cos*末端的互补结合而成环。由于缺少 λ 噬菌体的其他基因，λ 感染不会继续发展，而是到此结束。新的环状 DNA 将作为质粒保留在 *E. coli* 中。根据抗生素的抗性及菌落特征（不是空斑），可以对含有重组质粒的转化子进行筛选。λ 噬菌体可接受 37 ～ 51kb 的 DNA，而大部分柯斯质粒是 5kb，因此可以插入 32 ～ 47kb 的 DNA 片段。这说明，柯斯质粒载体可比 λ 噬菌体本身克隆更多的片段。

像其他质粒一样，柯斯质粒是很稳定的，但若插入的DNA片段太大，重组质粒将很难在细菌体内稳定存在。重复序列在真核 DNA 中很常见，因此插入柯斯质粒的 DNA 重复序列会发生重组，基因会发生重排。而应用柯斯质粒的主要困难是在线性DNA片段连接产物中，柯斯质粒和插入片段是连接在一起的。主要表现为两个基本问题：

- 如图 3.14 所示，柯斯质粒与插入 DNA 的连接反应，会产生不能参与体外包装的环状 DNA 分子。
- 不止一个插入 DNA 片段会连接在各柯斯质粒之间，这将导致插入 DNA 片段的错误表达。

这些难题是可以得到解决的，用两种不同的限制酶切割柯斯质粒，产生左手末端和右手末端，使它们不能互相连接（Ish-Horowicz & Burke, 1981）。对插入的 DNA 进行适当的磷酸酶处理，可保证多重插入物不与柯斯质粒 DNA 结合（见第二章）。

3.5 M13 噬菌体载体（M13 Vectors）

M13 及其近亲 f1 和 fd 都是丝状的 *E. coli* 噬菌体。其中 M13 是一种雄性特异性的溶原性噬菌体，基因组为6407bp的单链环状DNA（图3.15）。噬菌体颗粒大小为900nm × 9nm，含有一个单链环状 DNA 分子（以＋链表示）。M13 只感染有 F 菌毛的细菌，黏附于 F 菌毛的一端，使单链噬菌体DNA进入细菌（图3.16）。单链DNA迅速合成一条互补的DNA链（－链），

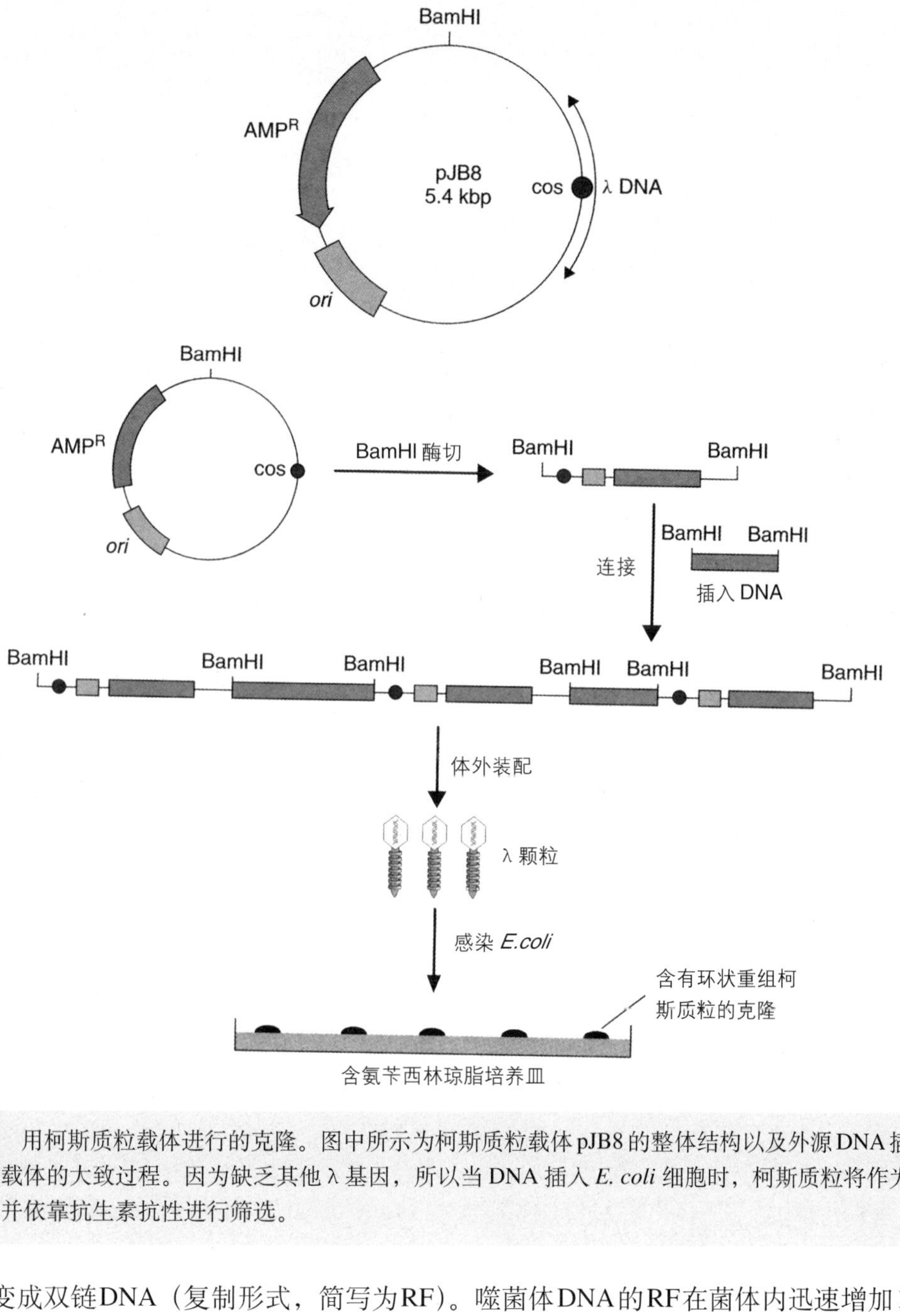

图3.14 用柯斯质粒载体进行的克隆。图中所示为柯斯质粒载体pJB8的整体结构以及外源DNA插入柯斯质粒载体的大致过程。因为缺乏其他λ基因，所以当DNA插入*E. coli*细胞时，柯斯质粒将作为质粒存在，并依靠抗生素抗性进行筛选。

进而转变成双链DNA（复制形式，简写为RF）。噬菌体DNA的RF在菌体内迅速增加100倍，随后进行转录，为新病毒颗粒的组装合成蛋白质。病毒编码的单链DNA结合蛋白（基因2的蛋白质产物）将导致RF DNA的不对称复制，最终只合成一条病毒DNA链（+链）。这条单链DNA分子经组装进入新的病毒颗粒，病毒颗粒从菌体释放中出来，但细菌并不裂解。每个细菌每代可以释放高达1000个噬菌体。M13噬菌体感染不导致细菌死亡，而表现为混浊的空斑。感染区周围的*E. coli*不会被杀死，但由于要供养噬菌体，因此生长变得十分缓慢。M13的复制起点（f1 *ori*）含有两个相互重叠但各自独立的DNA序列，控制着DNA的合成。这些

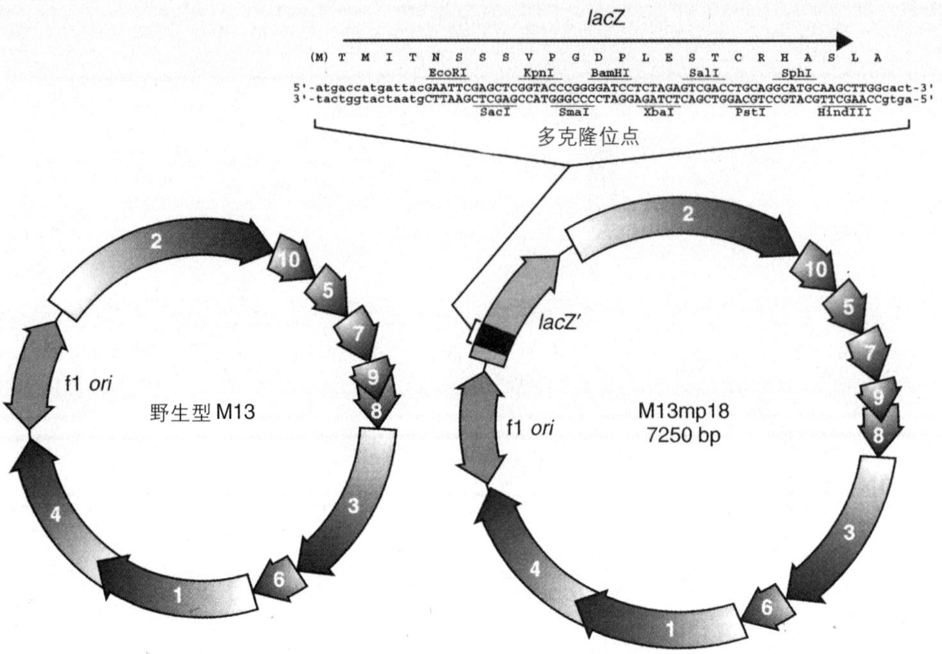

图 3.15 野生型M13噬菌体及其衍生物M13mp18的基因组。野生型M13噬菌体基因组含有10个顺时针排列的开放读码框。复制在基因2和基因4之间的序列上，沿两个方向启动。M13mp18的基因组额外地含有*lacZ'*基因，用于重组体的蓝白斑筛选。基因组中还含有多克隆位点，它们可以作为独特的限制酶识别位点，协助外源DNA片段插入载体。这里给出的基因图谱代表*E. coli*细胞中载体的双链形式，或叫复制型（RF）。病毒颗粒所携带的DNA是单链形式。

位点（f1启始子和f1终止子）为DNA复制编码起始和终止信号。起始子被基因2的蛋白质产物识别，这种蛋白质产物能在RF DNA的正链上造出缺口。这个缺口标记了单向滚环DNA复制的起始位点。同样，新合成+链的终止子序列也被基因2的蛋白质产物切割。切割之后+链的两端连接，形成单链基因组。

M13病毒基因组双链RF形式与单+链形式之间的转换，使之成为一种理想的载体。我们将在后面章节看到，噬菌体颗粒内产生的单链DNA使得体外突变（第七章）和DNA测序（第八章）有了很大的进步。与λ噬菌体不同，M13没有可重组插入外源DNA的非必需区域。但在复制起点与基因2之间有一个区域，可插入外源DNA片段（图3.15）。M13载体是在20世纪70年代后期开发出来的。当时，人们把*lacZ*'基因（编码β－半乳糖苷酶的α肽）插入M13基因组中（Messing *et al.*, 1977）。随后，作为pUC质粒系列的聚合接头和α肽片段整合到M13中，并去除了天然存在的限制酶识别位点（Yanisch-Perron、Vieira & Messing, 1985；Norrander、Kempe & Messing, 1983）。M13载体的RF能够通过标准的质粒DNA制备程序分离，外源DNA能够像插入常规质粒那样插入其中。

制造M13载体的特殊目的是合成单链DNA。一旦外源DNA片段被克隆入M13，大量的单链便能够很容易地从成熟噬菌体中分离，而这些噬菌体的宿主是*E.coli*。应用这类载体的主要困难是，当外源DNA片段大于几个kb时，载体就会变得不稳定。

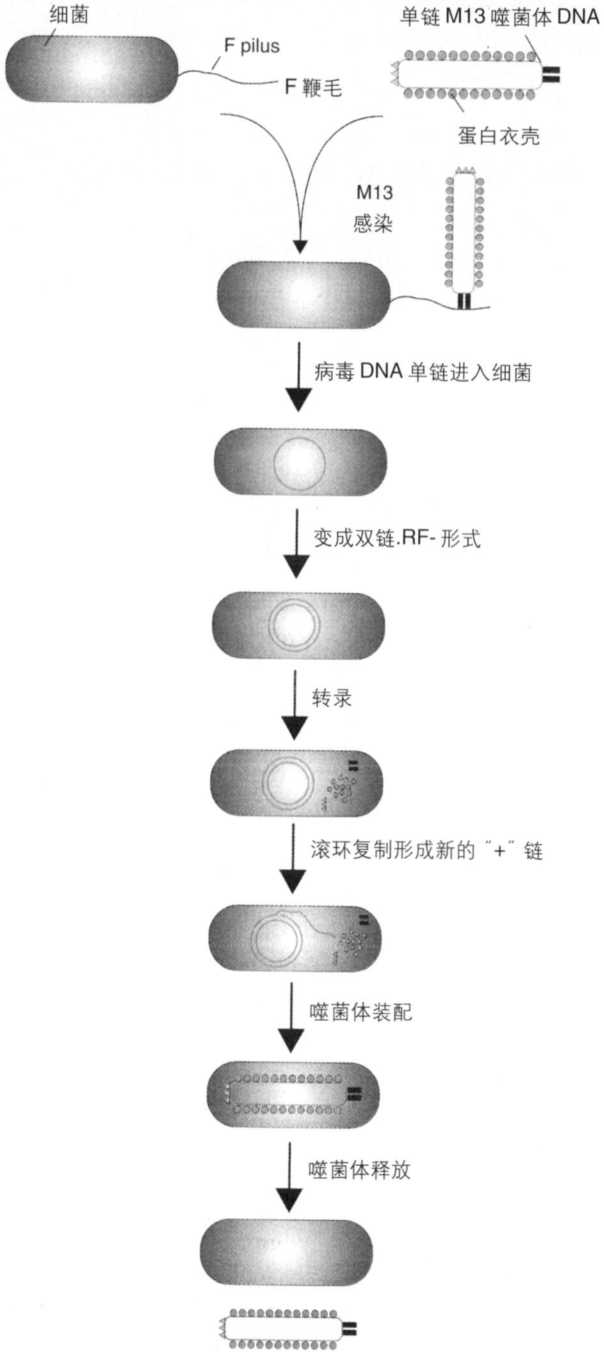

图 3.16　M13 噬菌体的生活史。单链的 M13 基因组被衣壳蛋白包被。当噬菌体颗粒与 *E. coli* 菌毛接触时，感染发生，单链DNA注入宿主细胞。随后，单链迅速变成双链，复制、转录，制造病毒蛋白。病毒蛋白 2 将导致 DNA 不对称复制，产生单链 DNA。单链 DNA 包入新生病毒颗粒，在细胞溶解时释放。

3.6 噬菌粒（phagemids）

噬菌粒是含有f1噬菌体复制起始位点，用来进行单链DNA复制的质粒。它通常是小质粒，所以能比M13载体携带更大的外源DNA片段。噬菌粒最早开发于20世纪80年代初。当时人们发现，将f1复制起始位点插入到pBR332中，可促使单链DNA的生成（Dotto & Horiuchi, 1981；Dotto、Enea & Zinder, 1981）。仅仅f1复制起始位点不足以引起单链DNA的复制，但如果含有噬菌粒的细菌被功能性野生型M13或f1辅助噬菌体重叠感染，那么单链噬菌粒DNA的复制就可以进行了。复制得到的单链DNA包装入病毒颗粒，并分泌到周围的培养基中，方式与M13噬菌体颗粒一样。此外人们发现，f1起始位点的反向克隆能产生反复DNA（Dente、Cesaveni & Cortese, 1983）。因此，代表克隆片段任一条链的单链DNA，能在克隆到

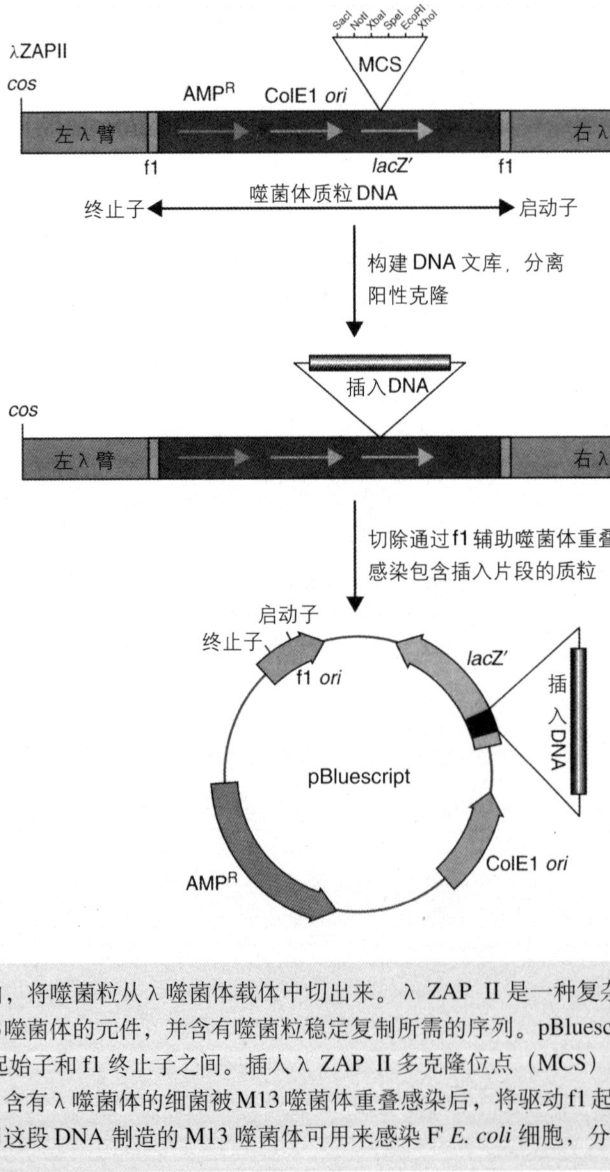

图3.17　在体内，将噬菌粒从λ噬菌体载体中切出来。λ ZAP II是一种复杂的λ噬菌体载体，它含有λ噬菌体和M13噬菌体的元件，并含有噬菌粒稳定复制所需的序列。pBluescript噬菌粒的全部序列包含在λ载体的f1起始子和f1终止子之间。插入λ ZAP II多克隆位点（MCS）的外源DNA能够以噬菌粒的形式被切除。含有λ噬菌体的细菌被M13噬菌体重叠感染后，将驱动f1起始子和f1终止子之间DNA序列的复制。用这段DNA制造的M13噬菌体可用来感染F' *E. coli*细胞，分离双链质粒DNA。

合适的噬菌粒载体而得到。噬菌粒的优点是，在没有辅助噬菌体时，双链DNA可以作为普通质粒分离出来。而且，噬菌粒缺少作为载体需要的附加噬菌体基因，这意味着它能够携带更多的外源 DNA 片段。

其他噬菌粒也陆续出现，它们包含了质粒、λ 噬菌体和M13噬菌体的许多优点。我们已经看到，f1复制起始位点由起始子和终止子组成。在野生型M13噬菌体基因组中，这些序列相互重叠。首先，复制启动后全部环状基因组复制，然后复制终止。起始子和终止子元件可以分离出来，为线性DNA复制提供起始和终止的位点。有一种叫做 λ ZAP的 λ 插入型载体，这种载体是这样构建的：λ 左臂和 λ 右臂通过一段噬菌体质粒 DNA 连接在一起，这段 DNA 以 f1 起始子开始，以 f1 终止子结束（Short *et al.*, 1988）。这种载体（图 3.17）可以行使 λ 噬菌体的功能，例如构建cDNA文库。但是在与野生型M13噬菌体进行重叠感染后，外源DNA能以质粒的形式从 λ 噬菌体中切除。λ ZAP 含有溶菌性生长所需的全部 λ DNA 序列，其间还有质粒复制和筛选所需的 DNA 序列（ColE1 *ori* 和 AMP^R）。此外，λ ZAP 还含有 *lacZ'* 基因和与 pUC 质粒相似的多克隆位点序列。载体中的质粒序列以 f1 起始子开头，并以 f1 终止子结尾。带有外源DNA的载体可以通过 λ 空斑的蓝白斑筛选鉴别出来。当含有 λ 噬菌体的细菌被 f1 辅助噬菌体重叠感染时，插入 DNA 能以质粒的形式分离出来。辅助噬菌体产生的蛋白质将导致f1 起始子和终止子之间DNA 片段的复制。单链DNA 将会环化，并且能像M13噬菌体颗粒那样被包装、释放。将 M13 噬菌体颗粒导入 F' *E. coli*，并用氨苄青霉素筛选，可以得到含有重组质粒的克隆，并可以像双链质粒那样将它们分离。

3.7 人工染色体

迄今为止，我们所讨论的大多数载体的主要缺憾是对克隆进入其中的DNA分子的大小有限制。天然的真核染色体包含成百上千个基因以及维持染色体稳定和功能必需的DNA 元件，如端粒和着丝粒。端粒由DNA和蛋白质组成，位于染色体末端并保护其免受损害。着丝粒是高度重复DNA 片段，在细胞分裂中控制染色体分配。对用于克隆大分子DNA 片段的载体的推想，就是重建可自主复制的染色体，使DNA片段能被克隆。就概念上说，这与在 λ 噬菌体中的克隆相似，都是对可复制 DNA 分子的重建，只是前者外来 DNA 可被更大规模的克隆。

3.7.1 YAC

酵母人工染色体（YAC）载体可在酵母细胞内克隆近500kb的外来基因组DNA片段。这些载体包含了典型酵母菌染色体的以下几种成分：

- *酵母菌着丝粒序列（CEN4）* 酵母菌着丝粒有一段125bp的特征性DNA。该一致序列包括 3 个成分：一段 78 ～ 86bp 的区域，其中有超过 90% 的 AT 残基，一侧为保守序列，另一侧为一小段一致序列（Clarke, 1990）。
- *酵母菌自主复制序列（ARS1）* 酵母 ARS 成分为必需的复制起点，在酵母细胞中引起酵母染色体复制起点的复制并自主行使功能。
- *酵母菌端粒（TEL）* 端粒是染色体末端高度重复的特殊序列（5'-TGTGGGTGTGGTG-3'），在染色体的复制和维持中是必需的。

- *酵母菌中的 YAC 选择基因* 载体具有 URA3 基因和 TRP1 基因及相应的功能，两者分别与尿嘧啶和色氨酸的生物合成有关，这就提供了对摄取载体的酵母细胞进行选择的可能。在这些生物合成途径中有缺陷的酵母细胞，YAC可经转化进入，转化株可通过其弥补营养缺乏的能力识别出来。
- *细菌复制起点和细菌选择性标志物* 为使YAC载体在细菌细胞中繁殖，在基因组DNA插入之前，YAC 载体中通常包含 ColE1 ori 和氨苄青霉素抗性基因，以利于在 *E. coli* 中生长和分析。

DNA片段克隆进入YAC的过程如图3.18所示。用限制酶切割YAC生成两个臂，两臂末端各有一个端粒序列。其中一臂包含一个自主复制序列（*ARS1*）、一个着丝粒序列（*CEN4*）和一个选择性标志物（*TRP1*）；另一臂包含另一个选择性标志物（*URP3*）。大分子量DNA片段（>100kb）插入两臂之间（Anand、Villasante & Tyler-Smitu，1989）。外来 DNA 插入克隆

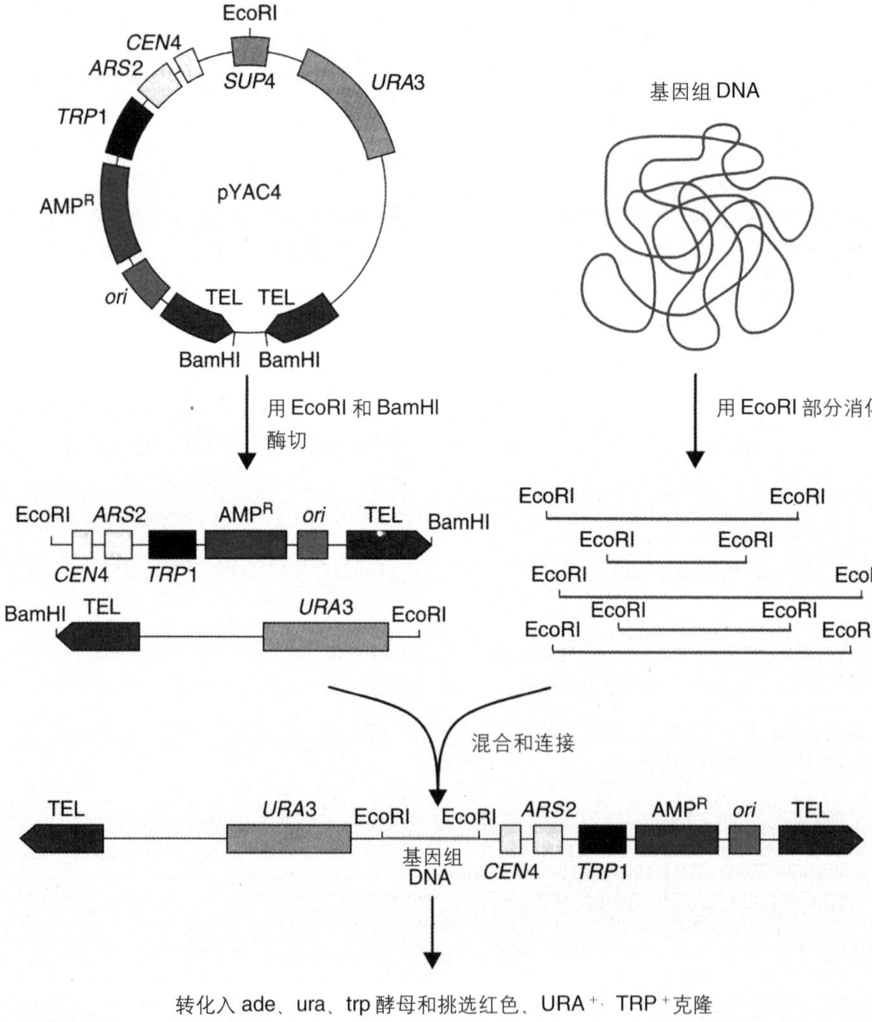

图 3.18 超大型 DNA 片段在 YAC 载体的克隆。

位点，使载体 DNA 中表达 $tRNA^{Tyr}$ 的阻遏物 tRNA 基因 *SUP4* 失活。在 *ade2-ochre* 宿主酵母菌细胞中，表达 *SUP4* 的可生成白色菌落，而因插入外源 DNA 导致 *SUP4* 失活的，则生成红色菌落（Burke、Carle & Olson, 1987）。*ADE2* 基因产物（编码磷酸核糖胺 - 咪唑 - 羧化酶）变异的酵母细胞在腺嘌呤生物合成途径上受阻，使中间产物在液泡中堆积，细胞呈红色。因此，YAC 重组体转化进入 *ura3*、*trp1* 和 *ade2* 基因缺陷的酵母株，转化株长成红色菌落，可在尿嘧啶及色氨酸缺乏的培养基中识别出来。这也可以确定细胞已接收到了含有两个端粒的人工染色体（对两种营养突变的弥补）以及含有外源 DNA 的人工染色体（细胞呈红色）。

应用 YACs 也有许多困难，其中一些如下：

- 非常大的的 DNA 分子易于断裂，从而导致重排。
- YAC 基因组文库中 10% ~ 60% 的克隆是嵌合的。例如，来自基因组不同部分的区域连接成单个 YAC 克隆。
- 克隆倾向于不稳定，外来 DNA 经常丢失。自然情况下，YAC 基因组中 DNA 重复序列是稀少的，而人类DNA的插入似乎增加了YAC中重组的频率，这可能会使YAC不稳定。然而，有趣的是，酵母细胞中的大型YAC载体反而比小型的稳定，这就使长链DNA 的克隆更加有利。(Smith、Smyth & Moir，1990)
- 在有丝分裂中，整个 YAC 丢失的几率较大。
- 由于大小相似，很难将 YAC 从其他宿主染色体中分离出来。分离需要精密的脉冲场凝胶电泳技术（PFGE)。
- 从酵母菌细胞中分离出来的 YAC，DNA 产量不高。

3.7.2 PAC

为克服柯斯质粒和YAC系统的某些问题，一种利用噬菌体P1系统克隆和包装DNA片段的方法产生了。这种方法能克隆 70 ~ 95kb 的大型基因组 DNA 片段。P1 噬菌体的基因组远大于 λ 噬菌体（110~115kb范围内），其载体具有合并入质粒的P1所必需的复制成分（Ioannou *et al.*, 1994）。一方面，噬菌体 P1 进入 *E.coli* 后可进入溶菌性周期，生成 100 ~ 200 个新的噬菌体颗粒，溶解细菌；另一方面，感染性的噬菌体也可抑制其溶菌功能，将其基因组作为一个巨大、稳定和低拷贝的质粒来维持。P1 噬菌体有 2 个复制起点，一个控制溶菌性 DNA 复制，另一个在非溶菌性生长期维持质粒。在溶菌性周期中，新生成的噬菌体DNA在包入噬菌体颗粒之前，在 *pac* 位点被切割。

外来 DNA 片段进入 P1 载体的克隆，或 P1 人工染色体（PAC）如图 3.19 所示。PAC 载体被限制酶 *ScaI* 和 BamHI 消化，生成一长一短两个臂，基因组 DNA 被 MboI 部分降解（识别序列5'-GTAC-3'，生成BamHI兼容性粘性末端），根据蔗糖浓度梯度离心，可收集不同大小的片段。长 70 ~ 95kb 的片段被分离出来，并连接于两载体臂之间，生成一连串线性分子。如果连接发生在两短臂之间，产物分子既不会含有P1复制起点，也不会含有KAN^R基因，从而不能存活；如果连接的两臂都是长臂，将不会包含*pac*位点，DNA将不会包装进入噬菌体头部。唯一能够存活的基因重组体由插入序列及其两侧一长一短两臂组成。噬菌体 P1 利用“头部容量限制”包装策略，容纳约 110 ~ 150kb 的 DNA。也就是说，任何长于 95 ~ 100kb 的插入子，在两个*lox*P位点插入噬菌体之前，就会被切割截短，在转染进入细胞时将不能环

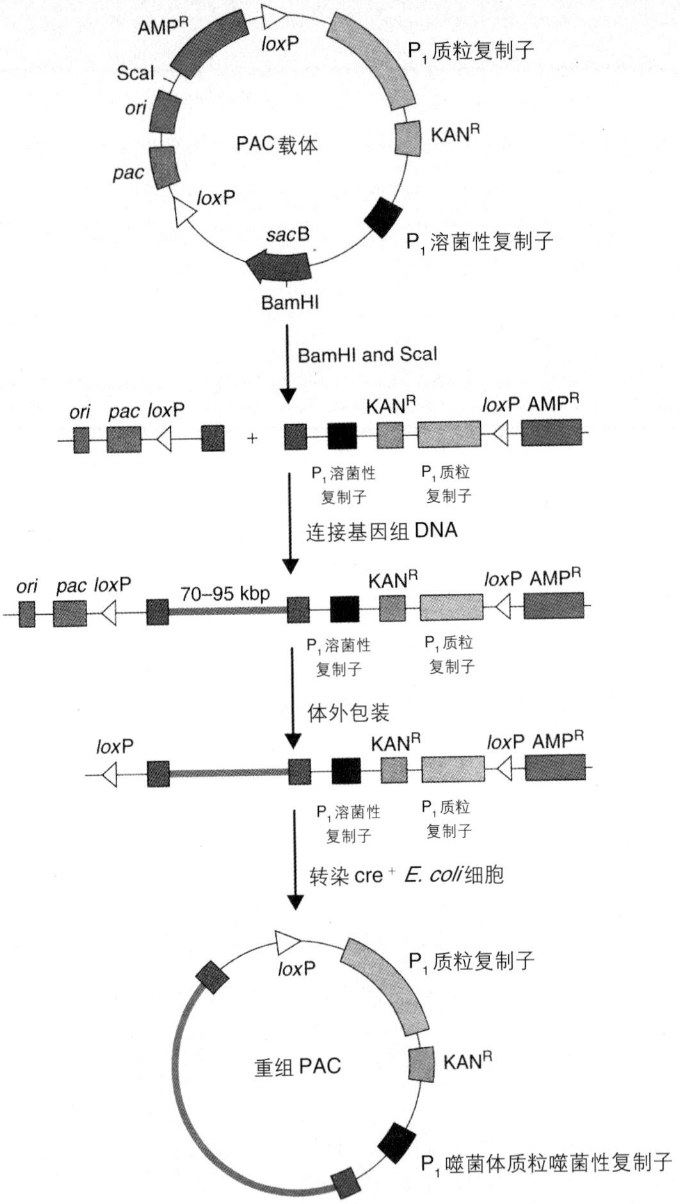

图 3.19 克隆进入 PAC 载体。PAC 载体包含 P1 噬菌体质粒溶菌性复制子，以及一个允许 DNA 组装进入噬菌体颗粒的*pac*切割位点。另外，载体还包含pUC复制起始位点（*ori*）和用于载体自身增殖和选择的氨苄青霉素抗性基因。这些序列在重组PAC中丢失，大分子DNA插入片段被克隆进入*sac*B基因（其功能可被选择）并在体外包装进入P1噬菌体颗粒。P1噬菌体颗粒转染进入含有Cre重组酶拷贝的*E. coli*细胞，导致 *lox*P 位点重组 PAC 的成环。该环状形式利用 P1 质粒复制子，保持在低拷贝。

化。一旦转入 *cre*⁺*E. coli* 细胞，Cre 蛋白将在 *lox*P 位点使 DNA 环化，并且用质粒复制起点复制 DNA。原始载体 BamHI 的限制酶识别位点是外来 DNA 的插入位点，位于细菌 *sacB* 基因（编码蔗糖 -6- 果糖基转移酶），它的表达对生长在蔗糖中的 *E. coli* 有毒害作用。这样，蔗糖就提供了一种对含有插入子的PAC的正向选择机制。含有重组PAC的*E.coli*在蔗糖培养基可以增殖，进而可以得到含有 DNA 插入子的克隆。

用卡那霉素抗性作为选择性标志，重组的 PAC 在 *E. coli* 中以质粒的形式被保存。由 *lac* 启动子控制的高拷贝 P1 溶菌性复制子位于 PAC 重组子，异丙基硫代 β -D- 半乳糖苷（IPTG）对 *lac* 启动子的诱导可使质粒拷贝数增加 25 倍以上。重组的 DNA 分子可像质粒一样用传统的方法分离出来。

利用 P1 DNA 包装系统，70 ~ 95kb 的基因组 DNA 可以很容易地克隆和处理。载体设计的改进已允许 PAC 产物包含 130 ~ 150kbp 的插入子。与其他基因组克隆方法相比，P1 DNA 包装方法的主要优点有：

- 大 DNA 片段可插入载体。
- 由于负性限制宿主株的使用，甲基化 DNA 将不会发生重排或丢失。
- 重组 DNA 可以像质粒一样方便的进行筛选和处理。

3.7.3 BAC

细菌人工染色体（BAC）是 F' 质粒生物工程化的产物（Shizuya *et al.*, 1992）。BAC 能携带 200kb 的外源 DNA 序列，F 因子复制起点（*oriS*）保持它们的水平接近每个细胞一个拷贝。除了 *oriS*，BAC 还包含复制和保持拷贝数所需的 4 个 F 因子基因：*repE*、*parA*、*parB* 和 *parC*。典型 BAC 的全部结构如图 3.20 所示。

除了 F 因子基因外，pBeloBac11 也包含选择性的抗生素抗性标志（CAM^R）和 *lacZ'* 基因，后者含有多克隆位点，这些位点可用来进行 BAC 插入子的蓝白斑筛选（Kim *et al.*, 1996）。

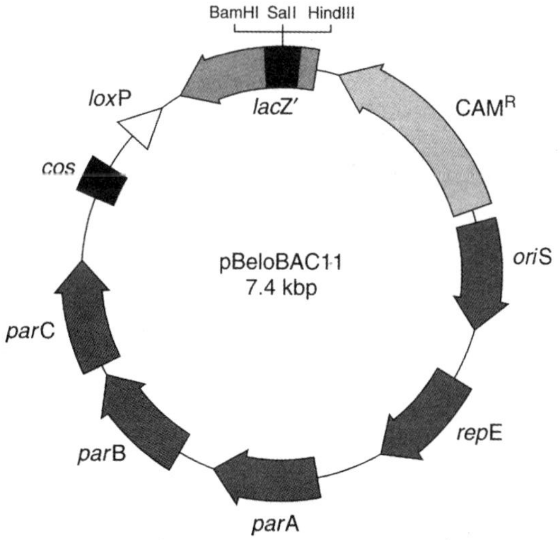

图 3.20　BAC 载体的结构，详见正文。

此外，BAC 包含有一个 λ *cos* 位点（*cos*N）和一个 *lox*P 位点，它们在限制性酶切图谱中用于对包含 BAC 的插入序列的特异位点的切割。*cos*N 位点可用 λ 末端酶切开（Rackwitz *et al.*, 1985），loxP 位点可被 Cre 蛋白切开（Abremski、Hoess & Stanbers, 1983）。其它的 BAC 包含了一些非常罕见的限制酶识别位点。例如，I-*Sce* I 是来自酿酒酵母线粒体，由内含子编码的限制酶，它的长识别序列（5'-TAGGGATAACAGGGTAAT-3'）从未在人类基因组中不存在，使得在不切断插入的 DNA 片段的前提下而使载体线性化。

插入 BAC 的 DNA 似乎很稳定，它能在 *E.coli* 细胞中完整无缺地存活数百代，且在重组缺陷 *E.coli* 细胞中不易发生基因重排和丢失。BAC 的缺点是每个细胞中只存在 1 或 2 个拷贝，这使分离和筛选变得较为复杂。

3.7.4 HAC

已经构建起来人类人工染色体（HAC）已经构建起来的能够在扩增期存活于组织培养细胞已经构建起来了（Harrington *et al.*, 1997，如图 3.21）。正如我们所知，保持线状染色体的稳定性需要 3 个成分：着丝粒、端粒和复制起点。人类端粒重复序列（5'-TTAGGG-3'）已经了解得十分清楚了，但它和相应的酵母菌序列不同，且两者之间不可互换。在人类细胞中，YAC并不能像染色体一样发挥功能。成功地分离了人类着丝粒和复制起点序列之后，人们构建了能够转染进入人类细胞并能在其中稳定存在的 HAC（Henning *et al.*, 1999）。这种方法确定了一个 171 bp DNA 的多重重复序列（称之为 **α 卫星重复序列**（α satellitere peat），该序列包含在人类 X 染色体的一段 3 Mb DNA 片段上。这些序列重复的性质使得对他们的研究以及对着丝粒自身的识别颇具难度。

人类基因组包含有多个复制起点。人类染色体平均包含 150×10^6bp 的 DNA，而 DNA 聚合酶每分钟最多能合成3000个碱基。如果复制从单一位点开始的话，每个染色体将花一个月的时间完成复制，而非实际的一个小时。多个复制起点意味着真核染色体的复制可以从多个位点开始，整个过程将以一种更快的速度进行。人类复制起点的序列高度退化（Vashee *et al.*,

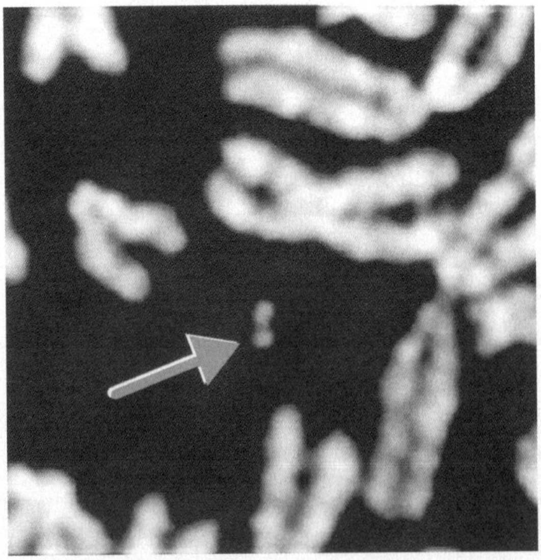

图 3.21　组织培养细胞中的人类人工染色体。合成的 α 卫星包含由 α 卫星 DNA 和端粒序列转染进入培养细胞中形成的微染色体。克隆的细胞系被分离出来，并可见其包含一HAC（箭头标示），它源自DNA转染，而非自身染色体的断裂。（经美国科技促进协会许可，引自 Willard，2000 年）。

2001)，但 HAC 的发展可使这些区域的基因图谱更加精密。

作为基础研究和医疗治疗的工具，HAC具有很大的潜力。人工染色体最终会成为基因治疗载体（见 13 章），相对于现存的病毒依赖载体，它将具有一些优势：

- 它们作为染色体外元件存在，不会导致插入突变。
- 它们对其所携带的 DNA 在大小上没有限制。
- 由于着丝粒在有丝分裂和无丝分裂中的不同行为，它们在原核细胞中没有特定的功能。

上述理想的实现，需要我们立足当前，对染色体的功能进行更深入的研究。

第 4 章 聚合酶链式反应

要点

- PCR 是一种体外扩增特定 DNA 片段的技术。
- PCR 需要两个分别能够与每条 DNA 单链互补的引物和 DNA 聚合酶。
- 经过重复加热和退火的多次循环，可以得到两个引物结合位点之间 DNA 片段的大量拷贝。

自从 20 世纪 80 年代中期以来（Saiki *et al*., 1985；Mullis & Faloona, 1987），聚合酶链式反应技术（PCR）在分子生物学、法医学以及一些人类基因疾病的诊断等方面起到越来越重要的作用。这种技术不仅极大地提高了DNA复制本身的效率，而且促进了很多其他领域的技术应用，使得DNA的克隆和操作变得简单，甚至可以说，如果没有PCR，这些应用在很多情况下是不可能实现的。简单地说，PCR就是对某一段DNA双链进行重复性的复制（图4.1所示）。它的优势来自于它在短时间内大量复制特定DNA片段的能力。在一定条件下，PCR可以将单个DNA分子的特定区域在体外迅速扩增出大量片段，供克隆、序列分析和限制性酶切图谱分析等。由于对 PCR 技术发展的杰出贡献，Kary Mullis 获得了 1993 年的诺贝尔化学奖，这在一定程度上扩大了PCR的影响力。Mullis也用文字记录了这一令人兴奋的发现（Mullis 1990），在诺贝尔奖的官方网站上可以找到他的自传，网址是 http://www.nobel.se/chemistry/laureates/1993/mullis-autobio.html。

PCR 需要两个寡核苷酸引物，长度一般在 17 ~ 30 个核苷酸，位于被复制的 DNA 目标序列两侧。其中一个引物和DNA双链中的一条单链（正义链）序列相同，另一个引物则与另一条单链（反义链）序列相同。正义链引物通过碱基互补作用与反义链结合，合成出一条新的正义链；反义链引物也以同样过程合成一条新的反义链。PCR 过程分为 3 个步骤，每一步都需要不同的温度（如图 4.1）。通过 20 ~ 30 次“变性—退火—延伸”的循环就可以得到大量扩增片段。三个步骤如下：

- *变性* 在加热条件下，目标 DNA 的两条单链分离。正如第一章中提到的，DNA 在加热和降温的循环中可以发生可逆的变性。这一步通常在 94℃下进行。
- *退火* 分离后的两条单链在寡核苷酸引物的存在下进行降温。两个引物分别识别与之互补的 DNA 单链，并配对结合；由于两个引物的游离 3' 端互相正对，使得 DNA 的合成可以在两引物结合位点之间的区域进行；退火的温度决定于引物的长度和序列，在一些特殊的PCR反应中还取决于其特异性水平，类似于我们在第二章中讲到的DNA 印迹杂交实验（Southern blotting）。这一步的温度通常在 45 ~ 60℃范围内选择。
- *延伸* DNA 聚合酶与退火的寡核苷酸引物的 3’ 端结合，以 dNTP 为原料从 5' 端向 3' 端合成一条新的 DNA 链。最早的 PCR 实验用的是 DNA 聚合酶 I 的 Klenow 片段，但

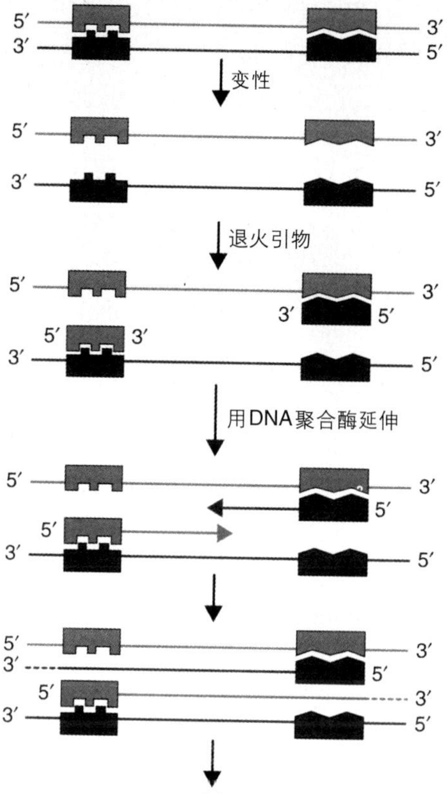

图 4.1　PCR实验的步骤：目的DNA的两条单链（灰色和黑色）在加热条件下变性分离，框中的部分表示即将与寡核苷酸引物结合的特异DNA片段。一旦两条链分离，它们就会在有互补寡核苷酸引物存在的情况下降温，这就是退火阶段。两个引物游离的 3' 端互相正对，随后在 DNA 聚合酶的作用下，以 4 种脱氧核苷酸三磷酸盐（dNTP）为原料延伸。变性—退火—延伸的循环进行20～30次就可以得到两个寡核苷酸引物结合位点之间 DNA 片段的大量扩增产物。

是这种酶在第一步的加热过程中会变性失活，后面的循环中需要不断加入新的酶。Taq DNA 聚合酶的发现给 PCR 技术带来了突破（Lawyer *et al*., 1989）。这种酶是在水生栖热菌体内发现的，具有耐高温的特性，在94℃的变性步骤中仍能够保持高活性，这就意味着不需要在每次循环之后加入新酶，加热和降温的循环就可以在特别设计的加热块中自动连续进行。而且 Taq DNA 聚合酶对 DNA 的复制有一个最适温度—— 72℃，这样，退火步骤中的反应特异性在较高的延伸温度下可以继续保持。

经过一个 PCR 循环之后，两条复制 DNA 单链就被合成出来了（图 4.1）。DNA 合成的初始位点决定于寡核苷酸引物与模板DNA结合的位置。利用碱基之间的氢键，特异性杂交可以准确地将寡核苷酸引物定位到模板链的互补序列上。但是，DNA合成是如何结束的，目前还不是很清楚。如果我们在琼脂糖凝胶中检查一下典型的特异性PCR反应，会发现一个清晰的独立的条带。它提示我们，这些片段是一样的，起始和终止位点完全相同。要弄清这是如何发生的，我们必须在 PCR 循环的不同阶段观察这些片段。

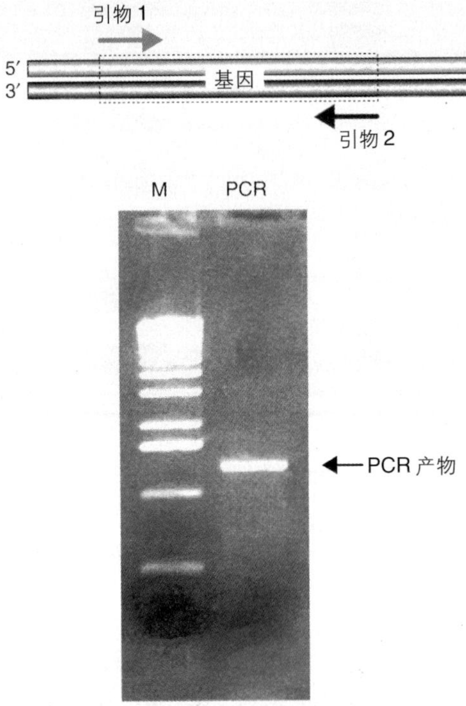

图 4.2　用 PCR 扩增的基因组 DNA 上的一个基因。寡核苷酸引物位于该人类基因的两侧，反应由 25 个循环完成，其中的十分之一的产物用于琼脂糖凝胶电泳，并与相邻的 DNA 分子量标准对照（M）。将琼脂糖凝胶用溴化乙锭染色，在紫外光下照射即可见到 DNA 的特异扩增区带。

在 PCR 的第一个循环中，两条 DNA 单链分离，并从引物结合位点开始 DNA 复制。第一个循环末期生成的两条新链（图 4.3 中绿色表示）分别有定位准确的 5' 端和定位不确定的 3' 端，其中 5' 端的定位是由引物结合位点决定的。DNA 的合成不会在一个特定的位点终止，而是要持续到第二个循环的加热变性阶段才停止。在第一个循环中存留的 DNA 分子都会进入下一个循环并成为新引物结合的模板。在第二个循环中，引物既可以与原来的模板链结合，也可以与在第一个循环中合成的 DNA 结合；与原模板结合的引物将生成与第一个循环相同的产物，而与第一个循环产物结合的引物，生成的产物则会同时有确定的 5' 端和确定的 3' 端。这是因为当没有 DNA 序列需要复制的时候，DNA 的复制过程就会自动停止。因此在第二个循环的末期，两条新生成的 DNA 分子（紫色）同时具有确定的 5' 端和 3' 端。但它们与含有不确定 3' 端的 DNA 片段也能互补配对。同样，第二个循环的产物也会成为第三个循环的模板。第三个循环末期生成的两个 DNA 双链分子，也都有 5' 端和 3' 端，其起点和终点都在引物结合最初 DNA 序列的位置。（图 4.3 中被框中的部分）

第三个循环以后，加热—退火—延伸的周期循环将会使目的 DNA 片段产生指数形式的增长（表 4.1）。照此计算，对于大部分 PCR 实验，经过 25 个循环之后会产生约 3000 万个扩增片段，在实践中也确实达到了这个数量级。所有的 PCR 反应中都会有很少量的不完全正确的 DNA 片段末端，但是特异性片段的大量扩增使那些不完全正确的片段几乎可以忽略不计。

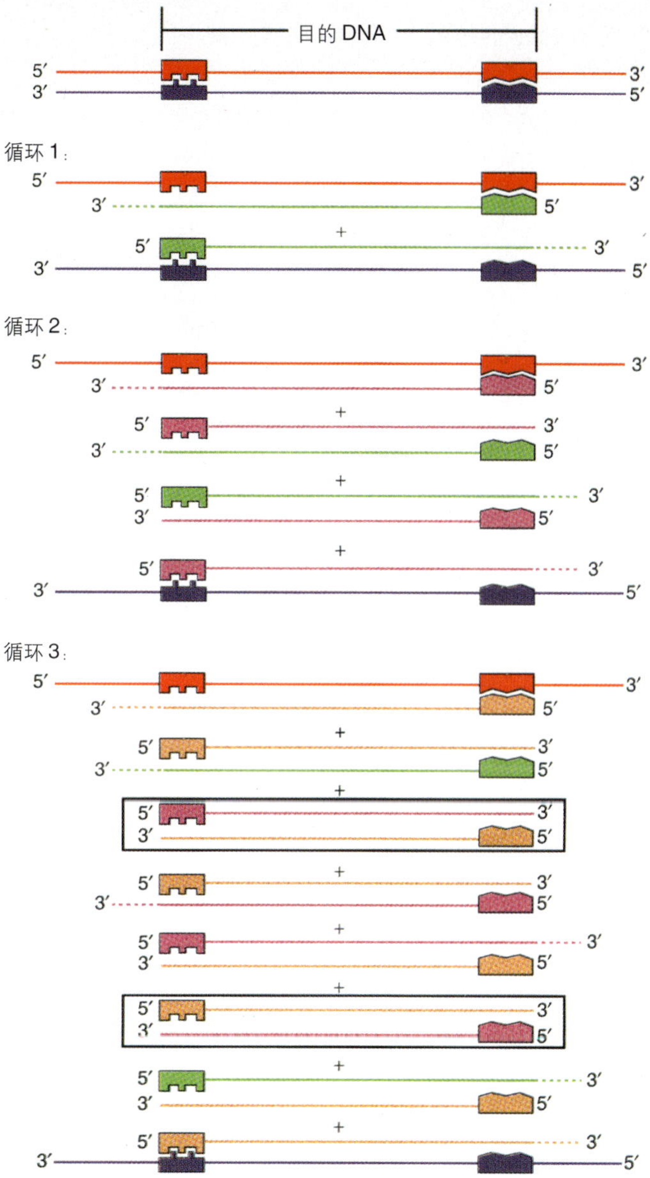

图 4.3　PCR实验的前三个循环的产物。目标DNA分子（红色、蓝色）含有与两个引物互补的序列，而引物是DNA复制的初始位置。每个PCR循环的产物都是后面循环的模板，这里给出了前三个循环的产物：分别用绿色、紫色、棕色表示。第三个循环后产生了两个双链DNA（框中部分），它们的5'端和3'端分别与寡核苷酸引物的末端严格配对。这种DNA分子的数量会在随后的循环中以指数形式增长。

在用 PCR 进行 DNA 扩增时需要考虑几个因素，包括 DNA 聚合酶的选择、DNA 模板、寡核苷酸引物的序列以及整个过程中的反应条件等。我们将在下面对这些因素分别做一下简要的介绍，并用一些具体的文献例证来描述PCR是如何影响基因工程实验的。有兴趣的读者也可以阅读一下与 PCR 的实践与应用相关的文章，以做更深入的探讨。(McPherson & M ϕ ller, 2000；Innis，Gelfand & Sninsky, 1999)

表 4.1 以单个 DNA 分子开始，各轮 PCR 循环后的理论产量

循环数	双链靶分子（3' 端确定）	更大的双链分子（3' 端不确定）	DNA 链总数
1	0	2	2
2	0	4	4
3	2	6	8
4	8	8	16
5	22	10	32
6	52	12	64
7	114	14	128
8	240	16	256
9	494	18	512
10	1004	20	1024
11	2026	22	2048
12	4072	24	4096
13	8166	26	8192
14	16356	28	16384
15	32738	30	32768
16	65504	32	65536
17	131038	34	131072
18	262108	36	266144
19	524250	38	524288
20	1048536	40	1048576
21	2097110	42	2097152
22	4194260	44	4194304
23	8388562	46	8388608
24	16777168	48	16777216
25	33554382	50	33554432
26	67108812	52	67108864
27	134217674	54	134217728
28	268435400	56	268435456
29	536870854	58	536870912
30	1073741764	60	1073741824

4.1 PCR 反应条件

经典的 PCR 实验包括以下组分：

- DNA（0.01 ~ 0.1μg）
- 引物 1（20pmol）
- 引物 2（20pmol）
- Tris-HCl（20mM，PH 8.0）
- $MgCl_2$（2mM）

- KCl（25mM 或 10mM）加（$(NH_4)_2SO_4$）（10mM）
- dNTP（dATP、dCTP、dGTP、dTTP 各 50μM）
- 耐热的 DNA 聚合酶 （2 个单位）
- 总反应体积 50 ～ 100μL

下面我们重点讨论聚合酶、加入的DNA以及实验中的两个引物。在反应试剂（Tris-HCl、KCl和$MgCl_2$）中，Mg^{2+}的浓度是反应顺利进行的一个关键（图4.4）。Mg^{2+}是DNA聚合酶发挥作用的必需成分，而 Mg^{2+} 的量又决定了 PCR 反应的特异性。Mg^{2+} 浓度太低，聚合酶的活性就太低，使反应无法进行；Mg^{2+}浓度太高，则会产生多重复合物，影响反应的特异性。根据实践经验，Mg^{2+} 的最适浓度应该由该 PCR 反应的引物量决定，一般在 1 ～ 5mM。 缓冲液和离子（Tris 和 KCl）浓度一般维持不变；有些反应会减少 KCl 的浓度，以使聚合酶在 DNA 模板上保留得更久一些， 这样获得的产物也更长。（Foord & Rose, 1994）

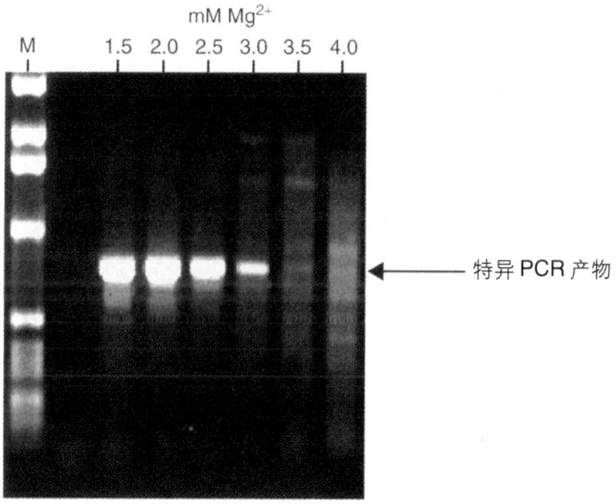

图 4.4 Mg^{2+} 浓度对 PCR 速率和特异性的影响。

PCR 实验可以在不同的 $MgCl_2$ 浓度下进行，反应后扩增产物会在琼脂糖胶上分离并经溴化乙锭染色，产物的大小会与 DNA 标准大小（M）进行比较。（经许可，摘自《PCR 反应成功的临界因素》，作者：Qiagen GmbH）

PCR开始前，我们常常在反应液表面加上一层矿物油，这样可以防止反应物在加热过程中蒸发；同时，PCR 仪的加热盖也可以防止液体蒸发。一般 PCR 循环的条件是：

- 变性—— 94℃， 30s
- 退火—— 60℃， 30s
- 延伸—— 72℃， 1min

变性和退火的过程相对较短，但是这对DNA 链之间氢键的断裂和重建来说已经足够了。早期的工艺包括一个预变性的步骤（94℃， 2min），以保证最初的DNA模板完全解离为单链；但长时间暴露于高温会使模板DNA产生缺口，所以这一步骤常常不用。PCR反应中使用的大多数聚合酶可以在体外以 500 ～ 1000 bp/min 的速度进行 DNA 复制（表 4.2）。延伸步骤的时间应与预期产物的长度相适应。

表 4.2 各类耐热 DNA 聚合酶的性质

	Taq 酶	Tfl 酶	Pfu 酶	Tli 酶	Tgo 酶
来源生物	水生栖热菌	*Thermus flavus*	激烈热球菌	*Thermococcus litoralis*	*Thermococcus gorgonarius*
PCR 最适条件					
延伸时间（min/kb）	1	1	2	2	2
延伸温度（℃）	70-75	70-74	70-75	70-75	70-75
$[Mg^{2+}]$(mM)	1-4	1-4	2-4	2-4	2-4
pH（25℃）	7.0-7.5	7.0-7.5	8.0-9.0	7.0-7.5	7.0-7.5
[dNTP](mM)	40-200	40-200	40-200	40-200	200
引物浓度（mM）	0.1-1.0	0.1-1.0	0.1-1.0	0.1-1.0	0.1-1.0
5' → 3' 外切酶活性	有	有	无	无	无
3' → 5' 外切酶活性	无	无	有	有	有
错误率	5.0×10^{-4}	5×10^{-5}	1.3×10^{-6}	2.8×10^{-6}	2.0×10^{-6}
PCR 产物的末端	3'-A	3'-A	平端	平端	平端

每次PCR循环的次数取决于初始DNA模板的数量和在所需要产物DNA的数量。一般来说，为了尽量减少复制错误（详见下文），循环次数越少越好，一般在17～25次为宜。在循环结束之后，很多PCR实验还需要一个最终的延伸步骤（72℃, 5min），以保证反应过程中所有的DNA都被复制成为双链。这个最终步骤也会提高PCR产物的克隆效率。(Li & Guy, 1996)

4.2 耐热 DNA 聚合酶

水生栖热菌最初发现于黄石国家公园的一些温泉中（Brock & Freeze, 1969）。这种细菌在世界各地的温热环境中都有发现。水生栖热菌可在50～80℃的温度范围内生长，最适生长温度为70℃。Taq DNA 聚合酶就是从这种细菌中分离到的一种分子量为94kDa的单体酶(Chien, Edgar & Trela, 1976；Lawyer *et al.*, l1989)。此酶本身是耐热的，它在74℃能催化DNA的复制，在95℃仍然具有活性。它具有5' → 3' 聚合酶活性和5' → 3' 外切酶活性，但缺乏3' → 5' 外切酶活性（校对活性）。校对活性的缺乏就意味着在DNA延伸过程中错误掺入的碱基不能被切除，因此Taq DNA 聚合酶是一种易产生错误的酶，并且在PCR扩增产物中有可能会引入突变。体外实验表明，Taq DNA聚合酶的错配率为10^{-4}～10^{-5}之间（Barnes, 1992；Cline、Braman & Hogrefe, 1996）。不同实验的错配率变化较大，一部分原因是检测突变掺入所用的方法不同。按最坏的情况，即10^{-4}的错配率来计算，如果用Taq DNA聚合酶通过25个循环来扩增1kb的片段，就会有大约10%的扩增产物中含有突变。而且，在一个循环中产生的错误可能在以后的循环中被当作模板来扩增。实际的突变率在不同实验中可能会有较大的差异。但是，这种错配水平并不会影响PCR实验的最终结果。如果PCR的目的是检测特定DNA分子中某基因的有无，那么实验结果不会受到扩增过程中错误碱基掺入的影响。如果是为了研究一个基因的功能，那么PCR扩增过程中的错配就会严重影响实验结果。但是，由于有错误引入的问题，所以在进行克隆实验之前都要对 PCR 产物进行 DNA 序列分析。除此之外，应选择几个独立的 PCR 克隆来确证所获得的序列是有代表性的。

Taq DNA 聚合酶的另外一个功能就是在 PCR 产物的 3' 末端以独立于模板的方式加一个脱氧核苷酸（通常为 A）。因此，Taq DNA 聚合酶的扩增产物不是平端，而是 3' 末端突出一个 A 的粘性末端。这一特征也有助于 PCR 产物的克隆（详见下文）。

自从 Taq DNA 聚合酶被发现以后，其他一些耐热 DNA 聚合酶也相继被发现，并应用于 PCR 实验。虽然 Taq DNA 聚合酶仍然是 PCR 反应中最常用的耐热 DNA 聚合酶，但是其他来源的耐热 DNA 聚合酶由于其具有的不同的特征而被应用于不同目的的 PCR 反应（表 4 . 2 ）。

还有其他一些耐热 DNA 聚合酶，例如 Pfu，是从激烈热球菌中分离的一种聚合酶，它具有 3' → 5' 外切酶校对活性，因此它的突变率要低得多。同样地，如果用 Pfu DNA 聚合酶，通过 25 个循环来扩增 1kb 的 DNA 片段，仅有 0.1% 的扩增产物中含有突变。除此以外，一些其他耐热 DNA 聚合酶产生的也是平端（表 4.2）。

Taq DNA 聚合酶的 5' → 3' 外切酶活性意味着，在 PCR 反应中，寡聚核苷酸引物的 5' 端可能会被降解。这一点在第一个循环的变性过程中很重要，因为此时寡聚核苷酸引物还没有与模板结合，并且聚合酶在反应体系中也是处于游离状态。在第一个循环时，反应混合物的温度是从室温（若是在冰浴中加样，则为 4 ℃）升高到 94℃的。这就是说，在某一时刻，反应管内的温度是 72℃（即聚合酶作用的最佳温度），但是此时聚合酶却不能进行 DNA 的扩增，因为此时寡聚核苷酸引物还没有与模板结合。这样穿越酶的最适温度，聚合酶将有降解引物并进行无效扩增的倾向。为克服这一问题，防止循环开始之前的非特异扩增，可以在反应混合物的温度达到 94℃后再加入 Taq DNA 聚合酶。这种“热启动”方式既增加产量又增加反应的特异性。还可以用特异的抗体抑制 Taq DNA 聚合酶的活性（Kellogg *et al.*, 1994）。在温度较低时，酶 - 抗体复合物会阻碍 DNA 复制，温度较高时，酶 - 抗体复合物不可逆地解聚，抗体失活，酶的活性得到恢复。

多种具有不同特性的热稳定 DNA 聚合酶的存在，使人们在进行某些特殊的 PCR 时可以将两种酶混合应用。例如，Taq DNA 聚合酶产量高，但错配率较高，且产物的最大长度只有约 5 ～ 7kb；Pfu DNA 聚合酶错配率低，但在扩增长度超过 7kb 的片段时也有困难。但是，两种酶的混合应用（15 份 Taq，1 份 Pfu）能使扩增长度达到 35kb，并且还有较高的保真度。(Barnes, 1994)

4.3 模板 DNA

几乎所有的 DNA 样品都可以作为 PCR 反应的模板，包括线性的、闭合环状的或超螺旋的质粒 DNA，基因组 DNA，cDNA 等。DNA 的来源并不重要，因为 PCR 仅仅与核酸序列有关。唯一的要求是引物结合位点及两个引物结合位点之间的序列是完整的。达到了这个要求，7000 年前的 DNA 也能用来做 PCR（Lawlor *et al.*, 1991）。

为了阐述清楚，我们不妨从单个 DNA 靶分子的扩增入手。当扩增的目标实现后，大量 DNA 就可以投入实际应用了（Li *et al.*, 1988）。当 DNA 的用量很少时，PCR 反应的污染可能就会成为一个大问题。PCR 指数级扩增的特征意味着，即使很轻微的 DNA 污染，也可能会使实验失败。DNA污染的来源非常广，包括进行实验的研究者，用来建立反应体系的管和枪头，甚至反应所需的酶和缓冲液等。在典型的 PCR 反应中，应向反应体系加入 0.1 到 1μg 的基因组 DNA，这样需要的PCR循环数相对较少，产物的量也足够进行下一步的实验。同时，污染干扰目的扩增的现象也得到了控制。0.1～1μg的基因组DNA相当于多少个拷贝的目的序列呢？1μg 的人基因组 DNA 约合 $1 \times 10^{-6} \div (6.4 \times 10^{9} \times 650) = 2.4 \times 10^{-19}$mol。因为人类基因组含有大约 6.4×10^{9}bp 的 DNA，每一 bp 的平均分子量为 650Da。因此，1μg 的人基因组 DNA 相当于 2.4×10^{-19}mol × 6 × 10^{23}（阿伏加德罗常数） = 144000 个分子。也就是说，1μg 的二倍体基因组 DNA 约合 288000 个拷贝。对于一个 1000bp 的片段来说，800 万倍的扩增（25 个循环就能达到）将得到差不多10μg产物。反应产物的一小部分（通常是从50μl的反应体系中取出 10μl）在琼脂糖凝胶电泳后可用 EB 染色观察。剩下的产物对大多数克隆操作和 DNA 测序来说都已足够。

4.4 寡核苷酸引物

一个PCR实验能否成功在很大程度上依赖于寡核苷酸引物。两段引物中，一段引物识别的是模板DNA分子的正义链，也就是要与反义链的序列相同；另一段引物识别的是模板DNA分子的反义链，也就是要与正义链的序列相同）。(图4.5）一般来说，一对典型的PCR引物应具有以下特征：

- 引物的长度一般为 17 ～ 30 个核苷酸之间，这一长度足以保证他们在基因组中有单一的结合位点。
- GC 含量大约在 50% 左右。
- 同一实验中，两条引物的退火温度应该大致相同。退火温度的计算方法是：2(AT)+4 (GC)。
- 引物中不要有某种连续的核苷酸，以免结合到模板 DNA 的重复序列上。
- 一条引物中不要含有能互补的序列。比如说，下面这条引物看起来很好：5'-GAGATCGATGCATCGATCTC-3'（长度为 20 个碱基，GC 含量 50%， 不含有重复序列）。 但它是回文序列，如果 5' 与 3' 结合，则形成发夹结构。这种二级结构是我们不愿看到的， 因为它使PCR反应体系中能与模板结合的引物量明显减少，从而使PCR反应失败。
- 两条引物之间不能有互补，或者说两条引物的 3' 端不能互补。例如，下面这对引物: 5'-GATCGATCGATACGTGATCC-3' 和 5'-CGTAGCTAGCTAGGATCACG-3' 看起来很好。但是，这对引物的3'端互补，从而形成引物二聚体，在PCR反应的第一个循环中，引物二聚体就会得到复制：

```
5'-GATCGATCGATACGTGATCC-3'
                 3'-GCACTAGGATCGATCGATGC-5'
                          ↓ PCR
5'-GATCGATCGATACGTGATCCTAGCTAGCTACG-3'
3'-CTAGCTAGCTATGCACTAGGATCGATCGATGC-5'
```

（a）　　　　　引物 1

```
               5'-ATG AAG CTA CTG TCT TCT-3'
5'-...GAAAG    ATG AAG CTA CTG TCT TCT ATC GAA CAA GCA TGC GAT ATT
               M   K   L   L   S   S   I   E   Q   A   C   D   I

TGC CGA CTT AAA AAG CTC AAG TGC TCC AAA GAA AAA CCG AAG TGC GCC
C   R   L   K   K   L   K   C   S   K   E   K   P   K   C   A

AAG TGT CTG AAG AAC AAC TGG GAG TGT CGC TAC TCT CCC AAA ACC AAA
K   C   L   K   N   N   W   E   C   R   Y   S   P   K   T   K

AGG TCT CCG CTG ACT AGG GCA CAT CTG ACA GAA GTG GAA TCA* AGG CTA
R   S   P   L   T   R   A   H   L   T   E   V   E   S    R   L

GAA AGA CTG GAA CAG CTA TTT CTA CTG ATT TTT CCT CGA GAA GAC CTT
E   R   L   E   Q   L   F   L   L   I   F   P   R   E   D   L

GAC ATG ATT TTG AAA ATG GAT TCT TTA CAG GAT ATA AAA GCA TTG TTA
D   M   I   L   K   M   D   S   L   Q   D   I   K   A   L   L
  3'-CCT AAT AAA CAT GTT CTA-5'
ACA GGA TTA TTT GTA CAA GAT AAT GTG AAT AAA GAT GCC...-3'
T   G   L   F   V   Q   D   N   V   N   K   D   A.....
```

引物 2

（b）

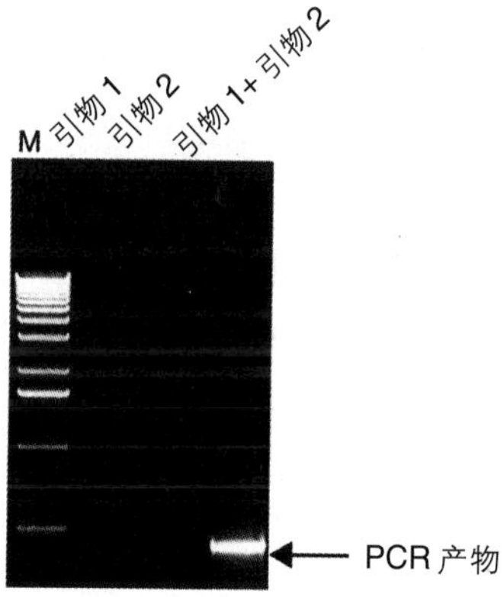

图 4.5　用于扩增酿酒酵母 GAL4 基因的引物的定位。
（a）GAL4 基因的部分 DNA 序列和相应的蛋白质序列。编码 Gal4p 前 100 个氨基酸的 DNA 序列用棕色表示。用于扩增该序列的引物的定位也表示出来了。注意，引物 1 与正义链序列相同，能够与反义链结合，在 DNA 聚合酶的作用下生成一条新的正义链。同理，引物 2 与反义链序列相同，能够与正义链结合，在 DNA 聚合酶的作用下生成一条新的反义链。
（b）PCR的反应结果（琼脂糖凝胶，溴化乙锭染色）。图中分别显示了两种引物，又显示了两种引物的混合物。

大多数符合上述条件的引物在PCR实验中都能发挥作用。仅管如此，人们开发了很多免费的软件，包括一些在线的软件都用来进行引物的设计（Rozen & Skaletsky, 1998）。

4.4.1 寡核苷酸引物的合成

我们所用的大多数寡核苷酸是核酸制造商们利用亚磷酰胺反应制备的。这种技术诞生于 20 多年前（McBride & Caruthers, 1983），合成所用的构建模块是 DNA 亚磷酰胺核苷（又叫单体）。这些模块要进行修饰，防止分支及其他副反应在合成中的发生。其中，5'端有二甲氧三苯甲基修饰，3' 有被 β - 乙氰保护的 3'- 磷酸基修饰。此外，核苷中碱基环上的活性氨基也会被修饰，进而保护起来。

亚磷酰胺反应有四步（图4.6）。在固相支持物，通常是聚苯乙烯上，合成可以自动进行。反应槽中加入聚苯乙烯，并与在DNA合成仪上的试剂传送带相连。产物在计算机操作下自动合成。碱基沿 3' → 5' 方向（与 DNA 聚合酶催化的合成方向相反）加到链上。应当指出，在合成开始前，聚苯乙烯已通过酯键与第一个碱基的 3'-OH 相连（图 4.6（a））。

引物开始合成时，5'-三苯甲基通过酸处理被切除（图4.6（b）），并与被四唑激活的单体结合（图4.6（c）），形成亚磷酸，随后被碘氧化成磷酸（图4.6（d））。这就完成了寡核苷酸合成的一个周期。

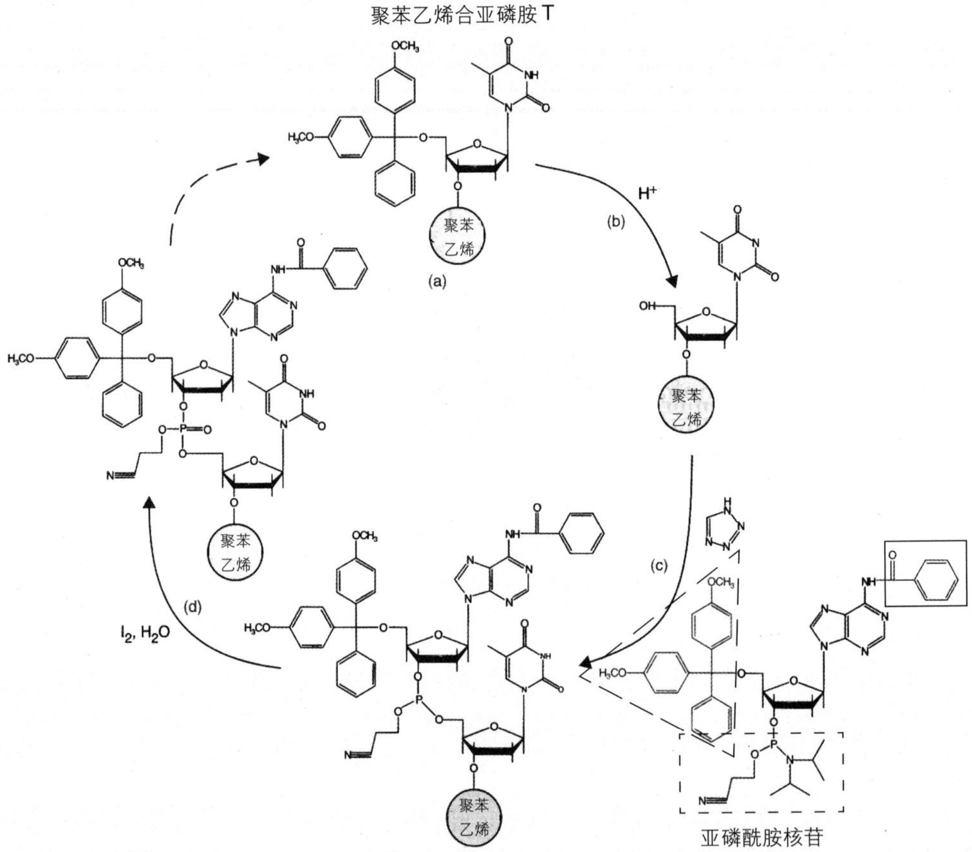

图 4.6　寡核苷酸引物（5'-AT-3'）的合成。亚磷酰胺核苷的 5' 端有二甲氧三苯甲基修饰（– –），3' 有被 β - 乙氰保护的 3'- 磷酸基修饰（- - - -）。除此之外，其他基团（——）可以保护分子上任意部位的活性氨基。反应周期的具体内容详见正文。

核苷的缩合反应效率很高，只有不到1%的5'-OH不与新来的核苷反应。为防止因这些没有反应的分子参加后续反应所导致的错误删除，未反应的 5'-OH 将在氧化前被乙酸酐乙酰化(加帽)。反应偶联的效率保证了长约 60 个核苷酸的引物能够按部就班地合成。

合成完成后，用氨水把固相支持物上的寡核苷酸切割下来。在较高的温度下，用NH_3的β -消除作用去掉乙氰基，使磷酸去保护，同时，杂环碱的保护基团也被去掉。最终生成的寡核苷酸可用沉淀法除去杂质，全长序列可用 HPLC 纯化法分离。

化学法合成引物具有很大的优势，它可以快速合成任何序列，并且相对廉价（每个碱基不到0.5美元）。引物序列也可以混合。以图4.6中的引物为例，若在步骤C，以1∶1的比例加入dT和dC单体的混合物，则得到的引物序列可能是5'-TA-3'，也可能是5'-CA-5'。最终的产物是这两种序列1∶1的混合物。如果在缩合步骤，对加入反应体系的各种单体的量进行限制，就可以在引物中除了3'端之外的其他位点实现不同配比的脱氧核苷酸单体的混杂。此外，经过修饰的碱基（如用硫代磷酸酯修饰，用生物素标记）也可加入引物序列。

4.5 引物错配

PCR 中使用的寡核苷酸引物并不需要与模板精确配对。当我们想人为制造突变或考虑DNA序列改变，或者寻找已知基因的同源序列时，这一点尤为重要。在这里，我们会简要介绍通过PCR制造突变的方法，但在第7章，我们会更加详细地介绍人工突变的策略。在引物中唯一需要与模板精确配对的地方是引物的3'端。如果引物的3'端不能与模板精确配，聚合酶就不能有效地对引物进行延伸。其后果可能是降低PCR的效率，或者使PCR完全失败。然而，这一特性可以用来检测基因中的点突变（见下文）。

在讨论PCR怎样将突变引入扩增产物之前，我们应当首先了解PCR引物本身。引物能启动DNA复制过程，同时，引物本身也将出现在最终的扩增产物中。因此，引物和模板DNA中任何碱基的改变都会出现在最终的扩增产物中。既然我们不能在引物的3'端引入突变，那么引物的5'端就成了引入突变的最佳位点。（图4.7）

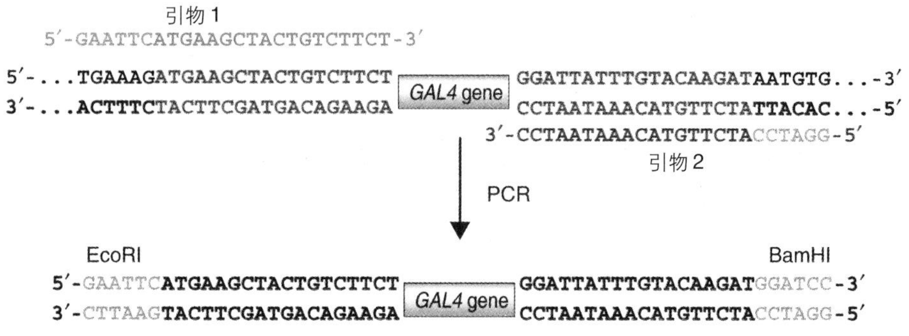

图4.7　用来扩增酿酒酵母GAL4基因部分序列，并加入限制酶识别位点的引物。PCR产物中含有引物中出现的序列。

这时，我们要扩增的目的序列和图4.5中的序列相同。但这次我们在寡核苷酸引物的5'端添加了一些额外的序列。对引物1来说，它的5'端增加了限制性内切酶EcoRI的识别序列，用来识别*GAL4*基因。这条引物和图4.5中的引物将以近似相同的亲和力结合在相同的DNA模板上。EcoRI的识别序列虽然不能与模板精确配对，但这不足以影响引物与模板的结合。而且，如图4.7所示，EcoRI的识别序列会掺入到最后的扩增产物中。对引物2来说，它的5'端增加了限制性内切酶BamHI的识别位点，同样，它也能掺入到最后的扩增产物中。用EcoRI

和BamHI两种酶进行切割后，PCR产物的克隆就变得简单了，前提要最起码保证产物内部没有EcoRI和BamHI的酶切位点。通常，在酶切位点的外侧需要多出几个碱基，以增加限制酶的切割效率。于是，在限制酶识别位点前方，引物的5'端，通常要带上3～6个附加的残基。这些残基通常是G或C（称为GC封条），它们能使两条DNA链的退火过程和限制酶的切割过程的效率达到最高水平。

引物与模板DNA之间的任何错配都会出现在最终的PCR产物中。因此，改变引物的序列，可以人为地在PCR产物中引入突变。当我们需要通过改变基因编码序列以改变蛋白质的氨基酸序列时，或者想改变一个基因的密码子使用（比如想引入限制性内切酶的识别位点，而又不想改变蛋白的氨基酸序列,或者想通过特殊的密码子来提高蛋白的表达水平）时，这一点就显得尤为重要。

错配引物的第二个应用是寻找编码某一特定蛋白质的基因，以及寻找同源基因。蛋白质的分离纯化和特征分析是生物化学研究中的常规技术。比如说，我们分离了一个蛋白质，并测定了它氨基端的序列：Met-Ile-Trp-Pro-Phe。遗传密码子的简并性意味着，编码这些氨基酸的核苷酸序列可能有以下几种情况：

```
    Met - Ile - Trp - Pro - Phe
5'-ATG-ATA-TGG-CCA-TTC-3'
          C       C   T
          T       T
                  G
```

仅仅根据已知的氨基酸序列，我们是无法知道一个特定基因中的单个氨基酸到底是由哪个密码子编码的。因此，如果想用PCR来扩增编码这一蛋白的基因，我们必须设计简并引物。设计出的简并引物要能与编码这一蛋白质所有可能的核酸序列结合。下面的引物就能满足这一要求：

```
5'-ATG-ATA-TGG-CCN-TTC-3'
          C           T
          T
```

其中，N是A、T、G、C、的等摩尔混合物。我们可以合成出上述24种引物的混合物。尽管其中只有一种能与蛋白编码序列精确配对，但其他引物也能有效地进行PCR扩增。在这个例子中，引物识别序列的3'是PCR所必需的。

另一种在引物的一个位置混合四种核苷酸的方法就是使用次黄嘌呤核苷。次黄嘌呤核苷是嘌呤的一种，在tRNA分子中天然存在，能与C、T、A配对。次黄嘌呤核苷与腺嘌呤的配对属于嘌呤-嘌呤配对，不适合DNA双螺旋结构。因此，当DNA的双螺旋结构遇到这一配对时会膨出，形成能障。如果引物中的某一位点可能需要四种碱基中的任意一种时，我们就可以使用次黄嘌呤核苷。每一次使用次黄嘌呤核苷,简并引物库中的引物序列数量就会减少四倍。次黄嘌呤核苷可与鸟嘌呤错配，但引物中其他位点与模板的精确配对解决了这一问题。在引物中使用次黄嘌呤核苷时，要求所用的DNA聚合酶能够顺利通过含有次黄嘌呤核苷的模板。Taq DNA聚合酶能够达到这个要求，而有些聚合酶（如Vent, Pfu）是不具有这种功能的。（Knittel & Picard, 1993）

具有相似的基因序列进而编码相似的蛋白质序列，表达相似功能的一系列基因，构成了

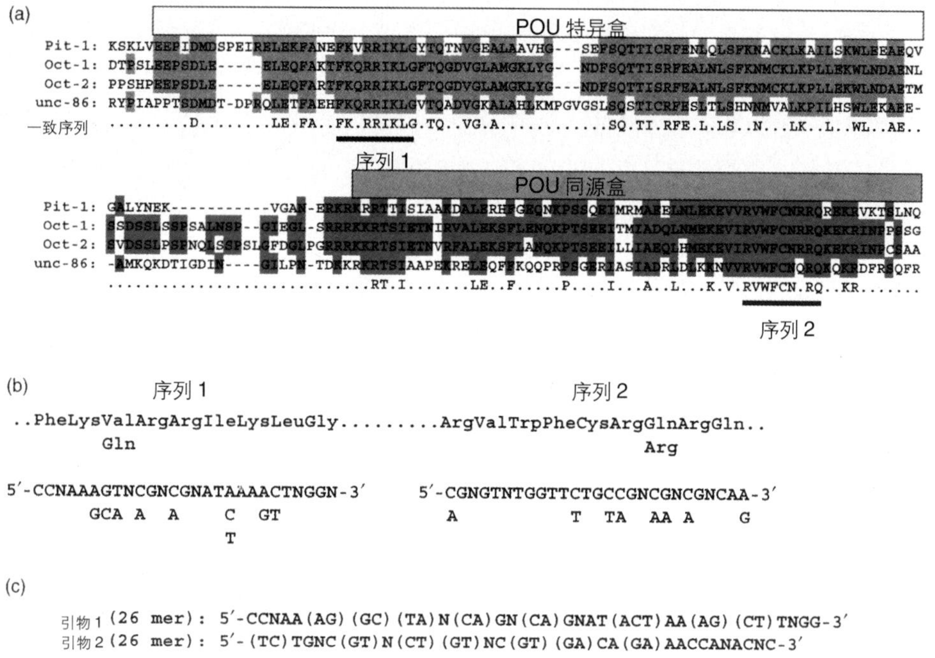

图 4.8　利用简并性 PCR 引物确认新的 POU 基因。

（a）Pit-1、Oct-1、Oct-2 和unc-86蛋白的序列联配。在两种以上蛋白中包含的序列被着色，在四种蛋白中都出包含的序列被作为一致序列，写在图下面。

（b）POU 特异盒与 POU 同源盒中最保守的 9 个氨基酸序列及相应的 DNA 序列。

（c）鉴定 POU 结构域蛋白家族的其他成员的引物序列。

基因家族。如果这个家族的某些成员已经被研究鉴定出来，我们就可以通过PCR来鉴定该家族中的其他成员。下面我们通过一个特例来看这个问题。包含POU（读作[pau]）结构域的转录因子形成了一个家族，这些蛋白质有非常保守的DNA结合结构域（图4.8（a））。这一名称来源于该家族最先研究清楚的四个成员：三个哺乳动物蛋白Pit-1、Oct-1和Oct-2 和一个秀丽线虫蛋白 unc-86（Herr *et al.*, 1988）。POU 结构域中有两个非常保守的成分，一个称为 POU 特异性结构域，另一个称为POU同源结构域。后者与果蝇包含发育控制蛋白的同源盒有高度的同源性。这些基因的突变对生物的发育将产生显著影响。例如，小鼠Pit-1基因的突变将导致其垂体发育障碍，造成侏儒小鼠。

如果想要鉴定 POU 结构域家族的其他成员，我们就应该设计一个能与 POU 特异性结构域和POU同源盒中最保守序列结合的引物（图4.8（b））。应该指出，这些引物的密码子是高度简并的，但是它们已经被成功用于鉴定不同来源的POU附加结构域（Lillycrop *et al.*, 1992）。图 4.8（c）中所示的两个引物能扩增出约 400bp 的 DNA 片段，它们与 POU 结构域成员间存在一定非同源性。这种非同源性的产生是由于从 DNA 样品中扩增出的，编码 POU 结构域蛋

白的基因长度不同。应用这种方法，人们鉴定了很多新的基因，包括在神经细胞中高度表达的 Brn-3 家族成员，这一家族对感觉和运动神经元的分化和生存起重要作用（Erkman *et al.*, 1996）。

4.6 PCR 与遗传病诊断

PCR放大特异性DNA序列的能力使其成为诊断基因缺陷和突变的一个有力工具。因为进行 PCR 之前必须了解待扩增 DNA 的序列，所以我们首先应尽量了解突变发生的位置。PCR 诊断的最大优点就DNA的用量少。血液、面颊内细胞等标本就足够了，要做宫内诊断，少量的绒毛膜样本就能满足需求。

PCR可用于插入性突变、缺失性突变或点突变。目前突变的多种检测技术都离不开PCR过程。下面我们将结合一些例子说明，应当指出，非 PCR 的检测技术也是很多的。

- 插入/缺失突变 瓦登伯革症候群是一种常染色体显性遗传病，主要表现为听力障碍和异常的色素沉积。这种疾病的患者大约占成人耳聋患者的2%以上，常常合并出现前额头发和睫毛发白的症状。典型的瓦登伯革氏症候群是由于 PAX-3 基因的突变导致的，

(a)

```
5'-CAG GGC CGC GTC AAC CAG CTC GGC-3'
5'-GGC CAG GGC CGC GTC AAC CAG CTC GGC GGC GTT TTT ATC AAC GGC AGG CCG CTG
   G   Q   G   R   V   N   Q   L   G   G   V   F   I   N   G   R   P   L

CCC AAC CAC ATC CGC CAC AAG ATC GTG GAG ATG GCC CAC CAC GGC ATC CGG CCC TGC
P   N   H   I   R   H   K   I   V   E   M   A   H   H   G   I   R   P   C

GTC ATC TCG CGC CAG CTG CGC GTG TCC CAC GGC TGC GTC TCC AAG ATC CTG-3'
V   I   S   R   Q   L   R   V   S   H   G   C   V   S   K   I   L
                                    3'-AGG GTG CCG ACG CAG AGG TTC TAG-5'
```

(b)

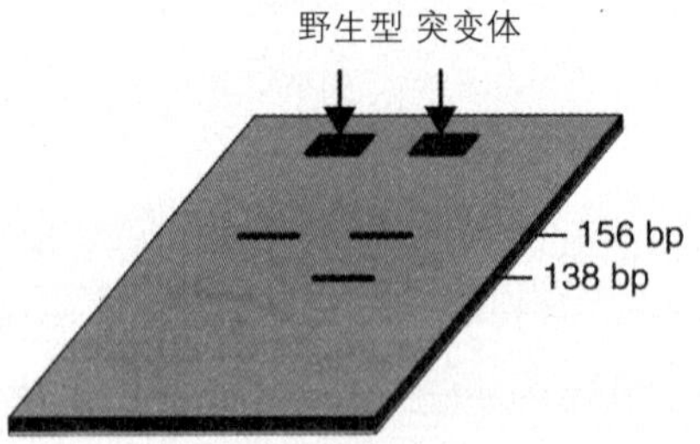

图 4.9 利用 PCR 检测病理性缺失突变。
(a) 人类野生型PAX-3基因外显子2的一部分正义链。图中所示序列代表了配对盒的第一部分，这是一个高度保守的元件，充当转录因子。瓦登伯革症候群患者的DNA序列中缺少了黑体字表示的碱基，相应的蛋白质序列中也就缺少了7个氨基酸（MAHHGIR），同时多出一个密码子（AGG），也就多出一个精氨酸（R）。因此在蛋白质序列中净缺少 6 个氨基酸（MAHHGIR）。引物设计在缺失位点的两侧。
(b) 用引物 1 和引物 2 对正常个体的样本进行 PCR 扩增，得到 156bp 的 DNA 片段。而对瓦登伯革症候群患者的样本进行PCR扩增，将会得到两条DNA片段，一条156bp，另一条138bp。138bp的片段来源于患者缺失了18个碱基的染色体。由于瓦登伯革症候群是一种显性遗传病，所以大多数患者是杂合子。

这种基因的产物是调节胚胎发育的转录因子。最早发现的突变类型是编码DNA结合结构域的 18 个碱基的缺失。(Tassabehji *et al.*, 1992).在其它瓦登伯革症候群患者身上，也可用PCR检测到这一缺失。引物可以位于缺失位点的两翼（图4.9）。对野生株的扩增能够得到一个较大的DNA 片段（图 4.9，156bp），而对变异株的扩增只能得到一个较小的片段（图4.9，138bp）。利用聚丙烯酰胺或琼脂糖凝胶电泳，我们可以很容易地将二者区分开。通过区分PCR产物的片段大小，我们可以检测突变存在与否。由于是显性遗传病，大多数病人都是杂合体，所以有一个拷贝是野生型的，另一个拷贝是突变型的。PCR方法扩增出的结果常常是两个大小不同的片段（图4.9，156bp和138bp）。

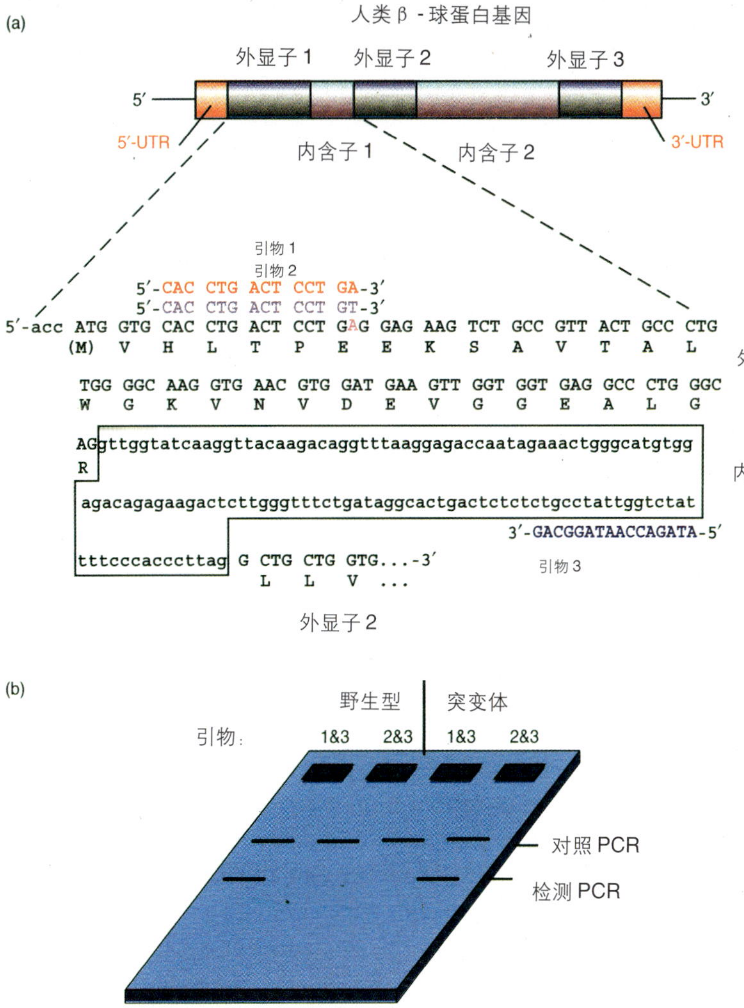

图 4.10 利用 PCR 检测点突变。
(a) 一个碱基从 A 变成 T，可使人类 β - 珠蛋白基因第 6 位的 Glu 变成 Val，进而导致镰状红细胞贫血。对于纯合突变的个体，血红蛋白 β - 珠蛋白亚单位的改变导致去氧血红蛋白的溶解度下降，最终导致红细胞的变形。
(b) 利用等位基因特异性 PCR 检测 DNA 分子中单个碱基的突变。

- 点突变 上述方法不能检测基因中的点突变（单个碱基的改变）。因为侧翼引物只能分别产生与突变株和野生株同样大小的片段。我们可以用 PCR 产物做 DNA 全序列的分析（第8章），但这很花费时间。我们需要检测出单个碱基的突变到底发生在哪里，而不关心完整的序列到底是什么样。于是，等位基因特异性PCR应运而生。为使DNA聚合酶有效地发挥延伸作用，引物必须有一个能与模板精确配对的3'末端（Neston *et al.*, 1989； Wu *et al*, 1989）。等位基因特异性 PCR 可以扩增β - 珠蛋白基因的一个突变，检测镰状红细胞贫血（图4.10）。为了检测基因中的一个点突变，我们必须设计三条引物，进行两个PCR反应。其中一条（图4.10中的引物3）要参与两个反应，另两条（引物 1 和 2）分别用来检测野生型和突变型 DNA 序列。用于检测野生型序列的引物是 1 和 3，若用 2 和 3，会出现阴性结果，因为 2 的 3' 末端和野生型 DNA 序列会发生错配。同理，用于检测突变型 DNA 序列的是 2 和 3，若用 1 和 3，也会出现阴性结果（图 4.10b）。这里我们比较的是野生型与突变纯合子的 DNA 序列。如果一个个体是杂合子,那么上述反应都可进行，因为两个等位基因都存在于模板DNA上。为了确保所有的PCR反应都能够准确的运行，还要设计一套能够扩增无关基因的对照引物，这对引物当然总能在产物中出现。可用作待检序列的内参。

4.7 PCR 产物的克隆

前面已经提到，在引物的5' 端插入一段附加的限制酶识别序列，可以实现对PCR产物的克隆。也可以利用TaqDNA聚合酶的末端转移酶活性，在PCR产物的3' 端添加一些不依赖模板的 A 残基，实现对 PCR 产物的克隆。这样做的结果是使用用 Taq 聚合酶扩增的 PCR 产物都有一个 3'-A 的突出端。在一种叫做 TA 克隆的操作中，3'-A 的突出端可以和线性的 T 载体连接，这种载体的两端都含有3'-T的突出端。从而实现PCR产物的直接高效扩增（Zhou、Clark & Gomez-Sanchez, 1995；Marchuk *et al.*, 1991）。PCR 产物 3'-A 突出端和 TA 载体 3'-T 突出端的互补能够使 DNA 分子实现有效的连接，这是平端 DNA 分子办不到的这种 TA 克隆的策略见（图 4.11）。

4.8 RT-PCR

我们已经知道，PCR可用于扩增双链DNA。但是，用于PCR的原材料并非一定是DNA。逆转录-聚合酶链反应（RT-PCR）就是用来对RNA进行定性定量检测的方法，当然，它要先把RNA转变成DNA。RT-PCR 可以用于克隆、cDNA 文库的构建和探针的合成。这一技术包括了两个部分（图4.12）：①通过逆转录（RT），用RNA合成DNA；②通过PCR，对特定的DNA 分子进行扩增。RT 反应的原料有：RNA 模板（一般为总 RNA 或多聚 A^{+}RNA）、引物（随机引物或寡聚dT引物）、dNTP、缓冲液和逆转录酶（详见第五章）。产物是一条与RNA互补的单链DNA（cDNA）。这条 cDNA 链将作为 PCR 的模板。在 PCR 的第一个循环中，单链DNA 在引物和 Taq DNA 聚合酶的参与下与另一条链互补结合，形成双链 DNA。

正如其它的mRNA 分析，如 Northern 印迹杂交和核酸酶保护性检测一样，RT-PCR 能够用于原始样本中mRNA的定量分析。这一方法在检测基因表达的变化时显得尤为重要。应当

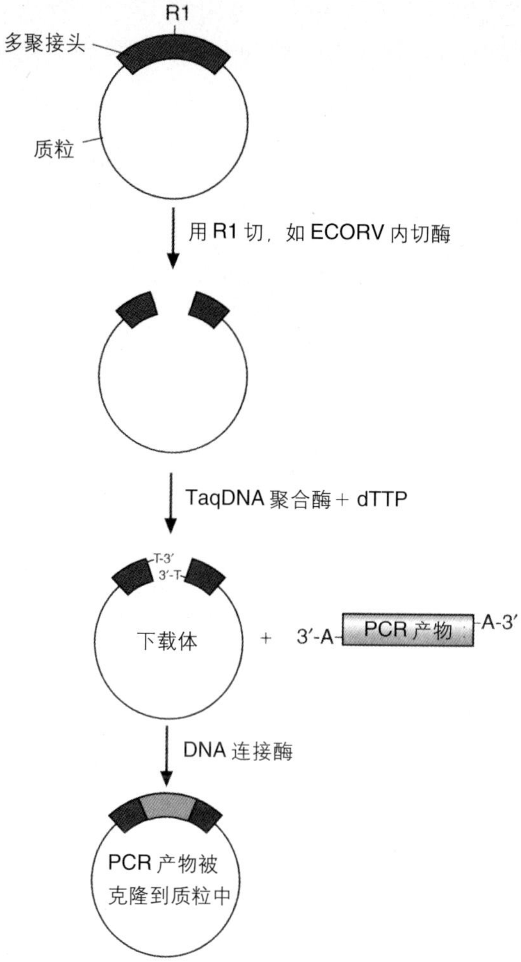

图4.11　PCR产物的TA克隆。用限制酶（如EcoRV）切割质粒载体，得到平端。在dTTP存在的条件下，用TaqDNA聚合酶处理切割产物。Taq发挥末端转移酶活性，将单个dT残基加到DNA的3'-OH末端，形成T载体，T载体与PCR产物混合，并用DNA连接酶连接。于是，PCR产物就被克隆到T载体中。

指出的是，尽管在25个或30个循环之后，待检物浓度相差100倍以上的样品也能产生明暗近似相同的条带，但由于PCR产物以指数形式扩增，不同样本之间的浓度差异和上样差异也都会被扩增出来。因此，要想利用RT-PCR对mRNA进行定量分析，就得非常细心。定量分析有两种形式：相对定量分析和绝对定量分析。

- 相对定量分析　利用与靶序列一同扩增的内控序列进性标准化，比较不同样本的转录本含量。结果用内控序列信号与基因特异性信号的比值来表示。利用这种方法，我们可以得到各个样本中基因特异性产物的相对值。比较这些相对值，我们可以得出各个样本中目标RNA的相对表达量。
- 绝对定量分析　利用竞争性RT-PCR，测量样本中特异性mRNA序列的绝对拷贝数（如

5.3×10^5)。将人工合成并稀释成一定浓度的RNA（与靶序列有相同的引物结合位点，但比靶序列略短一点）加入样本中，同靶序列一起扩增。对内源性转录本和人工RNA

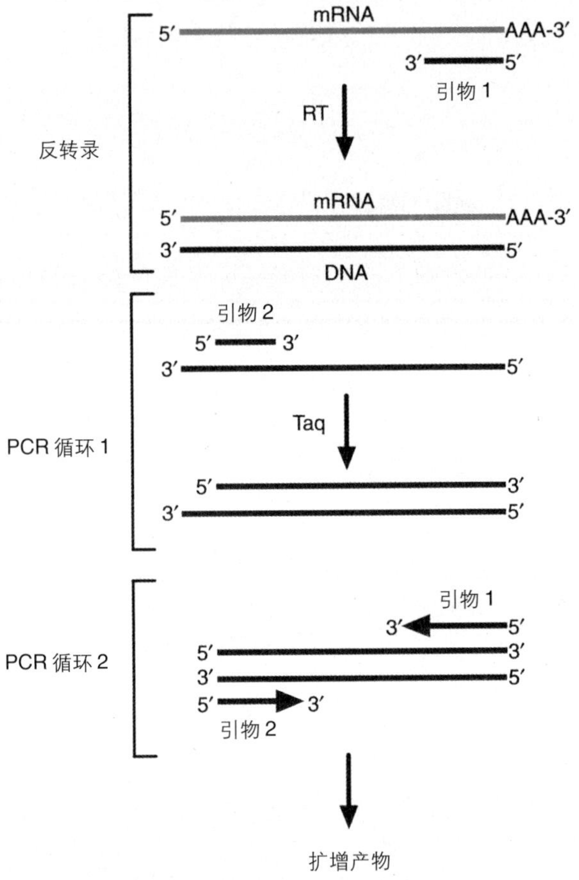

图 4.12　RT-PCR。在逆转录酶作用下，以 RNA 为模板，启动 DNA 的合成。以生成的 DNA 单链为模板，合成第二条 DNA 链，进而开始 PCR 扩增。

的 PCR 产物分别作出曲线，进行比较，得出结论。

4.9 实时 PCR

定量实时PCR结合了相关性与竞争性RT-PCR的特征，具有准确性高、精确性好、产量大、便于操作等优点。实时 PCR 能够自动测定相关性 RT-PCR 每一份样本每一个循环产物。实时PCR依赖于一个定量的荧光监测器，它的信号随PCR产物含量的增加而增强。按照最简单的形式，我们可以使用双链 DNA 特异性的 SYBR® Green 染料（Wittwer *et al.*, 1997）。SYBR Green 染料结合在双链DNA的小沟上，经过激发，就可以发出荧光。因此，如果将这一染料掺入反应体系，它就会随PCR产物一同扩增，荧光强度也会逐渐增加。SYBR Green的优点是廉价、易于使用、灵敏度高。它的缺点是反应体系中的任何双链DNA，包括引物和其他非特异性反应产物，都会与 SYBR Green 结合，最终高估靶序列的浓度。对于一个引物设计良好的单个 PCR 产物来说，SYBR Green 是能够胜任的，只有在最后的几个循环中才会出现非特异性的背景。

对 PCR 产物的定量分析还可以用 TaqMan®法，它依赖于杂交探针的荧光共振能量传递（FRET）（图4.13）。TaqMan探针是一段寡核苷酸链，它的5'端结合有荧光染料，3'端结合有猝灭染料。这一探针可与PCR产物的内部区域进行杂交。当受到照射时，5'端荧光染料将能量传递给3'端猝灭染料，而不出现荧光，这就产生了无荧光底物。在进行PCR时，结合了探针的模板在DNA聚合酶的作用下复制。同时，DNA聚合酶发挥5'→3'外切酶活性，把探针切割下来（Holland *et al.*, 1991）。荧光染料和淬灭染料分离，FRET 不再发生。荧光随 PCR 的循环而增强，并与探针切割速率成比例，可通过修饰的热循环仪来测量。实时PCR是定量测量的有力工具，但仪器设备及试剂的价格要比标准 PCR 高得多。

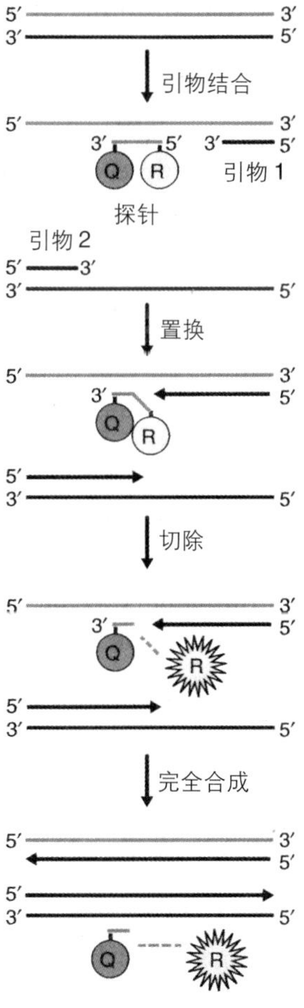

图 4.13　TaqMan®实时定量 PCR。反应中要用到三个引物：引物 1 和引物 2 各自控制一条 DNA 链的复制起始，引物 3（探针）结合于 1、2 之间的 DNA 链上。探针含有两个被修饰的碱基：5' 端的荧光信号（R）和 3' 端的猝灭剂（Q）。在DNA 复制的过程中，引物 1 的延伸产物使探针的 5' 端移位，聚合酶发挥外切活性，将荧光信号从探针上切掉。与猝灭剂分离后，荧光就可以发出了。荧光的总量与PCR产物的总量成正比并且能在 PCR 中随时监测。

4.10 PCR的应用

聚合酶链式反应通过对微量核酸的扩增和分析，给分子生物学带来了革命性的变化。和搞基础研究的科学家一样，临床医生可以利用少量的人类DNA，通过PCR，检测突变；病理科大夫可以通过PCR检测标本中的少量致病微生物。PCR的更多应用不可能在本章中一一列举，下面只列出几个主要的应用领域：

- 分子克隆
- DNA 测序
- 考古学
- 法医学
- 未知序列扩增
- 临床病理学
- 基因诊断
- 未知突变的描述
- 指纹图 / 群体分析
- 基因组分析
- RNA 或 DNA 的定量 PCR

我们将在下面几章涉及其中一些问题。有兴趣的读者可以参考相关专著（McPherson & M ϕ ller, 2000；Innis、Gelfand & Sninsky, 1999）。

第 5 章　基因克隆

要点

- DNA 文库是重组 DNA 分子库。
- 基因组文库包含了基因组中出现的 DNA 序列。
- cDNA 文库包含了 mRNA 的 DNA 拷贝，具有组织特异性和发育阶段特异性，文库的构建依赖于以 RNA 为底物 DNA 聚合酶，即逆转录酶。
- 以 PCR 为基础的文库避免了对 DNA 片段的克隆，并且能够建立消减文库，以分离有表达差异的基因。

基因组含有大量的DNA（表5.1）。因此，包含在基因组中的每一个基因都仅仅是基因组中很小的一部分。所有的传统DNA克隆策略都由四部分组成：①产生外源DNA片段，②外源DNA插入到载体中，③重组DNA分子转化进入宿主细胞并在其中复制，④选择或筛选含有特定重组体的克隆。在本章中，我们将讨论与DNA文库构建过程前两步有关的一些问题。所谓 DNA 文库，简单地说，就是 DNA 片段的集合。

这里我们将讨论多个不同类型的文库。DNA 文库既可以指基因组文库（genomic DNA library），也可以指 cDNA 文库（cDNA library）。大多数传统的文库构建方法需要将各种不

表 5.1　一些已经完成全部序列测定的基因组

生物	基因组大小（bp）	单倍体染色体数	蛋白质编码基因数	资料来源
甲烷球菌（古细菌）	1.7×10^6	1	1750	Bult *et al.*，1996
流感嗜血杆菌（细菌）	1.8×10^6	1	1850	Fleischmann *et al.*，1995
枯草杆菌（细菌）	4.2×10^6	1	4100	Kunst *et al.*，1997
大肠埃希菌（细菌）	4.6×10^6	1	4288	Blattner *et al.*，1997
蓝色链霉菌（放线菌）	8.7×10^6	1	7825	Bentley *et al.*，2002
粟酒裂殖酵母（酵母菌）	1.4×10^7	3	4824	Wood *et al.*，2002
酿酒酵母（酵母菌）	1.4×10^7	16	6184	Goffeau *et al.*，1997
秀丽线虫（蠕虫）	0.97×10^7	6	19000	秀丽线虫测序协会，1998
黑腹果蝇（果蝇）	1.2×10^8	4	13500	Adams *et al.*，2000
冈比亚按蚊（疟蚊）	2.7×10^8	5	13700	Holt *et al.*，2002
拟南芥（植物）	1.2×10^8	5	25498	拟南芥基因组协会，2000
水稻（大米）	4.3×10^8	12	~ 50000	Yu *et al.*，2002；Goff *et al.*，2002
小鼠（小鼠）	2.5×10^9	21	~ 22000	小鼠基因组协会，2002
人（人）	2.9×10^9	23	~ 32000	Lander *et al.*，2001；Venter *et al.*，2001

同的DNA片段克隆至合适的载体中。然而，正如我们后面将要看到的一样，不需克隆的DNA片段（例如 PCR 产物）在基因工程实验中起着越来越重要的作用。

一个基因组DNA文库应该包含一个个体全部遗传物质的特征性拷贝。这种文库具有物种特异性，也就是说，利用同一个体不同组织构建的文库应该具有相同的DNA片段。但是，来自不同生物的文库，例如来自小鼠和大鼠的文库就不一样。基因组DNA文库应该含有全部的遗传物质，无论其是否具有组织特异性及发育阶段特异性达。因此，基因组文库应该含有全部的DNA序列：表达基因，非表达基因，外显子与内含子，启动子和终止子以及入插序列。

cDNA文库的构建是通过将特定组织样品中的mRNA转化为能克隆至适当载体的DNA来实现的。这样，cDNA文库只包含组织样品中的编码序列及5'和3'非翻译区的少量基因序列。因此，利用同一个体不同组织构建的cDNA 文库在组成上将有显著的差异。在一个组织或一个发育阶段表达的基因可能与在另一组织或另一发育阶段表达的基因有很大的不同。此外，cDNA 文库还能反映原始组织样本中mRNA的相对丰度。高水平表达的基因将会在文库中多次出现，而低水平表达的基因在文库中出现的频率较低。

5.1 基因组文库

基因组中DNA的最小单位是染色体。然而,即使是在最简单的生物中,染色体也含有碱基数量巨大的DNA。举个例子，*E. coli* 染色体含有约 4.6Mbp（4600000bp）的 DNA（表 5.1）。这么多的DNA不可能克隆到目前可利用的任何一种载体中（见第3章）。因此在将DNA克隆至适当的载体之前应当把它变成片段。这里运用了“分而治之”的策略，即，基因组中特定的功能常被赋予在小的片段上，而整个基因组的功能是难以研究的。基因组片段化的方法对最终文库的质量起着重要的作用。在理想的情况下，基因组DNA应该在克隆之前被断裂成随机、重叠的片段。这种断裂不仅能够保证文库中包含基因组中所有DNA片段的代表性拷贝，而且避免了特定位点切割所造成的分布偏倚。在基因组文库的构建过程中，有两种基本的DNA 断裂机制。

(a) *机械剪切* 我们可以让纯化的基因组 DNA 多次通过窄口径注射器针头或者运用超声处理，将其断裂成适合于克隆的片段。一般来说，对于克隆到 λ 载体的DNA片段来说， 20kb 左右的大小是比较合适的。机械剪切法的优点在于 DNA 断裂的随机，性缺点是 DNA 用量比较大，并且 DNA 片段的大小相差过于悬殊。

(b) *限制酶消化* 限制酶，如 EcoRI，常识别一个 6bp 的 DNA 序列，并在识别序列内部切割 DNA。在 DNA 分子中，平均每隔大约 4000bp 会出现一个这样的 6bp 序列。用 EcoRI 完全消化基因组 DNA，产生的片段往往太小，不能用于构建基因组文库。其他的限制酶，如 NotI，识别并切割 8bp 的序列。这种序列在 DNA 中出现得更少(每隔约 65kb 会出现一个)。然而，限制酶消化产生DNA 片段的功能常受到识别位点本身的影响。如果我们想要克隆的基因中恰好含有某种限制酶的许多识别位点，那么酶切产生的片段就可能太小，以至不能克隆，这个基因也就不能在文库中出现。为解决这个问题，基因组文库常通过限制酶的不完全消化来构建（图5.1）。限制酶的不完全酶切能保证并非所有的识别序列都被切开，从而保证含有许多限制酶

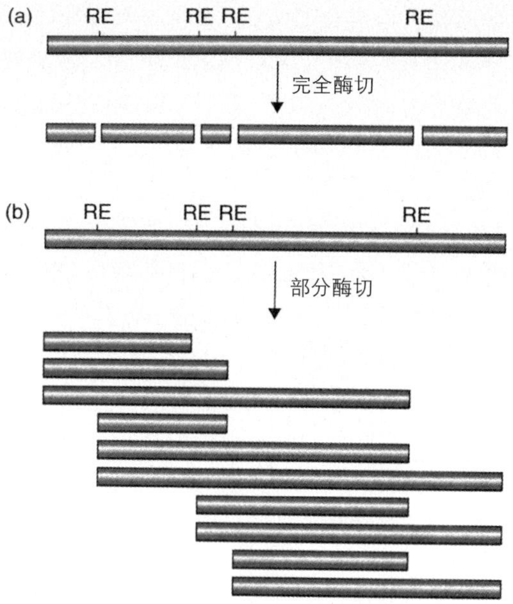

图 5.1 用限制酶对 DNA 片段进行完全酶切和部分酶切。
(a) 完全酶切确保所有的限制酶识别位点（RE）都被切开。
(b) 部分酶切会对识别位点进行随机切割，产生如图所示的多种产物。

识别位点的基因能够包含在我们构建的基因组文库中。在实际的限制酶消化操作中，人们通常用一种或两种限制酶来识别和切割一些非常常见的序列。图5.2所示的高分子量基因组 DNA 被限制酶 HaeIII 和 AluI 的混和物不完全切割。这两种限制酶各识别一个 4bp 的序列。在基因组 DNA 中，它们的识别序列平均 256bp 出现一次。但不完全酶切减少了实际切开的限制酶位点的数目，从而产生适于克隆的基因组 DNA 片段。这种方式产生的 DNA 片段将带有平端，因为 HaeIII 和 AluI 平端各自切割 DNA，切出的都是平端：

HaeIII：5'-GG | CC- 3'　　AluI：5'-AG | CT- 3'
　　　　3'-CC | GG- 5'　　　　　3'-TC | GA- 5'

平端DNA片段在克隆时会出现一些问题。我们已经知道（第2章），粘性末端DNA之间的连接要比平端DNA之间的连接效率更高。因此在克隆操作中，最好能产生具有粘性末端的基因组片段。这可以通过以下两种方法来实现。

- *连接子或接头* 如图 5.2 所示，平端 DNA 片段可以和一系列寡核苷酸相连。这些寡核苷酸可以含有限制酶的识别序列（连接子），也可以同时含有一个与基因组DNA 相连的平端和一个用来向特定限制性酶切位点克隆的粘性末端（接头）。在这个例子中，DNA 片段首先被一种特定的 DNA 甲基化酶保护，阻止限制酶的切割（Maniatia *et al.*, 1978）。在SAM存在的条件下，用EcoRI甲基化酶处理DNA片段，EcoRI识别序列（5'－GAATTC-3'）中最靠内的A残基将被甲基化。经过这种修饰，DNA将不能被限制酶切割（图2.1）。数量远超过甲基化DNA的寡核苷酸连接子，在高浓度DNA连接酶存在的条件下，加入甲基化DNA中。随后用EcoRI限制酶处理，DNA仅会在连接子内部断裂，因为只有连接子含有未被甲基化的EcoRI限制酶识别序列。这样得到的DNA片段就能够克隆到适当载体的EcoRI限制性酶切位点了。

- *产生粘性末端的限制酶* 基因组DNA一开始就被常见的，能产生粘性末端的限制酶切割。例如，限制酶Sau3AI（识别序列为5'-GATC-3'）切出的基因组DNA粘性末端能够与BamHI（识别序列为5'-GGATCC-3'）切出的载体DNA粘性末端相匹配。与前一

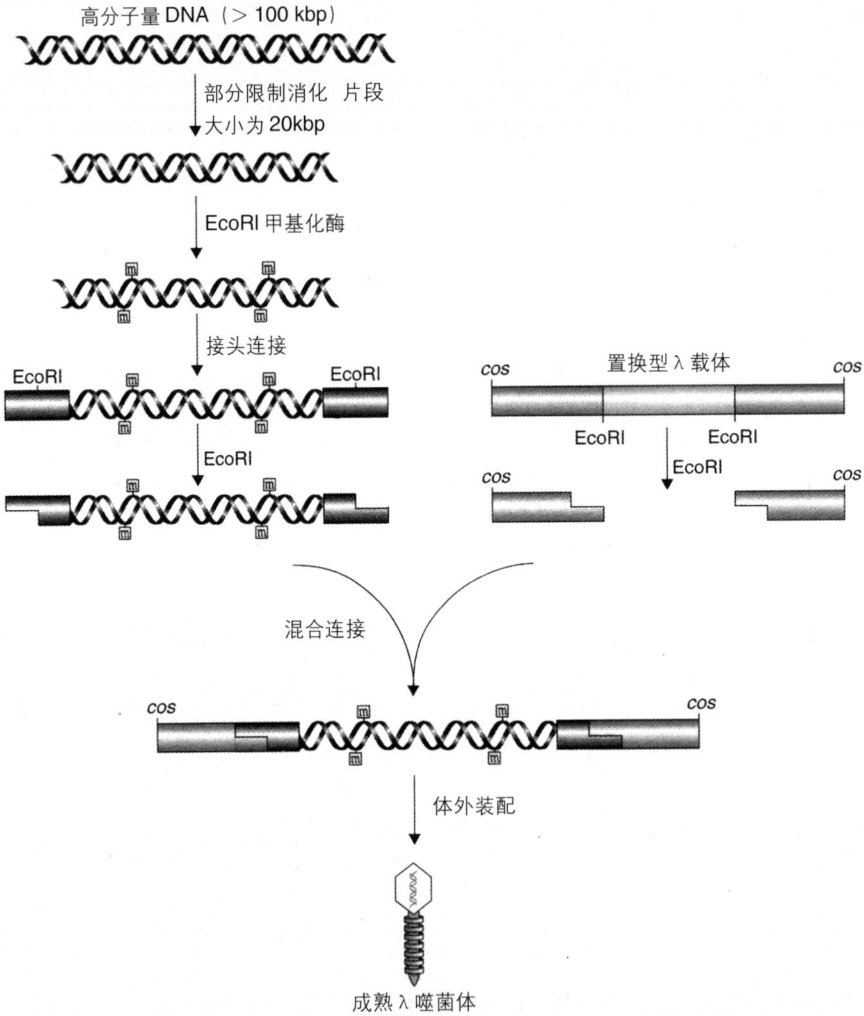

图5.2 基因组DNA文库的构建，详见正文。

种方法相比，这种方法易于操作，应用更为广泛。

一旦DNA片段制备完成，它们就被克隆到合适的载体中。这个载体通常为λ载体，但正如我们在第3章中所见到的那样，对于大片段DNA的克隆，有许多种载体可供使用。随后，重组子在*E. coli*中生长。由于单个基因组DNA片段与载体的连接，所以单个菌落或病毒噬

斑就会形成。经λ噬菌体感染或质粒 DNA 转化的 *E.coli* 细胞不能支持同种类型的其他 DNA 分子的复制。因此，每个λ噬斑或细菌菌落都含有同一重组DNA分子的多个拷贝。将这些菌落和噬斑集合起来，可以保证每个基因组DNA片段在文库中至少出现一次。大片段DNA克隆的主要优点在于建立代表性文库时，需要集合的单个DNA片段较少。这里就出现了一个问题，要集合多少个菌落或噬斑，才能保证我们所构建的文库真正代表了相应的基因组呢。答案取决于文库的规模和DNA克隆片段的平均大小。例如用5 kb的片段构建*E. coli*基因组（4.6 Mb）文库，那么基因组大小与单个克隆片段平均大小的比值（*f*）就是构建文库所必需的最小菌落数：

$$f=\frac{\text{基因组大小}}{\text{片段大小}}=\frac{4600000\text{bp}}{5000\text{bp}}=920$$

因此这么大的*E.coli*基因组文库至少要求920个独立的克隆。同理，一个含有同样大小插入子的人类基因组文库至少需要用 580000 个独立的重组体去构建。如果片段大小增至 20kb（适用于λ载体），那么人类基因组文库至少应该含有145000个独立的重组体克隆，才能有代表性。然而，这种比值估计法低估了文库构建的复杂性。因为有些序列总是不能充分表达，所以文库中重组体克隆的数目应该远远大于*f*值。代表性的下降有两种原因：一是偶然的取样误差，二是DNA序列自身的问题——可能是因为克隆的DNA对宿主细胞存在毒性，也可能是因为它们含有难于复制的序列，例如高度重复的DNA。20 世纪 70 年代中期，Clarke 和 Carbon 推导出了一个公式，用于计算在 N 个随机独立的重组体文库中，包含所有 DNA 片段的概率（P）（Clarke & Carbon，1976）：

$$N=\frac{\ln(1-\text{P})}{\ln(1-\frac{1}{f})}$$

这里，*f*就是上面说的基因组大小与片段大小的比值，ln 为自然对数。因此，对于一个由 20kb 片段构建的文库，要想确保它包含随机人类基因组 DNA 全部特征性序列的概率达到 99%（P = 0.99），则 N = 6.7×10^5。实际上，大多数人类基因组文库都会含有超过一百万个独立的重组体克隆。

将重组空斑或菌落集合在一起，就构成了初级文库。在这个过程中，重组体克隆从生长平板上洗脱，混入试管。这样构建的文库应该包含一个由全部DNA分子组成的代表性拷贝。当然，有些DNA分子可能不会包含在文库中，某些特定的DNA序列可能还会对*E. coli*有毒性。这样的外源 DNA 分子可能：

- 偶然在 *E. coli* 表达，生成的蛋白质或蛋白质片段可能对细菌的生长有害；
- 作为 *E. coli* 蛋白质的结合位点，隔离蛋白质，使之不能执行相应的生理功能；
- 含有高度重复序列，在重组时被细菌细胞除去。

初级文库滴度往往很小，而且很不稳定。为了增加它的稳定性和滴度，文库都要经过扩增处理，就是将收集到的噬菌体或菌落再铺一次板，把子代集合起来，建立一个扩增的文库。

扩增文库的总量往往比初级文库的总量大，可以进行上百次的筛选。这样收集的λ噬菌体几乎可以无限期地保存。而含有质粒的细菌细胞就很难保存，在对冻存的细菌细胞进行复苏时，总会出现大量重组克隆的丢失。如果要对文库进行多次筛选，就必须对文库进行扩增。但扩增产物有可能失真。我们已经知道，某些 DNA 序列可能对 *E. coli* 细胞有毒性，因此含有这种克隆的细菌的生长要比其他细菌慢很多。这种有问题的DNA序列可以出现在初始文库中，但在产生扩增文库的过程中会丢失，或不能充分表达。

5.2 cDNA 文库

高等真核生物的基因组很大，而其中参与基因编码的DNA却很少。在人类基因组计划（第 9 章）中，人们估计基因仅占基因组 DNA 的 1.5%。了解全基因组序列对认识一个细胞的潜能，或者说它产生蛋白质的潜能是十分重要的，但了解一个细胞实际产生的蛋白质成分，可能更为重要。一个生物个体的所有细胞都起源于相同的基因组序列，但基因组转录和翻译的方式却因细胞类型和发育阶段的不同而出现差异。尽管有些基因（如编码三羧酸循环相关酶的基因）在各种类型的细胞中都有表达，但有些基因的表达却存在组织器官的特异性，例如某些在皮肤细胞中表达的基因和在肌肉细胞中表达的基因是不同的。这些表达有差异的基因和它们的蛋白质产物决定了各个细胞的类型。所以，细胞内的mRNA可以为我们提供细胞在任何特定时间基因表达的快照。而它实际上只代表了细胞内的一小部分 RNA（表 5.2）。

表 5.2 细胞内 RNA 分子的分布。在真核细胞中，RNA 聚合酶 II 担负着约 60% 转录本的合成任务。然而，由于分子的不稳定性，积累的 mRNA 只有 10%，甚至更少。

RNA 的类别	相对含量（%）	
	E.coli	哺乳动物
mRNA	5	10
tRNA	15	15
rRNA	80	75

大多数真核蛋白编码基因由 RNA 聚合酶 II 来转录，生成的 mRNA 通常要进行转录后的加工修饰，包括在5'端加上7-甲基鸟苷帽，在3'端加上100 ~ 200个腺苷酸残基（多聚A尾）（图 1.27）。此外，mRNA 还要经过剪切，去除内含子，产生单一连续的信息供翻译。

当然，mRNA不能维持存在于稳定的载体中，而且难以操纵。因此，我们要用mRNA的 DNA 拷贝（称为互补 DNA 或 cDNA）来进行文库的构建。从 RNA 到 DNA 的转变需要使用逆转录酶。这种酶最早是由 David Baltimore 和 Howard Temin 在逆转录病毒中发现的（Temin & Mizutani, 1970；Baltimore, 1970），可以把病毒的基因组 RNA 转变为 DNA，使其能够整合到宿主细胞的基因组中（图5.3）。逆转录酶是一种依赖RNA的DNA聚合酶，就像其他的DNA聚合酶一样，它能够沿 5' → 3' 的方向将核苷酸加到增长的链上。逆转录酶通常有两种功能：

- *DNA 聚合酶活性* 在逆转录病毒的生活史中，逆转录酶只能利用 RNA 制造 DNA，但在实验室中，它能以同样的效率转录单链 RNA 和单链 DNA。上述两种情况的起始都

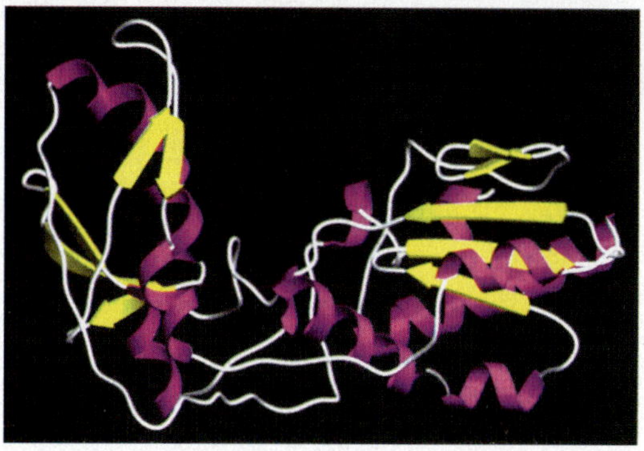

图 5.3 逆转录酶。来源于莫洛尼鼠白血病病毒（MMLV-RT）的逆转录酶的催化活性片段在 1.8Å分辨率条件下的X线晶体结构（Georgiadis *et al.*，1995）。这是一种依赖RNA的DNA聚合酶，用来将mRNA转化为 cDNA。

需要有一个 RNA 引物或 DNA 引物。

- *RNA 酶 H 活性* RNA 酶 H 是一种核糖核酸酶，它能降解 RNA-DNA 杂交体（在以 RNA 为模板的逆转录过程中形成的）中的 RNA。RNA 酶 H 在水解靶分子的过程中，既具有外切酶的功能，又具有内切酶的功能。

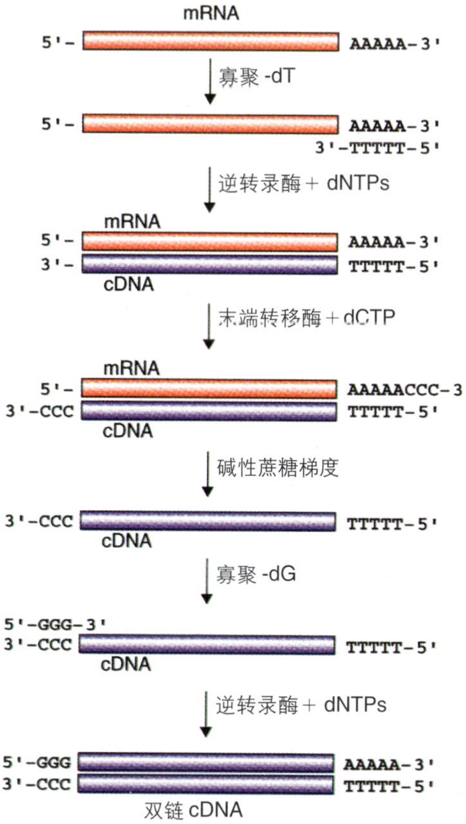

图 5.4 cDNA 文库的构建。详见正文。

所有逆转录病毒都能编码自身的逆转录酶（RT），但是在cDNA文库的构建过程中，有商业化应用价值的酶多来源于莫洛尼鼠白血病病毒（MMLV-RT）或禽成髓细胞性白血病病毒（AMV-RT）。酶可以从病毒感染细胞中直接纯化，也可以先在 *E. coli* 中表达，再进行纯化。这两种酶的基本功能相同，但略有差异，包括最适温度和pH值。MMLV-RT是一个71kD的单链多肽，而AMV-RT则由大小分别为64kD和96kD的两条多肽链组成。更重要的是，MMLV-RT的RNA酶H活性要比AMV-RT弱得多，当以较长的RNA分子为模板合成DNA时，MMLV-RT就具有很明显的优势。

图5.4显示了从mRNA分子合成双链cDNA的过程。多聚腺苷酸尾仅存在于mRNA中，这一特点使我们能够把mRNA与含量相对较高的tRNA和rRNA区别开。让全部的RNA通过一个连有脱氧胸腺嘧啶核苷多聚体（寡聚-dT）的层析柱，mRNA就能分离出来。不含有多聚腺苷酸残基的RNA分子不能被柱吸附，直接从柱中流出。而mRNA分子能够通过碱基互补配对与柱连接，只有在盐浓度降低时才能被洗脱下来。

cDNA的克隆从纯化的mRNA与寡聚脱氧胸苷酸短链（长度为12～18个碱基）的混合开始，寡聚核苷酸能和RNA分子的多聚腺苷酸尾退火连接。接着，加入逆转录酶，在四种dNTPs存在的条件下，以寡聚脱氧胸苷酸为引物，合成单链的cDNA。产物为含有一个cDNA和一个mRNA的杂交双链。用来合成cDNA链的寡聚脱氧胸苷酸有与mRNA非同源的末端。引物能与多聚腺苷酸尾的多个位置配对，因此从同一个mRNA分子可以产生不同长度的cDNA片段。为了解决这个问题，人们通常采用锚定寡聚脱氧胸苷酸引物。除了12~18个脱氧胸苷酸外，锚定引物的3'端还要加上一个G、A或C残基（Liang & Pardee, 1992）。只有当G、A或C残基与多聚腺苷酸序列上游紧邻的那个核苷酸配对时，引物（5'-$T_{12\text{-}18}$V-3'，V=G、A或C）才能与多聚腺苷酸尾的5'端配对，DNA复制才能有效地启动。

和所有的DNA复制一样，第二条DNA链的合成需要一个引物来启动。然而，除了多聚腺苷酸尾之外，不同基因产生的mRNA分子是不一样的。因此，需要有一种方法，在与mRNA 5'端序列一致的地方开始DNA的合成。早先的cDNA克隆方法就包括在新合成cDNA链上形成一个发卡结构，这个发卡将作为自身引物，用来合成第二条链。随后，在S1核酸酶的作用下，双链cDNA除掉发卡结构（Efstratiadis *et al.*, 1976）。然而，这种方法总是导致基因5'端的丢失，所以第二条DNA链常通过缺口平移法或同聚物加尾反应来合成。

- *缺口平移法* 利用RNA酶H，部分切割RNA-DNA杂合体中的RNA（Gubler & Hoffman, 1983）。在四种dNTP存在时，以剩下的RNA为引物，由DNA聚合酶I催化合成新的DNA。最后用DNA连接酶来封闭DNA骨架的缺口。生成的双链cDNA分子随后被克隆到合适的载体中。
- *同聚物加尾反应* 在单一种类的dNTP存在的条件下，把第一条cDNA链合成后形成的RNA-DNA杂合体用末端转移酶处理。末端脱氧核糖核酸转移酶（TdT）能够不依赖于模板，在DNA的3'末端加上脱氧核苷酸（Chang & Bollum, 1986）。TdT的活性起初是在分析免疫球蛋白（VDJ）的重组时得到证实的，人们发现，额外的核苷酸被插入到连接之后的片段中，而在连接前的任何片段中都找不到这些核苷酸（Alt & Baltimore, 1982）。在发生这种重组的胸腺和骨髓中，TdT的含量很高，但具有商业价值的TdT，

则是利用 *E.coli* 大量生产和纯化的重组蛋白。与 TdT、dCTP 混合在一起的 DNA（和 RNA）分子将会在 3' 末端加上多聚的胞嘧啶残基（图 5.4）。在第二条 DNA 链合成之前，必须去掉 RNA-DNA 杂交体中的 RNA，为新 DNA 的合成提供单链模板，用碱处理就可以做到这一点。当 pH 在 11 左右时，RNA 就会被水解为核糖核苷酸，而 DNA 在 pH 超过 13 时仍不会被水解（Waston & Yamazaki, 1973）。把 pH 增加到 12，既能保证 RNA 水解，又能保证 DNA 不被水解。利用蔗糖梯度离心，全长的 cDNA 链由于大小的差异，被从核苷酸中分离出来。产物 cDNA 的 3' 端有多重胞嘧啶残基，5' 端有多重胸腺嘧啶残基（图 5.4）。然后，寡聚脱氧鸟苷酸引物通过碱基互补配对，与新形成的多聚胞嘧啶序列相连，进而开始第二条cDNA链的合成。逆转录酶发挥以DNA为模板的 DNA 聚合酶活性，在四种 dNTP 存在的条件下，生成 cDNA 的第二条链。

同聚物加尾的另外一个优点是，原始mRNA的5' 端和3' 端都被双链cDNA分子中已知的特异序列标记。这一点在定向克隆cDNA片段时非常有用（如在cDNA的表达过程中）。mRNA 分子是有方向性的，5'端表示基因序列的起始，3'端的多聚腺苷酸尾表示基因序列的终止。因此，如果我们想表达 cDNA，例如在细菌细胞中，那么必须保证只有 cDNA 的正义链才能被转录。如果反义链被克隆到细菌启动子的下游，那么相应的转录本（如果能产生的话）将不会编码预期的蛋白质（图 5.5）。

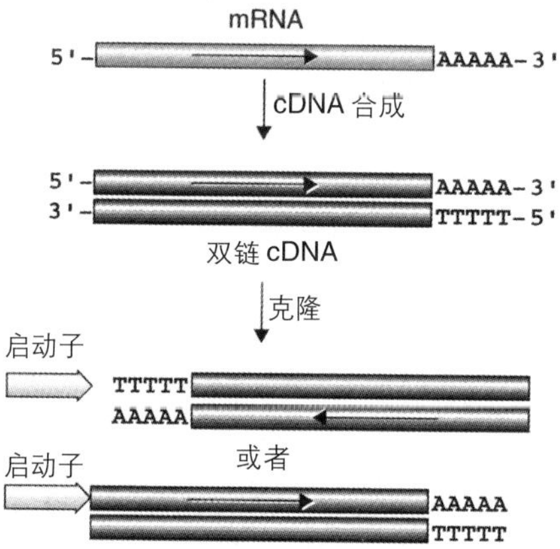

图 5.5　要表达的 cDNA 必须定向克隆，以便它所附着的启动子能启动正义链的转录，而不是反义链的转录。

5.3 定向 cDNA 克隆

用修饰过的寡核苷酸启动每条 cDNA 链的合成，可以在 cDNA 的任一末端插入特异的限制性内切酶识别位点，使cDNA片段实现定向克隆（图 5.6）。在这里给出的例子中，寡聚脱氧胸苷酸引物在 5' 端包含着编码 XhoI 限制酶识别位点的附加序列（5'-CTCGAG-3'）。我们在第四章讨论 PCR 时已经说过，引物用来启动 DNA 的合成，并且自身包含在扩增产物中。因此，XhoI 限制酶识别位点将被连接到 cDNA 的 3' 末端。与之类似，用来启动 cDNA 第二条链合成的引物除了包含寡聚脱氧鸟苷酸序列外，还在其 5' 末端包含一个 EcoRI 限制酶识别位点

(5'-GAATTC-3')。结果，合成的cDNA在5'端有一个EcoRI位点，在3'端有一个XhoI位点。这些位点的加入意味着cDNA能被定向克隆。质粒上启动子的下游依次是EcoRI和XhoI限制酶识别位点，因此只能以一个方向插入切开的cDNA片段。因此，启动子将启动cDNA编码链基因的表达，而不是启动相对链相反方向的表达。

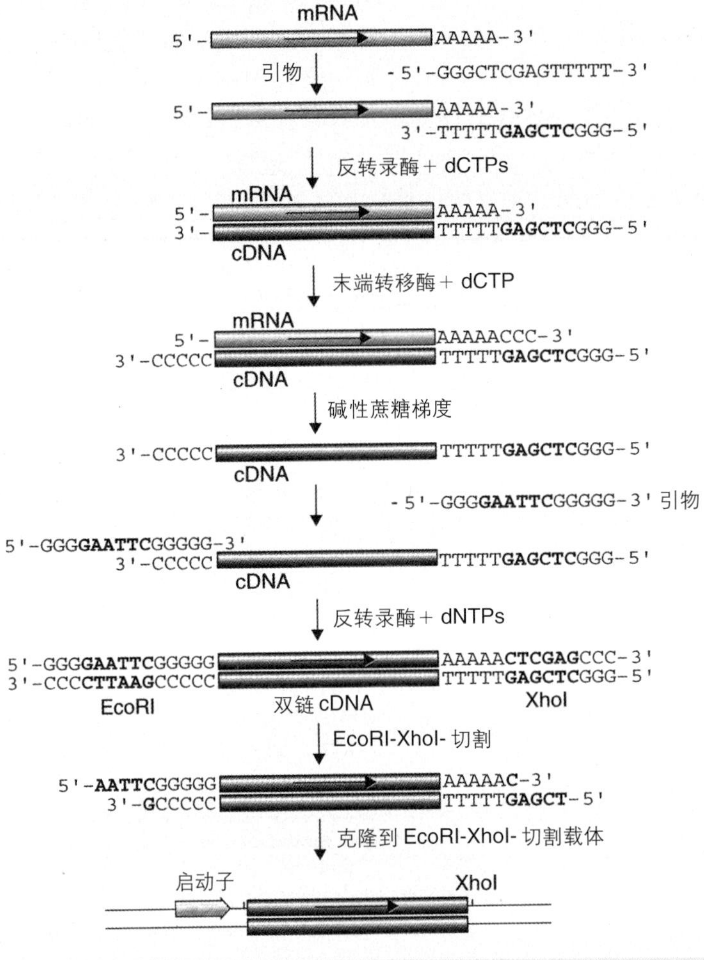

图 5.6 定向 cDNA 克隆。用经过修饰的引物启动 DNA 的合成，使 cDNA 的 5' 端和 3' 端插入限制性内切酶的识别序列。

用限制性内切酶切割cDNA的一个显著问题是，cDNA本身可能含有限制性内切酶的识别位点。我们在构建基因组文库时遇到过类似的问题，二者的解决策略也是类似的。另外，在cDNA合成的过程中插入的各种甲基化脱氧核苷酸也可以保护新合成的DNA链不被限制性内切酶切割。例如，用甲基化dCTP合成的cDNA，因为有甲基化的C残基，所以能够避免被XhoI切割（Endow和Roberts, 1977年）。或者在cDNA片段的末端加入稀有的限制性内切酶识别位点，如NotI的识别序列（5'-GCGGCCGC-3'），也可以降低cDNA自身酶切的可能性。

用寡聚脱氧胸苷酸引物启动的cDNA合成已在各种cDNA文库的构建中取得了成功。然而这种方法具有局限性。寡聚脱氧胸苷酸引物只适用于具有多聚腺苷酸尾的mRNA分子的逆转录反应。原核 RNA 和一些真核 mRNA 没有多聚腺苷酸尾（Adesnik *et al*., 1972)。因此，原核cDNA文库不能用这种方法合成，并且在真核文库中，一些序列永远也不会出现。此外，从转录本 3'- 端开始的 DNA 合成会导致文库富含代表 3' 端的基因的 DNA 片段，使文库不能完整地代表较长的转录本。用随机引物来启动cDNA第一条链的合成，便可以解决这些问题。随机引物长度一般为6～9个核苷酸，每个位点上都可能是任意的碱基（5'-NNNNNN-3')。随机引物在mRNA上随机的位点进行杂交，并成为DNA合成的起始点。利用这种方法进行cDNA克隆，在第二条链之后合成的cDNA链很可能也不是全长，但合成的DNA片段将更好地代表初始 mRNA。现在已经有从来自随机引物 cDNA 文库的一个片段克隆全长 cDNA 的方法，(Frohman、Duch & Martin, 1988)。

5.4 应用 PCR 方法构建的文库

构建高质量的 cDNA 文库不仅很花费时间，并且在技术上也有难度。把文库中的 cDNA 片段物理性克隆到载体中，将使文库具有稳定性和持久性，并能被多次筛选，这样的文库在分离cDNA克隆时很受欢迎。然而在许多情况下，通过对mRNA的PCR产物的分析，可以省去构建cDNA文库克隆的麻烦。这种方法只在用核酸杂交进行DNA片段筛选时适用（第6章)，在需要对编码的蛋白质进行功能分析时不适用。然而应用PCR方法构建的文库，在构建和筛

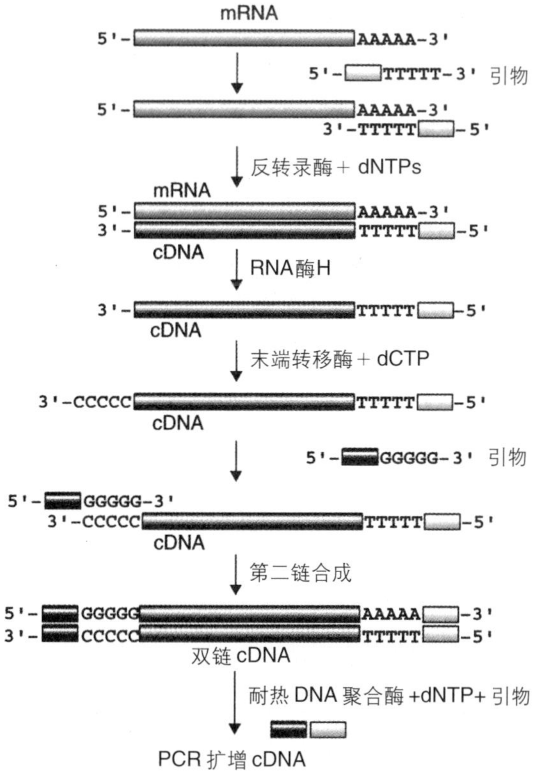

图 5.7　利用 RT-PCR，构建扩增的 cDNA 文库。

选时都非常方便快捷。应用 PCR 方法构建文库，要使用逆转录酶和 PCR （RT-PCR）(Mocharla、Mocharla & Hodes, 1990)。RT-PCR 不仅灵敏度高，而且用途广泛。可用于检测转录本的存在或缺失，也可用来预测表达水平，还可以在不对 cDNA 文库进行构建和筛选的条件下克隆 cDNA 产物。

图 5.7 给出了由混合的未知 mRNA 分子制备 RT-PCR 文库的简要流程。多数 RT-PCR 方法都用逆转录酶合成 cDNA 的第一条链（Murakawa *et al*., 1988）。在进入 PCR 阶段之前，应合成足够的单链 cDNA。在 PCR 阶段，要用耐热的 DNA 聚合酶（如 Taq DNA 聚合酶）进行 cDNA 第二条链的合成及随后的 PCR 扩增（见第 4 章）。除了依赖 DNA 的 DNA 聚合酶活性外，一些耐热DNA聚合酶（如嗜热菌（*Tth*） DNA聚合酶）在Mn^{2+}存在的条件下具有逆转录酶活性。这个发现使我们能够用一种酶进行逆转录和 PCR 扩增两种操作（Myers & Gelfand, 1991）。为了避免二次加样，减少操作时间并降低污染的可能性，人们让逆转录反应和PCR在相同的缓冲液中进行 （Wang、Cao & Johnson, 1992）。这种方法适用于以高度特异的引物扩增已知序列的mRNA分子，但构建一个具有代表性的扩增文库还需要进行其他的操作，以确保总体中的每个mRNA分子在文库内都有体现。人们设计了多种方法，用来扩增样本中可能存在的全部 mRNA 分子。图 5.7 中方法所使用的成分，我们在介绍 cDNA 文库构建时已经见过了。以 5' 末端添加了特定序列的寡聚脱氧胸苷酸为引物，用逆转录酶合成 cDNA 的第一条链。用 RNA 酶 H 除去 RNA-DNA 杂交体的 mRNA 链，接着用末端转移酶在 DNA 分子的 3' 端加入多个 C 残基。cDNA 的第二条链的合成用寡聚脱氧鸟苷酸作为引物，引物的 5' 端也含有特定的序列。耐热 DNA 聚合酶是用来进行后面 PCR 操作的，但它也能用来进行 cDNA 第二条链的合成。合成的双链 cDNA5' 端和 3' 端的特定序列，将在 PCR 操作中与包含这些序列的引物相结合。PCR 产物中将包含 RT 反应中合成的各个 cDNA 分子的大量拷贝。

5.5 消减文库 (substration libraries)

我们已经知道，许多由不同细胞产生的mRNA分子是相同的。例如，几乎所有的细胞都要合成葡萄糖代谢所必需的酶；又如，许多细胞内蛋白组分在所有细胞中都是一致的。因此，我们可能只需要关注不同类型细胞间的差异，来鉴别不同类型、不同发育阶段或不同环境压力下的细胞所特有的基因。应用PCR方法构建的cDNA文库的优点是可以去除（消减）两个独立文库的共同序列。这使特异性序列发生富集，便于进一步的研究。图5.8给出了这种消减的发生机制。

根据不同的mRNA样本，人们应用PCR构建了两个cDNA文库。其中一个文库（驱动文库）是用添加了半生物素的寡聚核苷酸构建的。生物素在依赖ATP的羧化反应中充当羧化酶（如乙酰辅酶 A 羧化酶和丙酮酸羧化酶）的辅助因子 （图 5.9)。生物素缺乏症在动物体内很少出现，但摄入过量的生鸡蛋能导致生物素缺乏（Baugh、Malone & Butterworth, 1968）。因为生物素能与一种叫做抗生物素蛋白的卵清蛋白结合，阻碍肠道对它的吸收（图 5.9）。生物素和抗生物素蛋白形成的复合物非常稳定（结合常数，Kd ＝ 1 × 10^{-15} M），而且这种结合使生物素的溶解度降到最小（Green, 1963）。生物素可以通过其羧基与亚磷酰胺偶合（图 4.6），进而通过某个碱基，整合到寡聚核苷酸引物的 3' 端、5' 端或引物的中央。另外，利用具有光

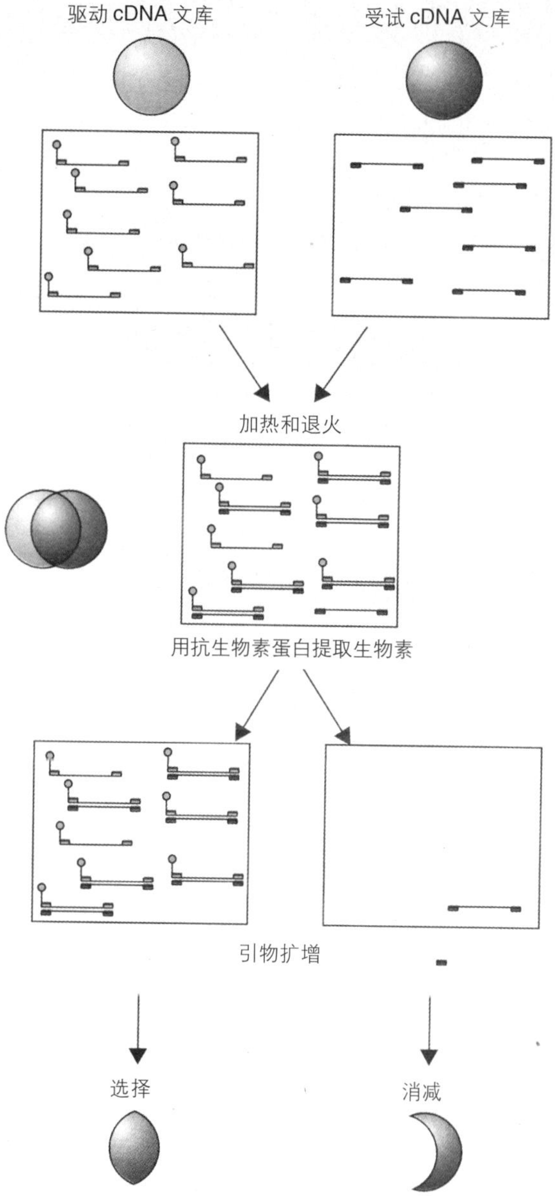

图 5.8　对用 PCR 构建的文库进行消减杂交。用 PCR 构建两个 cDNA 文库。驱动文库用生物素标记，而受试文库未经标记。对两个文库进行杂交，二者共有的序列被生物素标记，而受试文库特有的序列不被标记。混合物中用生物素标记的序列可以通过与抗生物素蛋白的结合而去除，受试文库中的特有序列因而得到富集。进而可以用受试文库特异的引物对富集的序列进行 PCR 扩增。

敏活性的生物素类似物，可以在DNA片段合成后将生物素加入DNA片段中（Barr & Emanuel, 1990）。用生物素标记的寡聚核苷酸和 DNA 片段与抗生物素蛋白有着高度的亲和性。

驱动cDNA文库通过热变性，分离成为单链，然后以大大过量的cDNA与变性的受试cDNA

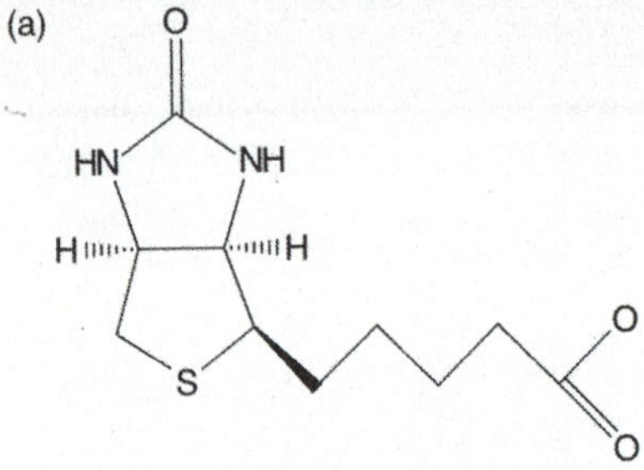

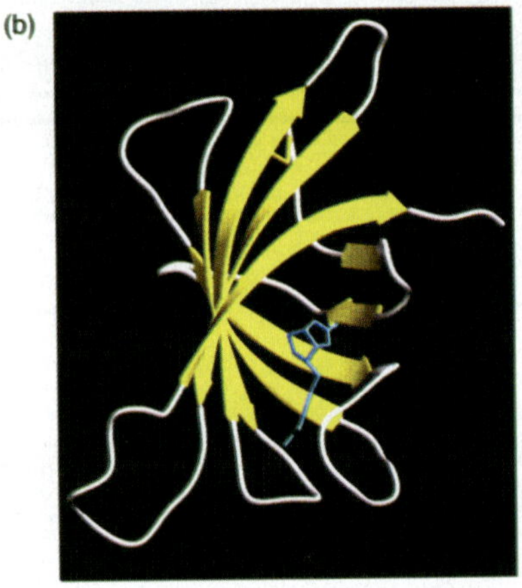

图 5.9 生物素及抗生物素蛋白 - 生物素复合物的结构。
(a) 生物素的分子结构。
(b) 生物素分子（蓝色）与抗生物素蛋白的结合。(Pugliese *et al*., 1993)。这里的抗生物素蛋白是单体，但功能性的抗生物素蛋白分子应为同源四聚体。

文库进行杂交（Luqmani & Lymboura, 1994）。由于驱动 cDNA 文库的过量存在，用这种方法产生的双链 cDNA 分子大部分都将重新形成驱动 cDNA 文库的拷贝。但是，驱动 cDNA 和受试 cDNA 文库之间仍能发生下面几种可能的杂交：

- 只在驱动 cDNA 文库中存在的 cDNA 分子，不能从受试 cDNA 文库中找到能够结合的互补形式，于是再次形成双链的 DNA 分子，分子中的两条链均来自驱动文库。
- 两个文库中都存在的 cDNA 分子，可以互相结合，形成杂交体，杂交体中的一条链来自驱动 cDNA 文库，另一条链来自受试 cDNA 文库。
- 只在受试 cDNA 文库中存在的 cDNA 分子，不能从驱动 cDNA 文库中找到能够结合的互补形式，于是再次形成双链的DNA分子，分子中的两条链均来自于受试文库。重要的是，因为这些分子不含有驱动cDNA，所以它们不能被生物素标记。前面提到的其他 DNA 分子都至少含有一条被生物素标记的 DNA 链。

让 cDNA 分子通过一个结合着抗生物素蛋白的层析柱，对杂交体进行物理性分离，含有驱动 cDNA 链的 DNA 都将结合到柱上。只有完全由受试 cDNA 文库构成的 DNA 分子不被层析柱吸附。对柱流出物与柱结合物（用游离的抗生物素蛋白洗脱后）进行PCR扩增，将分别得到一个消减文库和一个选择性文库。消减文库包含受试文库特有，而驱动文库没有的序列；选择性文库包含两个文库共有的序列（图 5.10）。

文库消减是一种非常有效的技术，可以对只在受试 cDNA 文库中存在的序列进行富集。例如，Brady 等人用这种方法分析了骨髓造血祖细胞分化途径中各个阶段细胞 mRNA 的成分（Brady *et al*., 1995）。他们发现了 29 个不同表达的基因，这些基因在分化途径的不同阶段活化。

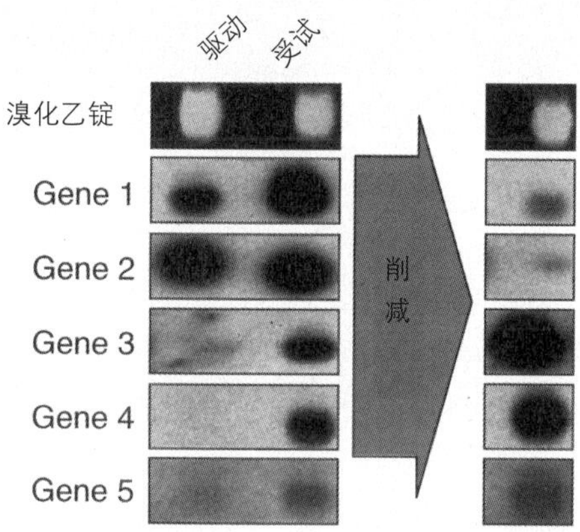

图 5.10 消减杂交过程中 DNA 分了的富集。驱动文库和目标文库的消减使共同序列（基因 1 和 2）被除去，并使目标文库中多出来的序列发生富集（基因3、4、5）。在这里，所给出的文库经过琼脂糖凝胶（溴化乙锭（EtBr）染色）电泳操作，然后分别用 5 个基因相应的 DNA 序列进行印记杂交和探针标记。凝胶上条带的密度表示文库中基因的数量。（采自 Epistem 股份有限公司的 Gerard Brady & Abudulla Bashein）

5.6 后基因组时代文库的构建

构建文库的主要目的是发现独立的基因。有人可能会认为，当知道了基因组的全部DNA序列之后（表 5.1），就不需要文库了。但是这个观点只有一部分是正确的。知道了人类基因组的序列，并不意味着我们就一定知道这些基因的功能。诸如本章中所叙述的文库，将会继续在基因确定和功能分析中起重要的作用。一些商业组织和非盈利性组织提供了一些已经完整测序的基因组中的全部的或几乎全部的基因（表 5.1）。例如，人类基因组计划（http://www.hgmp.mrc.ac.uk）和哺乳动物基因组文库（http: //mgc.nci.nih.gov），以较低的价格提供包含人类和小鼠许多基因 cDNA 拷贝的质粒。拥有这些服务，人们就不用再克隆那些已经确认的基因；当文库中基因的各部分都被分离出来后，人们也用不着再对 cDNA 分子进行全长克隆，但基因鉴定的过程仍需要构建文章。文库仍然是基因鉴别的关键。

第 6 章 基因鉴定

要点

- 依据克隆在文库中的独特性进行筛选
- 如果被克隆的 DNA 不表达，那么必须根据 DNA 测序结果进行基因鉴定
- 利用抗体或者蛋白质功能来筛选表达文库以寻找蛋白质序列
- 利用蛋白质相互作用鉴定物理性结合的成对蛋白质和蛋白质复合物

尝试从文库中，就是说从一百万个不同的克隆中寻找到一个特异的重组克隆，似乎是一件极为困难的工作。在第 3 章中，我们了解了一些选择重组克隆的方法，例如，相对于非重组载体，重组载体可以利用抗生素抗性标记或者分子大小的方法来筛选。尽管如此，鉴定克隆重组部分的特异序列或者功能总是很困难的。因此需要一些筛选方法，以使一个分子能够区别于另一个分子。一个特定重组克隆的筛选可以根据它的序列顺序或者该DNA序列所编码多肽的功能。筛选方法可以基于以下四个标准：

- 克隆的 DNA 序列
- 编码多肽的蛋白质序列
- 多肽的生化功能
- 利用重组克隆编码的多肽能够与其他多肽相互作用的特性

这里，我们将依次介绍每一种方法。尽管DNA测序技术的进步（见第9章）使核酸杂交技术在基因坚定方面的应用减少，但是我们这里将要谈到的许多蛋白质鉴定和蛋白质功能研究的技术已经越来越普遍了。

6.1 核酸杂交筛选

根据核酸的碱基互补配对原则，可以用探针鉴定与探针序列相同或相似的DNA序列的重组克隆。利用这种方法进行筛选的困难在于，设计探针寻找序列之前你必须知道你所要寻找的 DNA 序列的有关情况。以前在进行 PCR 引物设计时（见第 4 章）我们已经碰到过这样的问题。尽管如此，利用杂交筛选鉴定基因的基本方法已经应用了许多年。这种筛选方法的主要优势在于它不依赖于文库内所克隆的DNA片段的表达，并且它可以应用于几乎所有的构建克隆文库的载体系统。

图 6.1 概括了主要根据重组克隆体的 DNA 序列进行鉴定的常用方案。这个方法最初由 Grunstein 和 Hogness 设计，以后又经过多次修改，它可以对从一个平板中生长的众多细菌菌落进行筛选，也可以应用在滤膜转移中（Grunstein & Hogness, 1975；Grunstein & Wallis, 1979；Hanahan & Meselson, 1980）。这个筛选过程的基本思路是，将存在于每一个克隆内的

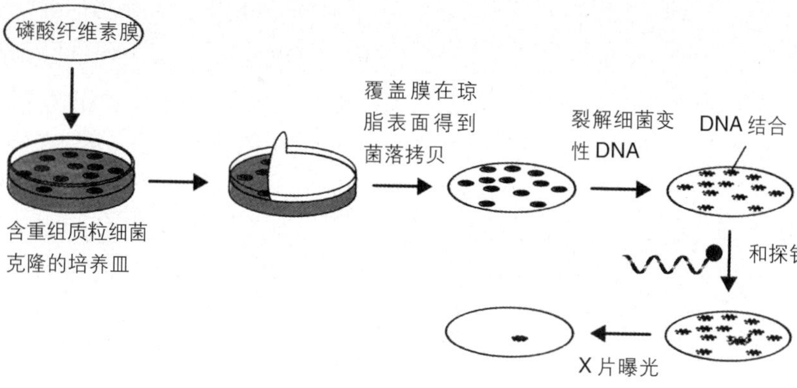

图6.1 通过核酸杂交方法筛选DNA序列。将一张硝酸纤维素膜（或尼龙膜）覆盖在琼脂板表面以得到细菌菌落的拷贝。细菌裂解后，包含重组体文库的细菌的DNA被附着在膜上。然后利用变性（单链）的DNA作为模板与互补的、放射性标记的DNA序列结合。清洗滤膜后，这些序列在膜上的相互结合情况可以通过 X 片曝光来检测。

DNA转移到硝酸纤维素滤膜（现在多用尼龙膜）上，使它们在滤膜上的位置固定，然后再与其他互补DNA分子进行结合。具体做法是，将要筛选的菌落接种到含有合适的抗生素的琼脂板上，以使转入了重组分子的细胞能够生长。当琼脂板上已经长出细菌菌落后，将一片尼龙膜覆盖在菌落表面，然后提起得到了生长在该平板上的菌落的拷贝。这样每个单菌落的一部分将附着在滤膜上，并且随同硝酸纤维素膜而从琼脂板上移走。然后利用各种方法处理尼龙膜上所得到的拷贝以裂解细菌，并且使DNA牢固的附着在膜上。以下是操作过程中典型的实验步骤：

- 利用碱（例如 0.5M 的氢氧化钠）处理尼龙膜，从而裂解细菌和将 DNA 变性。
- 在中和反应时，使用蛋白酶（例如蛋白酶K）处理膜，除去蛋白质，同时将变性的DNA附着在膜上。
- 在 80℃ 下烘烤膜，或者用紫外线照射膜，以使 DNA 牢固的附着在膜上。

这样得到的硝酸纤维素膜上就有了经过变性处理（单链）的，原来位于琼脂板上的细菌菌落里的 DNA 拷贝。然后利用得到的单链 DNA 拷贝作为模板与其他的 DNA 分子结合。标记的单链探针与DNA在硝酸纤维素膜上进行杂交，结果可以显示含有相同或者至少相似DNA序列的菌落在原始平板上的位置。用于杂交的探针可以是任意的单链核酸序列而且并不需要十分精确的与靶基因匹配。

下面举例说明如何使用上述方法得到编码血纤维蛋白溶酶的 cDNA 的过程。血纤维蛋白溶酶是一种全能丝氨酸蛋白酶，在哺乳动物体内，参与多项生理反应过程并具有重要的功能，例如细胞外基质蛋白质的降解、血凝块溶解，细胞迁移以及肿瘤转移（Vassalli 和 Saurat，1996）。在哺乳动物血浆中，血纤维蛋白溶酶降解血液凝结网络中的成分而产生可溶性物质。血纤维蛋白溶酶来源于其前体物质纤溶酶原，其激活物通过限制性蛋白水解纤溶酶原生成血纤维蛋白溶酶。纤溶酶原激活物在临床上常用于治疗心脏病发作的患者以防止血液的进一步凝结（Madhani, Movsowitz & Kotler, 1993）。早在20世纪80年代，人组织源性的纤溶酶原激活物（t-PA）就已经通过生化的方法从黑色素瘤细胞中纯化，并且再经过胰酶消化处理而得到。其中的某些蛋白质片段难以进行氨基酸序列的测定，这些片段之一见图6.2。图6.2表示的是根据这种方法得到的一条多肽片段。利用遗传密码（见附录），可以得到编码该多肽肽段的所有可能的DNA序列（图6.2）。在组成5个密码子的15个碱基中，仅有4个碱基可以被替换得到不同的序列。由此，Pennica等人构建了一个含有14个碱基的简并反义DNA探针，该探针由八条不同序列的片段混合而成（Pennica *et al.*, 1983）。他们运用这个探针在黑色素瘤细胞系中，从4600个克隆中筛选得到一组质粒cDNA文库。在文库中，利用杂交方法筛选获得12个阳性反应质粒，随后通过DNA测序发现其中一个质粒含有编码该多肽的DNA序列。这样就分离得到了编码t-PA蛋白质的全长cDNA序列。

氨基酸序列

```
 -Trp-Glu-Tyr-Cys-Asp-
```

可能的DNA序列

```
5'-TGG-GAA-TAT-TGT-GAT-3'
         G   C   C   C
```

探针

```
3'-ACC-CTT-ATA-ACA-CT-5'
         C   G   G
```

探针中的寡聚核苷酸

```
3'-ACC-CTT-ATA-ACA-CT-5'
3'-ACC-CTC-ATA-ACA-CT-5'
3'-ACC-CTC-ATG-ACA-CT-5'
3'-ACC-CTC-ATA-ACG-CT-5'
3'-ACC-CTC-ATG-ACG-CT-5'
3'-ACC-CTT-ATG-ACA-CT-5'
3'-ACC-CTT-ATA-ACG-CT-5'
3'-ACC-CTT-ATG-ACG-CT-5'
```

图6.2　设计用于分离人组织源性纤溶酶原激活物的探针（Pennica et al., 1983）。蛋白质中的五个氨基酸的序列如上所示。利用胰酶消化已经分离出来的全长蛋白质，得到该序列（表示的是由527个氨基酸组成的蛋白质中，从253到257位的氨基酸序列）。根据遗传密码，设计简并探针，探针能够与编码该多肽的所有可能的DNA序列结合。图中标记为灰色的探针序列表示该序列能够与分离出来的基因准确互补。

在杂交实验中应用的DNA探针必须与被检测的序列具有同源性。曾经有文献报道过这样的情况，从某一种生物体内分离出来的基因曾作为杂交探针用来检测来自于不同生物体DNA文库，而具有同源性的基因。例如，某些编码海胆组蛋白的基因用于分离来自青蛙文库中的同源性组蛋白的基因（Old *et al.*, 1982）。如上所述，利用化学方法合成的简并寡聚核苷酸探针，其长度范围大约为14～20个碱基，可以用来检测编码特定蛋白质的DNA序列。在上述关于t-PA的例子中，筛选到的那条多肽只能由少数DNA序列中的一条编码，即含有较少简并性的序列编码得到的多肽序列。其他的一些氨基酸可以被多达六个不同的三联体密码子编码。例如，编码亮氨酸的三联体密码就包括：CTA，CTC，CTG，CTT，TTA和TTG。在探针中存在大量的简并性序列，将会使不属于编码目的靶基因的序列与探针结合，而一条高度特异的探针将会减少与非特异性DNA序列的结合。由于编码蛋氨酸和色氨酸的三联体密码具有唯一性，所以序列中含有这两个氨基酸的多肽在探针设计时尤为重要。如前我们在Southern印迹杂交中所见（第2章），严格操作从膜上清洗探针的步骤可以调整发生阳性反应的数量。

当杂交探针结合到膜上后，通常采用放射性标记以利于检测。化学合成的寡聚核苷酸探针可以用多核苷激酶处理，在 γ -^{32}P-ATP存在条件下，酶可以将放射性磷酸基团从ATP分子中转移到寡聚核苷酸链的5' 末端。另外，在其他的实验中可以采用非放射性物质进行标记，例如使用地高辛（McCreery, 1997），但是在灵敏度和检测能力方面却低于放射性标记的方法。

如上所述，使用菌落筛选方法可以筛选质粒或粘粒文库。但是通过细小的改进，同样可以筛选λ噬菌体文库（Benton & Davis, 1977）。实际上，λ噬斑的筛选更有意义。这是由于：

- 当粘贴提起的是噬斑而不是细菌菌落时，将会有更少的宿主菌中的DNA被转移到硝酸纤维素膜上。这样对于λ噬斑筛选将会得到一个清晰的背景（较少的探针杂交背景）。
- 由于噬斑可以被粘贴提起多次，因此同一个平板可以重复多次筛选。
- 可以在噬斑较小的情况下进行高密度的筛选。高密度筛选的优势在于，可以对一个实验中存在的大量重组体克隆进行筛选，找到与探针同源的序列。然而，利用这种方法筛选并不是意味着通过仅仅一轮的筛选就可以得到一个单一、特异的重组克隆。如图6.3所示，使用探针在一个含有50000个或更多噬斑的琼脂平板上进行筛选，就可能会在X片上对应于探针结合的位点上得到一个或两个黑点。接着将位于原始琼脂平板上对应出现杂交点的琼脂区域内的多个噬斑呈低密度转接到另一个平板上。然后利用二

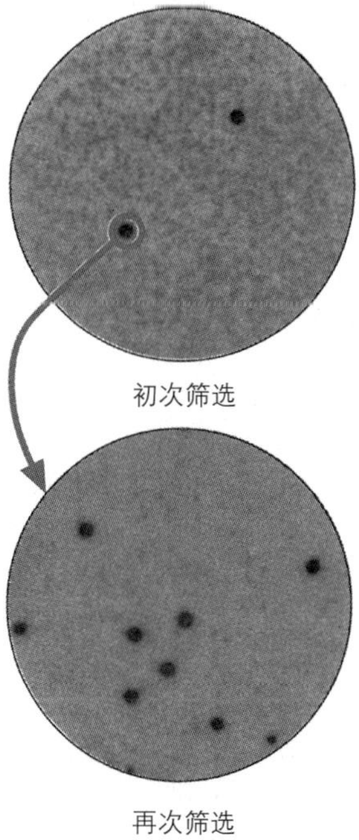

图6.3 多轮筛选分离单一、特异的重组克隆。在λ噬菌体文库杂交筛选中，阳性克隆经过初次高密度筛选后转移并再次进行低密度条件下复筛。这样可以分离得到单一、特异的重组噬斑。图例由Michael Bromley和Jayne Brookman，F2G公司提供。

次杂交重复进行筛选，得到强阳性反应的噬斑。通常为了分离得到一个纯化的噬斑，要经过两三轮的筛选。

合理扩展杂交筛选方法的应用范围，使杂交筛选不仅仅是使用单一的寡聚核苷酸链筛选文库寻找同源性序列，而且筛选还包括使用两条引物通过 PCR 方法来扩增基因的同源性部分。这种方法的主要优点是快速。由于 PCR 反应是用裸露 DNA 作为模板，因此文库在筛选前不需要接种到平板上。由于使用简并引物只是从文库中扩增同源性基因的部分区域(Takumi, 1997)，所以分离得到的 PCR 产物通常只是基因的一小部分。尽管如此，在传统杂交筛选中仍然利用分离获得的片段作为高特异性探针，或者在各种PCR方法中将片段作为扩增基因 5' 和 3' 端的起始位点（Frohman *et al.*, 1988）。

6.2 免疫筛选

如果将一个 DNA 片段文库克隆到表达载体中（见第 3 章），在宿主细胞中就可以生成外源DNA编码的基因产物。即使这个蛋白质没有完整的功能，所表达的多肽序列在宿主细胞中也可能是特异的。因此，鉴定这些特异性多肽序列的方法也能够应用于文库的筛选以鉴定特异的克隆。常用的鉴定方法是使用抗体检测多肽序列。如果能够得到纯化的，甚至部分纯化的蛋白质，就可以直接的制备抗体。然后可以根据下面概述的方法，使用抗体鉴定编码这种蛋白质的基因。这种筛选方法不依赖表达的外源性蛋白质的任何特殊功能，只是需要得到针对该蛋白质的特异性抗体。

将外源性蛋白质或多肽注射到动物体内得到抗体。通常实验室中用于制备抗体的动物是兔或者小鼠，但是在制备大量抗体时也应用绵羊、山羊、猪和马（Harlow & Lane, 1999）。动物体内的 B 淋巴细胞和 T 淋巴细胞通过表面受体来识别进入体内的外源性蛋白质（**抗原 antigen**）。每一个B细胞表面有很多可以与不同特异性抗原相结合的受体。抗原与特异性受体结合后，经过复杂的途径，B 细胞会分泌大量的可溶性特异受体型物质，这就是抗体。

抗体是由两条相同的轻链（L链）和两条相同的重链（H链）组成的糖蛋白，每条轻链由

表 6.1 五种类型的抗体（Harlow & Lane，1999）

类型	H 链	L 链	亚单位结构
IgA	α	κ 或 λ	$(H_2L_2)_2$
IgD	β	κ 或 λ	H_2L_2
IgE	ε	κ 或 λ	H_2L_2
IgG	γ	κ 或 λ	H_2L_2
IgM	μ	κ 或 λ	$(H_2L_2)_5$

大约200个氨基酸组成，每条重链由大约400个氨基酸组成（Davies，Padlan & Sheriff, 1990）。不同的抗体之间，位于两个轻链和重链的氨基末端的大约 100 个氨基酸存在着巨大的差异，因此这一区域被称为可变区（V区）。在可变区内，位于其中三个高变区内的氨基酸序列具有特别明显的多态性（图 6.4）。抗体的三级结构将轻链和重链上的三个高变区汇聚在一起形成

抗原结合部位。在 H 链和 L 链的羧基末端，氨基酸序列仅存在少量的差异，因此这一区域称为恒定区（C 区）。哺乳动物可以产生两种 C 区不同的轻链，kappa（κ）轻链和 lambda（λ）轻链。此外可以生成五类 C 区不同的重链，分别是：α（抗体 IgA 的重链，）γ（IgG），δ

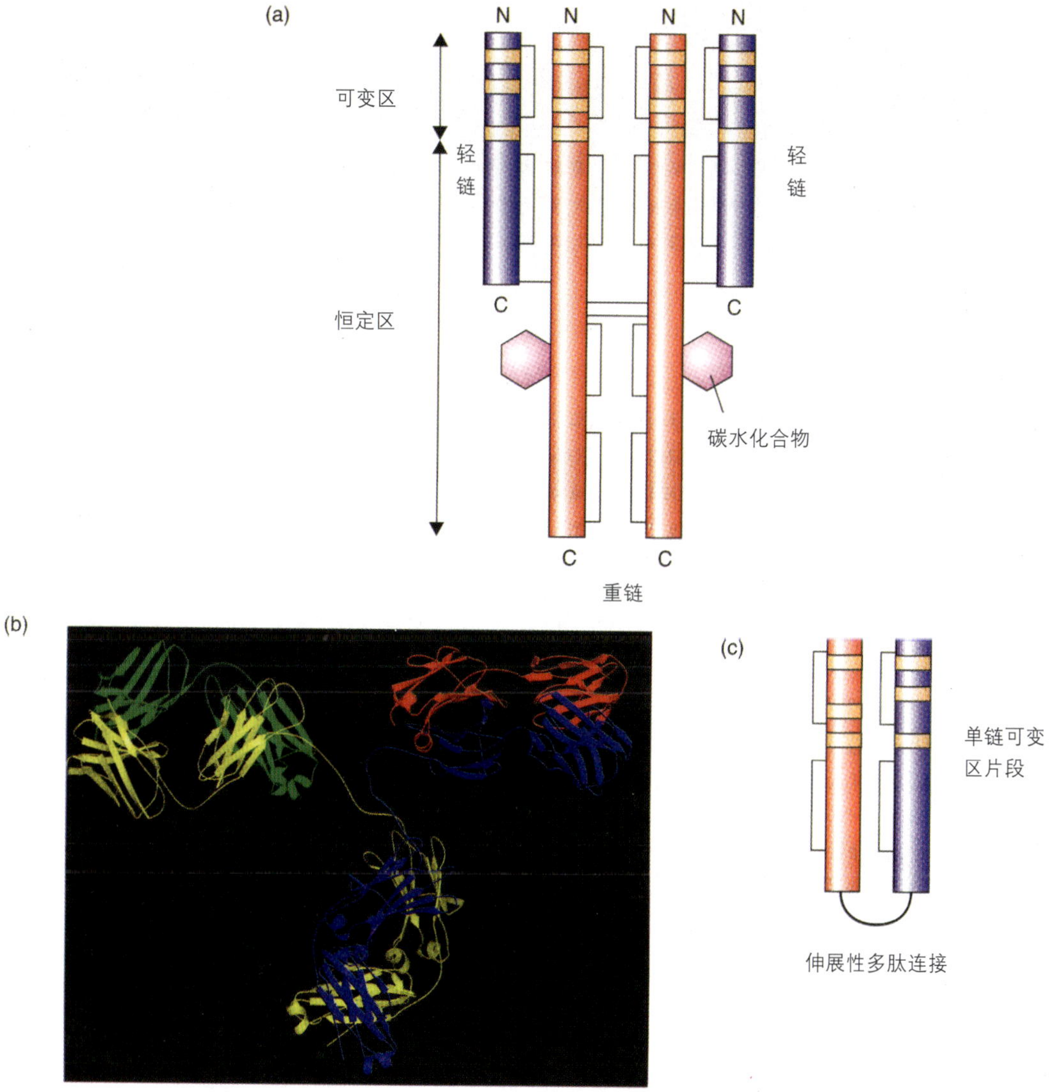

图 6.4 抗体结构。
(a) 抗体结构示意图。重链（红色）和轻链（蓝色）通过许多二硫桥（黑色）连接在一起。在轻链和重链的氨基末端存在的一系列的高变区（橘黄色），增加了抗原结合位点的多态性。
(b) 单克隆抗体的 X 线晶体结构。黄色和蓝色表示重链，绿色和红色表示轻链（Harris *et al.*，1992）。
(c) 单链可变区片段（scFv）抗体。重链和轻链上的可变区可以通过生物工程的方法，利用15个氨基酸作为连接子（序列是（甘氨酸——甘氨酸——甘氨酸——甘氨酸——丝氨酸）$_3$），重链和轻链连接后表达成为一条单链的多肽，形成的多肽具有充分的伸展性而能够使两个结构域可以与功能抗原（functional antigen）上的位点结合。

(IgD)，ε（IgE）和μ（IgM）。每一类H链都可以与λ或κ轻链配对（图6.1），通过链间二硫键将H链和L链连接到一起。

抗体分子必须具备两个功能——它们必须能够识别和结合抗原，然后引发针对抗原的细胞反应。V区负责抗原的识别，C区负责引发细胞反应。五类不同的重链针对抗原引发不同的细胞反应（Wysocki & Gefter, 1989）。

实验室中使用的大多数抗体或者是**多克隆抗体**（polyclonal），或者是**单克隆抗体**（monoclonal）。多克隆抗体是指从被免疫动物的血清中提取的，含有许多不同的，能够识别同一抗原上不同的表位（epitopes）的抗体。单克隆抗体是指从分离的克隆细胞中得到的，可以识别抗原内单独的、特异的表位的抗体。与蛋白质结合的抗体能够识别连续的（即指蛋白质氨基酸序列的一级结构）或者不连续的抗原表位。不连续抗原表位是由蛋白质一级结构中的不同片段，由于空间折叠而形成的表面抗原。虽然天然存在的大量的抗原表位都是不连续型，但是在实验室中使用抗体时，通常是将蛋白质变性处理，以确保制备的抗体能够识别连续的抗原表位，并且在免疫印记杂交过程中能够检测出变性的蛋白质（第2章）。尽管使用动物制备高亲和性抗体已经很普遍，但是目前仍然存在一些利用细菌细胞制备和选择特异性抗体片段的方法（Hexham, 1998；Portner-Taliana *et al*., 2000；Daugherty *et al*., 1999）。

DNA 文库免疫筛选的一般方法如图 6.5 所示。将 cDNA 克隆到表达载体 λ ZAP（见第 3 章）中，使外源DNA受到细菌的*lac*启动子调控，然后将全部重组的λ噬菌体铺在已经长满适宜的宿主菌的琼脂板上。培养含有噬菌体文库的平板直到上面出现了微小噬斑为止。这时，将预先浸泡过IPTG（*lac*启动子的诱导剂）的硝酸纤维素膜铺在噬斑表面。保持硝酸纤维素膜在琼脂板表面放置，以便诱导 cDNA 编码的多肽表达，同时膜还能与细菌被噬菌体感染裂解后释放的蛋白质结合。四个小时以后从平板上剥离硝酸纤维素膜，这样通过吸附作用在膜表面就结合了每一个噬斑表达的蛋白质，然后将膜放入针对目的基因的蛋白质的特异性抗体中孵育。抗体在硝酸纤维素膜上只能与原琼脂平板上表达相对应蛋白质的噬斑位点结合。然后通过洗膜将没有结合的抗体洗去，再与标记的二抗孵育以检测结合的一抗。

最初，免疫筛选的方法之一是使用放射性标记的一抗来检测与硝酸纤维素膜结合的抗体（Broome & Gilbert, 1978）。然而，这些方法已经逐渐被如上所述的抗体三明治法所代替。二抗能够识别一抗的稳定区结构，而且还可以与易于检测的酶相偶联。一些酶类，例如辣根过氧化物酶或碱性磷酸酶（Mierendorf, Percy & Young, 1987；de Wet *et al*., 1984）可以直接在硝酸纤维素膜上进行分析，产生颜色变化或者通过发光反应使X片检测到结合的抗体。由于多个二抗能够同时结合一个一抗，所以抗体三明治法可以大大增加信号强度。

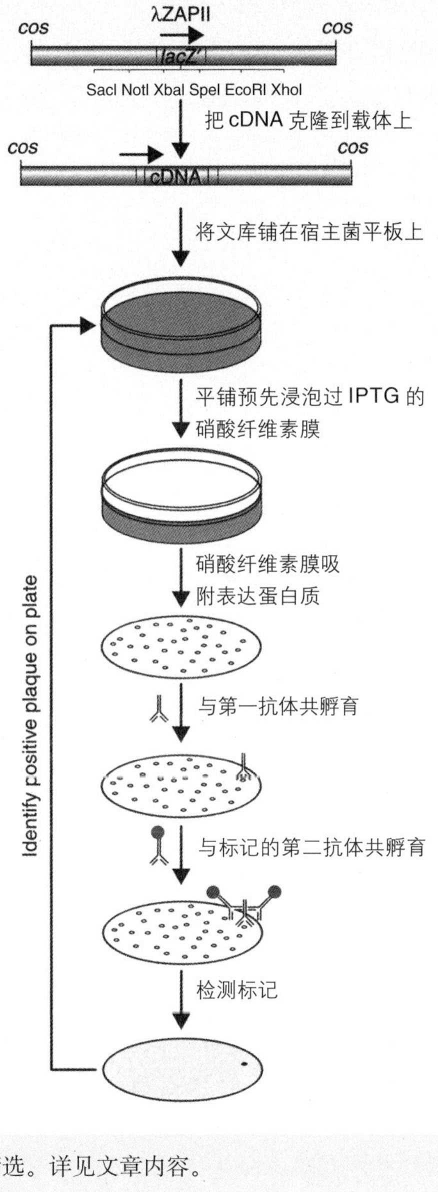

图 6.5 λ 噬菌体文库的免疫筛选。详见文章内容。

通过利用已有的蛋白质，免疫筛选技术在鉴定基因方面具有广泛的应用。例如，有人从结肠癌（colon tumour）中纯化得到尿苷磷酸酶（该酶能够催化尿苷发生可逆的磷酸水解反应生成尿嘧啶）（Liu *et al*., 1998）。使用兔子制备这种纯化的蛋白质的抗体，然后利用得到的抗体筛选人的肝 cDNA 表达文库，结果分离得到一条 1.2kbp 的克隆，该克隆含有人尿苷磷酸酶基因的完整的阅读框架。

最为成功的基于膜上蛋白质功能筛选的技术，称为**south－western筛选**（south－western screening），它已经被广泛的用于检测编码 DNA 结合蛋白的基因。这种筛选方法的基本过程如图6.5所示。不同之处是，与硝酸纤维素膜共同孵育的不是抗体，而是已知序列的放射性标记的双链DNA（Singh *et al*., 1988）。如果蛋白质能够结合这个核酸序列——通常来源于某一个基因启动子，那么该蛋白质就可以将对应的DNA俘获到膜上，然后通过X片曝光查看它们的位置。这种方法要求DNA结合反应要发生在膜表面上，同时DNA要具有与单一的多肽相结合的活性。尽管如此，应用这种方法分离到大量的DNA结合蛋白（Vinson *et al*., 1988）。

6.3 功能筛选

如上所述，使用抗体进行cDNA文库的筛选仅仅依赖于表达的cDNA编码的多肽序列，而并不需要表达出完整的有功能的蛋白质。但是，还是可以通过筛选的方法鉴定宿主细胞内的特异性蛋白质的功能。要使这种类型的筛选能够有效进行，要求用于筛选的宿主细胞必须有某种生化功能缺陷，或者具有能够被表达文库中的蛋白质补偿的特异性功能缺陷。这种**功能补偿**（functional complementation）方法特别适用于鉴定某一种生物体内的基因，该基因可以在另一种基因缺陷的生物体内行使相同的功能。例如，hisB基因编码的咪唑甘油磷酸脱水酶是*E. coli*进行组氨酸生物合成所必需的，该基因缺陷的*E. coli*不能在缺乏组氨酸的培养基上生长。如果将酵母的表达文库转入到hisB缺陷的*E. coli*内，然后再将其涂布在组氨酸缺乏的培养基上，只有那些转入了酵母HIS3基因，产生相关功能蛋白的细胞能够生长（Ratzkin & Carbon, 1977）。酵母HIS3基因和*E.coli* hisB基因只有很小的DNA序列相似性（在氨基酸水平，同源性低于20%），但是尽管氨基酸序列存在差异性，所编码的蛋白质却具有相同的酶功能。

功能性克隆在分离高等真核生物的基因时尤为有效，被分离的基因通常与实验室中所使用的低等真核生物的基因具有功能相似性。例如，许多高等真核生物的基因就是通过与酵母相对应的缺陷基因的功能互补而分离得到的。其中包括：

- 某些编码人类代谢相关的酶类的基因，见Botstein和Fink的综述（1988）；
- 果蝇的拓扑异构酶Ⅱ的基因（Wyckoff & Hsieh, 1988）；
- 许多人类的RNA聚合酶Ⅱ转录因子（Becker *et al*., 1991）；
- 小鼠细胞周期调控基因（Martegani *et al*., 1992）。

这种筛选方法的主要缺点在于外源DNA所携带的基因必须能够补偿宿主细胞中用于检测的功能突变。对于许多基因，这种方法虽然简单但并不可行。此外，突变有时并不能够完全被外源基因所补偿。例如，一些外源基因只能部分代偿宿主细胞的功能。有时外源基因不能在宿主细胞中很好表达，或者生成的蛋白质没有进行翻译后修饰以产生活性结构。而且由于文库的构建通常是将单独的基因转入到载体中，如果需要两个或更多不同的外源基因才能组成活性蛋白质时，补偿筛选的方法显然也是不行的。

如果表达的蛋白质能够使转入该基因的宿主细胞产生新的表型，这个基因也就随之被克隆出来。例如，细胞癌基因能够从人类DNA文库中分离出来正是因为它们的刺激培养基中的细胞不断增殖的能力（Brady *et al*., 1985）。这种“获得性功能筛选方法”的确有某些局限，但是在鉴定已被活化的特异性基因方面仍具有广泛应用。

6.4 相互作用筛选

许多蛋白质在细胞内并不是以单体形式存在的。大多数都是与其他的蛋白质相互作用，或者调节它们的功能，或者共同形成一个更大的功能复合体（Legrain和Selig, 2000）。因此，一旦你已经克隆到一个编码蛋白质的基因，我们想知道它和哪些蛋白质相互作用。

6.5 噬菌体展示

噬菌体展示（phage display）方法是鉴定能够与其他分子相结合的多肽或者蛋白质的一种有效的技术。将一段编码特异性基因的DNA或者一个cDNA片段文库克隆到M13噬菌体基因组中基因3的框架内（见图3.15），其中基因3的功能是编码次要衣壳蛋白质pⅢ。这样所表达的多肽或者蛋白质就能够与内源性pⅢ融合，共同出现在噬菌体颗粒的表面（Smith, 1985）。这样噬菌体展示实验就在随机多肽序列文库与编码其中每一条多肽的DNA之间建立了紧密联系，使得在体外筛选过程中——我们称之为“盘式法”（panning），能够实现针对各种靶分子（抗体，酶，细胞表面受体等）的多肽配基的快速检测。简单地说，盘式法就是将噬菌体展示多肽文库与包被靶点的平板共同孵育，洗去未结合的噬菌体而洗脱收集特异性结合的噬菌体。然后扩增洗脱下来的噬菌体并且通过多次结合/增殖循环以达到富集结合序列的目的。三到四次循环之后，利用DNA测序确定每一个克隆的序列。噬菌体展示实验广泛应用于能够与受体，底物，酶抑制剂，抗原决定簇，改造的抗体，改进的酶以及cDNA克隆相结合的多肽的检测（O' Neil和Hoess, 1995）。噬菌体展示随机多肽文库技术也被大量应用在抗原表位绘图，蛋白质——蛋白质相互作用绘图以及非多肽性配基的多肽类似物的鉴定中。例如，Beck等人曾经利用展示随机多肽文库技术筛选HIV-1蛋白酶作用的底物（Beck *et al.*, 2000）。他们找到了能够被切割，并且效率高于野生序列200倍以上的多肽，以此为基础可以设计高特异性蛋白酶抑制剂。

6.6 双杂交筛选

双杂交相互作用筛选（two-hybird Screening）的根据就是真核细胞RNA聚合酶Ⅱ转录激活蛋白的作用特点。转录激活蛋白至少包含两个结构域——序列特异性DNA结合域（DBD），即可以和特异性基因的启动子结合；以及激活域（AD），即能够作为引起基因转录的一些蛋白质复合体的补充位点。早在1985年，就已经发现来自于一种蛋白质的DNA结合域与来自另一种蛋白质的激活域相互融合的蛋白质具有转录激活子的功能（Brent & Ptashne, 1985）。这表明DNA的结合和激活功能之间的精细联系并不是基因启动的先决条件，并且蛋白质每个结构域可以独立地行使各自的功能。在许多的转录激活蛋白中，结合域和激活域功能上位于同一条多肽链上，但在结构上是相互分开的，并且也是可分的。这两类结构域的功能对于基因转录的发生是必须的。另外的转录激活子可以由两个或者更多的亚基组成，其中一条多肽链作为结合域，其他的作为激活域（O' Reilly *et al.*, 1997）。在这种情况下，蛋白质——蛋白质之间的相互作用使结合域和激活域结合在一起，形成具有功能的激活蛋白。

现在让我们详细地认识一下转录激活蛋白的结构（图6.6）。酵母蛋白Gal4p通常被认为是典型的激活蛋白。当酵母细胞以半乳糖作为唯一的碳源进行代谢时，它可以活化Leloir通路上的基因（Reece & Platt, 1997）。我们在第 11 章将会再次讨论这条通路以及它在基因工程中的重要性。Gal4p是一条仅包含881个氨基酸的单链多肽，但是它还是被分为不同的区域，在其氨基端为结合域，羧基端为激活域（Ma 和 Ptashne, 1987b）。

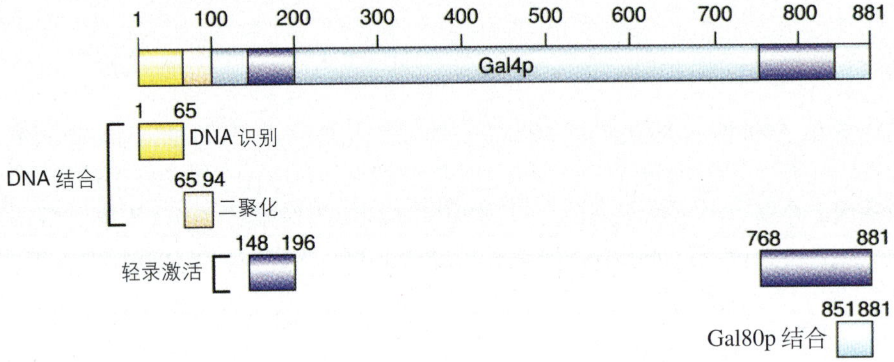

图 6.6 酵母转录激活子 Gal4p 的结构域结构。蛋白质包含两个主要的结构域——位于氨基末端的 DNA 结合和二聚化结构域，以及位于羧基末端的激活域。

- 1 ~ 65 位的氨基酸组成 Zn(Ⅱ)Cys_6 双核心结构簇（binuclear cluster）结构域（Todd & Andrianopoulos, 1997），在这个结构域中，两个锌原子被蛋白质中的六个半胱氨酸残基包围（图 6.7）。蛋白质的这个区域直接与 DNA 在 UAS_G—上游半乳糖代谢激活序列的位置相互作用。这段序列（5'-$CGGN_{11}CCG$-3'，其中 N 为任意核苷酸）通常是多拷贝

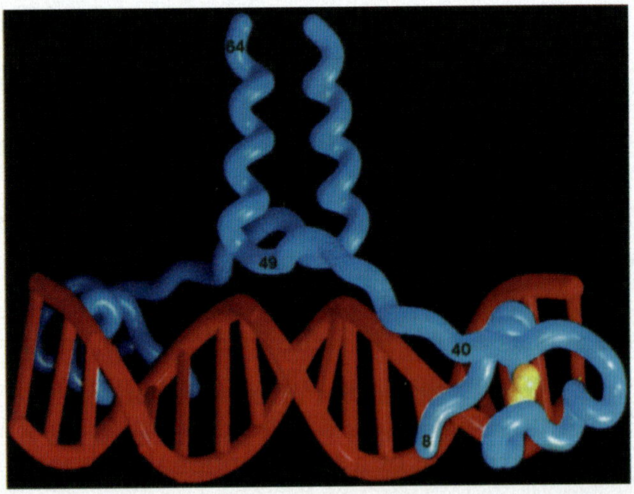

图 6.7 与 DNA 结合的 Gal4p 氨基末端的 65 个氨基酸残基 X 线晶体结构图（Marmorstein et al.，1992）。DNA（红色）双螺旋的两端分别与蛋白质二聚体的两部分相连接。蛋白质上的DNA识别序列折叠成Zn（Ⅱ）Cys_6双核心结构簇，两个锌原子（黄色）位于中心。从晶体结构中可见二聚体表面螺旋－螺旋的起始位置，以及其从螺旋处伸展出去。

的，并且位于半乳糖调控基因转录起始位点上游 50 ～ 200bp 处（Giniger, Varnum & Ptashne, 1985）。

- 65 ～ 94 位的氨基酸组成螺旋－螺旋基序，参与蛋白质的二聚化作用。
- 768 ～ 881 位的氨基酸组成主要的激活域。与所有酵母的激活域相同，该区域为酸性，即含有大量的带负电荷的氨基酸（Ma & Ptashne, 1987c）。尽管如此，酸性并不是限定激活域或其相对强度的唯一的决定性因素。激活域的大部分呈现松散无结构形式，其中的酸性和疏水性氨基酸共同决定其激活能力（Triezenberg, 1995）。Gal4p同时还有另外一个激活域，位于 148 位到 196 位氨基酸之间。该结构域是一个弱激活子，它对蛋白质的整个功能的贡献还不是很清楚。
- 851 ~ 881位的氨基酸同时也是转录抑制子Gal80p的结合位点，Gal80p具有调节Gal4p活性的功能（Ma 和 Ptashne, 1987a；Johnston, Salmeron & Dincher, 1987），当 Gal80p 与该位点结合后，可以维持 Gal4p 羧基末端的构型，从而抑制转录激活。

通过观察，发现利用转录因子相互作用原理进行筛选的基础是，在细胞内无论是单独表达结合域还是激活域，都不足以启动转录激活过程（Ma & Ptashne, 1987b）。利用这种方法进行筛选的一般情况如图 6.8 所示。Gal4p 的结合域足以与 UAS_G 结合，但是由于缺乏激活域，它不能聚集RNA 聚合酶或者激活基因表达。同样的，由于蛋白质不能定位于特定的基因上，

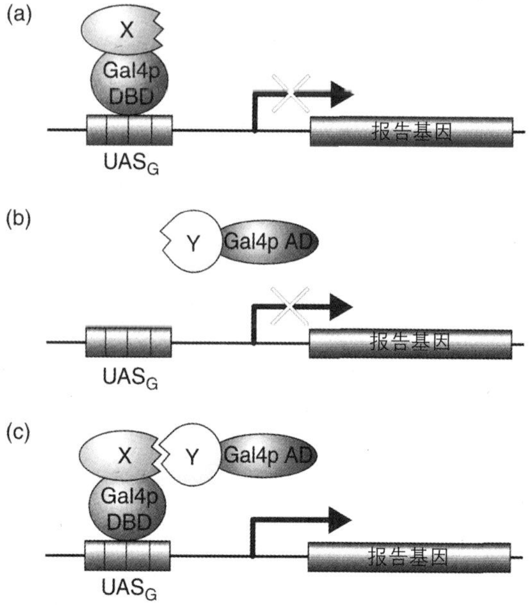

图 6.8 双杂交筛选。

(a) 由Gal4p的DNA结合域（DBD）与诱饵蛋白（X）融合表达的杂交蛋白虽然可以与报告基因的启动子结合，但是无法激活它。

(b) 另外一个包含Gal4p的激活域（AD）和捕获蛋白（Y）融合表达的杂交蛋白由于不能与DNA结合，同样无法激活转录发生。

(c) 当两组融合蛋白一同表达，诱饵蛋白与捕获蛋白结合相互作用，从而形成具有功能活性的激活蛋白，启动报告基因的表达。

单独的Gal4p激活域也无法激活基因表达。然而，如果结合域与激活域通过某种方式结合在一起，例如多肽相互作用使蛋白质—蛋白质发生融合，然后形成具有功能活性的激活子蛋白质，从而启动基因活化。

1989 年，Stanley Fields 和 Ok － kyu Song 第一次应用分离的转录激活系统来检测酵母细胞内的蛋白质—蛋白质相互作用（Fields & Song, 1989）。他们构建不同的酵母表达质粒，分别包含编码Gal4p的结合域和激活域的序列，然后再将它们分别与编码其他多肽的序列融合在一起（图6.9）。这样就得到包含Gal4p结合域或者激活域的不同的杂交蛋白的产物。当它们在各自的细胞中表达时，无论哪一个都无法激活基因表达。同样，如果将这两个融合蛋白在同一个细胞中表达，但是分别与结合域和激活域相融合的多肽彼此之间不发生相互作用，也无法启动基因活化。然而，如果分别与结合域和激活域相融合的多肽能够相互作用，那么通过这种蛋白—蛋白相互作用就可以同时启动结合域与激活域的功能，从而激活基因表达（图6.8）。也就是说，只有这两个杂交蛋白彼此之间相互作用才可以启动基因表达。

尽管UAS_G自然调节的半乳糖代谢基因的激活系统可以用于检测大量的蛋白质—蛋白质相互作用（Fields & Song, 1989），但是它的更方便的应用是分析更易被检测到的基因产物的表达情况。使用这种筛选方法的一个优势是在酵母细胞中存在大量的可以使用的报告基因——包括表6.2所示内容以及许多可用于缺陷型宿主筛选的营养型基因。为了利用报告基因，通常将含有UAS_G的DNA序列克隆到报告基因的上游，使报告基因的表达依赖于彼此独立存在的结合域与激活域所发生的结合作用。例如，在包括酵母细胞在内的真核细胞中表达*E. coli lacZ*基因，得到具有功能活性的β半乳糖苷酶。我们可以利用以前所讨论的在克隆载体中插入灭活的方法（第 3 章），例如，在涂有 XGal 的培养平板上产生蓝色菌落，来检测酶的生成。已经将 UAS_G 置于 *lac*Z 编码序列上游的酵母细胞在半乳糖依赖模式下，通过激活 Gal4p 而产生β - 半乳糖苷酶（Yocum *et al.*, 1984）。

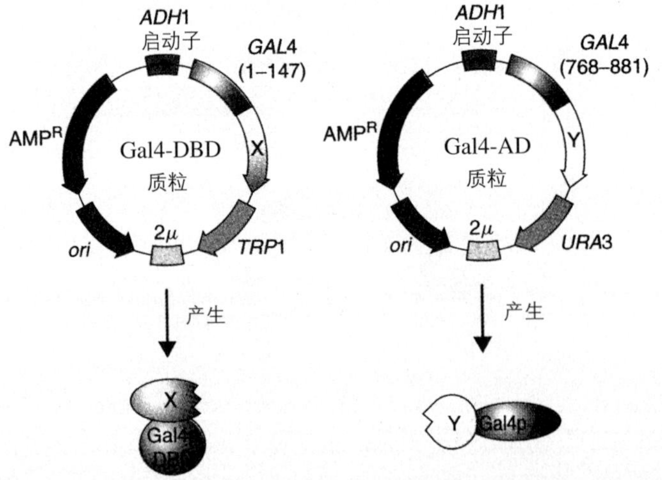

图6.9 双杂交筛选中所需要的分别产生DNA结合域和激活域融合蛋白的质粒。其中一个质粒产生结合域融合杂交体，而另外一个质粒产生激活域融合杂交体。编码两个杂交体蛋白的基因通过强效组成型启动子（ADH1）调控表达，并且存在于含有2μ序列（bearing 2μsequence）的高拷贝质粒中。不同的营养型基因（TRP1 和 URA3）可以用于对酵母细胞中的质粒进行筛选。

表 6.2 通常使用的报告基因

基因	蛋白质	大小（氨基酸）	来源	检测	参考文献
cat	Chroloamphenicol 乙酰酶	219	*E.coli* Tn9 转座子	应用 14C 乙酰辅酶 A 使 chloroamphenicol 乙酰化	(Gorman，Moffar & Howard，1982)
*lac*Z	β - 半乳糖苷酶	1024	*E.coli*	将无色的 ONPG 转化为黄色产物；XGal 蓝白筛选	(Norton & Coffin, 1985)
*gus*A	β - 葡糖苷酸酶	603	*E.coli*	在荧光分析中转化 MUG；XGluc 蓝白筛选	(Jefferson *et al.*，1986)
Luc	荧光素酶	550	萤火虫	氧化荧光素产生亮光	(de Wet *et al.*，1987)
GFP	绿色荧光蛋白	238	水母	在蓝光或紫外光激发下发出绿色荧光	(Chalfie *et al.*，1994)

如前所述，酵母双杂交系统通常用来检测两种已知蛋白（有时也被称为诱饵蛋白和捕获蛋白）之间特异的相互作用（Fields & Song, 1989）。筛选所用的酵母株缺乏野生型 *GAL*4 和 *GAL*80 基因拷贝，通过使用在启动子位置上含有 Gal4p 结合位点的 *lac*Z 报告基因，可以检测诱饵蛋白和捕获蛋白之间的强效相互作用。因此，这个系统很快被应用于 cDNA 文库的筛选（Chien et al., 1991）并且通过修饰可以在高等真核细胞（Luo *et al*., 1997）以及细菌中（Hu，Kornacker 和 Hochschild，2000）使用。筛选 cDNA 文库时，cDNA 与激活域基因相融合。然后将文库与Gal4p结合域——诱饵蛋白融合体同时转染到酵母细胞中。通过激活报告基因表达的方式，可以将发生相互作用的蛋白质从文库中筛选出来（图6.10）。筛选实验必须是将文库与激活域相融合，如果将 cDNA 和 Gal4p 的结合域相融合，则会生成大量的序列，当它们靠

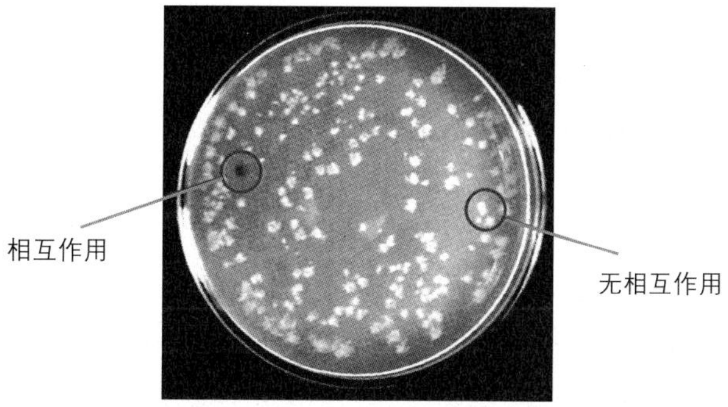

图 6.10 一个典型的双杂交筛选结果。两个质粒——分别表达 Gal4p 结合域 - 诱饵蛋白融合体和 Gal4p 激活域 -cDNA 文库融合体——转染到含有 UAS^{G}-*lac*Z 报告基因的酵母株中。筛选转染子并转移到含有 XGal 的平板上。只有 *Gal*4p-cDNA 编码蛋白质（圆圈所示）能够与诱饵蛋白相互作用，生成蓝色菌落。不发生相互作用的蛋白质不会启动 *lac*Z 转录，只能生成白色菌落。

近DNA时，则会激活转录的发生。已经有实验证明，只要大约1%的*E.coli*基因组的随机DNA片段与Gall4p结合域融合后，就具有转录激活子功能（Ma和Ptashne, 1987c）。这样在筛选中就会产生令人无法接受的假阳性和高背景水平——也就是说，许多酵母克隆即使它们不含有可以相互作用的蛋白质，也可以激活报告基因。

6.6.1 双杂交筛选系统存在的问题以及解决方法

双杂交筛选方法是一种非常常用的检测蛋白质—蛋白质相互作用的技术（Colas & Brent, 1998）。尽管如此，这项技术仍然存在某些缺陷。存在的问题，包括可能的解决方法，罗列如下。

- *假阳性结果* 包含在cDNA文库中的某些序列可能编码DNA结合蛋白，能抑制与结合域-诱饵蛋白相互作用。如果捕获融和蛋白能够轻易的与报告基因的启动子结合，那么即使在它没有与诱饵蛋白发生相互作用时，也可以启动报告基因发生转录。这个问题可以通过利用两个或者多个不同的报告基因进行表达筛选而解决。这种方法在从文库中筛选相互作用的配体时显得尤为重要，图6.11说明筛选配体的两种方法。构建包含有多个报告基因的酵母株，其中的报告基因除了Gal4p的结合位点相同外，彼此之间各不相同（James, Halladay & Craig, 1996）。得到的菌落只有在其所有的而不是其中的某一个报告基因被激活情况下，才进行进一步的筛选。另一种替代的方法是可以利用表达两种不同诱饵蛋白和一种捕获蛋白的酵母株进行筛选（Xu, Mendelsohn & Brent, 1997）。在这个系统中，只有一个报告基因被激活，如果两个报告基因都被激活，则可以判断为假阳性结果（Serebriiskii, Khazak & Golemis, 1999）。
- *弱相互作用* 尽管存在生理相关性，一些蛋白质—蛋白质之间的相互作用还是很微弱的。蛋白质之间的弱相互作用可能不足以在启动之上形成转录复合体，结果也就无法激活报告基因。已经证明当诱饵蛋白和捕获蛋白之间的亲和力小于10 ~ 50 μM时，就不会启动转录反应（Brent & Finley, 1997）。
- *诱饵蛋白自身不能是转录激活子* 如果诱饵蛋白自身是激活子，那就不能应用上述的筛选系统寻找可以相互作用的配体。许多蛋白质，即使在正常情况下不是转录激活子，但是当它们与DNA接近时，却可以激活转录。某些替代的筛选系统，例如根据RNA聚合酶Ⅲ转录发生所构建的体系（Marsolier, Prioleau & Sentenac, 1997）以及泛素分离系统（Johnsson & Varshavsky, 1994），都已经被建立并用于出现上述情况的诱饵蛋白的分析中。
- *膜类蛋白质* 传统的双杂交系统是依赖于诱饵蛋白和捕获蛋白进入到真核细胞的细胞核中，在那里发生相互作用。某些蛋白质就无法做到这一点。例如，某种膜结合型蛋白质就只能与膜发生结合而不能进入到细胞核中。由此发展了一种称之为SOS补充体系的替代筛选方案，使得蛋白质—蛋白质相互作用筛选过程发生在酵母细胞的细胞膜上（Aronheim *et al.*, 1997）。
- *偶然性相互作用* 某些蛋白质能够在双杂交系统中相互作用，尽管这种作用没有生理相关性。例如某些在正常情况下位于不同的细胞器中或者在细胞的不同发育阶段表达的蛋白质，虽然在天然条件下不能正常的一同表达，但是当使它们在同一个细胞中表

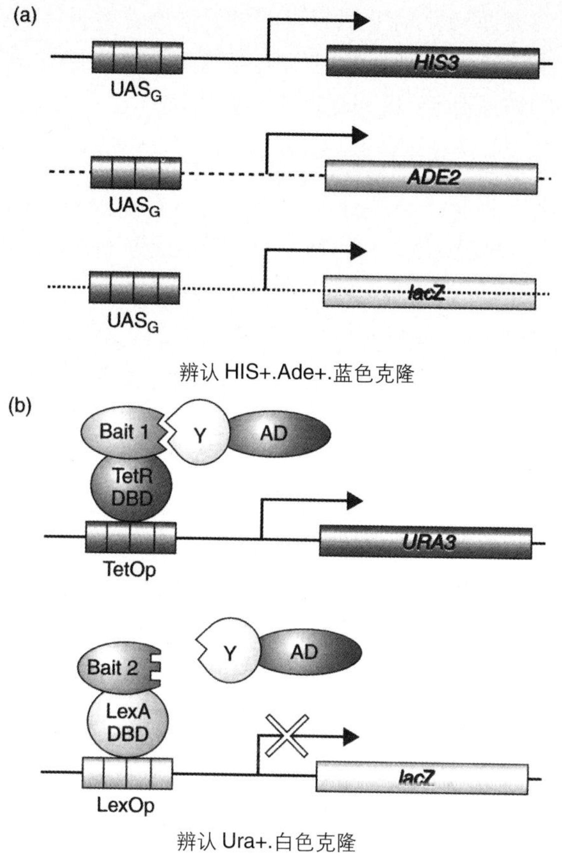

图 6.11 双杂交筛选体系里，在同一个细胞中选用多个报告基因以减少假阳性结果。
(a) 对三个都含有Gal4p结合位点（UAS$_G$）的不同报告基因同时进行活性筛选。诱饵蛋白与捕获蛋白之间的相互作用必须能够激活所有的报告基因而不能是其中的某一个。
(b) 使用两个不同的诱饵蛋白进行筛选。一个诱饵蛋白与捕获蛋白之间的特异性相互作用只能使一个报告基因活化。这种筛选方法尤其用于当两个诱饵蛋白结构相近时，鉴定能够与其中一个诱饵蛋白发生特异性相互作用的捕获蛋白（Serebriiskii，Khazak & Golemis，1999）。

达时，彼此之间也能够发生相互作用。还可能存在的情况是诱饵蛋白和捕获蛋白彼此之间不发生直接的相互作用，其表观的结合作用是通过其他的细胞蛋白质介导而发生的。例如，HIV编码的蛋白质Rev在双杂交系统中能够与一种酵母的核孔蛋白质（Stutz, Neville & Rosbash, 1995）——Rip1p 发生相互作用，但是这种作用实际上是通过另外一种参与核输出功能（Neville *et al.*, 1997）的酵母蛋白质 Crm1p 介导的。

- 诱饵蛋白必须单独的进行检验　使用能够发生相互作用的捕获蛋白配体，可以筛选出单独的诱饵蛋白，但是结合域-诱饵蛋白融合体必须一同构建并且同文库一起转化到酵母细胞中。如果需要筛选的诱饵蛋白数量众多，这将是一件费时的工作。相互作用杂交实验现在广泛的被用于筛选大量的诱饵蛋白（Finley & Brent, 1994）。构建一组不同的诱饵蛋白并将它们转化到酵母细胞中两种不同配型中（a 或 α）的任意一个二倍体里。再将捕获蛋白文库转化到配型相对的酵母株中并且使不同的株系进行交配。然后对生成的二倍体酵母细胞进行报告基因活性的筛选。这种方法可以实现在一个实验中对多个诱饵蛋白的快速筛选（Colas & Brent, 1998）。

双杂交系统很有成效地提供了鉴定发生相互作用的蛋白质的方法。尽管这项技术并不能针对每一个蛋白质都有效，但是，正如我们将在第10章看到的那样，已经利用双杂交筛选系统获得的数据构建出了基因组范围内的蛋白质相互作用图谱（Uetz *et al.*, 2000）。Brent和Finley（1997）阐述了许多不同的双杂交体系，包括利用诱饵蛋白与不同的结合域相融合（例如细菌抑制子中的蛋白 LexA 或 TetR）或者捕获蛋白与不同的激活域相融合（例如单纯疱疹病毒蛋白 VP16 的激活域或者人工激活序列 B42）。以上叙述的关于以 Gal4p 为基础的体系中的原则同样也适用于每一个改进的体系。

6.7 其他相互作用的筛选方法——关于一个主题的不同方面

双杂交筛选方法已经被广泛的修改以适应不同的目的。下面所罗列的每一种类型的筛选方式中的基本原则都是在报告基因的启动子上形成一个具有功能活性的转录激活子，同时使能够检测报告基因的表达情况（图 6.12）。

6.7.1 单杂交筛选

在双杂交系统的简化模式中，将cDNA-激活域融合体文库转入到酵母株中，该酵母株含有已经引入了 DNA 结合位点的报告基因。cDNA 所编码的蛋白质能够与 DNA 结合位点结合并且激活报告基因的转录（Li & Herskowitz, 1993）。这种方法在鉴定调节已知启动子的蛋白质方面具有重要作用（Wang & Reed, 1993）。为了实现这样的筛选，通常增加 DNA 结合元件的数量以产生一个强效激活元件（通过多个激活子蛋白的结合）以便很容易观察到报告基因的表达情况。

6.7.2 三杂交筛选

任何能够将转录激活子的结合域和激活域的功能联系到一起的机制都可以应用到报告基因的活化中。我们已经叙述过在某些筛选中，结合域和激活域的融合蛋白彼此之间不发生直接的相互作用，但是却可以通过另外的因子介导而发生作用。例如，SenGupta等人利用酵母细胞内产生的双功能RNA 分子而将两个RNA 结合蛋白连接到一起（其中一个蛋白与结合域融合，另外的一个与激活域融合）（SenGupta *et al.*, 1996）。然后建立筛选系统以寻找这样的RNA结合蛋白——能够与RNA连接子中的新序列相结合。应用同样原理，Licitra和Liu发展了一种体系用来检测小分子—蛋白质之间的相互作用（Licitra & Liu, 1996）。在这个体系中，将结合域与一个配基结合蛋白（一种结合激素类药物地塞米松的受体）相融合，同时利用一个双功能配基（含有地塞米松和其他基团）在cDNA-激活域融和蛋白文库中筛选能够与双功能配基的另外部分相结合的蛋白质。这里所举出的两个例子中，非蛋白成分将结合域和激活域连接到一起使转录发生。

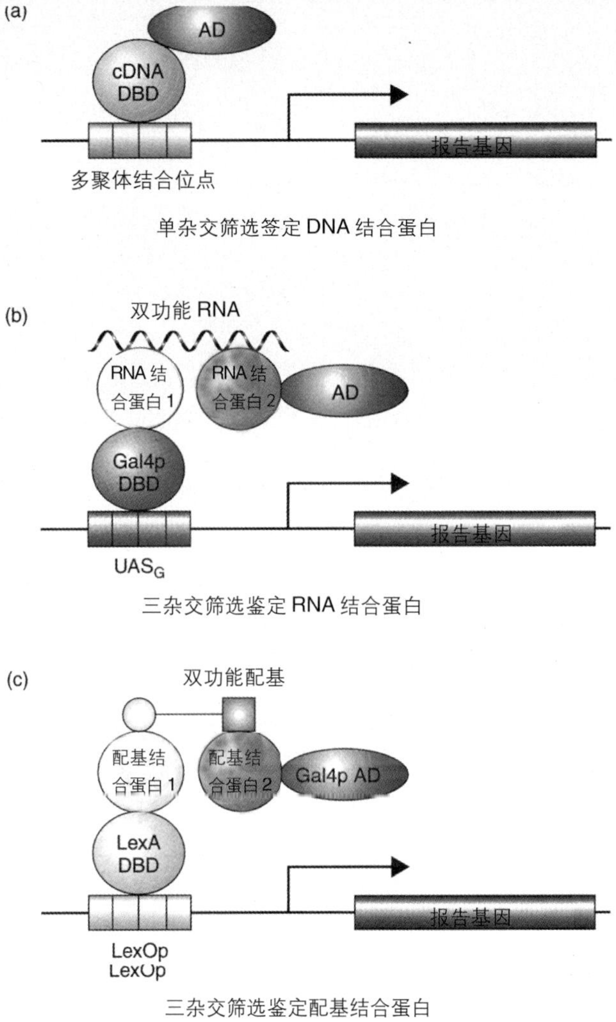

图 6.12 其他类型相互作用的筛选。
(a) 单杂交筛选。(b)(c) 三杂交筛选。详见文章内容。

6.7.3 反向双杂交筛选

诱饵蛋白和捕获蛋白之间的相互作用促使基因表达，其产物对细胞具有致死性（Leanna & Hannink, 1996）。这样就可以用于筛选阻碍蛋白质之间相互作用的药物，并且通过报告基因的不表达而使细胞存活（Huang & Schreiber, 1997）。

第 7 章 人工突变

要点

- 突变，即 DNA 序列的改变，是了解基因和蛋白质功能的关键。
- DNA 序列可用特异并精确定位的方式加以改变。
- 针对DNA序列合成与其互补的寡核苷酸，即可引入错配碱基。然后用含有错配碱基的寡核苷酸作为 DNA 合成的引物，那么在新合成的 DNA 中就包含了突变碱基。
- DNA 单链选择方法可以区别新合成的突变 DNA 和亲本野生 DNA 序列。
- PCR 既可用于产生定点突变也可用于产生随机突变。

基因序列决定其所编码的蛋白质中氨基酸的序列。所以，基因DNA序列的改变（即基因突变）就可能导致蛋白质分子中氨基酸序列的改变。突变分析对蛋白质的功能研究特别有用。突变可导致蛋白质活性降低或功能异常，这都有助于阐明蛋白质分子各部分的特定功能。基因由于复制错误而发生自然突变的频率很低（大约每 10^6 ~ 10^8 个碱基在复制过程中有一个碱基发生错配），而且突变频率在不同的基因或者物种之间差异很大。尽管如此，人们还是依靠自发的突变来分离基因并分析其编码的蛋白质所具有的功能。在 20 世纪 70 ~ 80 年代分子生物学技术得以广泛应用之前，人们通常是应用物理或化学诱变物处理整个细胞来增加突变频率。例如，人们应用 X 线、紫外线等物理方法或者乙基甲磺酸（ethyl methane sulphonate，EMS）等化学突变剂来处理微生物细胞或单细胞真核生物，以此在全基因组范围内引起DNA碱基变化。这些变化一旦产生，就将会随着细胞的增殖而一代一代地传下去。但是，这种传统的产生突变的方法存在着一些不尽如人意的地方。例如，所产生的突变是随机的，可以出现在基因组的任何部位而不是局限于哪些基因或基因中的哪些位点。同时，要对基因中出现的突变进行鉴定需要高效和专门的筛选技术。对于诸如某个代谢途径中某个酶的基因来说，突变的鉴定相对容易。突变若导致代谢途径的某一环节失活，该生物体就会失去利用某种营养物质的能力。利用这一特点，人们就可根据生长分析（growth assay）设计筛选方法，以分离这些突变体（mutants）。另外，传统的突变方法还有如下缺陷：筛选中观察到的表型变化可能不是某单个基因发生突变的结果，而且某些表型的变化需要多个突变的发生（一个细胞内可能有多基因冗余现象）才能表现出来。

DNA的突变可以大致分为两种情况：一种是DNA中的碱基发生了替换，另一种是DNA碱基的插入或缺失。单碱基的替换又可以分为**转换**（transition）和**颠换**（transversion）两种：

- 转换：嘌呤置换嘌呤或嘧啶置换嘧啶（例如：AT→GC，GC→AT，或者TA→CG）。
- 颠换：嘌呤置换嘧啶或嘧啶置换嘌呤（例如：AT → TA，GC → CG，AT → CG，或者 GC → TA）。

单碱基的替换可以引起该基因在突变区域所编码蛋白质的氨基酸序列发生多种改变。突变可能为下列数种情况之一：

- 同义突变：突变后的三联密码子和原来的三联密码子编码同一个氨基酸（例如5'-TCG-3' 和 5'-TCC-3' 编码同一个氨基酸——丝氨酸）；
- 错义突变：突变后的三联密码子和原来的三联密码子编码不同的氨基酸（例如：如果编码丝氨酸的三联密码子 5'-TCG-3' 突变成 5'-ACG-3'，那么丝氨酸就将会被苏氨酸所取代）；
- 无义突变：编码氨基酸的三联密码子突变成了终止密码子，造成了在该突变位点终止了多肽链的合成，例如编码丝氨酸的三联密码子 5'-TCG-3'突变成终止密码5'-TAG-3'。

编码区域内一个或数个碱基对的插入或删除可能会使所编码的多肽发生重大改变。由于 DNA 密码子是以三个碱基为一个编码单位，所以一旦在 DNA 的读码框架中插入或删除核苷酸的数目不是3的整倍数，就将会导致移码（frame-shift）突变。用下面的英文句子就能形象地说明这个问题：

THE FAT CAT ATE THE RAT （胖猫吃了老鼠）

如果把 CAT 中的 A 删除，这个句子就会变成：

THE FAT CTA TET HER AT （句子在 FAT 之后变成了无意义的字母堆砌）

同样道理，一个基因的编码序列中若有 1 或 2 个碱基被删除或插入，突变下游的序列就会变得无意义。只有删除或插入的碱基数是3的整倍数，突变下游的序列才不会有任何改变，但是在该多肽序列中将有氨基酸的删除或插入。例如：

THE FAT CAT ATE THE RAT （胖猫吃了老鼠）

假如 FAT 被删除，这个句子就会变成：

THE CAT ATE THE RAT （猫吃了老鼠）

蛋白质中的某个氨基酸的改变可能导致蛋白质功能的显著改变。为使基因和蛋白质之间关系的研究高度准确，人们需要能够在 DNA 高度特异的区域引发突变的实验手段。

7.1 应用引物延伸的定点突变方法获得突变 DNA

在第 3 章我们已经了解到，噬菌体 M13 在生活周期中，它的基因组会发生由单链向双链的转换，即基因组的单链形式作为模板新合成第二条DNA链。我们可以利用类似的方法在新合成的 DNA 链上制造突变，如 7.1 图所示。这种用寡核苷酸制造定点突变方法是由 Michael Smith 的实验室所创立，他也因此分享了 1993 年的诺贝尔化学奖。Smith 和他的同事以噬菌体 M13 的单链基因组 DNA 作为模板合成了寡核苷酸（Zoller & Smith, 1983）。他们先在人工合成的寡核苷酸中引入一个或多个相对于噬菌体 M13 模板的错配碱基，然后让寡核苷酸与 M13单链DNA基因组结合。由于寡核苷酸中的其他部分碱基与模板互补，所以寡核苷酸能够稳定地结合在模板上。除了错配碱基外，寡核苷酸也能引入碱基插入或缺失。当寡核苷酸和模板结合后，它的3'端游离-OH就可成为DNA合成的起始点。这个部分双链的杂交DNA分子与DNA聚合酶和四种脱氧核糖核苷酸（dNTP）在适当温度下反应后，就会合成DNA新链。这条新链除人为引进的突变以外，所有碱基都是与原来的DNA链互补的。新合成的DNA然后在ATP存在的条件下，由DNA连接酶封补DNA骨架上尚存的缺口，从而从线性结构变成环状结构。裸DNA不能直接感染*E. coli*，而必须经过导入，才能进入菌体、复制DNA并

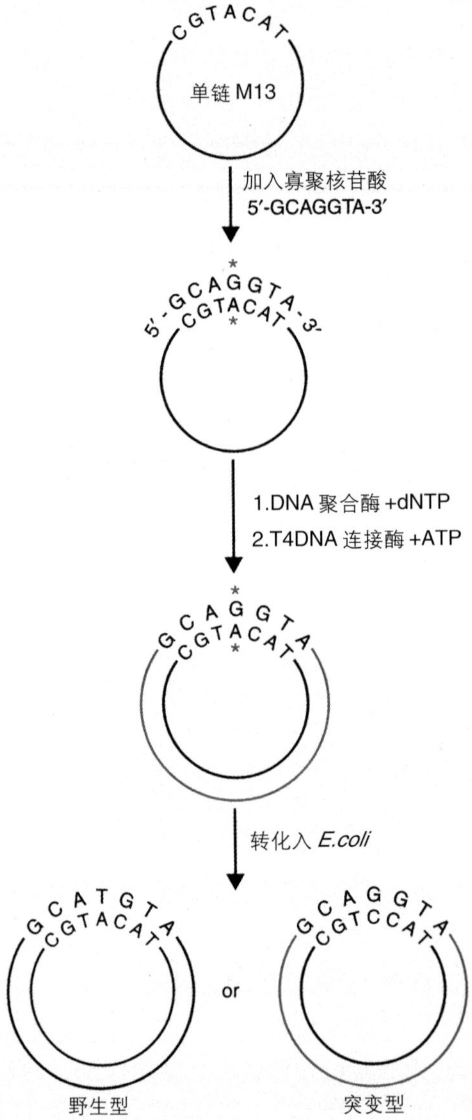

图7.1 用单链DNA模板产生定点突变。由重组M13噬菌体分离得到的单链DNA作为寡核苷酸引物的模板，引物与它的互补序列杂交并引入突变，在dNTP存在下加入DNA聚合酶合成新的M13 DNA互补链。新链与原来的DNA链除了引物中导入的碱基变化以外，所有碱基都互补。新DNA链的糖-磷酸骨架在DNA连接酶作用下连成环状，然后双链DNA转化入*E.coli*。在*E.coli*细胞内，新合成的突变DNA链和野生型DNA链分别包装成新的M13噬菌体。

产生新的 M13 噬菌体颗粒。当环状 DNA 在菌体内复制的时候，原来的野生型或新合成的变异DNA链都可能产生子代M13噬菌体颗粒。也就是说，M13的噬菌斑中的DNA序列可能是野生型，也可能是突变型。

为了筛选出突变型噬菌体，可以应用在第 6 章所介绍的杂交筛选方法。该方法就是先给人工合成的含有突变的寡核苷酸用放射性物质作好标记，然后以它作为探针。由于探针和突变型基因完全互补，所以探针能优先结合突变型基因（Wallace *et al*., 1981），在高严格（high stringency）的杂交条件下，能与探针结合的噬菌斑应带有突变序列。

引物延伸的定点突变方法在 20 世纪 80 年代初期得到了广泛应用。然而，虽然这种方法能够用来快速获得各种各样的特异的 DNA 突变体，但是其本身又存在着以下的不足：

- 需要突变的基因必须克隆到 M13 的基因组中。
- 这种突变方法本身效率相当低。在新合成的 DNA 中制造突变，涉及寡核苷酸和模板的高效率结合以及 DNA 的复制和连接等过程，而这些过程每一步的效率都可能低于 100%，所以转化进入菌体的 DNA 中野生型的 DNA 链总是占优势。
- 在体外合成的 DNA 没有甲基化，而从细菌培养物分离出来的野生型 M13 基因组是甲基化的 DNA。这一点至关重要，因为没有甲基化的 DNA 在进入到 *E. coli* 后更容易被 *E. coli* 的错配修复系统所修复（Kramer & Fritz., 1984），从而导致突变的 DNA 被修复而重新回到野生型 DNA，也就是发生了回复突变。
- 筛选鉴定突变型噬菌体是一种费时而烦琐的工作，而且常常是到最后一步方知分离出来的是野生型噬菌体而不是突变型噬菌体。

以上这些因素均可造成突变效率低下。通常，应用上面所提到的引物延伸定点突变方法大约能获得不到10%的突变频率。如此一来，为了能够获得真正的突变基因，就得对大量可能的变异株进行筛选（如图 7.2 所示）。如果一种方法可以得到接近 100% 的突变频率，那就意味着只需要分析 1 或 2 个噬菌斑就可以分离得到突变的基因。相反，如果获得的突变频率

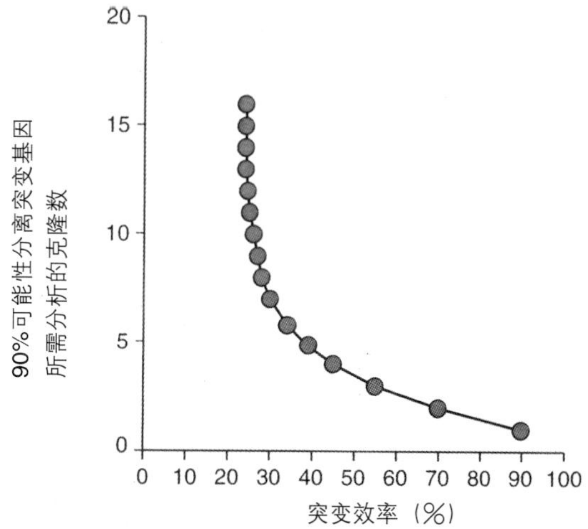

图 7.2 高效率的突变生成过程在很大程度上减少了筛选突变克隆的数量以最终鉴定出单个的特异突变体。

很低，就得分析许多噬菌斑才有可能得到目的突变噬菌体。已经有人设计出新的方法来提高突变实验的整体效率，包括提高突变反应本身的效率或选用较少可能降解新合成的变异DNA的菌株。例如，用 *E. coli* 错配修复系统缺陷的 *mutL*，*mutS*，*mutH* 菌株来做杂交 DNA 分子的转化实验时，突变的 DNA 就不会被修复回到野生型 DNA。

7.2 突变 DNA 单链的选择方法

能够真正有效地获得突变DNA单链的方法不外乎两种，即直接选择出突变型DNA链或排除野生型DNA链。这里，我们介绍目前仍在应用的两种方法：前一种方法就是在体外合成DNA链的时候让核苷酸的类似物参入到突变基因中，从而不被降解（Taylor，Ott & Eckstein, 1985），后一种方法是当杂交DNA分子进入转化菌后，野生型DNA链在E.coli细胞中被降解（Kunkel, 1985）。

7.2.1 硫代磷酸 DNA 突变链的选择方法

硫代磷酸核苷酸就是核苷酸中原来是Pα-O结合的O被S所代替，变成了Pα-S结合（如图7.3）。如果把这种硫代磷酸核苷酸加到DNA合成反应中，那么这种核苷酸类似物就会参入到新合成的DNA链中。有些限制性内切酶不能切开含有硫代磷酸核苷酸的DNA链（Nakamaye

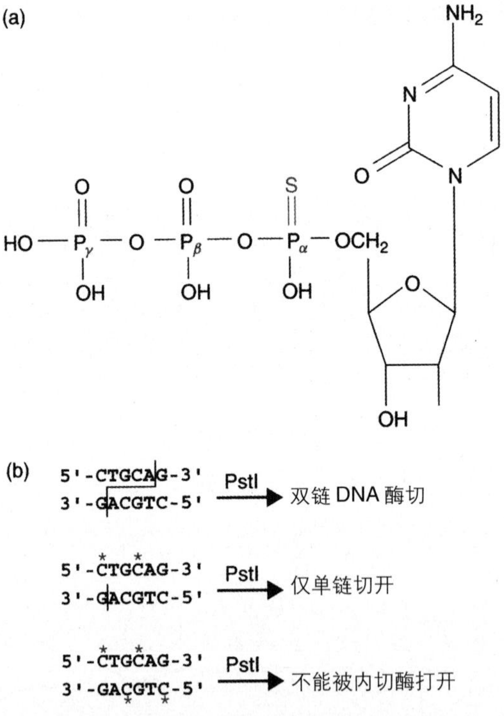

图 7.3 含有硫代磷酸核苷酸的 DNA 抵抗某些限制性酶的酶切。
(a) dCTPαS 的化学结构。核苷酸上α磷的一个氧被硫取代。
(b) 用 PstI 酶切硫代磷酸 DNA。PstI 消化 DNA 能产生 4 个碱基突出的粘性末端。如果序列中一条链含有含硫C残基，内切酶只能切开另一条单链；如果两条单链都含有含硫C残基，则都不能被内切酶切开。

and Eckstein, 1986)。突变的寡核苷酸退火到 M13 DNA 的单链模板上后，通过 DNA 聚合酶参入三种脱氧核苷三磷酸（dATP，dTTP，dGTP）和一种硫代磷酸核苷酸（dCTPαS)，这样就形成了一个含有含硫C残基的突变单链，但是野生型DNA单链不含硫代磷酸核苷酸。如果对 DNA 双链进行酶切，以 PstI 为例，这种内切酶只能切野生型 DNA 单链而不能切含有含硫 C 残基的突变单链。有切口的 DNA 链就可以被从 DNA 的 3' 端开始降解 DNA 的核酸外切酶 III 所降解，而突变 DNA 链由于没有 3' 末端而不会被降解。最后突变的 DNA 环得以富集并可用于转化 *E. coli*。使用这种方法可获得高达 40% ~ 60% 的突变效率。

7.2.2 *dut⁻ ung⁻*（或 *Kunkel*）链选择

该方法主要靶向非突变原始链，使其降解。含有dut和ung突变基因的*E.coli*感染噬菌体，

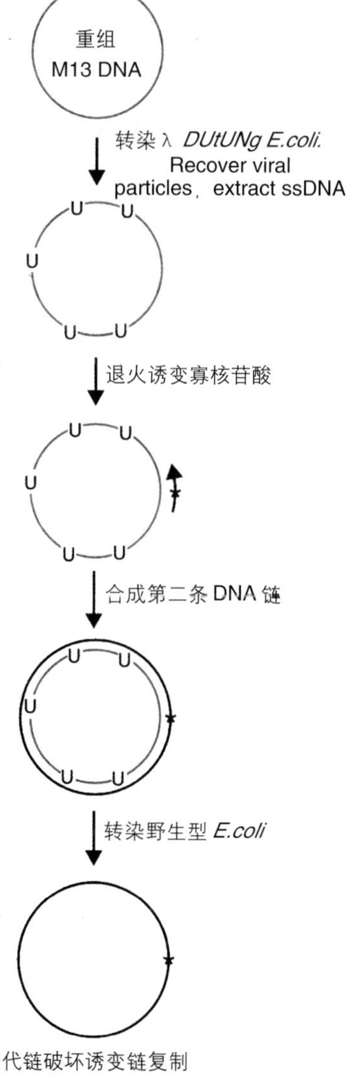

图 7.4 *dut⁻ ung⁻* 链选择法(Kunkel，1985)在诱变过程中降解非突变链。详见文中所述。

后者作为诱变反应 DNA 模板（见图 7.4）。

- *dut* 基因编码 dUTPase，dUTPase 可降解 dUTP。*dut* 基因变异致使细胞内 dUTP 浓度增高，进而在 DNA 复制时一些位点碱基 U 将取代 T。
- *ung* 基因编码尿嘧啶 N- 转葡糖基酶，后者在正常情况下清除 DNA 中出现的尿嘧啶。

因此，发生*dut*、*ung*双重缺失突变时，尿嘧啶将会被引入DNA，而且出现的这种错误无法得到纠正。碱基 U 与 T 具有同样的碱基互补配对特征，因此 DNA 分子中出现 U/T 替换本身并非引起突变。从 dut^- ung^-*E. coli* 分离的 M13 噬菌体的基因组中，每～8000 个碱基就会出现约 20 ～ 30 个 U 碱基。分离的单链 M13 DNA 用作诱变寡核苷酸的退火模板，进行前述延伸反应产生不含 U 碱基的新生突变链。当第二条链合成完毕，末端通过 DNA 连接酶共价结合。产生的双股链包括含有 U 碱基的原始链和寡核苷酸中含有突变碱基但不含 U 的新生链。将该双链 DNA 转化至 ung^+ 野生型 *E. coli*，其中的尿嘧啶 N- 转葡糖基酶会识别 DNA 中的 U 碱基，并将其剪切，形成无嘧啶位点。出现无嘧啶位点使得DNA链失去生物学活性，因为DNA多聚酶不能以含此位点的 DNA 链作为模板进行复制。DNA 链在无嘧啶位点处被 *E. coli* 胞内特异的核酶（内切酶 IV）切割、降解。因此，当双链 DNA 引入 ung^+*E. coli* 时，仅发生突变的 DNA 能够进行复制。利用这种方法，突变效率可以达到 100%。

通过上述方法可以达到很高的DNA突变效率，但是，所有这些技术均需事先将欲突变基因克隆至M13噬菌体进而能够分离单链DNA。而目前质粒双链DNA作为载体广泛采用，我们必须先将DNA片段克隆至M13诱变载体，随后再将变异DNA克隆至原始质粒，因此这个过程非常费时。

7.3 盒式突变

盒式突变要求在需要突变的DNA序列两侧带有两个限制性酶切位点（图7.5）。然后利用这两种酶切开质粒，将其中大片段与酶切短片段分离并纯化大片段。再将得到的线性化质粒DNA与合成的一段DNA（通过两条互补寡核苷酸退火形成）连接（图7.5）。这两条互补寡核苷酸片段含有预期的突变以及与限制性酶切位点连接必需的粘性末端（Wells, Vasser & Powers, 1985）。只要能够完全除去小的野生型 DNA 片段，该方法形成突变还是非常有效的。但是，此技术也存在致命的缺陷，因为必须在突变序列的两侧序列中含有两个限制性内切酶酶切位点（Worrall,1994）。长度超过70bp时，寡核苷酸合成比较困难。尽管分开限制性位点不会构成限制，这样可以合成多个重叠寡核苷酸序列进而形成更长序列，但是，序列长度对于合成有效性的影响确实是一个障碍。在介绍特定基因的随机突变产物时我们将再回到盒式突变。

7.4 通过 PCR 方法实现突变

我们已经知道怎样通过设计适当的寡核苷酸引物在PCR产物末端引入突变，这种方法产生突变的效率几乎是100%（见第4章）。这种方法（见图4.7）是在PCR引物本身引入突变，对于在线性DNA片段末端引入突变是一种非常有效的工具，但是仅限于这些末端。但目前已经设计出能够在PCR产物全长的任何位点产生突变的PCR方法（Higuchi, Krummel & Saiki,

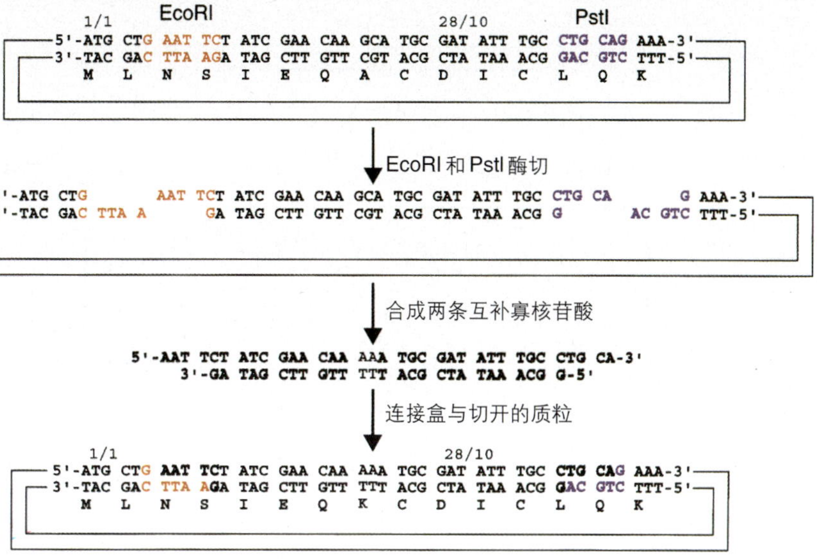

图7.5 盒式突变。从质粒上将一段两侧带有两个限制性酶切位点的DNA片段切下，取代之的是连接上一段带有预期突变的双链寡核苷酸。图中，在EcoRI和PstI酶切位点之间的一个丙氨酸密码子被置换成了赖氨酸密码子。两条互补的带有预期突变的单链寡核苷酸是人工合成的，杂交成双链后就形成了粘性末端，可以与切开的质粒连接。

1998)，这种方法也称为两步PCR法（two-step PCR mutagenesis)，需要四个寡核苷酸引物及三个独立的PCR反应，图7.6对其步骤进行了总结。两个引物（1和4）分别设计与靶DNA的反义链及正义链互补；另两个引物（2和3）则设计为与同一DNA序列的不同链结合并向每条链中引入必要的突变。在第一个PCR反应中，应用引物1和2扩增基因的5'端，得到的产物将在其3'端引入突变。在第二个PCR反应中，应用引物3和4扩增基因的3'端，因此产物将在5'端引入突变。引物2和3序列设计成彼此重叠互补，这意味着PCR产物1的3'端将能识别产物2的5'端。因此，如果PCR产物1和2混合，变性退火，则可以彼此杂交。得到的杂交分子可能有两种。如果产物2的正义链结合产物1的反义链，杂交产物不能利用DNA多聚酶延伸（非3'端碱基配对）；但是，如果产物1的正义链结合产物2的反义链，这样形成的杂交分子可以通过多聚酶延伸形成含有突变后的双股完整DNA链。实际操作中，在PCR产物1和产物2的混合体系中同时加入引物1和4，扩增全长突变基因以得到大量突变DNA分子。图7.6所示的引物1和4未引入突变，但实际中这些引物经常引入PCR产物的限制性内切酶识别位点（见图4.7所示）以便于突变基因克隆至相应载体。

PCR方法的致突变效率非常高，而且扩增可以确保避免在终产物中存在原始DNA。但是，该方法仍然存在一些缺陷。

- 某些热稳定DNA聚合酶的合成纠错能力差，这意味着可能会在突变产物中引入某些意外产生的突变。因此，有必要对整个PCR产物进行测序（见第9章），以确保正确引入突变而在其他地方未发生突变。
- 大DNA片段很难通过PCR方法扩增。这可能限制了可以完成扩增的产物片段长度。

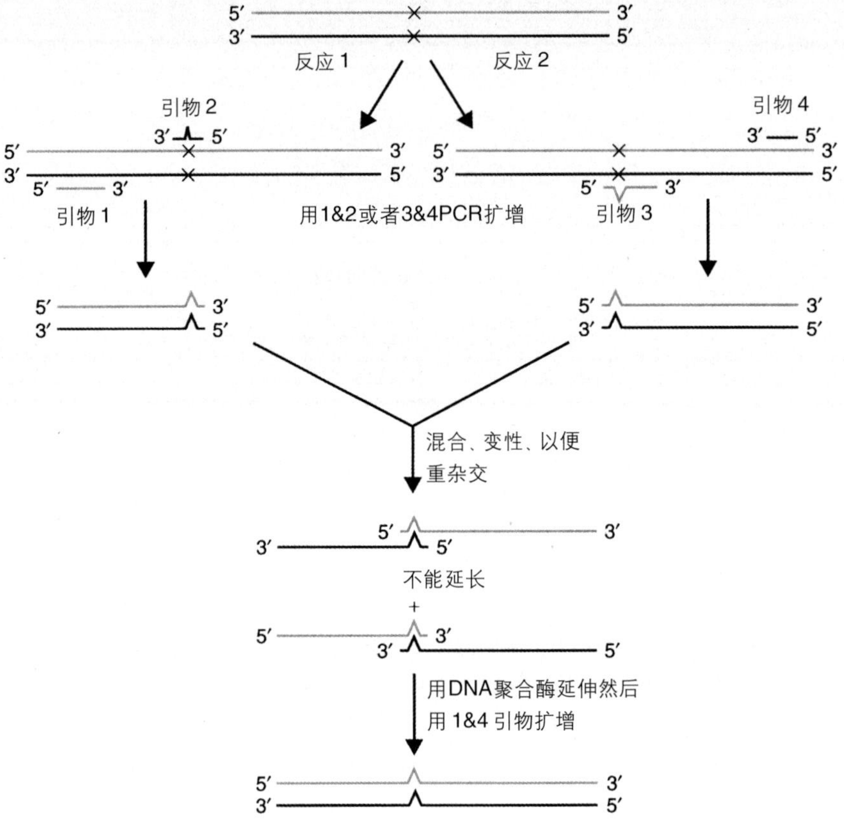

图 7.6　两步 PCR 法在扩增的 DNA 片段中间引入突变。在重叠互补引物（引物 2 和 3）中设计突变，由此将其分别引入新合成的正义和反义链。这些引物用于各自 PCR 过程扩增需要的两个不同的 DNA 片段：含有突变及正义链 5' 端的 DNA 和含有突变及正义链 3' 端的 DNA 链。用这种方法得到的 PCR 产物可以彼此通过互补序列复性，如引物 2 和 3 标注部分。混合 DNA 链可以进一步利用引物 1 和 4 扩增生成完整的含有突变的 DNA 片段。

在一段 DNA 片段内随意插入突变使得很多以前不能进行的基因分析方法现在已变为可能，这些基因分析方法可以设计得十分巧妙和精确。此外，致突变反应的开始步骤按两个分离的部分进行意味着此技术可以适用于生成嵌合 DNA 序列。有很多实验需要将特定的 DNA 序列连接在一起。

- 删除分析——删除部分基因序列也可被看作是将剩下的序列融合在一起。
- 改变一个基因的启动子进而改变其表达——我们在第 8 章将会看到，许多基因可以在外源宿主细胞中表达从而尽可能提高蛋白质产量。外源基因的表达都需要受宿主启动子序列的调控。
- 构建新基因——通过融合不同基因的编码部分的 DNA 序列，可以产生新的蛋白质；例如，可以通过对蛋白质加上一定的标签来简化其纯化，或者通过添加信号序列从而引导其特定的胞内定位。

传统融合DNA序列的克隆方法依靠序列存在限制性内切酶识别位点从而使得外源DNA得以插入，因此这种方法限制了融合的类型以及特定融合的精确性。使用PCR方法可以很好地解决这些问题。如图7.6所示，通过适当的PCR引物设计，如果引物末端含有一定的重叠序列，可以使得任何两个DNA序列精确融合。这种方法是在引物设计（图7.6中的引物2和3）时重叠序列中引入融合连接序列，因此将两个起始PCR产物放在一起将会通过第一个反应的引物互补序列精确融合。

以本人的工作为例（Reece & Ptashne, 1993），两步PCR法用于产生基因融合具有良好效果，见图7.7。酿酒酵母菌含有一个很大的基因家族，它们与称为C_6锌簇（zinc cluster）蛋白质的转录因子相关。像大多数真核转录因子一样，这些蛋白质各含有 一个独立的DNA结合域和活性域——分别负责将这些蛋白质结合于特定基因及聚集（recruit）RNA多聚酶II。Gal4p、Put3p及Ppr1p三种蛋白质的DNA结合域位于各自的氨基端，均含有6个高度保守的半胱氨酸残基，这些半胱氨酸残基螯合两个锌离子形成功能性DNA结合域（DNA binding domain,DBD）。每个蛋白质以一种同源二聚体的方式结合至各自的DNA结合位点。这三种蛋白质的DNA结合位点也彼此相关（图7.7（b）），每个位点含有高度保守的反向5'-CGG-3'三联核苷酸，之间隔有可变的间隔区。每个蛋白结合位点的间隔区长度不一。在Gal4p结合位点，CGG三联子间隔区长度为11bp，而Put3p及Ppr1p结合区域三联子间隔区长度则分别为10bp和6bp。因为每个蛋白质能够结合一个相关但彼此不同的DNA序列，我们希望精确检测各个蛋白质是由哪个区域赋予其DNA结合特异性。因此我们想通过利用一种不同的锌簇蛋白的相应序列置换某一锌簇蛋白的氨基酸从而改变其DNA结合特异性。由于缺乏结构信息，我们不知道应该将融合点设计在哪个位点以生成这样的功能蛋白质产物，因此，我们建立了一系列编码某一C_6锌簇蛋白的DNA序列和其他蛋白质序列的融合后蛋白质产物（见图7.7（c）），每个融合子都由两步PCR法生成。融合接头的定位仅通过寡核苷酸序列确定（图7.6中2和3）。这使得构建的杂合基因可以按照需要生成各种蛋白质，蛋白质的融合连接可以随氨基酸逐个移动改变。克隆不需要限制性酶切位点，因为寡核苷酸本身重叠可以介导基因融合。然后再将各杂合基因克隆至*E. coli*表达载体，表达纯化得到的蛋白质，然后检测其结合至每个DNA结合位点的能力。

我们发现每个野生型DBD蛋白均特异结合至一定的DNA。Put3p和Ppr1p仅结合其自身特异的DNA序列，而Gal4p除了高效结合自身特异结合位点，还可以辨识Put3p结合位点，但是结合效率降低9成。杂合子分析显示用其他蛋白质的锌簇区域置换某一蛋白质的锌簇区，对该蛋白的结合特异性并无影响。例如，图7.8中蛋白4是将Put3p的锌簇区融合至Gal4p的羧基区，该蛋白按Gal4p的DNA特异性结合，而不按有Put3p的DNA特异性结合。蛋白2和7也类似。因此我们想知道锌簇的羧基端多长序列对于维持原锌簇的DNA序列结合特异性是必需的。产生的融合子大多数不能结合任何DNA序列，可能是由于蛋白质错误折叠或者结构错排。但是，若蛋白质含有锌簇，并且在其羧基侧另有19个氨基酸，蛋白质能够特异结合DNA序列，特异性与19个氨基酸来源蛋白质一致。因此，这19个氨基酸对于DNA结合特异性至关重要。此后，通过X线晶体成像（Marmorstein *et al.*, 1992；Marmorstein & Harrison, 1994; Swaminathan *et al.*, 1997），弄清了Gapl4-、Put3p-以及Ppr1p-DNA的复合物结构，见图7.7（c）-（e）所示。每个蛋白质—DNA复合物显示一致的形式。各蛋白质均为二聚体形

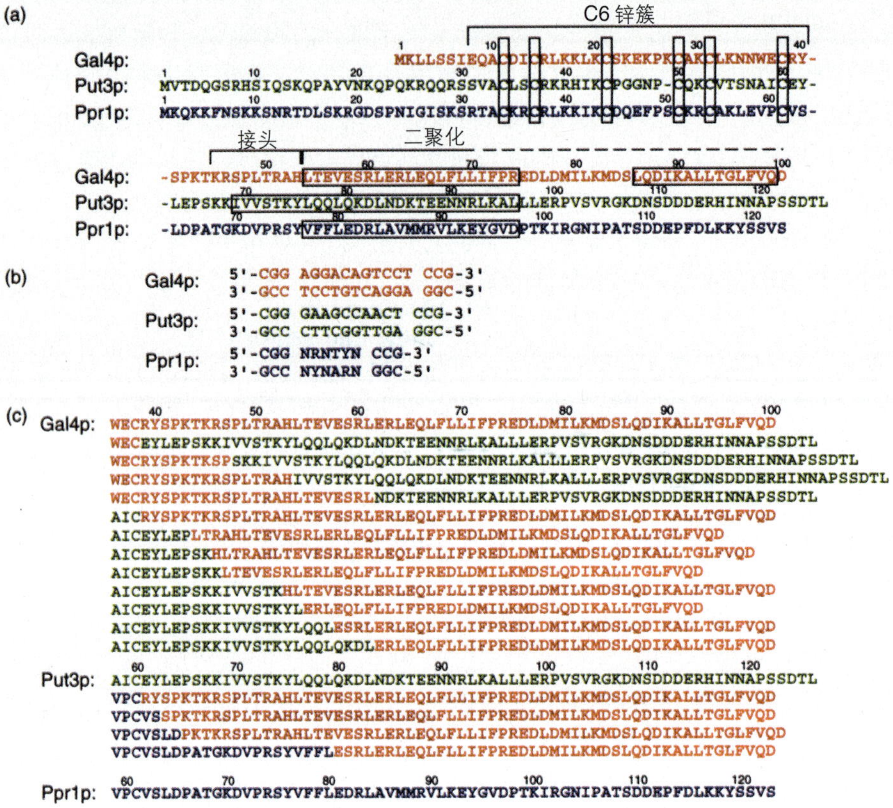

图 7.7　酵母 3 个 C_6 锌簇蛋白的 DNA 结合域。

（a）Gapl4、Put3p 以及 Ppr1p DNA 结合域的氨基酸序列。

（b）这三种蛋白质的 DNA 结合位点对于每种蛋白质含有高度保守的 5'-CGG-3' 三联体，这些三联体被不同数目碱基对所分隔。

（c）GAL14、PUT3 及 PPR1 彼此间基因融合形成的融合蛋白。每个蛋白质序列从 C_6 锌簇最后一个半胱氨酸前开始显示。

式，其锌簇与 DNA 序列 5'-CGG-3' 特异接触。锌簇形成一个紧凑的亚结构域，其内结合两个锌离子。从DNA上伸出一个卷曲螺旋二聚体基序，一个连接区将锌簇与卷曲螺旋连接。此连接子长度为19个氨基酸，在每个蛋白质中形成不同的结构，根据卷曲螺旋，决定锌簇的不同位置。这些差异足以使蛋白质能结合至5'-CGG-3'三联体，这些三联体可以被不同数目碱基对分隔。这种情况不能简单地通过传统的克隆方法进行精确的基因分析。

使用 PCR 技术产生突变 DNA 分子，不管是上述基因融合或者点突变，其功效和速度均无可置疑。进行突变的速度非常快，只要有合适的寡核苷酸，两步法 PCR 可以在 3 ～ 4 小时完成。该过程的限速步骤仅是将突变的线性PCR产物克隆至质粒以进行功能分析，因此直接突变双链质粒 DNA 而无须额外克隆步骤的方法显得很有必要。

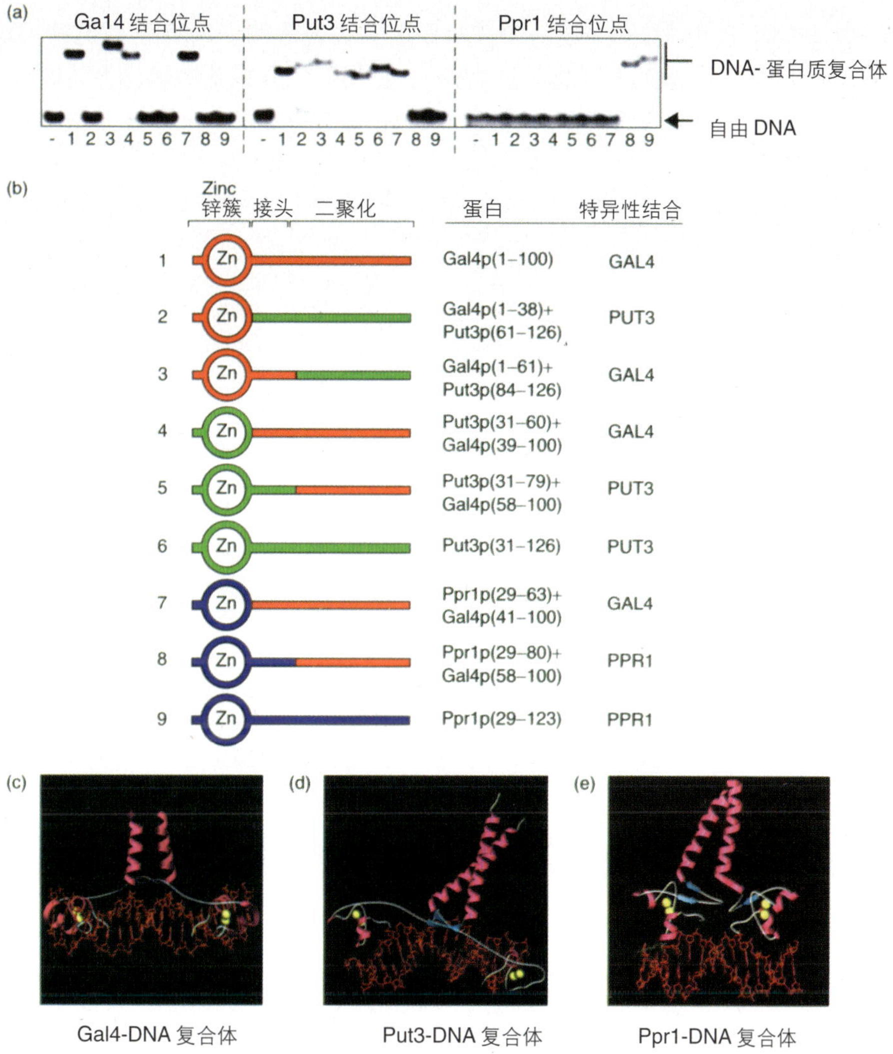

图 7.8 Gapl4、Put3p 以及 Ppr1p 嵌合蛋白的 DNA 结合活性。

(a) 对每个蛋白质相对应的DNA结合位点进行放射性标记并与相应纯化蛋白质孵育，再进行非变性凝胶电泳。蛋白质与 DNA 的结合延缓了其在凝胶中泳动速度，因此滞后。

(b) 功能性嵌合蛋白的 DNA 结合活性总结。

(c) - (e) 通过X线晶体成像得到的Gapl4-DNA、Put3p-DNA以及Ppr1p-DNA结构（Marmorstein *et al.*, 1992; Marmorstein & Harrison, 1994; Swanminathan *et al.*, 1997）。每个例子中，DNA和蛋白质分别以红色棒状模型及带状图显示（紫色代表α - 螺旋，蓝色代表β - 折叠，白色表示其他多肽链）。每个模型中，黄球代表锌离子的位置。

7.5 QuickChange®突变

上面叙述的PCR突变方法需要将线性突变DNA片段克隆至质粒DNA，以进行进一步扩增和功能分析。下面介绍一种方法利用 PCR 直接向质粒 DNA 引入突变，这将减少额外的克隆步骤。

图 7.9 归纳了利用 PCR 向质粒 DNA 直接引入突变的一般程序。这种方法经常称为QuickChange®方法（Wang and Malcon, 1999），使用两个寡核苷酸引物，其中一个引物与基因正义链互补，并含有需要的突变，而另外一个引物与基因的反义链互补，同时也含有相应的突变。双链质粒DNA用作PCR模板，先对其加热使其双链解离（变性）。加入寡核甘酸引物，然后冷却已变性的DNA，使得引物与其互补的质粒DNA结合。再热循环进行引物延伸，产生新合成的突变质粒 DNA。PCR 反应结束以后，新合成的 DNA（含有突变）形成两条互补线性DNA分子，它们可以形成一个含有交错DNA缺口的双链环（图7.9）。将PCR产物用

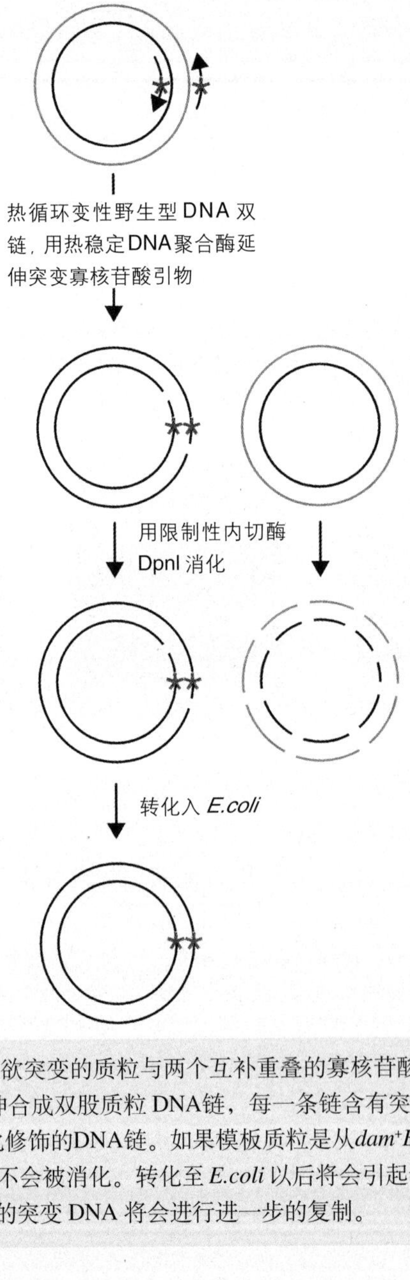

图 7.9 QuickChange®突变。将欲突变的质粒与两个互补重叠的寡核苷酸引物混合，每个引物均编码需要的突变。引物经 PCR反应延伸合成双股质粒 DNA链，每一条链含有突变。再将 DNA用限制性酶DpnI进行消化，这种酶仅切割甲基化修饰的DNA链。如果模板质粒是从*dam*⁺*E. coli* 体内分离，其将会被DpnI切割，而新合成的突变 DNA 链不会被消化。转化至 *E.coli* 以后将会引起切割模板 DNA 片段的降解和新合成 DNA 缺口的修复。新合成的突变 DNA 将会进行进一步的复制。

DpnI 限制性酶消化，可以仅将甲基化的 DNA 切割：

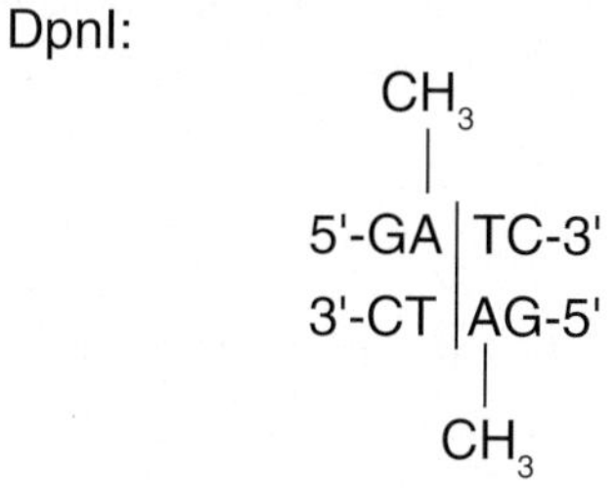

新合成的DNA不被甲基化，因此不会被DpnI消化。如果非突变模板质粒DNA是从含有 *Dam* 甲基化酶的 *E. coli* 体内分离的（见第 2 章），DpnI 酶将会在其识别序列位点对其进行切割。一般实验室用的*E. coli*均为*dam*⁺，因此这种方法适用于大多数实验室提取的质粒。限制性内切酶产物转化至 *E. coli* 细胞将会引起原始 DNA 片段的降解和新合成突变 DNA 环缺口的修复及进一步增殖。利用这种方法无需额外的克隆步骤即可以生成突变质粒，速度很快（3～4 小时），突变效率也非常高（～ 80%）。

7.6 对特定基因进行随机突变

利用寡核苷酸对基因引入定点突变，使我们对蛋白质功能的理解有了革命性的进步。但是，我们前面讨论的这些例子仅限于基因内特定碱基突变为其他限定的碱基，这样在基因编码序列内的突变将会最终得到带有指定的氨基酸改变的突变蛋白质。但是，很多情况下我们并不知道蛋白质中哪些氨基酸应该改变，或者无法知道应该怎样改变，有一些系统的方法可以解决这一问题，通过这些方法可以将基因内每个编码氨基酸的三联密码子变成一个丙氨酸密码子（Cunningham & Wells, 1989）。这种丙氨酸扫描突变（alanine scanning mutagenesis）能够识别对蛋白质功能至关重要但并不影响蛋白质整体结构的氨基酸侧链，并且仅仅消除了氨基酸侧链的相互作用。此类方法需要能够筛选辨识蛋白质的功能，尤其是小分子蛋白质或者需要构建突变的蛋白结构域。一种替代方案是将多肽链上连续排列的带电氨基酸残基转变为丙氨酸（Bass, Mulkerrin & Wells, 1991）。这种带电氨基酸 - 丙氨酸扫描突变（charged to alanine scanning mutagenesis）是基于大多数蛋白质均含有一个疏水核心和带电残基包被的外表进而发展起来的。相应地，蛋白质序列中成簇排列的带电氨基酸残基很可能定位于蛋白质外表，可能参与蛋白质的某些功能，如蛋白质——蛋白质相互作用。因此，对蛋白质的这些氨基酸残基簇进行突变，比起其它残基突变更可能破坏蛋白质间的相互作用。

在整个基因或基因片段内引入随机突变有两种常用方法，这两种 方法同样需要针对于适当的表型来筛选分析突变基因，但是不需要考虑对单个残基的突变类型的限制，也不需要考虑可以进行的突变种类的限制。

- *混杂盒式突变（Doped cassette mutagenesis）* 该试验与图7.5中所讨论的那样类似，不同的是将寡核苷酸文库连入切开的质粒（图7.10）。像传统的盒式突变一样，从质粒中将两个限制性酶切位点之间的DNA片段切下并用一对合成的寡核苷酸取代。但是，此处寡核苷酸并不编码统一的序列，相反，以同一个序列为基础，生成含有一定随机突

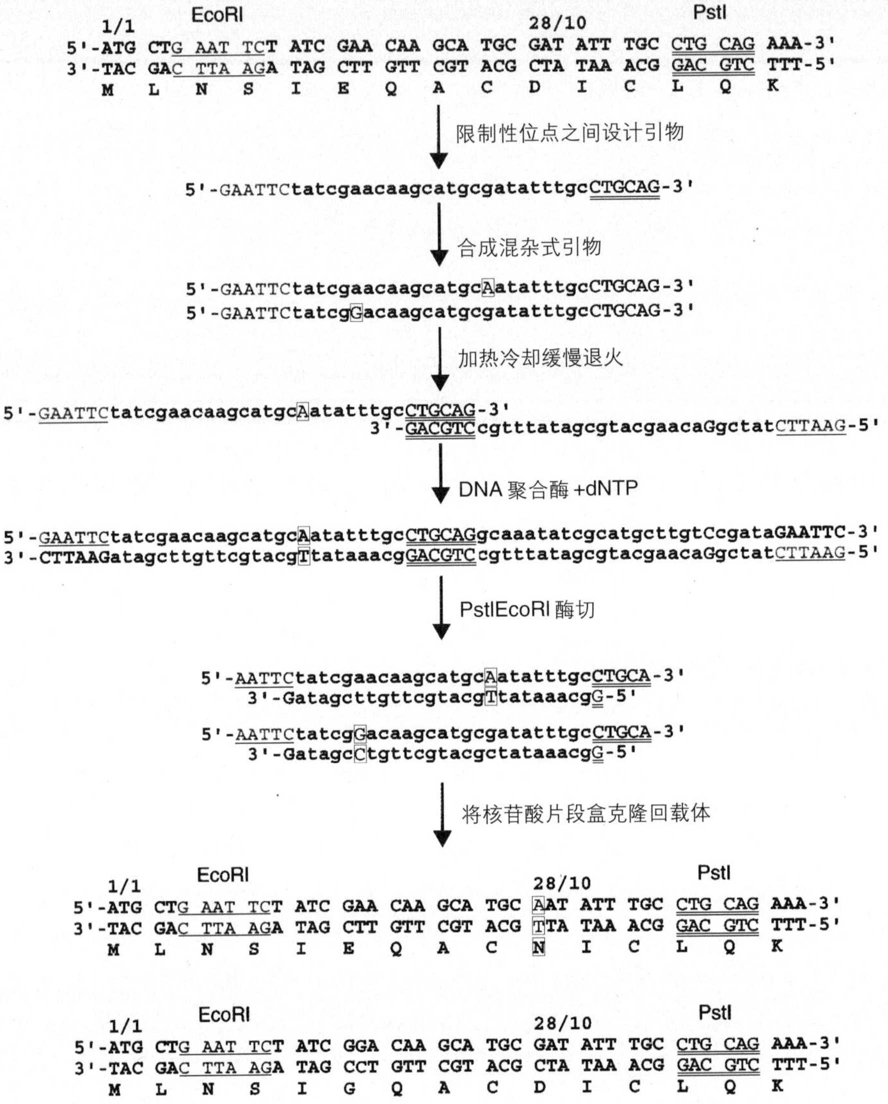

图 7.10 利用混杂盒式突变方法在基因的特定片段内引入随机突变。详见文中叙述。

变的寡核苷酸库。这种混杂的**寡核苷酸**（doped oligonucleotides）是由混合在一起的核苷酸合成的（图4.6）。例如，若下一个进入延伸寡核苷酸的碱基是A，那么不是仅仅向延伸链添加A，而是向其增添A和少量其他核苷酸侧混合物，这些混合物中一般含有95%的原始核苷酸，其他每一种各含1.7%。通过控制混杂水平可以控制获得突变的水平。在图7.10所示例子中，EcoRI和PstI之间的序列被改变。合成寡核苷酸时，必须加上相同的EcoRI和PstI限制性位点以将DNA克隆回质粒。限制性位点之间的序列以一定水平混杂，这样每个寡核苷酸序列平均带有原始序列的单一突变。以图7.10中两个寡核苷酸的生成为例，通过选择适当水平的混杂，此区域的每一核苷酸可以更换为其他任一核苷酸，但每一寡核苷酸仅出现一处改变。这种方法生成的寡核苷酸仅为单链，因此不可以直接克隆至酶切双链质粒载体上。可以通过以下任一方式制备双链：或者合成互补寡混杂核苷酸再通过退火得到双链，或者利用寡核苷酸末端限制性酶切位点的回文序列形成二聚分子，进而可以利用限制性酶切割并连入质粒。第一种方法依赖两条互补链存在互补突变，而两条互补链之间因突变形成的错配反而可以通过双链DNA的形成增加突变的数目。第二种方法（见图7.10）更加符合需要，因为单链寡核苷酸文库内的各个突变将保持双链形式。

- *易错PCR*（*Error-prone PCR*） 前面我们已经讨论了PCR中使用的某些DNA聚合酶的错误倾向的特点（第4章）。尤其在Taq DNA聚合酶缺乏3'-5'核酸外切酶活性时不具备纠错功能，借助这一特点，利用PCR反应本身就可以在产物中引入有意义的突变（Keohavong & Thilly, 1989）。这种随机突变引入方法的优势在于仅需进行一次PCR反应。然后可以将PCR产物克隆并进行功能分析。可以通过改变PCR反应条件增加Taq DNA聚合酶的错误率，从而增加产物突变率。例如，在反应体系中增加镁离子或锰离子浓度将会增加聚合酶的聚合错误率（Lin-Goerke, Robbins & Burczak）。此外，通过增加反应体系中脱氧核苷酸或聚合酶浓度或者增加延伸步骤的时间均可以增加碱基错配率。因使用PCR随机突变方法较为容易，已经被普遍选用。这种技术的局限在于依赖聚合酶产生随机突变，而DNA多聚酶产生错误配对具有一定的倾向性。以Taq DNA聚合酶为例，更容易发生转换而不易发生易位（Kohavong *et al.*, 1993），所以一些突变很难获得。

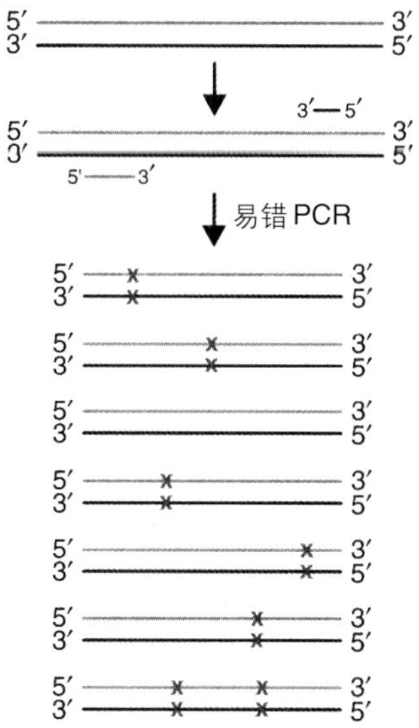

图7.11 利用易错PCR作为基因突变方法。在PCR过程中使用某些DNA聚合酶的易错特点将在扩增得到的DNA内产生突变。改变PCR的实验条件可以增加错配率，这样，可以使得平均每个扩增的双链产物含有一个单一突变。

7.7 蛋白质工程

蛋白质工程即对氨基酸序列进行精细修饰（通过改变蛋白编码DNA序列）从而赋予蛋白质新的功能。这种方法已经用于构建各种改变了特性的酶，以实现不同的实验需要。被改变的特性主要包括以下几个方面：

- 热稳定性
- pH 稳定性
- 动力学特点
- 在有机溶剂中的稳定性
- 改变辅助因子的需要
- 改变底物结合特异性
- 对蛋白酶的抵抗
- 改变变构调节

蛋白质工程已经在直接改变溶菌酶的热稳定性方面得到应用了（Matsumura, Signor & Matthews, 1989）。这些实验的理论基础在于蛋白质的两个半胱氨酸残基之间形成的二硫键可以维持蛋白质抵抗热变性的空间构象。T4噬菌体溶菌酶编码的基因是一个不含二硫键的酶分子，通过在其序列中引入半胱氨酸密码子，这样会使残基 3-97、9-164 以及 21-142 之间交联形成二硫键。该突变的蛋白质变性温度由野生型蛋白质的42℃变为60℃（Matsumura, Signor & Matthews, 1989）。

通过蛋白质工程也可以改变酶的特异性，这样使其能够催化不同底物参加的反应。例如，酵母醇脱氢酶 I 基因的一个点突变，将其 233 位的天冬氨酸变为甘氨酸，从而生成一个突变蛋白，此蛋白质既可以使用NAD^+，也可以使用$NADP^+$作为辅助因子催化乙醛转变为乙醇分子（Fan, Lorenzen & Plapp, 1991）。在另一个更为极端的例子中，对嗜热脂肪芽胞杆菌乳酸脱氢酶进行了改造，将其三个活性位点氨基酸进行突变，从而得到一个高活性的羟基丁二酸脱氢酶（Wilks *et al.*, 1988）。上面这两例，均是在各自蛋白质的高精度结构下进行突变，突变蛋白仅仅是对原蛋白质的功能的轻度改变。对于要想设计一个具有全新功能的蛋白质分子，面临的困难将会大得多，但是通过定向演化（directed evolution）方法已经开始步入这一领域，定向演化是通过对一个编码已知功能蛋白质的基因进行多重随机突变，结合选择过程，从而形成一个具有特异、全新功能的蛋白质分子。例如，Olsen等通过噬菌体显示（第6章）和随机突变来分离具有新底物特异性的蛋白酶（Olsen *et al.*, 2000）。用这种方法改变蛋白质特性比用来生成全新蛋白质更为成功。例如，Williams等用定向演化来改变一个1,6二磷酸塔格糖缩醛酶催化反应的立体化学过程（Williams *et al.*, 2003）。通过三轮突变及筛选后，得到一个缩醛酶变体，此变体显示对于非天然底物果糖 1,6 二磷酸，其立体结构特异性改变了 100 倍。同最初1,6二磷酸塔格糖缩醛酶相比，改变后的酶含有4个单核苷酸改变，并且其改变遍及整个多肽。但是每一处改变在其形成三维结构时均改变了蛋白质的活性位点。

第 8 章 蛋白质表达与纯化

要点

- 强启动子可驱动目的基因过表达蛋白质
- 强诱导型启动子允许表达毒性蛋白质以及在特定条件下表达蛋白质
- 蛋白质可在原核或真核细胞中表达
- 编码蛋白质纯化标签的 DNA 序列可与目的基因连接，以用于蛋白质纯化
- 蛋白质纯化标签赋予过表达的蛋白质某种特性，从而有利于该蛋白质的生化方法纯化

近年来，用于生化和结构分析的蛋白质表达与纯化在基因工程、药物开发和医用化学诸多新进展上发挥关键作用。有些蛋白质天然状态下就高水平表达，如肌动蛋白和某些热休克蛋白在细胞内含量高。而许多具有重要生理功能的蛋白质却表达量很低，如大多数参与调节基因开关的转录因子，它们通常在一个细胞内才几个拷贝。为了更好地研究这些低水平表达的蛋白质，就需要使其编码基因能够过表达。最行之有效的方法就是将目的基因置于强启动子控制之下，使这些来自高表达基因的强启动子驱动目的基因高效表达。

为了最大限度地提高蛋白质表达水平，在载体的设计上也做了大量的工作。图8.1是一个典型表达载体的构建图。

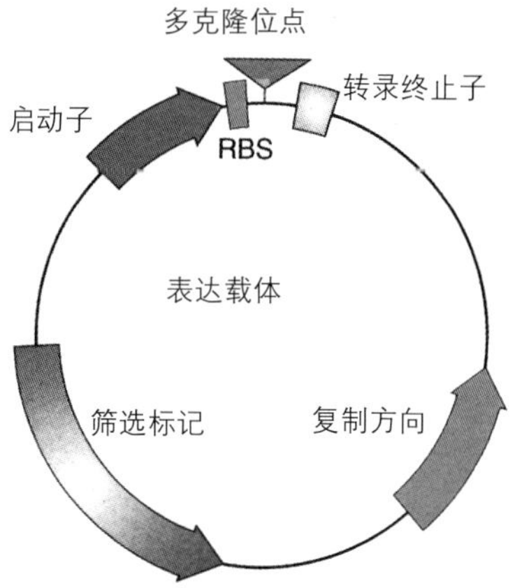

图8.1 表达载体的构建图。表达载体应该含有一个强的、诱导型启动子，一个可插入目的基因的多克隆位点和一转录终止子。此外，还含有一个启动有效翻译的核糖体结合位点（RBS）。

表达载体常含有一个多克隆位点，位于强启动子和终止子序列之间。此外，与其他质粒一样具有一个复制起始点和筛选标志，使其能在细胞内进行自我复制，持续存在。

通常大多数蛋白质在高水平存在时对宿主细胞是有毒性的，而有些蛋白质即使少量存在

也对宿主细胞有毒性。如脊髓灰质炎3AB基因产物对*E. coli*毒性很强，是由于该蛋白质能引起细菌细胞膜通透性发生剧烈变化（Lama & Carrasco, 1992）。因此，构建一个诱导型表达体系、蛋白质表达起始前培养大量的宿主细胞，是最大限度提高蛋白质表达量的关键，这样可使蛋白质合成迅速激活，并尽早收集细胞以避免蛋白质的毒性效应。这里，我们除了讨论一些当今常用的诱导型表达体系外，还将对用于在 *E. coli*、酵母、昆虫及哺乳动物细胞表达蛋白质的常用宿主 - 载体系统进行描述。

8.1 在 *E. coli*中表达

*E.coli*是大多数蛋白质表达实验所选择的宿主细胞。由于它能够在普通培养基中快速二分裂繁殖（大约30分钟）再加上人们对其启动子和终止子序列的深入了解，使得许多原核和真核来源的蛋白质都能够在其中进行表达，此外，*E. coli* 还易于破碎这有利于纯化表达的蛋白质。当然，*E. coli* 作为原核生物在表达真核蛋白质时有其弊端，例如不能处理内含子，不具备转录后加工修饰功能，例如对蛋白质进行糖基化、甲基化、磷酸化，或以其他方式改变蛋白质如形成二硫键等。利用 cDNA 构建的表达载体克服了处理内含子的问题，但是如果蛋白质必须经过转录后加工修饰才具备功能，那就需要选择其他的表达宿主。

许多种不同的异源启动子被用来诱导蛋白质在 *E. coli* 中的表达（Makrides, 1996）。以下将讨论一些常用的启动子。

8.1.1 lac 启动子

通过图 1.23，我们已了解了 *E.coli lac* 启动子启动诱导型基因表达的作用机制。当 *E. coli* 在含有乳糖的培养基中生长时，*lac* 基因大量表达。因此若将 *Lac* 启动子序列连到某个基因上，则可使该基因产生对乳糖（或 IPTG）的依赖性表达。但是，由于 *lac* 启动子存在许多问题而使其很少用于驱动目的基因的表达。首先，*lac* 启动子活性很弱，不能驱动高水平的蛋白质合成；再者，*lac* 基因在非诱导状态下高效转录（Gronenborn, 1976）。第二个问题可通过表达 *lac*I 基因突变体以增强 DNA 的结合力来解决，例如 *lac*I^{q} 等位基因引起 *lac*I 的高表达，结果导致在无诱导物存在时转录水平降低（Muller-Hill, Crapo & Gilbert, 1968）。

8.1.2 tac 启动子

由于 *lac* 启动子容易被激活（在 *E.coli* 培养基中加入 IPTG），而使其成为目的蛋白质表达的良好体系。但缺点是启动子相对较弱，目的基因不能高效表达。通过对诸多 *E. coli* 启动子序列的分析发现，在 -35 和 -10 区，即 RNA 聚合酶识别结合部位存在共有序列（Lisser & Margalit, 1993）。*lac* 启动子较弱的原因是 -35 区的一致性偏倚（图 8.2）。可将控制色氨酸生物合成基因表达的 *E. coli trp* 操终子 -35 区和控制乳糖代谢基因表达的 *lac* 操终子 -10 区进行融合，从而诞生了杂合启动子 *tac*，该启动子要比 *lac* 启动子强 5 倍（de Boer, Comstock & Vasser, 1983）。由*tac*启动子驱动的目的蛋白质表达量可占细胞蛋白质的20%～30%（Amann, Brosius & Ptashne, 1983）。含有 *tac* 启动子的表达载体也同时带有 *lac*O 操纵子和编码 *Lac* 抑制因子的 *lac*I 基因（Stark，1987）。因此克隆到该载体上的目的基因可在多种 *E. coli* 菌株中受 IPTG 的诱导或抑制（图 8.3）。

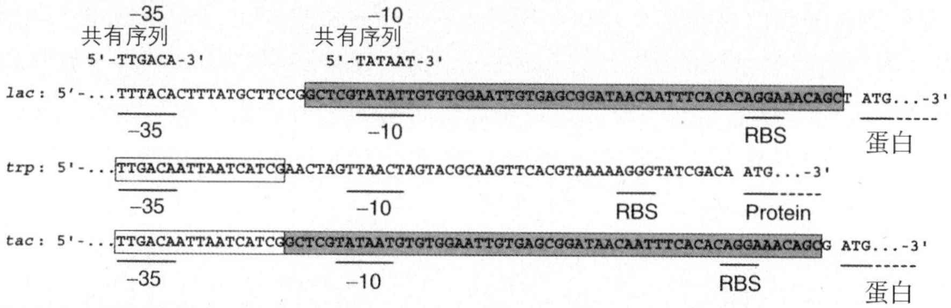

图 8.2 *lac*、*trp* 和 *tac* 启动子的 DNA 序列。上图是基于对天然启动子分析所获得的 -35 和 -10 区的共有序列以及每个启动子从-35区至转录起始点的序列。*tac*启动子是*lac*和*trp*启动子结合成的杂合体，它的 -10 区和 -35 区与共有序列非常相似。*tac* 启动子比 *lac* 启动子强 5 倍，但同样受半乳糖或 IPTG 的诱导。

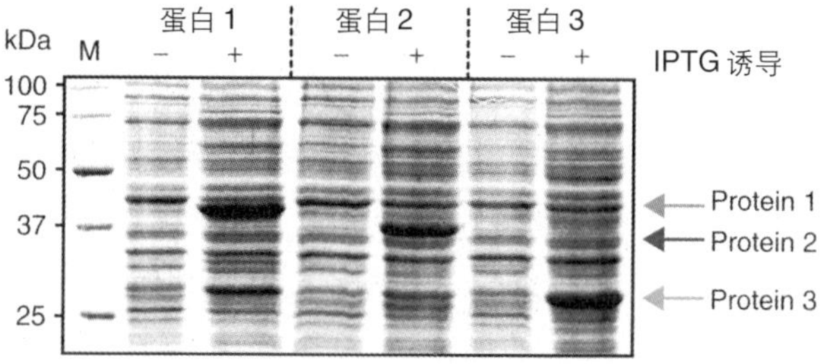

图 8.3 由 *lac* 启动子启动 *E.coli* 表达的三种不同蛋白质。含有 *tac* 表达载体的菌株在液体培养基中培养，然后加入IPTG诱导，继续培养90min后收集细菌，破碎后进行SDS-PAGE电泳，考马亮蓝染色观察蛋白质组分。经 IPTG 诱导的三种蛋白质如图所示。

8.1.3 λ P_L 启动子

λ P_L 启动子主要驱动 λ 基因组的左向转录，包括 N 和 cIII（见第 3 章）。该启动子受 λ 阻遏蛋白即*cI*基因产物的负调控。激活 λ P_L启动子可用两种方法，一是将*cI*的温度敏感突变体（cI857）与 λ P_L启动子连接用于目的基因的表达（Hendrix, 1983）。突变体 *cI* 的表达产物在30℃时能够结合并阻遏 λ P_L启动子，当温度超过30℃时，该蛋白质即失去与DNA结合的能力，λ P_L 启动子被激活（Bernard *et al.*, 1979）。此法可使目的基因表达高水平的蛋白质，但缺点是温度较难控制。另一种方法是将表达载体转入*E.coli*使*cI*基因置于*trp*启动子的严密控制之下，这样可通过向培养基内加入色氨酸来阻止*cI*基因转录，激活 λ P_L启动子驱动目的基因的转录。这种受到严格调控的表达体系可用于表达那些毒性高的蛋白质（Wang, Deems & Dennis, 1997；Celis *et al.*, 1998）。

8.1.4 T7表达系统

由噬菌体 T7 编码的 RNA 聚合酶和 *E. coli* 的 RNA 聚合酶是不同的，后者具有 $\alpha_2\beta_2$亚单位结构，而前者只有一个亚单位结合到位于 T7 基因上游的 17bp 的启动子序列（5'-TAATACGACTCACTATA-3'）并激活之，而 *E. coli* RNA 聚合酶则不识别 T7 启动子序列。

由 T7 系统表达目的蛋白质的整个过程如图 8.4（Studier & Moffatt, 1986;Studier *et al*., 1990）。克隆到表达载体的目的基因的表达由T7启动子控制，在野生型*E.coli*菌体内复制的质粒由于缺乏T7RNA聚合酶，目的基因不表达，若要使目的基因进行表达，载体需要转入含有一个T7基因拷贝并受控于 *lac* 启动子的 *E. coli* 株内。这样的序列可通过称作 DE3 的 λ 溶原菌导入多种 *E. coli* 菌株内，DE3 含有 T7RNA 聚合酶基因，受 *lac*UV5 启动子的调控（图 8.4）。总之，由 IPTG 诱导合成的 T7RNA 聚合酶，结合到 T7 启动子启动目的基因的表达。我们知道 *lac* 启动子即使在不诱导时也能启动基因的少量表达。在表达载体T7启动子和目的基因间插入*lac*O基因可降低基因的表达水平（Dubendorff & Studier, 1991）。为了抑制 T7RNA 聚合酶的低量合成（菌体确保目的基因的最低量表达），*E. coli* 细胞可同时转化一个附加质粒。如图 8.4 所示，质粒 pLysS 使用与表达载体不同但可兼容的复制起始点能产生 T7 溶菌酶，它是 T7RNA 聚合酶的天然抑制因子，可灭活在非诱导状态下产生的少量聚合酶，但当在诱导状态下产生大量聚合酶时，其抑制作用将无法发挥。

虽然很多高效的启动子能启动高水平的 RNA 转录，但是在 *E. coli* 内仍有很多蛋白质不能表达。目的蛋白是否会在细胞内积累，启动子的启动能力并不是必要的决定因素。下面列举了几种这样的因素。

- *表达载体的水平*。人们通常会认为如果增加表达载体的拷贝数就会提高蛋白质的表达量，但有资料显示事实并非如此（Yansura & Henner, 1990），甚至正相反（Vasquez *et al*., 1989）。现在许多商品化的表达载体都含有 pBR322 或 pUC 复制起始点（第 3 章），一般不通过改变拷贝数来调节蛋白质合成水平，尽管也确实有这种体系存在（Wild, Hradecna & Szybalski, 2001）。
- *转录终止*。虽然人们对表达载体的设计非常重视，但要获得大量的表达蛋白质，有效的转录终止也是很关键的因素。终止子可增强 mRNA 的稳定性（Hayashi & Hayashi, 1985）并显著提高蛋白质产量（Vasquez *et al*., 1989）。*E.coli rrn*B rRNA 操纵子两个前后排列的转录终止子（T1 和 T2）（Brosius *et al*., 1981）常出现在表达载体上，但其他转录终止子的作用也很好。
- *密码子的使用*。遗传密码的简并性是指两个或两个以上的密码子可编码同一种氨基酸，参入正在延长的肽链中。原核和真核基因对密码子的选用均不是随机的，那些含有常用密码子的基因比含有不常用密码子基因能够得到更有效转录，此现象在密码子偏倚严重的大肠杆菌高表达基因中更为普遍。总之，密码子的使用频率反映了其相应tRNA的丰度。例如，微量精氨酸$tRNA^{Arg\ (AGG/AGA)}$分子是细菌表达某些哺乳动物蛋白质的限制因素（Brinkmann，Mattes & Buckel，1989），因为 AGG 和 AGA 密码子在菌体内是稀有密码子，而编码$tRNA^{Arg\ (AGG/AGA)}$（*dna*Y）基因的协同表达则能够使目的蛋白质的表达量显著提高。目前已经建立起了对经常出现在哺乳动物编码序列中而很少在*E. coli*中存在的一些tRNA分子的表达体系，如使用一株这样的细菌（称为Rosetta™），其质粒可以表达AGG、AGA、AUA、CUA、CCC和GGA的tRNA分子并且又能与表达载体相容。另外一种比较耗时的方法是通过基因突变来增加密码子在*E. coli*高表达基因中的使用频率，即改变基因的DNA序列使其允许使用那些常用密码子而不影响所编码的多肽。但是，似乎基因内稀有密码子的存在与蛋白质表达水平之间关系并没有简单的相关性。不过目标序列内连续稀有密码子的存在及其他因素可以降低转录的整体效率。

- *蛋白质序列*。目的蛋白质的氨基酸序列对蛋白质积累水平也有显著影响，Alexander Varshavsky 实验室最先认为蛋白质氨基末端序列与蛋白质的稳定性有关（Bachmair, Finley & Varshavsky, 1986; Varshavsky, 1992）。在 *E. coli*，位于氨基端起始蛋氨酸之后的精氨酸、赖氨酸、亮氨酸、苯丙氨酸、酪氨酸和色氨酸可使蛋白质的半衰期不到2分钟，而其他氨基酸的存在则可使蛋白质半衰期延长 10 小时以上（Tobias *et al.*, 1991）。Makrides（1996）认为其他依赖于氨基酸序列的蛋白质稳定性因素也同样存在。
- *蛋白质降解*。*E. coli* 被认为是 DNA 和蛋白质合成的分子生物学“库（bag）”。该生物体的高度进化性使其能清除自身有毒物质等多种功能，例如，在细胞质和外周胞质中含有大量与内外膜相关的蛋白酶（Chung,1993; Gottesman, 1996.），蛋白水解作用限制了重要调节蛋白的积累，并清除细胞内异常的和错误折叠的蛋白质。*E. coli* 内表达的目标蛋白质可由于多种原因发生错误折叠，包括原本位于蛋白质核心内疏水基团的暴露；缺乏正常的分子伴侣以及不适当的或无转录后修饰等等。有几种方法可以抵抗蛋白水解作用，包括使用蛋白酶缺陷的*E. coli* 株、低温培养、将目的基因表达产物融合到已知的稳定蛋白，以及将合成的蛋白质定位到含有少量蛋白酶的外周胞质（Murby, Uhlen & Stahl, 1996）。

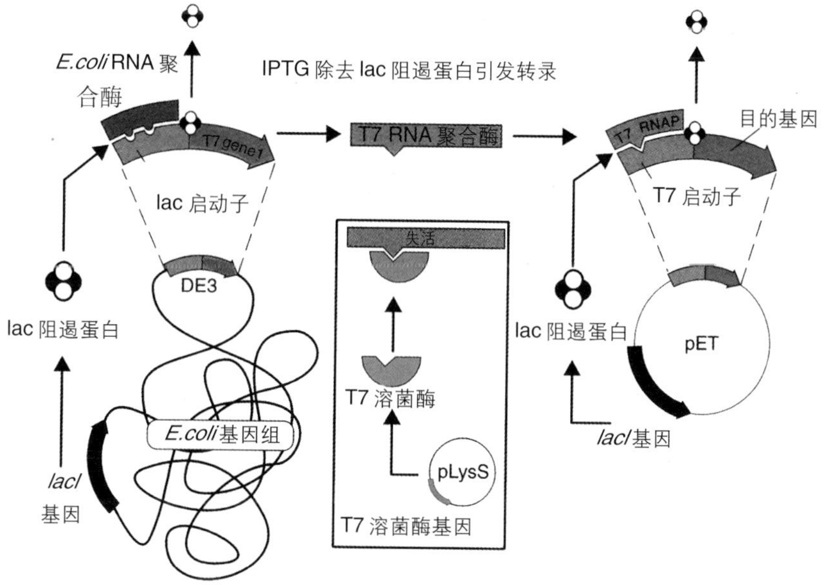

图 8.4 T7 系统在 *E. coli* 中的蛋白质表达。表达载体（pET）含有目的基因，受控于 T7RNA 聚合酶启动子。将载体转化入 *E. coli* 菌株，菌体基因组中整合了受 *lac* 启动子控制的单拷贝 T7RNA 聚合酶基因。此外，在目的基因和T7RNA聚合酶基因的启动子序列中还含有*lac*O操纵子，因此可被*lac*抑制子（*lac*I）所阻遏。IPTG 诱导 T7RNA 聚合酶基因转录，转录产物激活目的基因表达。*E. coli* 内能产生 T7 溶菌酶的附加质粒可灭活在非诱导状态下合成的T7RNA聚合酶，但是当大量的T7RNA聚合酶诱导合成后可不受此调节。该图经 Novagen 公司许可印制。

尽管*E. coli*有其局限性，但它仍然被广泛用于蛋白质表达。然而，某些表达系统只适用于实验室研究，不适合大规模的蛋白质合成。例如，用IPTG诱导合成人体治疗蛋白质就是不现实的，不仅由于大量培养耗费高，而且IPTG本身也有毒性作用（Figge *et al*., 1988）。

8.2 酵母表达

作为真核细胞酵母具有很多优点，如转录后加工修饰、像*E. coli*一样易于操作。酵母细胞生长快、比其他的真核细胞经济实惠、通常蛋白质表达量高。目前有三种主要的酵母细胞可用于重组蛋白的表达——酿酒酵母，巴氏毕赤酵母，粟酒裂殖糖酵母。

8.2.1 酿酒酵母(Saccharomycos cere visiae)

Baker酵母，即酿酒酵母，是单细胞真核生物，能够在类似细菌的培养基中快速繁殖（大约90分钟增殖一代）。如同高等真核细胞，酿酒酵母能够对多数表达的蛋白质进行转录后加工修饰，如，人的α-1-抗胰岛素，它是一个糖基化的52kD的血清蛋白，参入调节凝集和纤溶。如果该蛋白质是由酿酒酵母合成的，它就能够在与人体内产生的蛋白质相同的位点被糖基化，只是糖基化的模式不同而已（Moir & Dumais, 1987）。

许多强启动子被用来驱动目的基因在酵母中的表达，如，编码PGK，GPD和ADH1基因的启动子可被用于合成目的蛋白质（Cereghino & Cregg , 1999）。但是，同样也存在着与*E. coli*表达体系相似的问题。目前可以使用多种体系在酵母中诱导合成目的蛋白质。以下主要讨论其中的两种。

8.2.1.1 GAL系统

像大多数细胞一样，在酵母中，半乳糖可通过Leloir途径的酶转化为6-磷酸葡萄糖。当细胞把半乳糖作为唯一的碳源时，该途径中的每个结构基因（总称为GAL基因）均高水平表达，它们约占细胞总mRNA的0.5% ~ 1%（St John & Davis, 1981）。每个GAL基因启动子内至少含有一个，通常是多个转录激活子Gal4p的结合位点。Gal4p与位点的结合以及结合后的转录活性受细胞内碳源的调节。当酵母在其常用碳源的葡萄糖中生长时，GAL4启动子转录下调（调节Gal4p的合成），因此细胞内只产生少量的Gal4p，而使结合在*GAL*结构基因启动子上的激活子水平降低（Griggs & Johaston, 1991）。若酵母在含其它碳源如棉子糖的培养基中生长时，即合成Gal4p并结合到*GAL*结构基因启动子上，但抑制子Gal80p又可阻遏其活性。Gal80p能直接与Gal4p结合，掩盖其活性区域使其不能够激活基因的转录（Lue *et al*., 1987）。只有在半乳糖存在时，可解除Gal80p的抑制作用，从而使目的基因高效表达。

如果使用半乳糖诱导目的基因在酿酒酵母中表达，蛋白编码基因必须克隆在GAL启动子的下游以受其控制。编码半乳糖激酶的*GAL1*基因的启动子是最常用的启动子，但含有多个Gal4p结合位点的人工合成启动子也可使用。该启动子合成之后，表达载体转化入酵母细胞，将细胞置于含半乳糖的培养基中，蛋白质即可合成。此法合成的蛋白质通常很少像细菌那样能够积累到一定水平，也不易用考马蓝染色观察到（如图8.3），最大合成量一般也只占细胞总蛋白的1% ~ 5%，需要用Western blotting或其它的方法对目的蛋白质进行检测。另外一个问题是作为GAL基因激活子的Gal4p通常在酵母细胞内只少量存在，因此如果带有多个

Gal4p结合位点的表达载体是一个多拷贝质粒时，可能就没有足够的Gal4p去激活所有目的基因进行高效表达。这时可通过将编码 GAL4 的基因序列置于 *GAL* 启动子控制之下来解决(Schultz *et al*., 1987; Mylin *et al*., 1990)。这样就会形成一反馈循环，半乳糖诱导Gal4p的合成而促使更多的目的基因进行表达（图 8.5)。

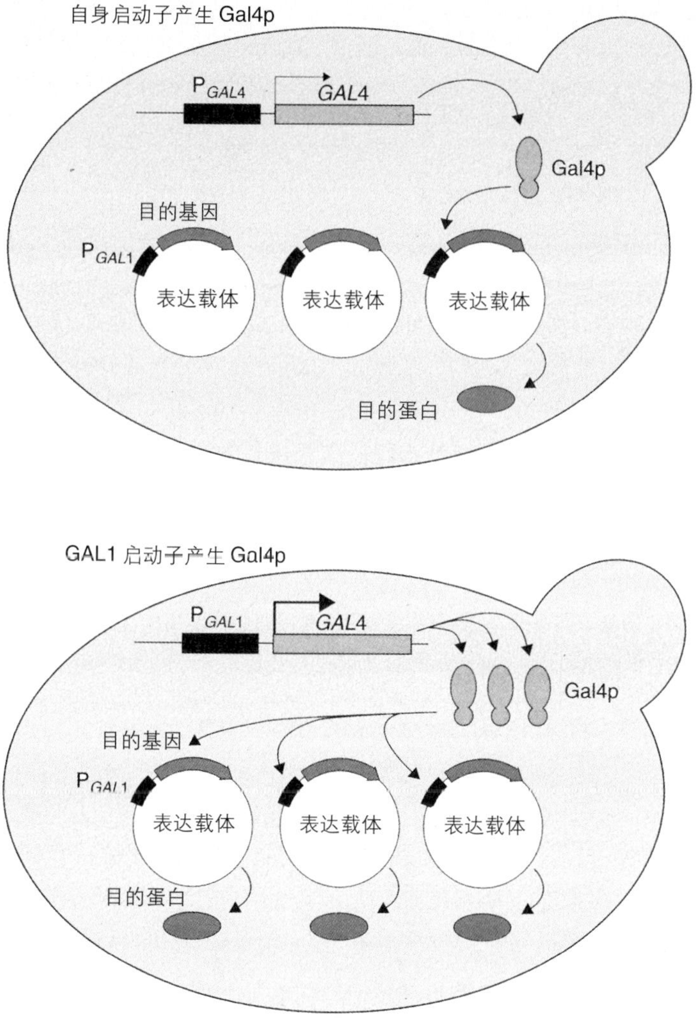

图 8.5　在酵母中半乳糖诱导的基因表达。如果将编码 *GAL1* 转录激活子的基因也置于 *GAL1* 启动子(P_{GAL1}）之下同样受其控制，那么该启动子所控制的多拷贝载体目的基因的表达可显著增强。此时，通过半乳糖的诱导能合成更多的 Gal4p，结果产生更多的目的蛋白质。

8.2.1.2 CUP1 系统

对所有生物体而言，适当水平铜离子存在（Cu^{2+} 和 Cu^{+}）是必需的，但高水平时会有毒性。因此细胞内必须维持适量的铜离子，既不能太低引起缺乏，也不能太高造成细胞毒性。

在酿酒酵母，铜离子的动态平衡由摄入、分布以及解毒机制来维持（Eide, 1998），当浓度过高时，由铜离子感觉金属调节转录因子即Ace1p介导解毒。通过与铜离子的相互作用，Ace1p结合到编码金属硫蛋白 CPU1 基因上游的 DNA 分子上（Wing, 1998）并启动该基因的转录。若培养基内加入铜离子，CPU1 基因很快被诱导转录（Winge, Jensen & Srinvasan, 1998）。带有 CPU1 启动子的表达载体以依赖铜离子的方式被用来诱导目标基因的表达（Mascorrogallardo, Covarrubias & Gaxiola, 1996）。有别于GAL系统，含有CPU1表达质粒的酵母可利用丰富的碳源如葡萄糖大量繁殖，然后向培养基中加入铜盐（0.5mmol/L终浓度）诱导蛋白质合成。该系统的一个潜在缺点是由于在酵母生长介质及水中常含有铜离子而使得在不加铜时也能产生一定量的蛋白质。

8.2.2 巴氏毕赤酵母（Pichia Pastoris）

巴氏毕赤酵母是甲醇营养型酵母，它以代谢甲醇作为唯一的碳源。它首先是利用分子氧（O_2）通过乙醇氧化酶氧化甲醇为甲醛。乙醇氧化酶与 O_2 的亲和力较低，而巴氏毕赤酵母能够通过产生大量的乙醇氧化酶来进行弥补（Koutz *et al.*, 1989）。由于该启动子受甲醇的严密调控和诱导，控制乙醇氧化酶（AOX1）合成的启动子可用来驱动异种蛋白质在巴氏毕赤酵母中的表达（Tschopp *et al.*, 1987）。巴氏毕赤酵母含有表达载体，常以单拷贝或多拷贝整合到基因组中，酵母在含甘油的培养基中生长到很高密度后加入甲醇（若在葡萄糖中生长即使有甲醇存在也可抑制AOX1的转录），一旦诱导成功，所合成的目的蛋白质即可积累到很高的水平，每升酵母培养基的蛋白质量可达0.5至数十克，如编码HBV表面抗原重组基因的表达量每升可达1克多（Hardy *et al.*, 2000），这比在酿酒酵母中表达量要高得多。此外，与酿酒酵母相比，巴氏毕赤酵母具有对分泌蛋白进行糖基化的优势。由巴氏毕赤酵母合成的糖基化蛋白与高等真核生物产生的糖基化蛋白结构极为相似。

8.2.3 粟酒裂殖糖酵母（Schizosaccharomyces pombe）

粟酒裂殖糖酵母（*S.pombe*）也是单细胞真核生物，具有许多与高等真核生物相似的特点，如染色体结构和功能、细胞周期调控、RNA剪接和密码子应用等，表明粟酒裂殖糖酵母可作为真核蛋白表达的理想宿主（Giga-Hama & Kumagai, 1999）。此外，在粟酒裂殖糖酵母中表达的真核蛋白多能够正确折叠，从而增强了蛋白质的溶解性。在粟酒裂殖糖酵母中蛋白质的合成通常受nmt1（无硫胺素信号）启动子的控制（Maundrell, 1993）。当细胞在无硫胺素的环境中生长时该启动子被激活并驱动其下游基因转录，而当硫胺素的浓度超过0.5μmol/L时启动子关闭（Maundrell, 1990）。蛋白质合成量与在酿酒酵母中相似。

8.3 昆虫细胞表达

杆状病毒可感染昆虫及昆虫细胞系，其基因组为双股环状DNA，长约90～180kbp（Ayres *et al.*, 1994）。一般在病毒感染后3～5天细胞开始裂解，最后导致感染昆虫死亡。核多角体病毒属于杆状病毒家族，能在感染细胞核内形成包涵体，这些包涵体由单一蛋白质即多角体蛋白组成，包裹并保护病毒颗粒。感染之前大量的病毒被昆虫吞食，在消化道内包涵体可保护病毒颗粒，使其不被降解。在感染晚期多角体基因被高水平转录（感染后2～4天）。在培养的昆虫细胞内所形成的包涵体并非是病毒感染和复制所必需的。因此，多角体蛋白基因启动子可以用于驱动目的基因的表达。

杆状病毒苜蓿丫纹夜蛾（*Autog rapha californica*）核型多角体病毒（AcNPV）是昆虫细胞表达重组蛋白常用的病毒种类（Fraser, 1992），它多与草地夜蛾昆虫细胞系细胞联合使用。这些细胞系细胞（如 Sf9 和 Sf21）在实验室容易培养，构建杆状病毒重组体流程如图 8.6 所

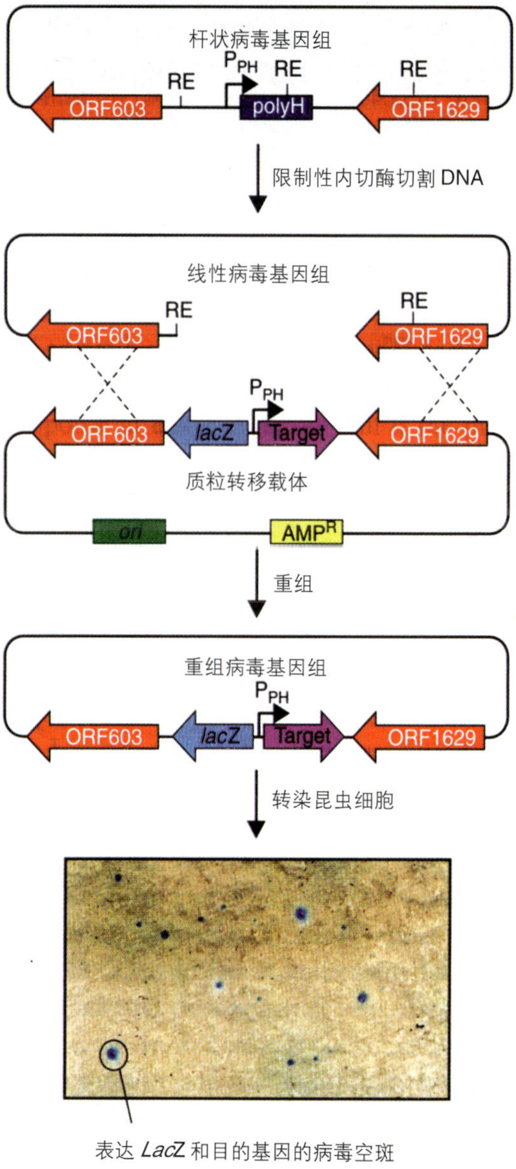

图 8.6　用于昆虫细胞蛋白表达的重组杆状病毒基因组的构建。将克隆在多角体启动子下游的目的基因转入插入位点两侧连有多面体基因区的病毒基因组序列的载体，然后将载体与经内切酶在几个位点切开线性化了的病毒基因组共同转化昆虫细胞，线性基因与载体间将发生同源重组，从而产生功能性病毒基因组而合成病毒颗粒。转移载体上的 *lacZ* 是病毒筛选标志，可通过病毒空斑的筛选鉴定重组子。

示。杆状病毒基因组一般不包括克隆的目的基因片段，目的基因被克隆在转移质粒中多角体基因启动子的下游（Lopez-Ferber, Sisk & Possee, 1995）。转移质粒多含有杆状病毒基因组DNA序列，其上游和下游均与多角体基因相连。若要合成重组体病毒，需要将重组转移质粒与线形杆状病毒载体 DNA 一同转进昆虫细胞内，转移质粒中目的基因的两侧序列可与病毒 DNA 发生同源重组而使目的基因进入杆状病毒基因组中。重组过程也可使病毒的 DNA 修复成环状，病毒进行复制并重新形成ORF1629（一种病毒颗粒形成所必需的病毒衣壳相关蛋白）。通过对昆虫细胞形成的病毒空斑的观察，可以在镜下见到重组病毒感染。含有重组病毒的空斑由于缺乏功能性多角体蛋白而不能形成包涵体（Smith, Summers & Fraser, 1983）。但技术上用这种方法筛选空斑是困难的。因此，转移质粒一般也含有*lac*Z基因或其它易观察的报告基因，通过 X-Gal 作用后重组空斑的蓝色反应肉眼进行鉴定（图 8.6）。转染后空斑纯化以除去污染的原代病毒，获得高纯度的重组病毒用于感染大量的昆虫细胞，当感染细胞死亡裂解后即可获得大量的目的蛋白质。

与其他真核表达系统相比，杆状病毒感染昆虫细胞表达的蛋白质产量高，而且蛋白糖基化模式与高等真核生物相似，但并又不完全相同（Possee, 1997; Joshi *et al*., 2000）。杆状病毒的优点是一个病毒可表达多种基因，这样可以通过形成蛋白复合体而增强蛋白质的稳定性(Rol *et al*., 1997)。但它的主要缺点是构建和纯化重组杆状病毒载体需 4 ～ 6 周时间，且细胞在昂贵的培养基内生长缓慢（容易造成污染）。构建重组病毒基因组的另一种方法是在*E.coli*中使用特异位点转座而不是昆虫细胞内的同源重组（Luckow *et al*., 1993），它是将表达盒的特异性位点转至能够在 *E. coli* 增殖的杆状病毒穿梭载体（bacmid）。bacmid 含有完整的杆状病毒基因组，一个低拷贝的 *E. coli* F 质粒复制起始点和细菌转座子 Tn7 结合位点。bacmid 作为一个大质粒在*E. coli*中复制。通过将含有目的基因的供体质粒Tn7 元件转座至bacmid质粒上的连接点而构建重组的bacmid，这一过程需要编码转座酶的辅助质粒协助完成。重组bacmid质粒可从 *E. coli* 中分离出并直接转染昆虫细胞。

8.4 高等真核细胞表达

用哺乳动物细胞表达哺乳动物蛋白质有明显优势，但关键问题是较难获得大量的蛋白质。多年来哺乳动物细胞蛋白质的表达一直使用强启动子启动目的基因的转录。这些启动子包括来自SV40早期启动子、RSV长末端重复启动子以及CMV立早启动子都能够驱动目的基因的表达（Mulligan & Berg1981; Gorman *et al*., 1982；Boshart *et al*., 1985）。也可使用可诱导系统，如，热休克启动子或肾上腺皮质激素可诱导系统也被用于目的基因的表达（Wurm, Gwinn & Kingston, 1986; Hirt *et al*., 1992），但如果不进行诱导和诱导条件被破坏时他们就停止表达。为了解决使用内源启动子启动目的基因表达所出现的问题，可引入来自细菌的调节系统来控制基因在哺乳动物细胞的表达。

8.4.1 Tet-on/Tet-off *系统*

我们在第 1 章里所讨论过，原核和真核生物对转录起始的控制是完全不同的。原核的激活子不能够在真核转录中发挥作用，反之亦然。然而，DNA的结合却是非种属依赖性的。由于原核激活子的DNA结合能力受到严格的调控，因此可被用于引导真核激活子的激活结构域启动目的基因的表达。其中有这样一个系统就是利用 *E. coli* 四环素抑制子的这种 DNA 特性的。*E. coli tet*操纵子最初被认为是能够抵抗四环素作用的转座子（Tn10）(Foster et al., 1981)。TetR 蛋白与我们已经讨论过的 *Lac* 阻遏蛋白（*Lac*I）相似，它可与四环素抗性操纵子的启动子结合，阻止RNA聚合酶引发转录。当四环素结合到抑制子上时，导致其构象变化，使其不能与 DNA 发生结合，四环素操纵子则被激活。TetR 蛋白对抗生素的亲和力很高（结合常数为～3×10^{-9}mol/L)，即使当低浓度的四环素存在时，它也可从DNA结合处游离下来（Takahashi, Degenkolb & Hillen, 1991)。TetR 本身不能引起真核基因转录，若将其融合到真核转录激活子结构域时，它才能引发转录。用tet系统驱动目的基因在真核细胞的表达依赖两个重组DNA分子在宿主细胞中的插入（图 8.7)。

- *调节质粒*——可产生 *E.coli* 四环素抑制因子（TetR)，它被融合到单纯疱疹病毒 VP16 蛋白的转录激活域中。融合蛋白由 CMV 启动子控制在宿主细胞中合成。
- *反应质粒*——含有目的基因，克隆在多拷贝四环素操纵子（*tet*O）DNA 序列的下游，形成一个四环素反应元件（tetracycline response element, TRE)，整体被克隆到小型CMV

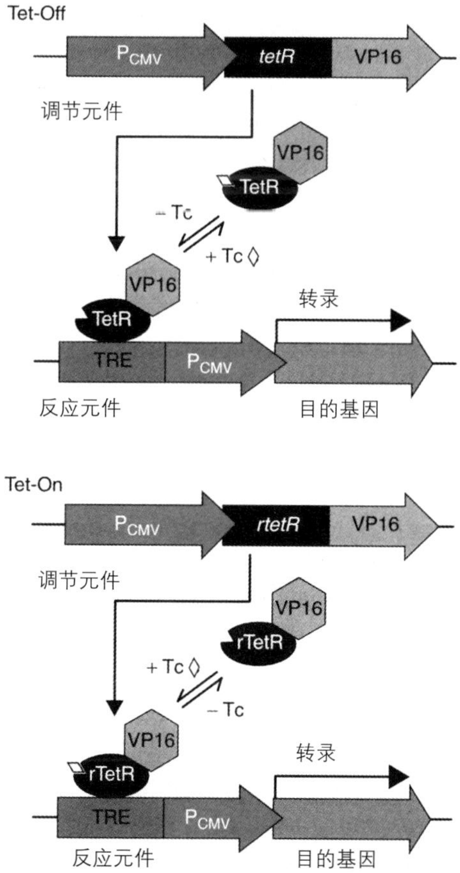

图 8.7　哺乳动物细胞蛋白合成过程的四环素调控基因表达。Tet-on 和 Tet-off 系统对四环素转录应答的不同机制。Tet-off 系统对四环素的应答是关闭目的基因转录，而 Tet-on 系统由于含有能改变 DNA 结合性能的突变体 TetR 则激活基因表达。

启动子之后，而 CMV 启动子本身不能支持基因激活活性。

在无四环素存在时，TetR-VP16融合蛋白结合到TRE而激活目标基因的转录。当细胞内加入四环素时，TetR发生解离，目标基因停止转录（Gossen & Bujard, 1992），也就是四环素的加入关闭了目的基因的表达。目前 TetR 突变体的出现使得 tet 系统的应用更加广泛。突变的四环素阻遏蛋白有 4 个氨基酸（E71K，D95N，L101S 和 G102D）与野生型不同，从而根本上改变了它的DNA结合特性。一种抗四环素阻遏蛋白，被称为rTetR的突变蛋白，只有在四环素存在时才结合 DNA（Gossen *et al.*, 1995），也就是说，将 TetR 与 VP16 激活域融合，在四环素存在时既可阻遏又可激活目的基因的表达。

- *Tet-off* 机制使用与VP16融合的野生型TetR蛋白。在无四环素存在时，目标基因表达活跃。
- *Tet-on* 机制使用与 VP16 融合的突变体 rTetR 蛋白。当有四环素存在时，目标基因表达活跃。

这种开-关转换系统的优势是在诱导基因表达或阻遏基因之前宿主细胞无需在抗生素的环境中暴露太久，还有就是能够对目的基因进行严格调控，如携带受TRE启动子控制的白喉毒性A基因的转基因小鼠。少量毒素甚至一分子毒素就可引起细胞死亡。若让含有与白喉毒素应答元件相连的*Tet-off*调节子的小鼠饮用含四环素水时，小鼠就很健康，若停止饮用四环素水，小鼠即中毒死亡（Lee *et al.*, 1998）。

8.5 蛋白质纯化

以上所讨论的是如何将蛋白质的核苷酸序列有效地转换成其相应的多肽序列。那么接下来研究人员要面对的是怎样将表达的目的蛋白质从众多的宿主蛋白质中分离出来。许多蛋白质具有相似的特性。若将完全变性的*E. coli* 蛋白用高分辨双向凝胶电泳进行分离，可根据其电荷和分子大小不同出现针对不同蛋白质的许多条带（图 8.8）。分析显示大多数蛋白质都是中等大小蛋白质（40～80kD），它们所带的电荷也是中等大小（等电点为pH6-8）。如果分析

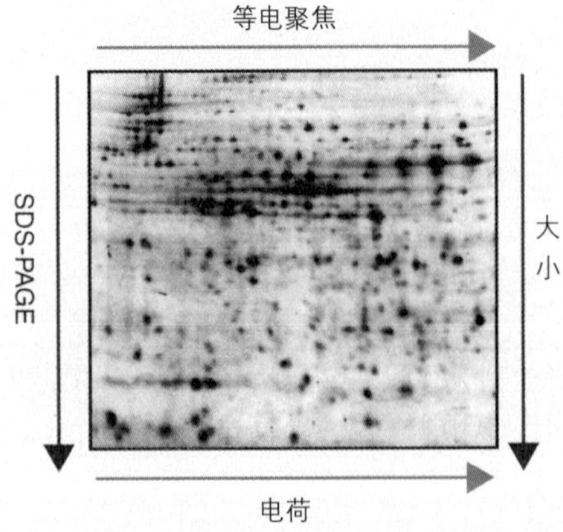

图 8.8 双向 SDS-PAGE 对蛋白质的高分辨分离。凝胶图像由 Phil Cash（Aberdeen 大学）提供。

功能性蛋白则需要特殊的分离技术。传统的生物化学分离技术也可使用，如基于蛋白质分子大小（凝胶质过滤层析）、所带电荷（离子交换层析）或疏水性（疏水层析），但要分离那些相似蛋白质，这些技术有其很大局限性。因此，重组蛋白通常较难纯化，若要得到相对较纯的重组蛋白质，需要多个耗时费力的层析步骤。当然，蛋白质用途不同，对纯度的要求也不一样，例如，大多数酶的反应可在细胞裂解液中进行就不需要纯化蛋白质，而其他用途尤其是结构生物学分析就需要高度均一蛋白质。我们必须根据目的蛋白质某种特性将其从宿主蛋白质中分离出来。蛋白质纯化标签就是可与特殊分子高亲和度结合的蛋白质序列，它能使目的蛋白质结合到固相支持物上，通常是以柱床形式的支持物，而其他杂蛋白则难以结合。从宿主细胞中纯化标签蛋白一般需要 4 步：裂解宿主细胞，蛋白质结合到亲和柱上，洗柱以除去杂蛋白质，最后洗脱标签蛋白。较理想的是标签可使重组蛋白质很特异地结合到柱床上，而且结合后又能在温和条件下解离以保证洗脱时蛋白质不发生变性。此外，标签又不能影响重组蛋白质的功能。一些常用蛋白质纯化标签介绍如下，其他的则列在表 8.1 中。

表 8.1 其他常用的蛋白质标签

标签	序列	来源	用途	说明	参考文献
FLAG	DYKDDDDK	噬菌体 T7 基因 10 前导肽	纯化，免疫印迹	亲和力强有抗体	(Einhauer & Jungbauer, 2001)
S-tag	KETAAAKFERQIIMDS	经枯草杆菌蛋白酶切割的牛胰核糖核酸酶	纯化，免疫印迹	与核糖核酸酶 S 蛋白结合力强	(Raines *et al.*，2000)
Trx	109 个氨基酸的硫氧还蛋白	*E.coli trx* 基因	增强融合伴侣的稳定性	可稳定某些蛋白质并协助其他蛋白质折叠	(LaVallie *et al.*，1993a)
NusA	495 个氨基酸的转录延长因子	*E.coli nusA* 基因	增强融合伴侣的稳定性	高溶蛋白质可提高融合蛋白的溶解度	(Davis *et al.*，1999)
HA	YPYDVPDYA	流感血凝素	纯化，免疫印迹	亲和力强有抗体	(Wilson *et al.*，1984)
Myc	EQKLISEEDL	人 c-myc 蛋白	纯化，免疫印迹	亲和力强有抗体	(Evan *et al.*，1985)

8.5.1 His 标签

含有 6 个组氨酸残基的 His-tag 是最简单的蛋白质纯化标签。编码该序列的 DNA 分子被克隆到目的基因上，合成的蛋白质就会在其多肽序列的某个部位出现 6 个连续的组氨酸残基(Hoffman & Roeder, 1991)。通常将标签序列置于蛋白质的氨基端或羧基端，这样它就不太会影响蛋白质功能。如果已确定蛋白质的中间部分不是蛋白质功能所必需的，也可将其置于中部（Zenke *et al.*, 1996)。组氨酸可与某些特定的金属离子（图 8.9）非共价结合，亲和力强。有一种技术称为固相金属离子亲和层析技术（IMAC)，镍离子等被结合到树脂上以捕捉带his 标签的蛋白质（Yip & Hutchens, 1996)。最常用的树脂是 NTA（nitriloacetic acid)，它与金属离子共价结合。NTA 通过 4 个配位点与一个镍离子紧密结合，另 2 个游离的配位点在溶液中与水的作用很弱，但可与侧链多肽链上的组氨酸残基咪唑环强烈反应。通常至少需要 6 个连续的组氨酸残基才能将蛋白质牢固结合到柱子上，而宿主蛋白质是不可能以这样的方式结合上去的。

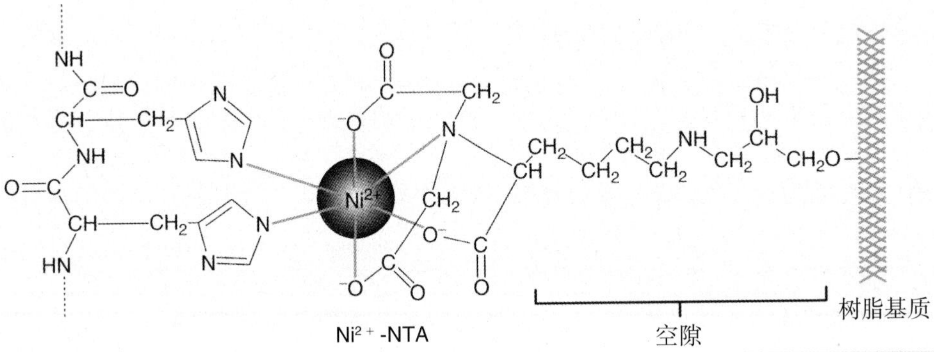

图 8.9 组氨酸标签蛋白与 Ni^{2+}-NTA 树脂的结合

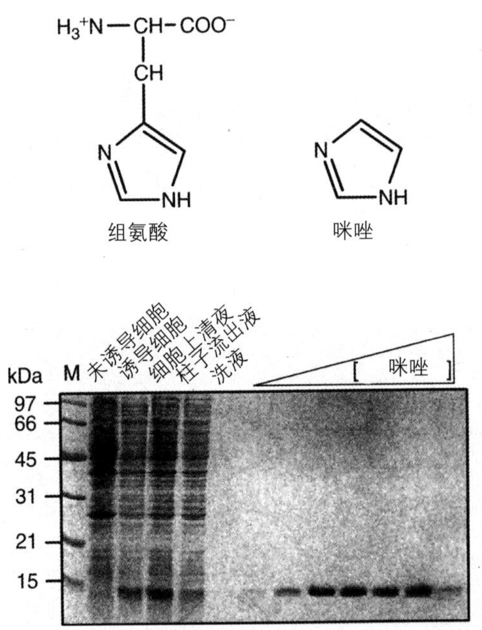

图 8.10 his 标签蛋白的纯化。图中显示了组氨酸和咪唑的化学结构以及 SDS-PAGE 纯化的 his 标签蛋白。含 *E.coli* 合成的 14kD 组氨酸标签蛋白的抽提物过 Ni^{2+}-NTA 柱子，先用低浓度咪唑（20mmol/L 缓冲液洗柱，再逐步提高咪唑浓度（20～250mmol/L）洗脱标签蛋白。经考马斯亮蓝染色可见明显的蛋白条带。

图 8.10 显示了 *E. coli* 中带组氨酸标签的蛋白质的纯化。培养含有可诱导表达载体的 *E. coli*，并诱导其合成带标签的蛋白质，裂解细菌，离心除去不溶性细胞碎片，上清即通过Ni^{2+}-NTA柱，然后用低浓度的咪唑（20mmol/L）洗柱，以去除那些结合弱的或富含组氨酸的非特异性结合蛋白，最后，通过提高咪唑浓度（250 mmol/L）将标签蛋白从柱子上洗脱下来。这样通过一步纯化就可以获得很纯的甚至是均一的蛋白质。任何表达体系包括细菌、酵母、杆

状病毒、哺乳动物细胞表达的his标签蛋白都可用该技术进行纯化，并且蛋白质的均一性高。此外也可以选用其它的洗脱办法，如将pH从8降至4.5以改变组氨酸残基的质子化状态，从而使蛋白质从金属复合物中解离出来。也可通过加入EDTA等螯合剂直接将镍离子从柱子上解离下来从而将标签蛋白分离出来。

由于组氨酸标签较小，因此通常不影响重组蛋白的生物学活性，但在某些情况下却发现带标签的蛋白质比不带标签的蛋白质生物学活性强（Janknecht *et al*., 1991），这可能是由纯化速度而非标签本身的生物学活性所致。而有些蛋白质在 his 标签存在时发生结晶（Kim et al., 1996a）。此外，his-tag有极低的免疫原性，因而含标签的重组蛋白质可用来生产抗体。也有报道（Knapp *et al*., 2000）称 His-tag 改变了蛋白质功能，但我们接下来就会发现，去除其他的纯化标签则更为重要。His-tag的另外一个优点是在变性条件下也可进行纯化（Reece, Rickles & Ptashne, 1993）。组氨酸残基和金属离子间的相互作用不需要任何特殊的蛋白质结构，即使在有强蛋白质变性剂存在下也可发生（如8mol/L尿素）。这对蛋白质的纯化尤其重要，否则不溶性的蛋白质就难以纯化了。

8.5.2 GST标签

谷胱甘肽S转移酶（glutathione S-transferases，GST_S）是一类细胞内抵抗亲电子的异型生物的化学物质（xenobiotic）的酶系。他们催化谷胱甘肽加到亲电底物上，因而提高其水溶性，促进其酶促降解（Strange, Jones & Fryer, 2000）。谷胱甘肽是由谷氨酸、半胱氨酸和甘氨酸组成的三肽（图 8.11（a））。GST 可与谷胱甘肽高亲和度结合（图 8.11（b））。日本裂体吸虫的 GST 是一个 26kD 的二聚体蛋白（Walker *et al*.，1993），编码该蛋白质的基因以准确的读码框融合到目的基因上，由表达载体介导合成融合蛋白，然后破碎宿主细胞，将可溶性蛋白质通过吸附有谷胱甘肽的柱子（如，谷胱甘肽-琼脂糖）。通过GST与谷胱甘肽特异性相互作用，将融合蛋白结合到柱子上，而绝大多数宿主蛋白质则不能吸附，然后通过高浓度的谷胱甘肽（10mmol/L）洗柱而将结合的蛋白质洗脱下来。（图 8.11（c））。

与his-tag相比，无论是大分子的GST还是其二聚体蛋白都可能影响目的蛋白质的生物学活性。因此，如果要研究目的蛋白质活性常希望将GST从融合蛋白中去除，这可以通过在表

表8.2 位点特异性蛋白酶。表中显示了每种蛋白酶的识别序列及切割点，如箭头所示

蛋白酶	识别及切割位点	说明	参考文献
Xa 因子	IleGluGlyArg ↓	42kD 蛋白，由二硫键连接的双链组成，自牛血浆中纯化而来	（Nagai，Perutz & Poyart，1985）
肠激酶	AspAspAspAspLys ↓	26kD 的轻链牛肠激酶，由大肠杆菌产生纯化	（LaVallie *et al*.，1993b）
凝血酶	LeuValProArg ↓ GlySer	从牛血浆中纯化	（Chang,1985）
TEV	GluAsnLeuTyrPheGln ↓ Gly	烟草花叶病毒蛋白酶	（Dougherty *et al*.，1989）
PreScission	LeuGlyValLeuPheGln ↓ GlyPro	3C 人类鼻病毒蛋白酶	（Walker *et al*.，1994）

达载体的 GST 和目的基因之间插入一段编码特异蛋白酶切位点的 DNA 序列。纯化的融合蛋白用蛋白酶处理后可产生 2 个多肽即游离的目的蛋白质和 GST。然后再过谷胱甘肽柱，GST 再次结合到柱子上而被去除，所收集的液体就只含有目的蛋白质了。

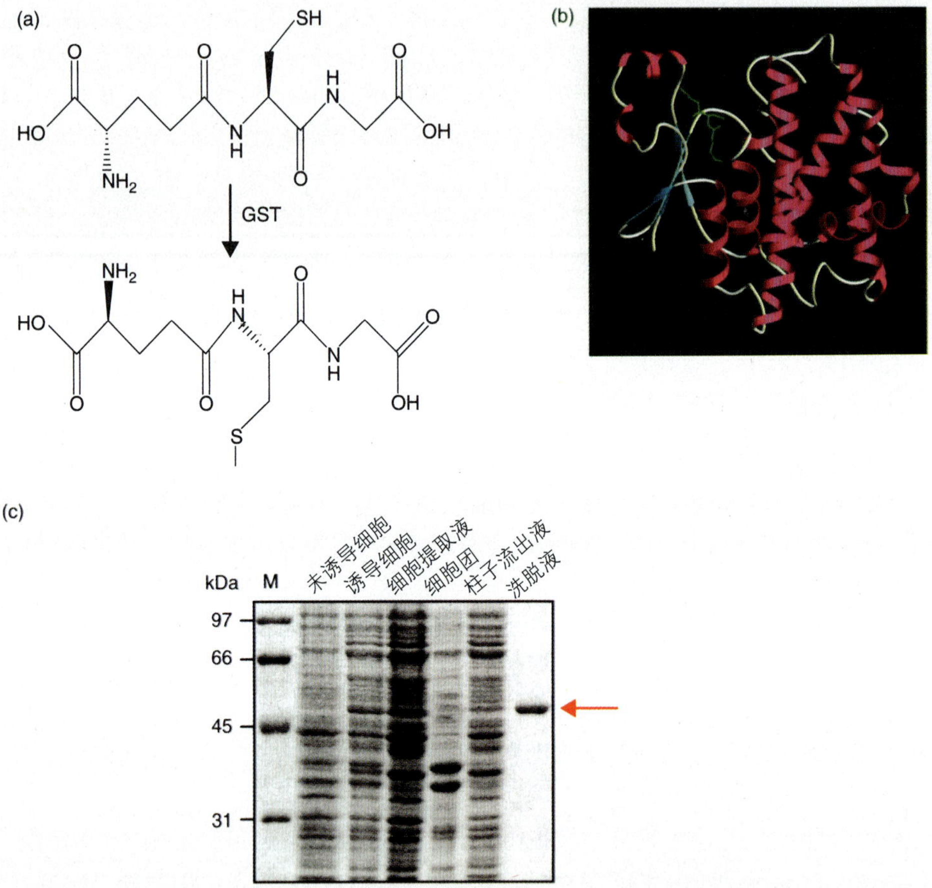

图 8.11 GST 标签蛋白的纯化。(a) 谷胱甘肽的化学结构以及 GST 与亲电子化合物（R）的结合方式。谷胱甘肽由谷氨酸、半胱氨酸和甘氨酸组成。谷氨酸通过其 γ -羧基与Cys-Gly二肽相连。(b) GST-谷胱甘肽复合体的三维结构。蛋白质以带状显示，谷胱甘肽为绿色棒状模型（Garcia-Saez *et al.*，1994）。(c) *E. coli*细胞合成GST标签蛋白的纯化，标签蛋白结合到谷胱甘肽亲和柱上，用不含谷胱甘肽的缓冲液洗脱。箭头指示为纯化的标签蛋白。

许多蛋白酶可用来切除融合蛋白标签（图8.2）。与那些切割DNA分子的限制性内切酶（参见第2章）有所不同的是他们通常不需要完全识别切割位点的氨基酸序列，如蛋白酶因子Xa，当精氨酸残基出现在其切割位点 Ile-Glu-Gly-Arg 时进行切割。然而，有时切割也发生在其他氨基酸残基位点，这主要依赖于蛋白质的构象，对切割次位点测序显示切割发生在Gly-Arg二肽后（Quinlan, Moir & Stewart, 1989）。所以，蛋白酶的切割不仅仅发生在标签和目的蛋白之间，它也可能对目的蛋白进行切割。很显然为了维持蛋白质的完整性就必须避免酶对目的蛋白的切割。其他的蛋白酶如TEV和PreScission有较长的且更特异的识别序列，因此不太可能在其他位点发生切割。TEV蛋白酶还有一优点是在*E. coli*可产生融合形式蛋白酶，因此不被其他胞浆蛋白酶和因子所污染。

8.5.3 MBP标签

在表达载体上将目的基因置于*E. coli*编码麦芽糖结合蛋白（maltose binding protein, MBP）

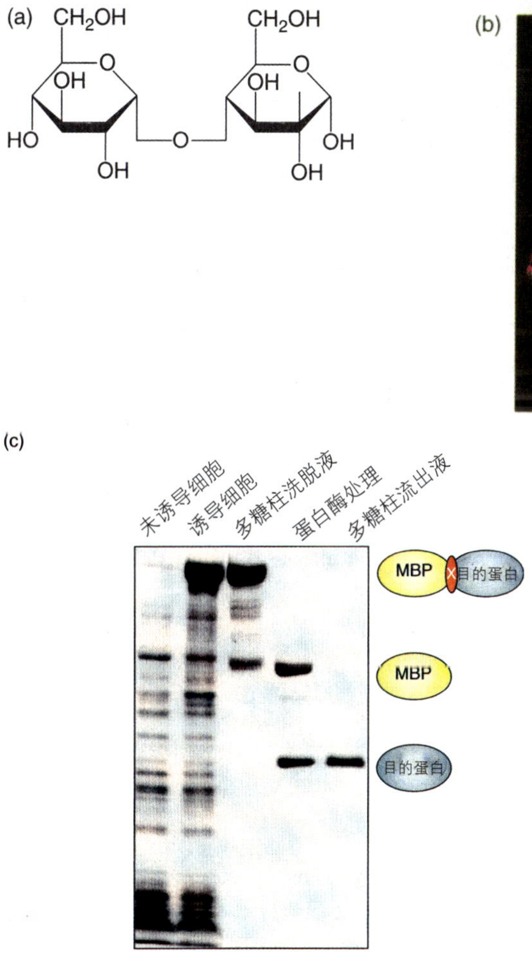

图 8.12 MBP 标签蛋白的纯化。
(a) 麦芽糖的化学结构。
(b) MBP- 麦芽糖复合体的三维结构（Quiocho, Spurlino & Rodseth, 1997）。蛋白质以带状形式描绘，紫色表示 α - 螺旋，蓝色表示 β - 片层 ，麦芽糖显示为绿色棒状模型。
(c) MBP标签蛋白纯化。 标签蛋白结合到多糖柱上，用麦芽糖洗脱，融合的MBP目的蛋白在X点被蛋白酶切割后重新过多糖柱，目的蛋白与 MBP 分离后就不会再吸附到柱子上而使目的蛋白得以纯化。
凝胶图像经 New England Biolabs 许可使用，©2002/2003。

malE 基因的下游，即可产生 MBP 融合蛋白（Kellermann & Ferenci, 1982）。麦芽糖是由两分子葡萄糖组成的双糖（图 8.12（a））。MBP 是 40kD 的单体蛋白质，参入 *E. coli* 麦芽糖 / 麦芽糊精系统形成，该系统负责摄入并有效代谢葡萄糖聚合体（Boos & Shuman, 1998）。当结合麦芽糖后蛋白质构象发生显著变化，从而形成稳定的复合体（图 8.12（b））。利用 MBP 与麦芽糖交叉连接可一步纯化融合蛋白（di Guan *et al.*, 1988）。用含有麦芽糖（10mmol/L）的缓冲液洗脱即可获得蛋白质。

8.5.4 IMPACT

用亲和甲壳质结合标签的内含肽介导蛋白纯化技术（Intein Mediated Purification with an Affinity Chitin Binding Tag, IMPACT）的方法是利用内含肽蛋白自身剪接以去除标签经一步层析即可获得纯蛋白质。内含肽是一类可存在于多种生物体内的蛋白质，它可将自己从前体蛋白中切出并同时于两侧连接上蛋白质序列（外显肽）（Cooper & Stevens, -1995）。切离的内含肽是位点特异性DNA核酸内切酶，可催化其自身编码序列的基因移位。多肽的切割和连接过程依赖某些特殊的化学物质如含硫醇和其中的一个保守的天冬酰胺残基等。

许多内含肽的氨基末端有半胱氨酸残基，羧基端有天冬酰胺残基（图8.13（a））。它自身含有剪接反应所需要的全部信息，如果其序列在目的蛋白内，它也会将自己剪切掉。剪切机制是复杂的，但很有效。Chong 等将酵母内含肽羧基末端的天冬酰胺突变为丙氨酸，而使 IMPACT 表达系统充分利用这种特殊的化学物质 VMA1（Chong & Xu，1997）。该突变可以阻止发生在内含肽羧基端的剪切并且可使蛋白硫酯化而能够被 β - 巯基乙醇或二硫苏糖醇（DTT）所切割。目的基因克隆到表达载体后能够产生含有3种成分的融合蛋白，其中包含目的蛋白 - 内含肽 - 甲壳质融合结构域，甲壳质是由 β -1，4-N- 乙酰 -D- 葡萄糖胺组成的不溶性纤维多糖，常存在于真菌、藻类细胞壁以及节肢动物外骨骼，甲壳质酶催化甲壳质的水解，环状芽孢杆菌酶（Mr 74kDa）有 3 个结构域 - 氨基端催化域（CatD）（417 氨基酸残基）、串联重复的 III 型纤维样粘连蛋白（FnIII）结构域（95 个氨基酸残基）和羧基端甲壳质结合域（CBD，45 氨基酸残基）（Watanabe *et al.*, 1990）。游离的 CBD 与甲壳质有很高的亲和力。

在 IMPACT 系统，*E.coli* 产生的融合蛋白在通过含甲壳质的柱子时可与之结合，然后用含硫醇的化合物如 DTT 在 4℃将蛋白质从柱子上切离下来。这一过程比较缓慢，通常需要过夜反应，如果目的蛋白在这样的条件下不稳定就会出问题。除了连接在羧基末端的DTT硫酯外，这种方法获得的目的蛋白基本上是天然蛋白质。然而硫酯是不稳定的，它将自发水解而最终获得天然蛋白质。其他硫醇也可用来驱动切割反应过程，如 β -巯基乙醇和半胱氨酸。半胱氨酸的切割可引起半胱氨酸残基插入到多肽的羧基末端，因此，半胱氨酸可用于放射性标记或作为化学修饰点，尤其是当蛋白质中只有一个半胱氨酸残基时，因此此处是加入蛋白交联接头、荧光探针、自旋标记物或其他标记的一个理想位点。

8.5.5 TAP标签

对那些与其他蛋白质形成复合体的过量表达的标签蛋白的纯化，最好是以其在天然宿主细胞内的自然合成量去标记蛋白。这种情况下蛋白质的纯化，如果在相对温和条件下进行，就能够分离得到天然的蛋白复合体。细胞内绝大多数蛋白质并不是孤立存在的，而是通过非共价方式与众多参入调节其功能的蛋白质相互作用。复合体中单一蛋白质的过量合成并不导

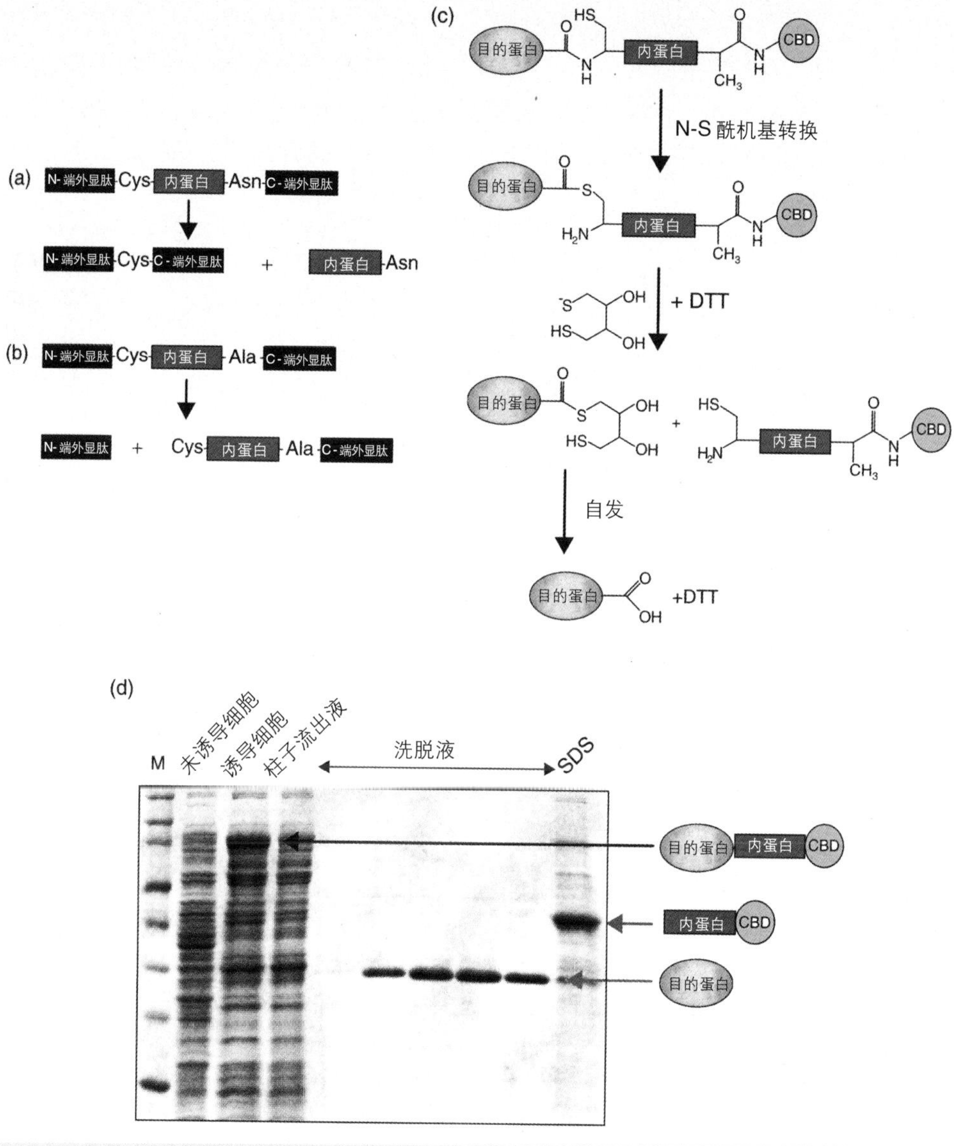

图 8.13 IMPACT 系统纯化标签蛋白及标签的去除。
(a) 去除内含肽及其氨基端和羧基端加入多肽序列的剪接反应。
(b) 由丙氨酸置换天冬酰胺的突变导致内含肽发生不完全切割只切出氨基端多肽。
(c) 用于将目的蛋白从内含肽甲壳质结合域标签（CBD）切割下来的剪接反应物质。
(d) 应用 IMPACT 系统纯化 HhaI 甲基化酶（Chong *et al.*, 1997）。纯化的目的蛋白从柱子上洗脱下来，然后用变性剂 SDS 去除内含肽 -CBD。凝胶图像由 Ming-Qun Xu 提供（New England Biolabs）。

致其它蛋白质的过量生成，因此，为了从细胞内分离到复合体，蛋白质的合成应尽量接近其天然状态。将编码串联亲和纯化标签（TAP-tag）的 DNA 序列克隆到目的基因的 3' 端，这样基本不影响其转录活性，融合蛋白的合成水平与天然蛋白质相似。TAP标签序列编码两个纯化元件-钙调蛋白结合肽和金黄色葡萄球菌A蛋白，它们在TEV蛋白酶切割位点被分开（Puig *et al.*, 2001)。含有标签蛋白的细胞裂解后过柱，蛋白 A 与柱内的 IgG 分子结合，再用 TEV 蛋白酶将融合蛋白及其相连蛋白从柱子上切下，然后在 Ca^{2+} 离子存在下直接过钙调蛋白柱，用螯合剂 EDTA 洗脱蛋白质。两步纯化过程特异性高，可分离到无杂质的蛋白复合体。TAP 标签能从相对少量的细胞中快速纯化复合体，而无须事先知道其组成、活性或功能（Rigaut *et al.*, 1999； Gavin *et al.*, 2002），并且结合其质谱分析可以鉴定出那些与目的蛋白相互作用的蛋白质。

第 9 章 基因组测序项目

要点

- 遗传和物理图谱用来确定一条染色体上的基因顺序和它们之间大概的距离。
- DNA测序是通过利用双脱氧核苷酸，使复制停留在特定的碱基位置而完成的，再通过聚丙烯酰胺凝胶电泳将一系列长度差一个碱基的 DNA 片段分开。
- 一次测序反应能测定几百个碱基的序列。
- 整个基因组序列的测定是通过克隆随机的基因组小片段，并测序，再根据测定序列的片段间的重叠部分组装出整个基因组序列。
- 组装测序好的片段并且确定基因在基因组中的位置需要庞大的计算机运算。

基因组测序计划的最终目标是测定基因组中组成DNA分子的碱基的准确序列。各个基因的序列信息，乃至整个基因组，不仅对我们了解基因和蛋白质的作用原理是必须的，而且对了解基因产物在个体水平怎样相互作用都至关重要。然而要完成这种水平的分析，单单生物体基因组的DNA总量就是一个实质的障碍。即使是在缺少全部序列信息的基础上，还是有很多方法可以用来绘制基因组内的基因图谱。就较小的规模而言，确定各DNA片段的位置是一个相对直接的过程（图9.1）。在第2章我们已经了解到，限制性内切酶能切开特定的DNA序列，即识别位点。这些酶切位点可以作为构建DNA片段的线性顺序图的参照点，这种线性图上表示的是特定DNA分子的限制性位点之间的距离，而距离是由限制性内切酶消化得到的片段长度决定的。但是，这种分析在基因组的范围内难度是极大的，因为基因组DNA通过限制性酶切得到的数量巨大的DNA片段几乎不可能通过这种方式确定排列顺序。这里，我们将讨论几种遗传学和物理学的基因组制图方法。讨论将主要集中于人类基因组的制图和测序，但是读者应该知道我们对人类基因组序列的了解来源于对其他原核和真核生物的基因组分析。

9.1 基因组制图

对于真核生物，可以考虑以染色体为单位把基因组简单地、自然地分成几个部分。因为染色体是由一条双链DNA分子构成的，所以染色体代表了基因组制图的第一个层次。一个物种的染色体特征（即核型，karyotype）在显微镜下可见。每一个染色体都由着丝粒分开的两条臂组成，习惯上短臂由字母 p 表示，长臂由字母 q 表示。同一物种不同的染色体的大小不同（人类的范围从 279 × 10^6bp 的 1 号染色体到 45 × 10^6bp 的 21 号染色体），但是大多数染色体很难通过显微镜以大小来区分。尽管如此，通过一定的染色可以得到染色体不同的带型图谱。通过对人类染色体的吉姆萨（Giemsa）染色可以重复性地获得约500条不同的条带（图9.2）。这些带型图谱可以被用来绘制每一条染色体的细胞学图谱（cytological map）并且提供了一种低分辨率的机制来区别染色体的不同部分。通过核型分析可以发现某些可以导致遗传

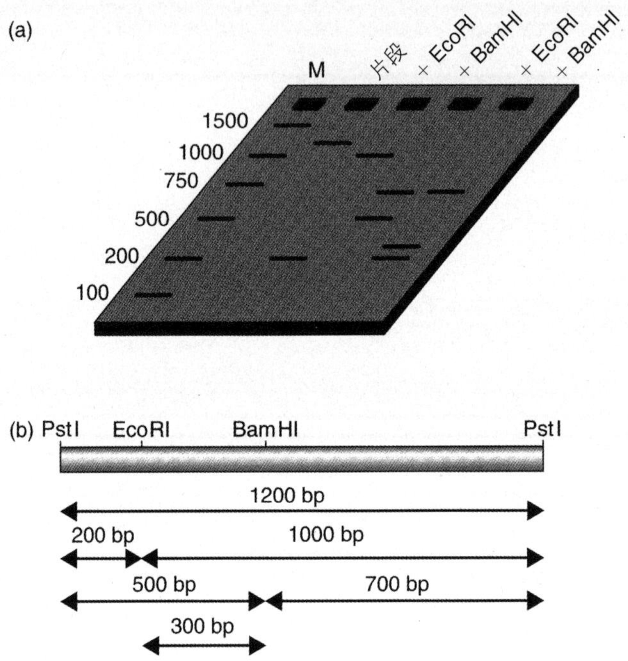

图 9.1 通过限制性酶切来绘制小的基因片段图谱。(a) 如图示，用限制性内切酶 EcoRI 或 BamHI 或 EcoRI 和 BamHI 混合酶切一段 1.2 kbp PstI DNA 片段。产物在琼脂胶电泳分离，产生的片段长度由已知的大小的 DNA 片段来确定。(b) 推算出的 DNA 片段的酶切图谱，PstI 点必须在两端，EcoRI 和 BamHI 切点的位置由产生的片段来计算。

病的染色体异常，其中染色体多拷贝就很容易发现，例如，唐氏（Down）综合征就是由21号染色体整个或部分染色体三体造成的，Klinefelter's综合征患者带有三条性染色体（XXY）。此外，很多其他的染色体异常，例如，缺失、插入、易位等，可以由带型图谱的变化而被发现。带型图谱也可以用来标记染色体的不同区域，例如，用下面描述的某些技术，囊性纤维化病人的基因突变被定位在7号染色体长臂的31带型区，这一基因在染色体细胞学图谱上的定位就是 7q31。

分离出的DNA片段可以通过不同的方法被划分在染色体的细胞学图谱上，例如，荧光标记的单链 DNA 片段与染色体杂交可用于得到互补序列的位置，见图 9.2（Taanman *et al.*, 1991）。这种荧光染色体原位杂交（fluorescent in situ hybridization, FISH）的方法是在特定染色体定位DNA序列的有力工具，但是分辨率较低，杂交序列在染色体上3Mbp的范围之内就不能相互区分了。很多遗传学和物理学的染色体制图方法可以进一步对特异的DNA序列进行定位（图 9.3），下面我们将讨论这些方法。

9.2 遗传图谱

遗传学图谱表示的是两个DNA元件之间的距离，是根据两者间发生重组的频率而定的。染色体的第一张遗传学图谱是由 Alfred Sturtevant 用 Thomas Morgan（Morgan, 1910）收集的

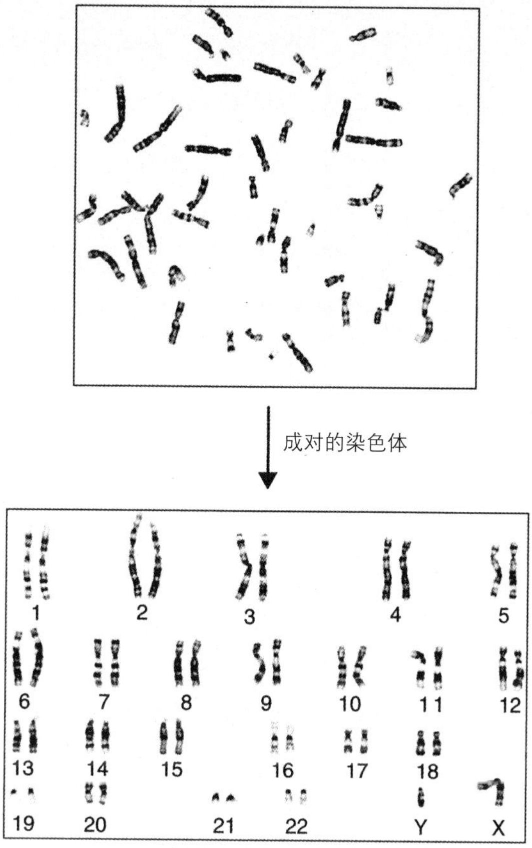

图 9.2 人类男性染色体 G 带的核型。将男性中期染色体用胰蛋白酶（除去蛋白质）处理、用混合染料 Giemsa（由 Gustav Giemsa 首次使用，因此命名）染色，再在光学显微镜下观察，每一对染色体有近似的长度和带型图谱使得它们能够匹配。女性染色体有两个 X 染色体，而不是这里所示的 X 和 Y 染色体。

果蝇杂交的数据建立的。Sturtevant在减数分裂中选用的是特别容易观察的表型以区别于其它基因（通过重组事件）。试验获得的信息可以用于确定基因间的位置——紧密连锁的基因物理学上的位置也很近，而这些连锁很弱的基因在物理学上的位置距离很远。Sturtevant 建立了一个果蝇的X染色体上的六个基因位置的遗传学图谱（Sturtevant, 1913）。通过类似的技术，很多物种的很多表型明显的基因都绘制了遗传学图谱。一个物种的遗传学图谱绘制于各条染色体上，而位于不同染色体上没有连锁关系的基因则不适用于这种分析。这种方法的主要的缺陷是参与绘制遗传学图谱的基因必须有相应的表型，而且重组的数目对于精确地绘制图谱也是必需的。此外，基于重组制图的一个默认的假设是染色体的各部分重组率相等。当然特例是存在的，既有重组热点，也有重组稀有点。

人类家系中天然的等位基因突变的隔离可以用来估计遗传距离，但是已经鉴定出的相对较少的人类基因使得这种方法的难度较大。通过表型来绘制遗传学图谱的另一种方法是跟踪个体间DNA序列变化的遗传。估计人群中99%的DNA序列都是相同的，就是说个体间还是

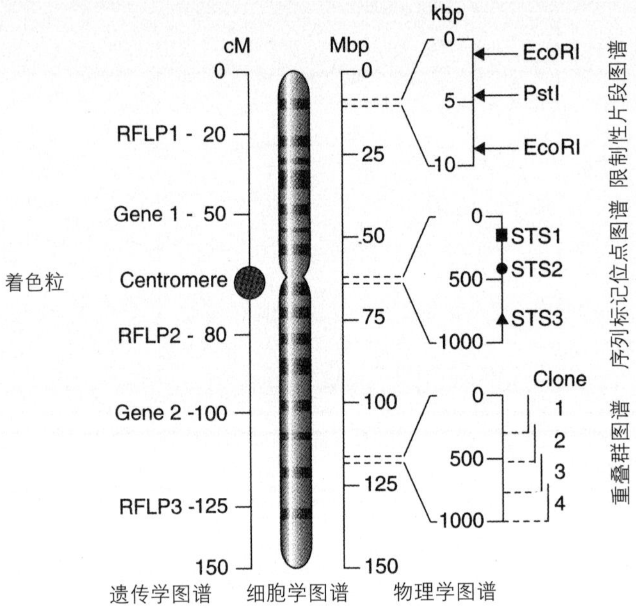

图 9.3　一条染色体细胞学、遗传学和物理学图谱的不同形式。遗传学图谱上的距离取决于交换频率并用厘摩（cM）测量，而物理学图谱上的距离用 Mbp 或 kbp 测量。

存在极大数量的DNA差异。下面几种方法用于探讨通过这些差异的遗传性来绘制它们的基因组位置图谱。

- *单核苷酸多态性*。个体间序列变异最基本的形式称为单核苷酸多态性（single-nucleotide polymorphisms, SNPs），即个体和个体之间单个碱基对是不同的。这些不同也许每100～300bp 就发生一次（Collins *et al*., 1998）。这些突变中的某些是致病的突变——它们会改变蛋白质中氨基酸的序列，或者改变基因表达的途径从而破坏合成蛋白质的功能。但是，许多 SNPs 发生在没有编码的 DNA 部分，或者即使它们发生在编码的区域，由于遗传密码的简并，也不会改变编码的氨基酸序列。然而个体间一些核苷酸的不同将导致限制性内切酶识别位点的改变，包括现存的位点消失或产生新的位点（图 9.4）。这些位点碱基的改变将在限制性内切酶消化时产生不同长度的DNA片段。这些限制性片段长度多态性（restrict fragment length polymorphisms, RFLPs）可以用放射性的DNA探针通过 Southern blotting（第 2 章）检测。在杂交中 RFLPs 是遗传和分离的，因此它们可以像基因一样通过连锁分析绘制遗传图谱（NIH/CEPH collaborative mapping group, 1992）。
- *VNTRs*。另一种在人体普遍应用的方法包括在基因组中作为串联重复的短 DNA 序列。在基因组特定位置的可变数目的串联重复序列（variable number tandem repeats, VNTRs）的拷贝数在不同个体间可以有很大不同，并且有高度的多态性。通过酶切重复序列侧翼的DNA序列将会得到不同大小的限制性片段，片段大小取决于重复序列的数目（也可通过 Southern blotting 检测）。

- *微卫星序列*（*microsatellite*）。微卫星序列很短，2 ~ 6bp，这种串联重复序列以一种看似随机的方式分布于所有高等动物的基因组。它们一般会出现在DNA的非编码区，它们的功能（如果有的话）还不清楚。在任何特定的基因组位点中，这些序列重复的数目有很强的个体差异。这些重复序列被认为是在复制时聚合酶的“滑动”产生的（Schlotterer, 2000）。在人类，微卫星序列最常见的形式是5'-AC-3'，并且数千不同的AC排列遍布基因组。哺乳动物中的二核苷酸微卫星序列的序列重复数目从10到30不等。通过在重复区域的侧翼设计引物，微卫星序列DNA可用PCR扩增。得到的PCR产物大小将取决于重复序列的数目。微卫星序列是可遗传的，因此可以通过连锁分析来绘制遗传学图谱。

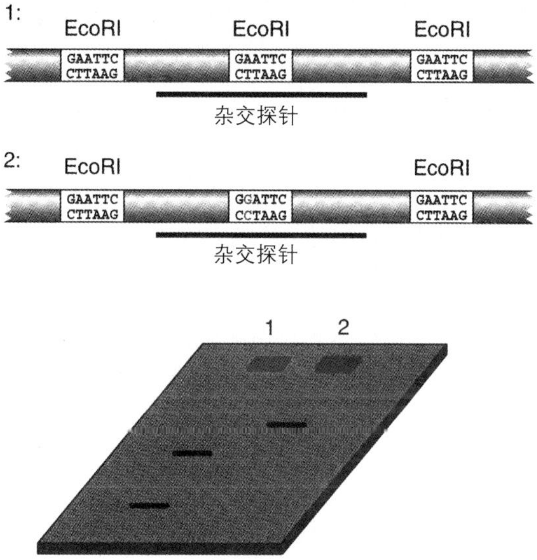

图 9.4 限制性片段长度的多态性。
(a) 一段DNA包含三个EcoRI限制性内切酶的识别位点。一个识别位点中的一个碱基的改变破坏了这个识别位点。
(b) 用EcoRI切割这样的DNA将产生不同大小的片段，这些片段能够和已标记的DNA片段（杂交探针）杂交。如图，在第一种情况的两个小片段和探针杂交结合在一起，而第二种情况，大的片段将和探针杂交结合在一起。限制性片段通过琼脂糖凝胶分离并通过 Southern blotting（见图 2.2）来确定和探针互补的序列。

9.3 物理图谱

遗传学图谱中蕴涵的信息为一个染色体中各个特定的DNA序列间的顺序和近似的距离提供了重要的线索。图谱尽管不能提供有关序列本身的信息，但它构造了一个框架，后续获得的有关序列的信息就可以应用在这个框架中。基因组的物理学图谱是由直接分析基因组DNA序列得到的遗传标记（genetic markers）组成的图谱，而不是通过分析重组事件得来的。通过遗传学图谱，可以建立基因组中每个染色体的物理学图谱。此外，在缺乏完整的序列信息的情况下许多不同的技术已经被用于建立物理学图谱。

- *限制性图谱*（*restriction map*）。对基因组 DNA 或分离出的染色体进行限制性酶切能产生大量的片段，这些片段在琼脂糖凝胶电泳后成为连续的一片，而不是分离的条带。但是，某些限制酶，例如NotI，有一个比较长的识别序列（5'-GCGGCCGC-3'），它很少能在人类的DNA序列中找到。概率上NotI的识别位点每 4^8 = 65536bp序列含有一个。实际上，人类的DNA中NotI平均每10Mbp切断一次。这两组数据说明基因组中DNA序列排列不是随机的。例如，序列5'-CG-3'在人类基因组中十分稀少并且这种二核苷酸簇趋向于只集中在活跃转录的基因的5'端（Cross and Bird, 1995）。NotI限制酶的识别序列包括两个这样的二核苷酸重复序列，解释了为何这种酶在人类DNA中的切点如此少见。即使使用像NotI这样切点稀少的限制性内切酶，像这些为小DNA片段（图9.1）而绘制的基因组限制性酶切图谱，还是非常困难的。限制性图谱虽然提供了高度可信的片段的顺序和对距离的估计，但是只完成了少数人类染色体（Ichikawa *et al.*, 1993; Hosoda *et al.*, 1997）。

- *辐射杂交图谱（radiation hybrid maps）*。辐射杂合系通常是指携带另一种物种（例如，人类）的相对较小的DNA片段的仓鼠细胞系。用X线照射人类的细胞将引起DNA内的随机断裂并产生片段。随着X线照射剂量的增加产生的片段大小减小。虽然所用的辐射水平足以杀死人类细胞，但是通过将辐射的细胞和仓鼠的细胞在体外融合，可以挽救断裂的染色体片段。杂合系中代表性的人类DNA片段只有几个Mbp长。然后通过杂交或者是PCR技术，分析杂合系细胞中人类DNA所携带的遗传标记。两个标记越接近，这些标记在同一个DNA片段或者在同一个辐射杂合系中的可能性就越大。
- *STS图谱*。序列标记位点（sequence tagged site, STS）是一段DNA片段，长100～200bp，使由已知的DNA序列作为引物并通过PCR技术得到的。该序列可以与基因组中的相应序列杂交而“标记”其位点。STSs可以由以前克隆的基因或其它任意的非基因序列产生。已经克隆进入基因文库的基因组DNA片段能够基于它们所含的STSs排序（图9.5）。这种技术已经被用于排列YAC基因文库中的来自于人类染色体的插入序列（Foote *et al.*, 1992），但是一旦发现某些YAC包含不止来自一个人类基因组位点的DNA时，便会导致混乱。尽管如此，人类基因组的STS图谱已经用一系列辐射杂合系建立起来了（Hudson *et al.*, 1995）。

物理学图谱虽然不能对DNA序列本身进行匹配，但是在对文库克隆进行排序时有很大的作用。任何测序计划的最后阶段都是要确定每一个克隆的每一个碱基序列。在我们了解人类基因组序列是如何测得和组装之前，我们需要知道DNA序列的信息是如何获得的。

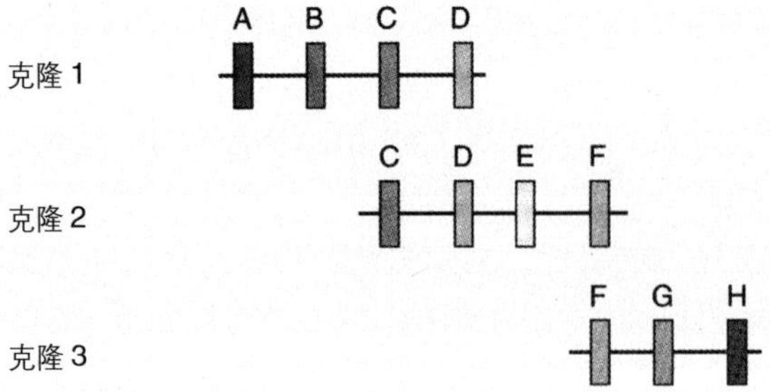

图9.5 通过STS图谱来匹配克隆。每一个克隆包含几个STS。克隆1有四个（A、B、C和D）。克隆2也有STS C和D。因此克隆1和克隆2有重叠。

9.4 寡核苷酸测序

DNA分子的均质性和看似单调的核苷酸碱基重复似乎是对测定准确的核苷酸碱基序列的一个不可逾越的障碍。1966年，Robert Holley公布了一个耗时7年测定的酵母丙氨酸tRNA序列的结果（Holley, 1966）。与完整的基因，甚至基因组相比，长度为80个核苷酸的tRNAs是相对较小的分子。第一个被测序的DNA分子是λ噬菌体的粘性末端（Wu & Taylor, 1971）。这些仅有 12 个碱基的序列是在合成了其互补的 RNA 分子并进行测序后获得的。但是，这些方法对于大规模的 DNA 测序来说是不实用的。1975 年，Fred Sanger 和 Alan Coulson 发明了一种直接的 DNA 测序方法，称为 plus-minus 法（Sanger & Coulson, 1975）。这种方法由合成的放射性标记的寡核苷酸作引物，利用DNA聚合酶合成一段可用电泳和放射自显影技术进行分析的DNA片段。这种技术曾被用来检测噬菌体 ϕ 174基因组的全部共5386bp的序列（Sanger *et al*, 1977）。

9.4.1 人工 DNA 测序

1977年出现了两种可供选择的、改进了的测序方法。Allan Maxam 和 Walter Gilbert 发明了一种化学方法，可以在特定的碱基位点切断放射性标记的DNA片段的磷酸多糖骨架。在用氮杂环已烷切断糖-磷酸骨架之前，他们用特定的化学物质修饰一种DNA碱基分子（如，用高锰酸钾修饰T碱基）或几种碱基分子（如：用甲酸修饰A和G两种碱基）（Maxam & Gilbert 1980）。通过高分分辨率的聚丙烯酰胺凝胶电泳分离切开的片段，可以清晰地分辨出DNA序列中的单个碱基。但是，他们的方法受到一次反应能测出的 DNA 分子长度（约 100 个碱基）的限制，并且要使用多种化学物质修饰和切断 DNA 分子。

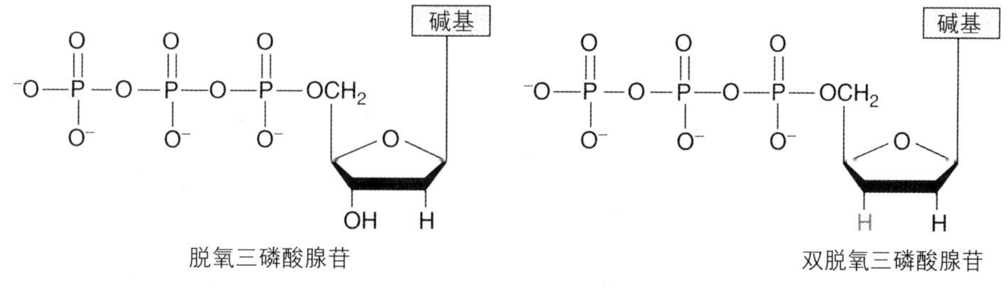

图 9.6 脱氧三磷酸腺苷和相应的双脱氧三磷酸腺苷结构图

Fred Sanger 和他的同事们发明了一种使用 DNA 聚合酶，并依赖于 DNA 的准确复制来测序的方法（Sanger, Nicklen & Coulson, 1977b）。他们把 2'，3'- 双脱氧核苷酸插入到新复制出的 DNA 链中，产生以特定碱基结尾的 DNA 片段（图 9.6）。双脱氧核苷酸缺少 3 ' 羟基，所以当它被插入到正在延伸的 DNA 链中时，DNA 复制由于缺乏增长所需的 3' 羟基而终止。因此，正在生成的DNA链就在插入了双脱氧核苷酸后终止了。根据Sanger的最初描述，DNA复制时，首先是一个互补的寡核苷酸结合到母本DNA序列上，接着由DNA聚合酶进行合成。因此新合成的DNA就是寡核苷酸所连接的DNA链的互补链。这个测序反应有 4 个独立的步骤。每一个都加入了合成新 DNA 所需的 4 种三磷酸核苷酸混合物，（deoxynucleotide triphosphates, dNTPs），每种三磷酸核苷酸都是放射性标记的，所以新合成的 DNA 很容易进行检测。另外，每种双脱氧三磷酸核苷酸（ddATP、ddGTP、ddCTP 或 ddTTP）在每步反应中的浓度约为与之相对应的脱氧核苷酸的十分之一。因此，在含有ddATP的反应中，如果一个T碱基出现在模板链中， 那么绝大多数情况下， 一个dATP就会插入到新合成的链中。然而，在少数情况下，会有双脱氧的核苷酸插入，导致合成链就此终止。因为许多DNA分子在同一时间合成，所以这一过程中合成的放射击性DNA分子都具有相同的5'端结构，但是长度因 3' 端的特定的碱基而不同（图 9.7）。这些产物可用聚丙烯酰胺凝胶电泳进行分离，进而可以得到新合成的DNA的序列。用于分离新合成DNA片段的凝胶通常含有高浓度的尿素（7mol/L）并在高电压水平进行，而且加热至70摄氏度左右。这两种因素使得DNA片段变性，从而减少了二级结构对单链分子在凝胶中迁移的异常影响。

运用 DNA 复制机制来测序有以下几个优点：

- 通过合成不同的寡核苷酸，DNA 合成可以开始于一个 DNA 已知序列的任何位点。这意味着在测序前，必须知道一点DNA的序列。很多常用的克隆载体（第3章）含有常用的寡核苷酸结合序列，该序列位于克隆位点的两侧，未知 DNA 克隆于此即可被测序。
- 与 Maxam-Gilbert 技术不同的是，被测序的 DNA 分子无需放射性标记。标记是为了使通过凝胶电泳后的扩增产物和链的末端产物可被检测出来。放射性标记物（如α-位置修饰的双脱氧核苷酸结构中的 ^{32}P，^{35}S，^{33}P）可作为复制过程的一部分插入到新延伸的扩增链中。
- 被测序的 DNA 分子不局限于单链的 DNA。最初的 Sanger 法是用来检测线性的双链的限制性酶切产物，但是不能直接运用于双链质粒的序列。这导致了制备测序用单链模板的M13 载体的普遍使用（见第3章）。由M13得到的单链DNA分子能获得十分清晰的可读序列。后来 Sanger 技术也适用于经过用碱处理后得到的变性 DNA 质粒的测序（Yie, Wei & Tien, 1993）。

自从链终止测序法的发明，方法就一直在改进，但是由Sanger发明的基本方法仍然是绝大多数测序计划的基石。*E.coli* 的 DNA 聚合酶 I 的 Klenow 片段首先被用作起复制作用的酶，但后来被来自噬菌体 T7（也称为 Sequenase ™）的一种修饰的 DNA 聚合酶所替代，它被证实是一种更有效的酶，可使一个反应中读出更多的序列 （Griffin & Griffin, 1993）。更重要的是，一种缺乏 5'-3' 外切酶活性的酶用来确保新合成的 DNA 片段的完整性。现在多数测序用TaqDNA聚合酶。耐热性酶可以进行DNA复制的高温能够确保尽量少地形成二级结构，从而得到更清晰易读的序列。TaqDNA 聚合酶通常结合热循环的过程，使用单一引物一线性方式

图 9.7 利用双脱氧寡核苷酸的链终止反应进行 DNA 测序。DNA 复制由一个寡核苷酸引物起始，4 个测序反应独立进行，每个反应都含有各种dNTP和一种ddNTP（G、A、T或C黄色）。DNA复制终止于ddNTP（黄色）的参入，并产生了一系列不同长度的DNA分子，用聚丙烯酰胺凝胶电泳可以将其分离。最终新合成的DNA可以由凝胶的底部到顶部读出5'至3'的序列。如图所示，引物产生的是一个新的“底部”DNA 链，而“顶部”序列则可依次获得。

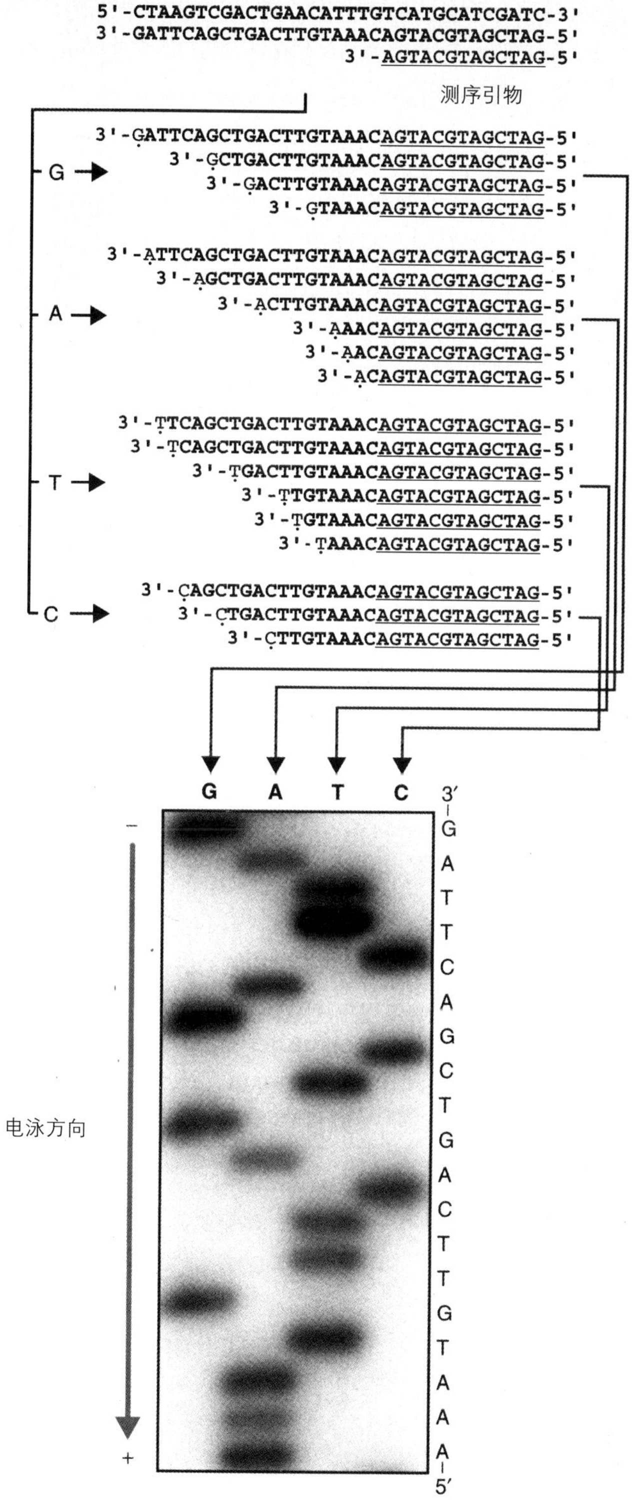
5'-CTAAGTCGACTGAACATTTGTCATGCATCGATC-3'
3'-GATTCAGCTGACTTGTAAACAGTACGTAGCTAG-5'
3'-AGTACGTAGCTAG-5'
测序引物
G
3'-GATTCAGCTGACTTGTAAACAGTACGTAGCTAG-5'
3'-GCTGACTTGTAAACAGTACGTAGCTAG-5'
3'-GACTTGTAAACAGTACGTAGCTAG-5'
3'-GTAAACAGTACGTAGCTAG-5'
A
3'-ATTCAGCTGACTTGTAAACAGTACGTAGCTAG-5'
3'-AGCTGACTTGTAAACAGTACGTAGCTAG-5'
3'-ACTTGTAAACAGTACGTAGCTAG-5'
3'-AAACAGTACGTAGCTAG-5'
3'-AACAGTACGTAGCTAG-5'
3'-ACAGTACGTAGCTAG-5'
T
3'-TTCAGCTGACTTGTAAACAGTACGTAGCTAG-5'
3'-TCAGCTGACTTGTAAACAGTACGTAGCTAG-5'
3'-TGACTTGTAAACAGTACGTAGCTAG-5'
3'-TTGTAAACAGTACGTAGCTAG-5'
3'-TGTAAACAGTACGTAGCTAG-5'
3'-TAAACAGTACGTAGCTAG-5'
C
3'-CAGCTGACTTGTAAACAGTACGTAGCTAG-5'
3'-CTGACTTGTAAACAGTACGTAGCTAG-5'
3'-CTTGTAAACAGTACGTAGCTAG-5'
G A T C
3′
G A T T C A G C T G A C T T G T A A A
5′
−
+
电泳方向

来扩增双链中的一条DNA单链（Murray, 1989）。这就不需要把双链DNA变性和引物退火的步骤分开。这种方法可以进行很小量的双链DNA测序，也可以直接对细菌菌落或噬菌体噬斑进行基因组 DNA 测序，而不必进行克隆（Slatko, 1996）。

9.4.2 自动的 DNA 测序

利用Sanger 技术进行测序，一次反应可得到约300个碱基的清晰的结果，然而，这种方法十分耗时耗力。例如，每个反应都需要多步加样，然后需在凝胶的四个泳道中进行分离产物。另外，人工读出凝胶序列既耗时又容易错（图9.7）。为了得到人类基因组（$\sim 3.2\times10^9$bp）序列，需要更自动的，更快速的测序方法。

一种直接能提高 DNA 测序通量的方式就是把四个独立的测序反应（每个反应含不同的ddNTP）合成一个反应，这个反应可在单一的凝胶泳道中进行分析。因为每个条带（图 9.7）都是通过其在凝胶移动的不同位置来分辨的，所以不可能利用放射性。因此，合并四个泳道仅仅是得到一系列只差一个碱基的条带。但是，每个DNA片段的末端碱基是否能被特异地测出来呢，因为凝胶中每个条带的大小不同，那么DNA序列就可以通过一条泳道清晰地被检测出来。为了达到这个目的，人们已经设计出了一套用荧光染料精确标记的双脱氧核苷酸（Glazer & Mathies, 1997）。双脱氧核苷酸仍可被插入到 DNA 中与其互补的碱基相对，终止DNA的合成。与双脱氧核苷酸结合的染料结构中包含了一个荧光染料供体（称为BigDye™终止剂），通过苯胺酸连接到二氯罗丹明（d罗丹明）受体染料。氩离子射线可以激发荧光供体染料，把能量有效的传递给四种受体染料之一，每种受体染料具有不同的发射光谱（图9.9）。每个双脱氧核苷酸都用不同的受体染料进行标记，因而具有不同 ddNTP 的 DNA 片段的末端会发出不同波长的荧光。因此测序反应可以在一支试管中（或在微量滴定盘的单个孔中）进行，产物可以在单泳道的凝胶中分离，也可以在含有凝胶基质的毛细管中分离（Karger *et al*, 1991）。荧光检波器安装在凝胶底部，当DNA片段通过激光器，荧光发射的强度和波长就会被检测出来。这些信息将直接被输送到计算机里，序列就会被自动测出和贮存。

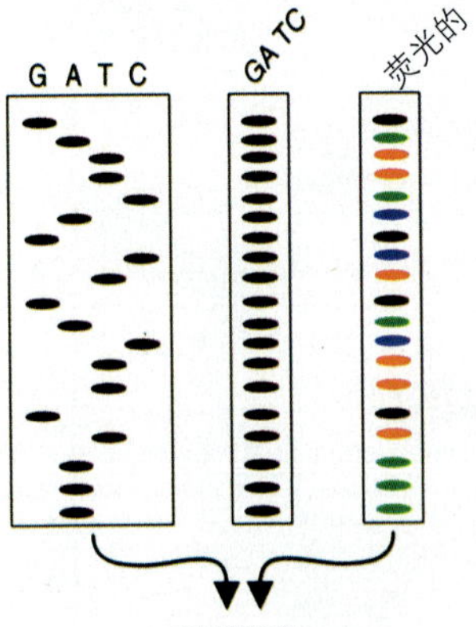

图 9.8 单一凝胶泳道的测序只有在能够分辨每一条条带的前提下才能完成，条带是通过特殊的双脱氧核苷形成的。

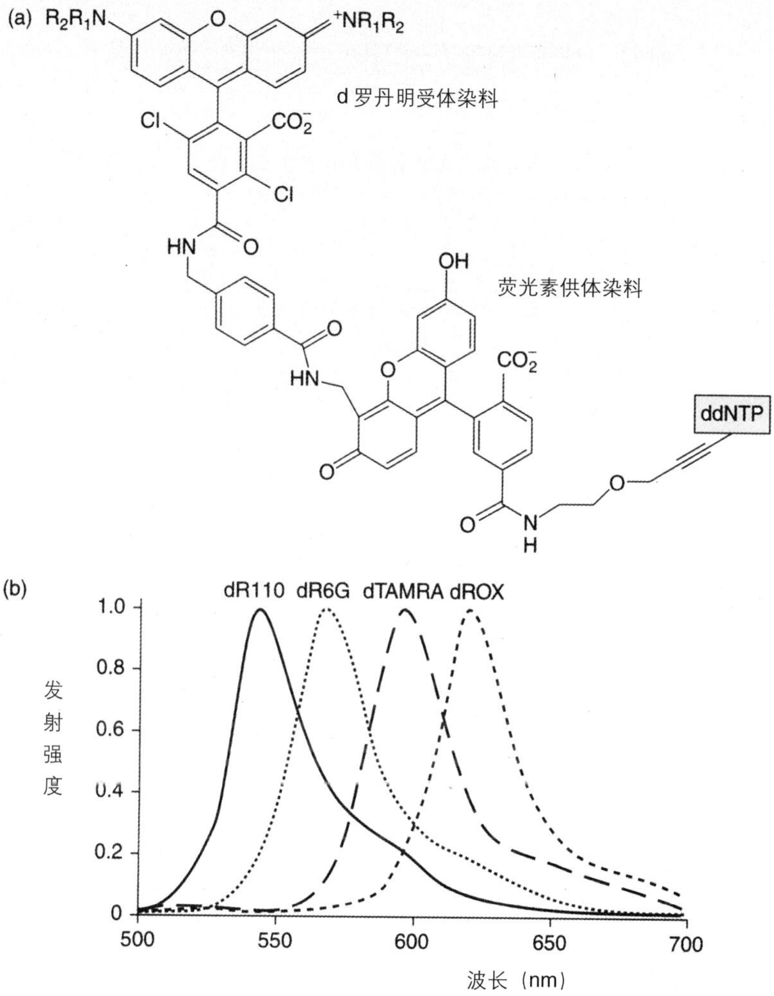

图 9.9 用于 DNA 测序的带染料的双脱氧核苷酸终止剂。(a) BigDye™ 终止剂结构。(b) 4 种 BigDye™ 终止剂的激发光谱。

精密的碱基分析软件可以把得到的荧光模式转变为 DNA 碱基序列（图 9.10）。这种测序方法比人工测序快得多。以此方式可以自动读出多达 1000 个碱基序列，但是距引物 500bp 以内的序列更可信些。此外，自动测序使用的检测方法也比放射自显影要可靠得多。然而，自动DNA测序也不是绝对无误的。例如，同种核苷酸条带经过长时间连续电泳时可能会被压缩在一起。这可能导致荧光图谱上出现多个的重叠的峰值，需要进行人工去重叠化。

这种测序方法的主要优点在于几乎使所有过程都自动化。测序反应可在微量滴定盘的孔自动化的进行，接着进行热循环测序，然后纯化盘中的产物，上样到毛细管中进行电泳，而无需人工干预。一个这样的 DNA 测序仪以每天可以产生 1 百万～ 2 百万个 DNA 碱基序列，单次测序准确率为 98% ～ 99%。这个水平的准确率看起来不错，但是如果每 100 个碱基里就有 1 个出错，那么得到的所有基因序列就都会含有错误，因此就必须多次检测同一片段的 DNA，最好是在多种情况下检测含有同一DNA片段的不同长度的多个克隆，尽可能提高准确率。

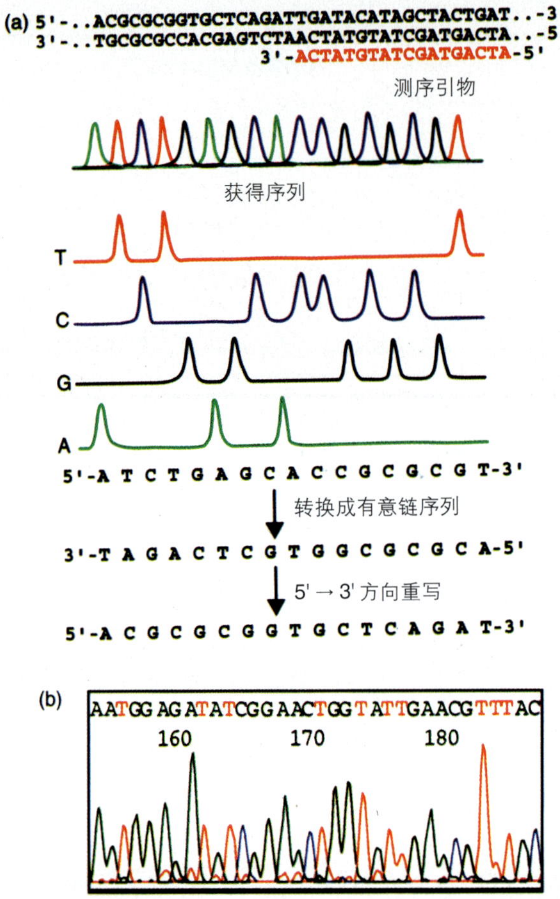

图 9.10 DNA 自动测序。
(a) 测序引物用于引导DNA合成，而荧光标记的双脱氧核苷酸用于终止DNA合成。获得的峰形被分离为不同的荧光成分，并由获得的数据装配成 DNA 序列。
(b) 由 ABI Prism 377 DNA 测序仪输出的测序结果。

9.5 基因组测序

我们已经知道（第3章），基因组必须被分割为大小合适的片段才可以通过载体保存。尽管测序可以在基因组DNA上直接进行，但是通常是进行大规模操作的，因为进行测序反应需要合成大量的不同的寡核苷酸引物。因此，基因组DNA片段必须先克隆入载体，接着每个片段都可用上述的自动测序法进行测序。接下来的问题是如何把各个载体中的小片段重构出原来的完整的基因组序列。

下面有几种基本方法：

- *克隆序列重叠群*（*clone contigs*） 最简单的产生重叠DNA序列的方法就是从DNA文库中分离并测定一个克隆的序列，然后通过杂交鉴定出第二个克隆，它的插入序列与第一个克隆重叠。然后第二个克隆进行测序，得到的信息用来鉴定第三个克隆，它的插入序列与第二个克隆重叠，以此类推。这是染色体步移（chromosome walking）的基础，该法最先用来从克隆的小片段构建出大型的连续的 DNA 序列（序列重叠群，contigs)。然而这种方法是费时费力的。在找到下一个重叠的克隆前必须得分离和测出一个单克隆。另外，基因组中本身的重叠序列可能使序列重叠群分析出错。

- *全基因组鸟枪测序（whole genome shotgum）* 基因组被切成随机片段并克隆入载体，对每个插入片段进行测序。然后检测序列间的重叠部分（在超过一个克隆中出现的序列)，把重叠的序列集中在一起重构基因组序列（图 9.11)。这种方法首先被用来测定流感嗜血杆菌的基因组。整个基因组首先通过超声降解随机切割，然后小片段（每段 1.5 ~ 2kbp）被克隆入载体（pUC18)。得到的文库有大约 20000 个独立的克隆组成。每个克隆被测序后，产生了大约1200万个碱基序列的信息（Fleischmann *et al.*, 1995)。这相当于流感嗜血杆菌基因组长度的 6 倍。从每个克隆中得到的序列收集成源于克隆间重叠部分的序列重叠群。随后所有的序列间隙都由源于不同文库的克隆来补充，这些克隆含有与间隙位点相近的连续序列。鸟枪法测序的主要优点在于无需提前知道基因组序列的信息。然而，这种方法的局限是要鉴别重叠序列。得到的每个序列都必须与其他序列进行比较才能找出重叠部分。这是个耗时的过程，并且需要大量的运算(Myers *et al.*, 2002)。基因组中的重复的 DNA 序列同样妨碍寻找重叠序列，可能导致序列重叠群的鉴定出错（Waterston，Lander & Sulston, 2002)。
- *分级鸟枪法（hierarchical shotgun）* 在相对较小的基因组测序中已证实鸟枪法的序列重叠群的装配是十分成功的。大部分细菌基因组可用这种方法和用自动测序技术在数周内得到序列重叠群并完成测序。对于大的基因组，测序本身不是限制速度的步骤，而是序列重叠群的装配。如果基因组的 DNA 首先被分割成一系列重叠的大型克隆，例如，BACs（第3章)，那么序列重叠群的装配就会容易得多。每个BACs再构建出较小的克隆文库，然后用于上述的鸟枪法测序。因为序列装配是局部的，且BAC所克隆的

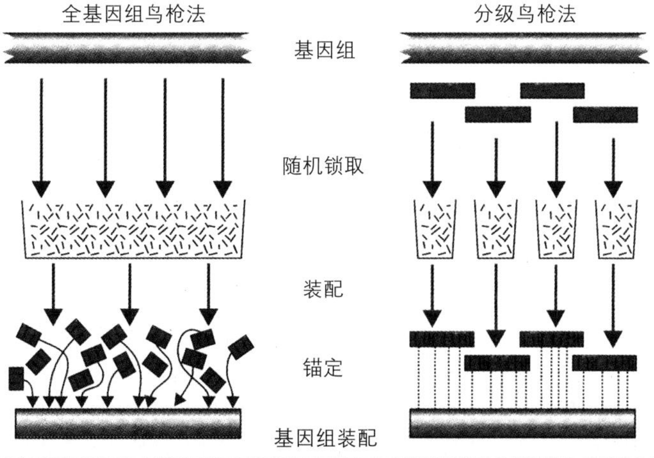

图 9.11 通过分级的和整体的基因组鸟枪法测序装配基因组数据。得到 Waterson， lander 和 Sulston (2002) 的许可。

序列只局限于基因组的特定部分，所以分级鸟枪法提供了一种相对简单的装配序列重叠群的机制。

9.6 人类基因组计划

人类基因组计划（human genome project , HGP）在1990年正式开始，它的建立是为了实现以下几个目标。

- 测定整个人类基因组的 DNA 序列
- 在数据库里储存这些信息
- 鉴定出人类 DNA 的所有基因
- 改进数据分析工具

这项工程原计划要15年，但是由于技术的进步，将其计划的完成日期提前到了2003年。在 2000 年 6 月 26 日的一个联合记者招待会上，美国总统克林顿和英国首相布莱尔正式宣布说人类基因组序列的第一份草图已经完成。为了绘制这份基因序列草图，每一条染色体上的基础序列至少被测了四次或者五次以确保数据的准确性，并有助于序列重叠群的组装。这个重复的序列被称为是基因组的“覆盖深度”。草图序列数据的主要形式是约10000bp 序列的重叠群，目前人们已经知道了它们近似的染色体位置。人类基因组序列并非任何个人的基因组序列。来自男性精子和女性血液的DNA样本是从用于测序的基因库里挑选出来的，这个基因库里的基因组是由几个匿名者提供的。虽然许多人为这个基因库提供了样本，但只用上了少数几个样本，而且对提供者和负责测序的人双方都保密。大概有10~20个人的DNA被用来绘制基因组序列草图。HGP（Lander *et al*., 2001）和美国塞莱拉基因组公司（Celera Genomics）（Venter *et al*., 2001）这两个团体在 2001 年 2 月各自发布了草图序列数据的最初分析。HGP 是一个由 16 个学术研究实验室和学会组成的协会，该协会采用分级鸟枪法进行基因组测序。HGP 作为一个公共资助的团体，它免费为人们提供已获得测序数据。百慕大原则（Bermuda principle）（确定于1997年在百慕大召开的一个会议）规定所有>＝2kbp的序列都应该在24小时之内自动传送到公众数据库以便共享。Celera Genomics采用了全基因组的鸟枪法来测定人类基因组。Celera配置了大量的DNA测序仪，在 9 个月里完成了他们计划的测序阶段，然后他们通过大量的电脑运算在已获得数据基础上构建了基因组序列。

为了得到高质量的人类基因组序列，人们还需要进行额外的测序来填充缺口，提高其准确度，使得在 10000bp 里面最多出现一个错误，使测出序列的准确性达到大家认同的标准 99.9999%。据估计最终测出的序将会为每条染色体提供 8 ～ 9 倍的覆盖深度。迄今为止，人类三条最小的染色体——20，21，22号染色体的最终序列已测定。而事实上，所谓的完全测序的基因组通常并不完全。比如，在 1999 年所宣称 56Mbp 的 22 号染色体上的序列已基本上被测定，而其实只有33.5Mbp的序列被测定了（Dunham *et al*., 1999）。再如当有人宣布180Mbp的果蝇基因组被完全测定时，实际上只测定其中的 120Mbp 的基因组（Adams *et al*.，2000）。更高级的真核生物的基因组有较大区域的DNA目前还不能被克隆或者是装配。这些区域包括端粒和着丝粒（染色体的末端和中间），另外还有许多在其他重复序列里也多次出现的染色体区域也不能被克隆或装配。其中不能被测序的大部分区域都含有异染色质 DNA (heterochromatic DNA)，这种DNA几乎不包含基因，但却包含许多重复区域。目前人们所作的努力是为了测序常染色质（euchromatic DNA）的DNA，常染色质的DNA是指那些既包括外显子又包括内含子的含基因较丰富的区域。就拿人类的第22号染色体来说，在所测的60%的序列当中有97%是常染色质的DNA。同样地，果蝇几乎所有常染色质区域的序列已被测定。虽然人类基因组工程的目标是得到每一条染色体的完整测序，但是要到完全测序仍然是一个巨大的挑战。

9.7 寻找基因

人们一旦得到了基因组的DNA序列，可以用各种各样的方法来识别和定位其中的基因。

- *序列检查*　编码蛋白质的基因包含一个由一系列的三联体密码子组成的开放读码框(opened reading frame, ORF)，从这个ORF可以知道编码蛋白质的氨基酸序列。这个ORF以一个起始密码子（通常是ATG）开始以一个终止密码子（可以是TAA，TAG或者TGA）结束。ORF的平均长度随物种而改变。在*E.coli*中，ORF的平均长度是317个密码子，而在酵母菌中平均长度是483个密码子。不过大多数的ORF都在50个密码子以上。因此可以认为寻找基因就是浏览被至少100个密码子隔开的起始密码子和终止密码子。这种方法用于紧凑的原核生物的基因组非常有效，因为原核生物的基因只被较小区域的非编码DNA所隔开，然而却很难用这种方法来测高级真核生物的基因组，因为高级真核生物的ORF分为内含子和外显子。现在有许多计算机程序可以用来辨认ORF（Fickett, 1996）。大体上，这些计算机程序是物种特异的；比如人们设计了GRAIL（Roberts, 1991）和GeneMark（Isono, McIninch & Borodovsky, 1994）分别用来辨认人类DNA里的ORF和其他个别物种的ORF。这些程序在确定ORF时并不仅仅基于起始密码子和终止密码子，也用到了密码子偏好来确定可能的编码区域，确定内含子和外显子的边界，以及转录控制区（例如，TATA盒）。不利的是，后者的这些序列非常易变而且要准确的鉴别基因也是比较困难的。另一个方法是用已鉴定好的基因作为线索来鉴定新基因。是否有现成的基因和我们想要确定的基因同源？如果是的话，是否有可能基因已经被正确的分配了。用这种方法所冒的风险就是：假基因(pseudogenes)（一般非转录的基因组的DNA和一个真正的基因有高度的序列同源性）有可能被分配成真的基因。
- *cDNA比较*　鉴别一个基因组DNA片段里的一个基因的最简单的方法是和一个对应的cDNA的序列进行比较。读者应该记得cDNA（第5章）来源于mRNA，并且只包含连接在一起的ORF的外显子序列。可以通过基因组的DNA片段与琼脂凝胶上的mRNA(northern blotting，见第2章）杂交或者通过和数据库里的已测序的cDNA片段进行比较来达到cDNA比较的目的。表达序列标签（expressed sequence tags, ESTs）是小的cDNA序列片段（通常是200 ~ 500 bases长），它通过对一个被表达的基因的一端或者两端测序而得到。通过测序随机cDNA克隆的表达片段来体现不同生物体的某些细胞，组织或器官的表达情况，然后可以通过序列比较，利用这些标签来鉴别基因组DNA里编码它们的基因。因为ESTs只表达了一个基因组里我们感兴趣的那部分（也就是被表达的那部分），ESTs是一个寻找基因的强有力的工具。ESTs也有许多优点：可以快速低成本地测定序列；测定每一条cDNA只需要进行一个测序试验；而且不用再对它们进行测序错误检查，因为错误不会阻碍基因的鉴别，运用类似的搜索可以从这些基因当中得到EST。每个人都可以使用EST序列数据库，比如db表达序列标签（http://www.ncbi.nlm.nih.gov/dbEST/),包含超过1200万的序列，这些序列来自不同的生物体其中包括450万条人的序列。当然，这些序列中的许多是重复的（Banfi, Guffanti & Borsani, 1998），因为高度表达的基因被表达了许多次。除此之外，应该注意到低水平表达的基因或者是那些表达方式为高度组织特异性或发育时期特异性的基因，在一个EST数据库里有可能没有。

9.8 基因功能的确定

基因组计划已经产生了一些有趣而又有点出人意料的结果。例如，尽管人们在实验室里对*E.coli*和酵母菌进行广泛的研究已经几十年了，可是当人们得到它们的基因组序列的时候，才认识到它们包含的基因当中只有30% ~ 40%被精确地鉴定。在很难进行实验检验的生物体中，尤其是人类，在进行大规模的测序计划之前，相对来说更少的基因能够为人所知。然而，目前人们还是能够仅仅依赖于基因的序列用几种方法来确定基因的功能。

- *寻找相似性*　正如计算机的方法在确定基因组中可能编码基因的部分起着重要的作用一样，人们可以用已知基因序列的大型数据库来确定未知基因的功能。像这样寻找相似性的方法经常被用于测定氨基酸序列，因为对四个DNA碱基的比较能够经常产生相似的序列，尽管他们编码的蛋白质非常的不一样。在不同的生物体里编码相同功能蛋白质的基因很相似。例如，几乎所有的生物体都能把半乳糖转变成6磷酸葡萄糖用于糖酵解的循环。这种循环途径的第一步是把半乳糖转变成1磷酸葡萄糖，这是一个由半乳糖激酶催化的化学反应。所有的生物体都有它们自己的半乳糖激酶，不同生物体的半乳糖激酶有它们自己唯一的序列。然而可能是因为不得不完成相同的化学反应，半乳糖激酶彼此是相关的。那也就是说，一个生物体中半乳糖激酶的氨基酸序列和另一个生物体中半乳糖激酶的氨基酸序列类似（图9.12）。尽管在大约6000个酵母菌基因中只有30%的已经知道了准确功能（见上述），另外30%的功能可以通过寻找相似性而得到。可仍然还有40%的已被鉴别的酵母菌基因其功能仍不清楚。当然，这些基因当中的一部分可能不是真正的基因，可能是被错误的确定为基因，但是大部分还是需要用其他机制来确定它们的功能。
- *实验确定基因功能*　对于诸如*E. coli*或酵母菌一类的实验常用物种，描述一个未知基因的功能的最常用的方法就是去除这个基因。我们将会在后面的章节中了解到，同源性重组被用于酵母菌和高级真核生物细胞来阻断基因组中一个基因的功能性复制。然后人们可以用这种突变的表型来确定野生型基因的自然功能。这种方法用于许多基因都非常有效。例如，用数据库搜寻的方法，将以前不知道功能的酵母菌基因SNU17和其他的蛋白质进行比较时显示出极少的相似性。一个去除SNU17的酵母菌突变型表现为生长缓慢，并且在mRNA前体的拼接上有缺陷（Gottschalk *et al.*, 2001），这表明SNU17

编码的蛋白质在拼接过程中有一定的功能。这种方法的困难在于，通常去除某个基因的突变型要么生物不能存活要么与野生型不可区别。这两种结果均不可能确定功能。不能存活的情况说明，去除的基因编码的蛋白质可能在细胞中起着至关重要的作用，但人们没法得到有关这个作用的更进一步的线索。一个代替基因功能确定的方法就是过量表达一个蛋白质，具体方法是把这个基因转到一个高拷贝的质粒上来观察其表型。

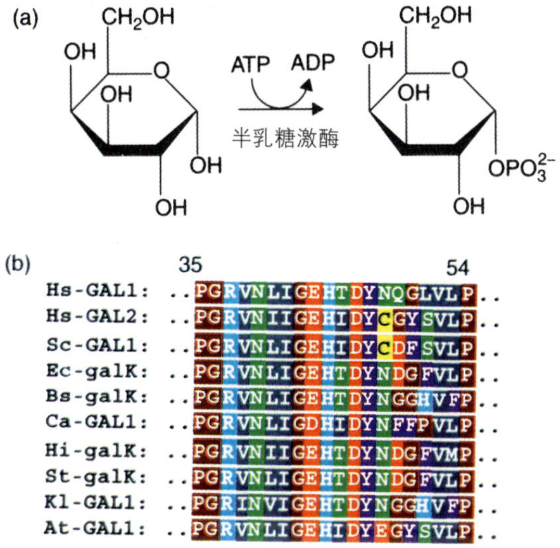

图 9.12　不同物种的半乳糖激酶序列比较

(a) 半乳糖激酶催化的反应。

(b) 人类半乳糖激酶的一个区域比较（392 个氨基酸的蛋白质中 35-54 号氨基酸）注：Hs——人类，Sc——酵母菌，Ec——大肠埃希菌，Bs——枯草杆菌，Ca——白色念珠菌，Hi——流感病毒，St——鼠伤寒沙门菌，KL——克罗非菌属，At——拟南芥。人们根据其特性将氨基酸以不同的颜色表示。蓝色代表带正电荷的氨基酸（H，K，P）红色代表带负电荷的氨基酸（D，E），绿色代表不带电荷的极性氨基酸（S，T，N，Q），灰色代表非极性的脂肪族氨基酸（A，V，L，I，M），紫色代表非极性的芳香族氨基酸（F，Y，W），棕色代表脯氨酸和甘氨酸，黄色代表半胱氨酸。

尽管上边描述了这种技术的可行性，但是大多数基因所确定的功能必须在单独的基因作用的基础上来进行。这对于酵母菌这样一个易于进行实验处理的生物体来说，2000左右不确定基因仍然是一个巨大的任务，那么对于 30000 左右的人类基因，要完全鉴定之，就似乎令人力不从心了。

9.9 生物信息学

随着越来越多的完整基因组的海量序列信息的产生，数据的储存、处理的方式遇到了很多问题。生物信息学是研究这种生物学信息的学科。它使生物学数据（基因组序列和其他实验的数据）连同分析理论和数学、计算机科学的研究工具都产生了极大的飞跃。生物信息学的目的在于

- 发展新的运算法则和统计学，用这种运算法则和统计学人们可了解大量大的数据趋势之间的关系。
- 分析和解释包括 DNA 和氨基酸序列在内的各种数据，以及蛋白质功能域和蛋白质结构。
- 发展和完善能有效获得和管理不同类型信息的工具。

我们已经利用计算机排列DNA序列来组成序列重叠群和寻找类似基因，但是它们的作用并不止于此。未知序列信息，比如：储存在数据库里的一条染色体的整个序列，对于基因和基因功能的分析来说是非常重要的。或许对大多数研究人员来说更有用更重要的是：收集整体的基因，蛋白质，以及与基因和蛋白质功能相关的实验证据。辅助数据库（表9.1）就是用来校对可得信息和它现在的情况的一个格式。比起 DNA 序列清单这个格式对使用者更加友好。这些数据库通常可以让使用者寻找基因或蛋白质的名称或序列，并且还可以指导使用者发表与他们的寻找主体相关的文章。我们在第10章中将会看，到通过分析不同实验条件下基因产物之间的关系，可为我们提供理解基因功能复杂性的另一个层面。如果我们想要在一个后基因组的时代得到真正的利益，整体化分析这些数据的能力是至关重要的。

表 9.1　其他基因组测序计划

生物体（种）	网址
大肠埃希菌（*Escheribia coli*）（细菌）	www.genome.wisc.edu
枯草杆菌（*Bacillus subtilis*）（细菌）	genolist.pasteur.fr/SubtiList
酵母菌（*Saccbaromyces cerevisiae*）（酵母菌）	genome-www.stanford.du/Saccharomyces
秀丽线虫（*Caenorhaabditis elegans*）（蠕虫）	www.wormbase.org
果蝇（*Drosopbila melanogaster*）（果蝇）	flybase.bio.indiana.edu
拟南芥（*Arabidopsis tbaliana*）（植物）	www.arabidopsis.rog
小家鼠（*Mus musculus*）（老鼠）	www.informatics.jax.org
人类（*Homo sapiens*）	www.ncbi.nlm.nih.gov/genome/guide/human/

第 10 章 后基因组分析

要点

- 基因组序列测定完成后，对生物体的每一个基因及其产物进行进一步实验研究；
- 不同条件下的细胞，参与表达的基因数量及表达水平的差异可以为细胞的应答提供重要线索；
- 随着自动控制以及计算水平的提高，对基因组、转录组以及蛋白质组的研究成为可能。

随着基因组测序的完成，读者可能会认为无需进行进一步的基因分析，这种表面的认识是可以理解的：当每个基因的序列已经知道，我们还能得到什么进一步的信息？然而，实际情况是，对生物体基因组序列的认识非但不代表基因研究的结束，相反，一系列以往不曾想像到的全新的实验研究已经开始启动。最近几年，几乎所有的描述细胞水平的事件后均加上“组”这一后缀（Fields, Johnston 2002）。基因组比较容易理解，即细胞总的 DNA，在单个细胞中其具有稳定性；但是其他一些“组”则很难精确定义，在许多情况下，它们会随着细胞生长的条件而发生改变。

- *转录组* — 即细胞总的 mRNA。由于在发育的不同阶段、受到外界刺激或营养成分改变时，不同的基因开启表达，转录组会随之发生变化。一个细胞内表达的转录本可以提示其合成的蛋白的存在，但并不反映该蛋白的功能，也不一定反映该蛋白的丰度。例如，含有大量稀有密码子的转录本与相同数量的含常用密码子的转录本相比，其合成蛋白的几率及蛋白合成量将会低得多。
- *蛋白质组* —即细胞总的蛋白质。可以认为是基因组翻译的结果，但诸多情况下，细胞蛋白质产物与转录组预计情况不符。翻译后修饰能够从根本上改变许多蛋白的功能。
- *代谢组* — 细胞内出现的小分子代谢物。根据细胞生理状态的不同，胞内初级及次级代谢物种类及数量会有较大改变。但是，代谢物组的改变可以反映代谢必需蛋白的功能 。

检测上述任一改变均有助于明确特定环境下胞内发生的精细的变化过程。例如：某一细胞由正常状态转变为癌细胞时，其胞内发生了什么改变？哪些基因被激活或被封闭？生成了哪些蛋白？这些蛋白与正常的蛋白组分有何不同？当前已开发了大量的技术方法来探讨这些问题，并以酿酒酵母菌为真核模式生物进行了大量实验，用以研究对基因功能的普遍影响。酵母菌具有基因组相对较小（～ 6300 个基因）、基因间区域窄、内含子少等优点，结合快速高效的基因分析方法，使其成为研究基因及基因产物间相互作用的理想模型。以下多数实验都是首先在酵母体内进行，然后再用于其他更复杂的高等真核生物较大的基因组的研究。

10.1 基因表达的总体变化

个体基因的表达水平可以随细胞对各种胞外及胞内信号发生反应而变化。在细胞内等一个特定的时间内，所表达的全部基因就是其所生成的蛋白质种类的瞬时“抓拍”。例如，以某一特定药物处理人体细胞可引起对该药物反应基因表达的改变，如那些与药物代谢相关的蛋白质可能会更高水平表达。我们已经讨论了大量监测基因表达改变的方法，如Northern blotting（第2章）及RT-PCR（第4章），但这些方法均是观察特异基因表达水平的改变，不仅限制了可供分析基因的数量，同时，即使对观察到表达方式的基因分析，得到的结果也会产生偏倚。进行该实验的研究者需明确经过特定处理后哪些基因的表达有可能发生改变。更加系统化的方法是检测基因组内所有基因的表达水平，观察这些基因表达水平在特殊的条件下会发生怎样的改变，这样可以观察到某些“未预期”的基因表达的改变。当前已经设计出大量的监测全基因组基因表达改变的方法。

10.1.1 差异显示

即使不知道基因的组序列，也可以通过差异显示方法（differential display）对mRNA分子3'端进行系统扩增进而监测基因表达水平的总体变化（Liang, Pardee 1992）。我们知道，mRNA分子3'端含有一多聚腺苷酸（poly（A））尾，通过设计5'端富含胸腺嘧啶寡核苷酸（poly（T））的引物锚定mRNA的poly（A）尾，并进行反转录（图10.1），得到的单链cDNA分子再利用上述锚定引物及已知序列的上游随机引物进行PCR扩增。对于从mRNA分子群体中得到的不同系列cDNA分子，采用不同的随机引物。用这种方法扩增得到的产物再通过变性聚丙烯酰胺凝胶电泳进行分离（同第9章中DNA测序凝胶相似）。原样品中含有的每一mRNA分子经PCR扩增后的产量与其最初在取材样品中的含量平行，因此，可借此直接比较不同来源的RNA样品中个体mRNA分子的相对丰度。通过联合应用多对引物，差异显示能以一种系统的、序列相关的方式显示出一个细胞内所有的表达基因。一篇差异显示最早报道应用于比较相同培养条件下人类乳腺上皮细胞及其肿瘤细胞mRNA的表达差异，发现某些基因在肿瘤细胞中特异表达而在正常细胞中不表达（潜在癌基因），或者某些基因仅在正常细胞中表达（潜在抑癌基因），对于理解癌症的分子基础提供了重要线索（Liang *et al.*, 1992）。

在特定条件下转录上调或下调的序列，通过差异显示鉴定并分离之后，可从分离凝胶中切下来，经PCR再扩增，然后进行克隆及测序。用这种方法得到的片段会有一定的偏差，偏向于扩增基因的3'端，因而不可能代表全长cDNA克隆。但是，这些差异表达的序列可以用作探针，利用文库筛选或者计算机搜索，分离全长cDNA或基因组DNA。差异显示是分析基因表达变化的有效方法。但是，这种方法也存在着很大的局限性，如：即使细胞环境发生很小的改变，也会伴随发生大量基因的表达水平的巨大改变。此外，要想有效地分析细胞内产生的所有可能表达的mRNA分子几需要多引物联合应用（Crawford *et al.*, 2002）。

10.1.2 芯片

我们已经了解到细胞内基因表达模式具有瞬时特征。而当前已经认识到基因组实际可能含有的基因数目并不像以前所估计的那样多（例如，酵母约含6000个基因，而人类大约仅30 000个基因），这使得逐一分析生物体所有基因的表达成为可能。虽然30 000个个体实验

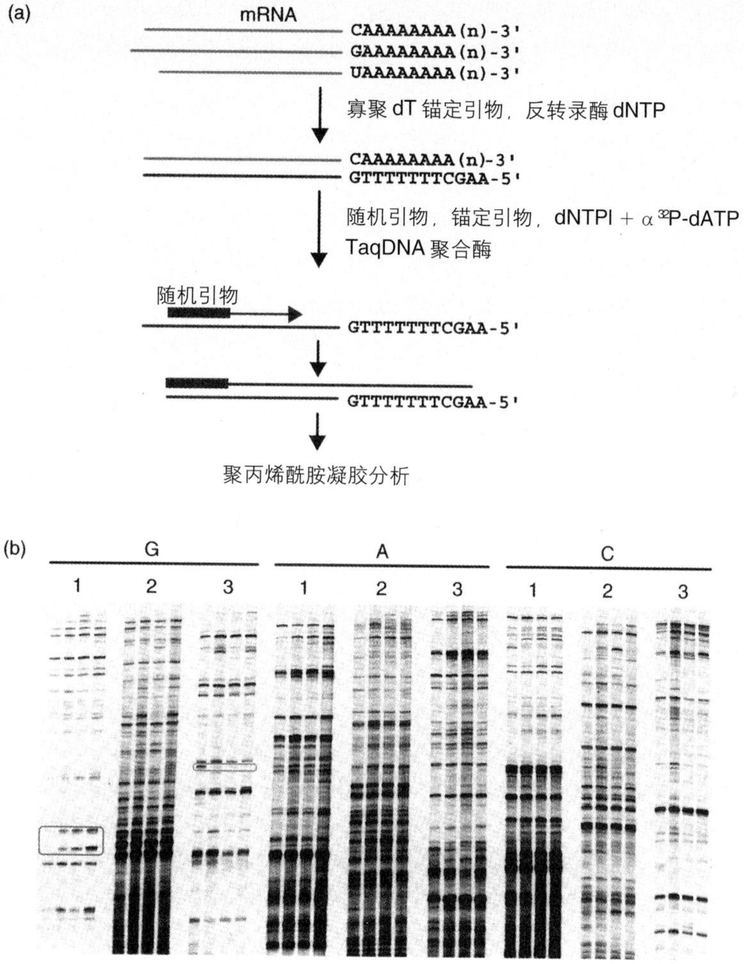

图 10.1　差异显示检测基因表达改变
(a) cDNA 的生成。利用对应于 mRNA 3' 末端序列的寡聚 dT 锚定引物扩增出单链 cDNA。三个锚定引物（3' 端分别为 G、A 或 C）中的每一个将根据样品内出现的个体 mRNA 及其丰度生成一组单链 cDNA 分子。随后利用一组已知序列的随机引物合成cDNA第二链。随机引物及锚定引物的不同组合将扩增所有可能的cDNA第一链。生成的PCR片段通过聚丙烯酰胺凝胶分离，组织样品的基因表达差异可以通过各自的条带及其强度进行检测。
(b) 通过三个不同的锚定引物（G、A及C）及三个随机引物（1、2及3）对四个RNA样品（一为正常，其余三个癌变）进行差异显示。图中红框表示在癌细胞中表达、正常细胞不表达的基因产物，绿框表示仅在正常细胞内表达的基因。该图经同意引自 GenHunter Corporation，www.genhunter.com。

仍然是一个巨大的数目，但随着自动化及样品操作方法的进步，目前已经可以实现。最终细胞状态和类型的所有改变，均可以同基因mRNA水平的改变建立联系。某些情况下，会出现大量基因表达的改变，例如，酵母孢子形成过程中伴随有至少 1000 个不同基因表达的改变，这相当于近20%的酵母基因总数（Chu *et al*., 1998）。此外，有时细胞环境的改变可能仅仅影响少数基因的表达，例如，利用硫酸铜处理酵母细胞仅引起五个基因的表达发生显著改变

(Gross *et al*., 2000)。对于以前未知的许多基因，通过研究其表达模式，可以为功能研究提供重要线索。如果希望了解基因同其产物间的内在联系，就必须对基因组成千上万个基因的表达改变逐一进行分析。

DNA 芯片（DNA microarray）分析是一项用来快速分析基因组内所有基因表达的技术(Shalon, Smith & Brown 1996)，即通过一固定的单链 DNA 与标记的 cDNA 片段互补结合，再进行进一步的分析（图10.2）。DNA片段物理固定于一种惰性载体（称作“芯片”）。目前进行基因芯片实验有几种不同的方法，其区别就在于DNA序列连接芯片方式以及连接序列本身长度的不同。当前最常用的是斯坦福大学Patrick Brown实验室开发的芯片和Affymetrix®公司开发的商业芯片。Affymetrix 芯片是由一组化学合成的单链 DNA 寡核苷酸（~ 25 个碱基长度），通过光标记试剂及光刻技术固定于石英表面，在硅微芯片的制作中也是采用类似的技术。通过这种方法可以在 1.28cm^2 面积的芯片内精确放置达 500 000 个独立 DNA 分子。斯坦

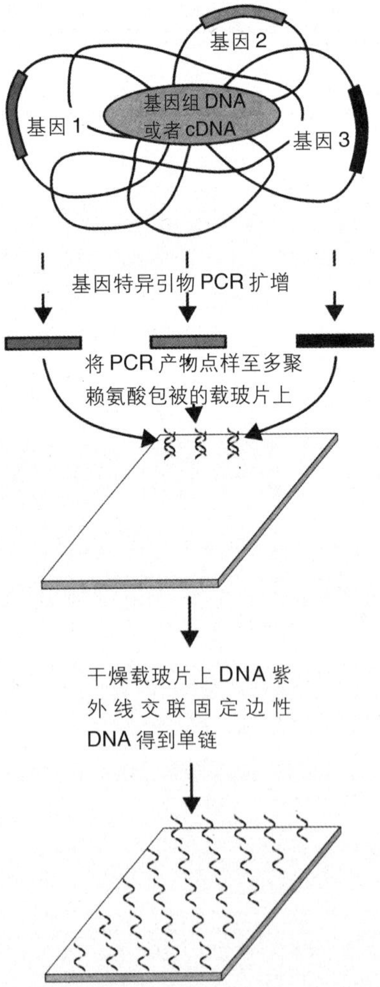

图 10.2　DNA 芯片的构建

代表个体基因、部分基因或其他 DNA 序列的 PCR 产物被点样至载玻片上，并固定在相应位点。形成的单链 DNA 可以作为结合点结合标记的互补 DNA 序列。

福大学开发的芯片是通过机器人加样的方法，将全部基因 PCR 扩增得到的 DNA 片段加到一个载玻片的精确位点。以酵母基因组为例，通过 6116 次独立的 PCR 反应扩增每一个个体基因，再将这些PCR产物点样至一大约2cm^{2}面积的载玻片上。每个PCR产物点样时精确定位，因此任何加样点的DNA序列均为已知。DNA 加样至载玻片后，加热至100℃，2秒以使其干燥，紫外线交联固定，再变性（95℃，2 分钟）以使 DNA 成为单链。

制备的芯片进一步用作模板结合标记的 cDNA 片段。cDNA 制备按照图 10.3 所示进行。首先从两种相关细胞中提取RNA样品。一般选取的细胞必须相关，这样它们表达的大部分基因是相似的。但是，这些细胞是在不同的条件下生长的，或者一种由另一种衍生而得，例如正常组织细胞及其癌变后的细胞。以提取的 RNA 为模板，通过设计 oligo（dT）引物反转录合成单链cDNA。cDNA合成底物包括三种普通三磷酸脱氧核苷酸和一种荧光标记的三磷酸脱氧核苷酸。两份样品中，一份以绿色荧光染料标记（Cy3标记核苷酸），另一份则以红色荧光染料标记（Cy5标记核苷酸），这样不同细胞来源的cDNA 将会带有不同的荧光标记。将两种标记的 cDNA 等量混合，使其与芯片杂交。通过荧光扫描共聚焦显微镜观察每个点的颜色及强度。通过激光激发、检测，芯片上每个点发出的荧光强弱可以提示源组织中相应mRNA的相对丰度。例如，图 10.3 中，如果细胞在条件 1 中表达某一基因而在条件 2 中并不表达，那么在cDNA混合样品中仅含有Cy3标记的相应cDNA进而结合至芯片上的互补链，在芯片上，该点发出绿光；同样，某基因仅在条件 2 中表达，芯片上会相应显示红点。如果某基因在两

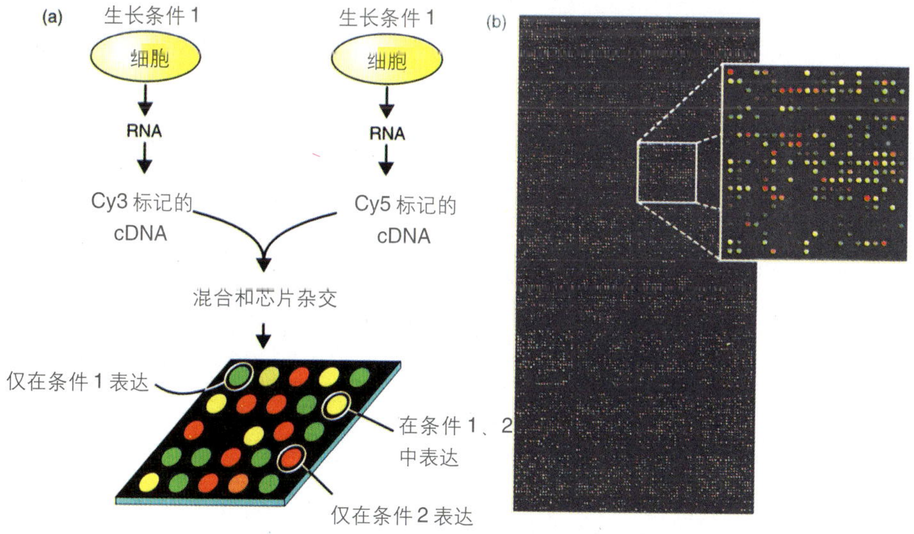

图 10.3　利用芯片分析鉴定两个 RNA 样品中差异表达的基因

(a) 分离条件 1 下生长的细胞的 RNA，利用 oligo-dT 引物反转录成 cDNA 并用绿色荧光染料（Cy3）进行标记；同样，分离条件 2 下生长的细胞的 RNA，利用 oligo-dT 引物反转录成 cDNA 并用红色荧光染料（Cy5）进行标记。两 cDNA 样品等量混合，与芯片杂交，通过荧光显微镜可见芯片上显示系列彩色点。绿点表示相应基因仅在条件 1 表达，而红点表示基因仅在条件 2 表达。如果条件 1 和 2 下细胞表达等量的 cDNA，则相应芯片点上将结合等量的绿色和红色染料，从而显示为黄色点。

(b) 用于筛选不同RNA样品基因表达的鼠基因序列芯片。由旧金山The J.David Gladstone Institutes 基因组中心实验室 Yanxia Hao 及 Christopher Barker 友情提供。

种条件下等量表达，则两种标记的单链cDNA均可以互补结合至芯片上相应点，进而显示黄色荧光（绿色和红色混合而成）。

对每个芯片加以校准至关重要，以使得每个样品的mRNA水平可以得到精确的评估(Bilban *et al.*, 2002)。用荧光监测仪计算包含完整基因组DNA的一些阵列点的绿红荧光信号强度比，进行校准，使测得的相对强度比率为1.0，这样，样品检测中即可通过芯片上每点的绿红信号强度相对比来检测每个样品中特异mRNA的相对丰度。

当前，DNA芯片技术在全基因组水平分析基因表达的应用迅速扩展。这里我们将讨论几个利用转录概貌解决生物问题的特例，但文献中有大量的关于芯片在其他方面的应用的实例(Lockhart & Winzeler 2002；Shoemaker & Linsley 2002)。

- *代谢改变相关的基因表达差异* 用DNA芯片技术可用来检测酵母双阶段生长转换时全部基因的相对表达（双阶段转换指生长介质中撤除葡萄糖后，酵母从酵解生长转为呼吸生长的过程）(DeRisi，Iyer, Brown 1997)。在一定的时间内，每隔两个小时从培养基上采集酵母细胞，检测其基因表达并与起始表达模式比较。每次采集的细胞分离mRNA，制备用Cy5荧光染料标记的cDNA，而第一个时间点采集的细胞（参考样品）cDNA则用Cy3进行标记。每个时间点的cDNA与参考cDNA混合后杂交至含有全部～6000个酵母基因的芯片。当葡萄糖从培养基中撤除后，可见基因表达谱发生明显改变(图10.4)。近30%的基因组基因显示了表达水平的改变，同起始材料相比，这些基因至少在两种条件中有一个发生表达上调或者下调。葡萄糖撤除引起的代谢改变伴随发生许多涉及细胞基本生命过程的基因表达的广泛改变，诸如糖代谢、蛋白质合成及碳水化合物储存等。但是，此芯片分析显示的差异表达的基因中，有～50%功能未见报道。

(a)

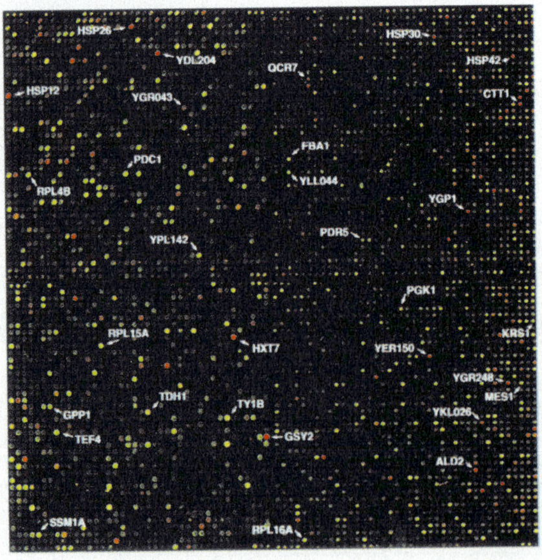

图10.4 用芯片方法分析代谢途径的转变对相关基因的影响

(a) 酵母基因组芯片，其中在含糖培养基上生长的细胞RNA用Cy3（绿色）标记，无糖培养基上生长的细胞以Cy5（红色）标记。

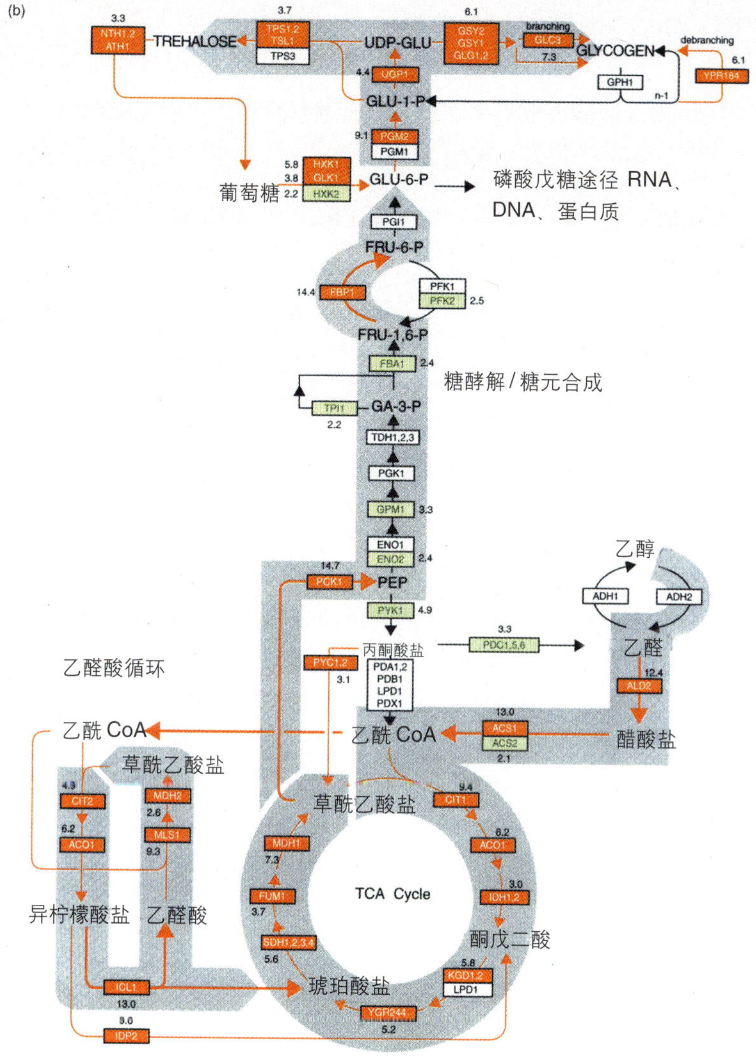

图 10.4　(b) 双阶段生长转换的代谢程序重排。在这些编码基因中，红色表示表示生长峰相转变时表达增加，而绿色表示减低。红色箭头提示代谢通路中葡萄糖撤除时基因被强烈诱导表达的环节。这些图片由Joe DeRisi (UC San Francisco) 友情提供，并经许可复印自Derisi，Lyer & Brown，(1977)，美国科学发展协会版权 (1997) 所有。

- *正常细胞和肿瘤细胞基因表达的差异*　DNA芯片在分析肿瘤细胞差异表达的基因研究中有着广泛的应用。例如，对正常人类乳腺上皮细胞中表达的~ 5500 个基因进行分析，并与乳腺癌组织中表达的基因加以比较 (Perou *et al*., 1999)，由此发现了成批的癌组织生长过程中与细胞增殖有关的基因。在癌症治疗方面，芯片有另一个重要的应用，即根据癌细胞表达的基因对其归类。例如，可以根据基因表达谱差异将以前未分型鉴定的恶性黑色素瘤细胞分为各种亚型 (Bittner *et al*., 2000)。这些亚型有助于预测黑色素瘤的临床转归，这种预测在以往是做不到的。类似的分析也已被用于各种乳腺

癌的基因表达谱与其临床转归间的比较（Sorlie 等，2001）

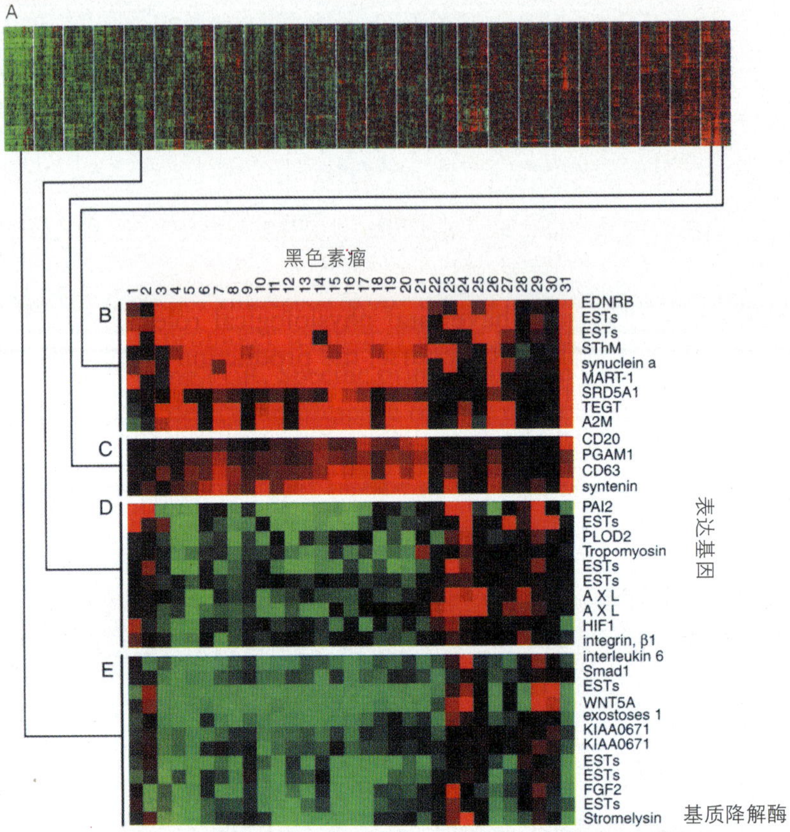

图 10.5 用基因表达模式分析恶性黑色素瘤的特征
详见文中相关介绍。图片由 Mark Bittner 友情提供（美国 NIH 国家人类基因组研究中心），经同意印自 Nature（Bittner *et al.*，2000），Macmillan Publishers 有限公司版权（2000）所有。

- *确定细胞类型* 哺乳动物干细胞（第13章详细介绍）与绝大多数其他细胞不同，因为它们不仅能够自我更新，而且当出现适当的信号时，还能够分化为各种不同类型的细胞。目前，三种从胚胎、神经及造血组织中分离的干细胞研究的最为透彻（Blau, Brazelton & Weimann, 2001）。应用芯片分析，这些不同类型干细胞转录谱显示，近200个基因仅在不同的干细胞内表达，而不在各种已分化的细胞中表达（Ivanova *et al.*, 2002; Ramalho-Santos *et al.*, 2002）。这些基因可能是干细胞发挥相应作用的独特遗传程序。

利用DNA芯片技术，可以通过单次实验对成千上万个基因的表达进行分析，但是，这种技术也存在着很多缺陷。例如，像我们前面讨论的建立在核酸杂交基础上的所有实验，高度相似序列间的交叉杂交问题仍然未能解决，因此，从芯片实验得到的数据必须通过传统的基因表达分析实验加以证实。此外，芯片实验的总体灵敏性不高，基因表达的改变通常需达到2倍以上才可被测及，一些微小的改变通过芯片实验则不能检测，而这些微小变化可能具有重要的生理意义。当然，一些蛋白质并不在转录水平进行转录调控。例如，编码酵母转录激活因子 Gcn4p 为细胞组成性转录，但氨基酸缺乏引起的蛋白质产生是在翻译水平进行调控的（Hinnebusch 1997）。最后，如何分析及储存数量庞大的芯片实验数据也是一个难题，许多生物信息学家正在努力将这些数据转变为一种可被生物学家应用的方式。目前，可以通过检阅公共源数据及标准化的芯片数据库（如：http://www.dnachip.org），了解您所感兴趣的基因在特定条件表达调节情况。

10.1.3 染色质免疫沉淀

观察了特定条件下有哪些基因表达，自然想进一步了解是哪些转录因子参与这些被调节基因表达的调控。人们用传统生物化学方法（如DNA足迹法及凝胶阻滞法）鉴定转录因子在DNA上的结合位点，进一步可以推断哪些基因是由该转录因子通过寻找并作用于相应启动子特定结合位点进行调控的。这种方法在鉴定潜在靶基因方面极为成功，但是问题在于很多转录因子结合的DNA位点相对比较模糊，在基因组内鉴定的结合位点比蛋白实际调节的基因数目多得多。因此，我们需要一种方法，能够鉴定胞内特定转录因子真正结合的DNA序列。**染色质免疫沉淀技术（Chromatin immunoprecipitation, ChIP）**正好能满足这一需求（Strahl-Bolsinger *et al.*, 1997）。利用甲醛处理生长细胞，甲醛作为一种交联剂可以使紧密接近的蛋白质和 DNA 共价结合（图 10.6），再裂解细胞，利用超声将 DNA 切成 500bp 左右长度的片段，此过程中甲醛交联作用不会破坏，这样蛋白仍会结合其识别的DNA结合位点。利用抗此蛋白的特异抗体与蛋白相互作用，进而可以将与蛋白交联的DNA片段与其他组分分离。抗原抗体复合物可以通过与抗体特异结合的磁珠（beads）沉淀。将免疫沉淀物加热至 65℃维持 12 ~ 18 小时，破坏交联作用，进而 DNA 从复合物中释放，利用 PCR 可以进一步对免疫沉淀片段中各个启动子序列进行分析。可以利用针对各个基因启动子序列的特异引物检测抗体捕获的特定 DNA 序列（Hecht & Grunstein, 1999）。如过 PCR 反应结果阳性，提示检测启动子序列中出现一个或多个抗体作用蛋白的结合位点。通过对PCR仔细设计，可以测定蛋白结合DNA序列量的相对多少。此外，细胞条件改变伴随的启动子序列结合量的改变也可以通过PCR反应产物量反映。

ChIP 分析是一种鉴别蛋白结合已知启动子上 DNA 结合位点的有效方法。但若将其与芯片结合进而在全基因组水平上鉴别蛋白结合位点，会更显威力。如图10.6所示，通过特异抗体免疫沉淀，浓缩目标蛋白交联的DNA片段。在破坏交联作用后，浓缩DNA利用荧光染料（Cy5）标记扩增，未利用免疫沉淀浓缩的DNA样品用另一种荧光基团（Cy3）标记，二者混合，在包含所有基因间序列及启动子序列的基因芯片上杂交。这种方法首次应用于鉴定两个酵母转录因子（Gal4p 和 Ste12p）的基因组结合位点（Ren *et al.*, 2002）。利用这种芯片染色质免疫沉淀（ChIP-on-chip）技术，鉴定了Gal4p（一种了解得较为充分的转录因子）以前未被鉴定的三个基因靶点。此后，又通过这种方法相继分析了 106 种酵母转录激活因子的结合位点（包括这些转录因子调节基因的推测结合位点）（Lee *et al.*, 2002）。此外，这项技术已推广应用于分析昆虫（Berman *et al.*, 2002）及人体细胞（Weinmann *et al*, 2002）的转录因子结合位点。可能未曾想到，利用这种方法显示在高等真核生物中许多利用相同转录因子结合位点协调表达的基因，在基因组内彼此成簇排列（Roy *et al*, 2002）。这一特点的意义目前还不十分清楚，但可以提示基因组内高度有序的基因排列方式可能与基因表达调控有关。

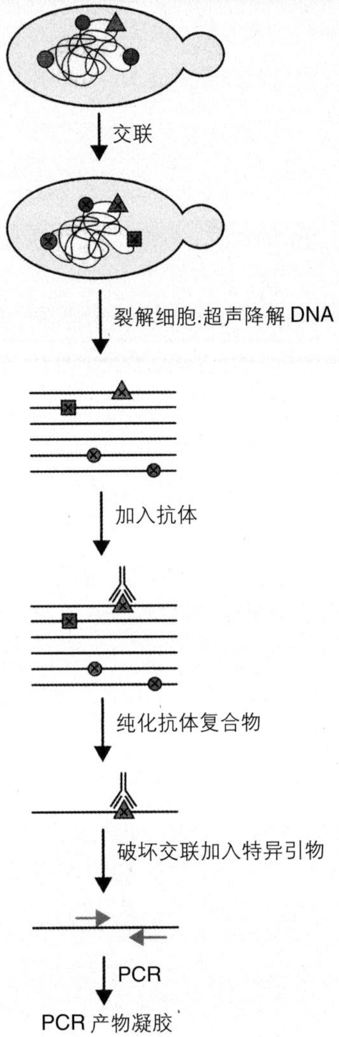

图 10.6 基因组 DNA 特异结合位点的染色质免疫沉淀（ChIP）分析
详见原文

10.2 全基因组水平蛋白质功能研究

知道特定的时间细胞内有哪些基因参与表达固然具有指导意义，但这不能说明特定基因产物的功能，因此需要设计全基因组水平蛋白功能的分析方法。这些方法包括破坏某基因以去除胞内相应蛋白的研究，或者检测蛋白质之间的相互作用。

10.3 基因敲除分析

经过对酵母基因组数十年的深入分析，在总计6000个左右的基因中仍然有大约三分之一功能未知。从基因组中敲除某个基因，通过分析随后的表型变异可能提供有关该基因功能的重要线索。多年以来，研究者已经能够利用同源基因重组从酵母细胞中敲除单个的基因（Rothstein, 1983）。同源基因重组在酵母细胞中发生频率很高，它将靶基因置换为带有表型标记的基因（图 10.7），所标记的基因两端必须带有至少 50bp 的靶基因序列，在被转化入酵母细胞后，该片段无法独立复制，而精确整合入基因组上同源序列的位置，造成同源序列间的靶基因被标记基因置换取代。为完全阐明酵母基因组序列，已经系统敲除了每一个基因（Winzeler *et al*, 1999）。所采用的方法包括通过 PCR 得到每一个基因从起始密码子到终止密码子的缺失变异体。通过基因敲除，每一个基因都被KanMX cassette取代（Wach *et al*, 1994）。KanMX cassette 含有 *E. coli* Tn903 转座子的 KAN^R 开放阅读框，将其与 *Asbbya gossypii* 的 TEF 基因的转录和翻译调控序列相融合。通过将 KanMX cassette 插入酵母基因组可以有效地筛选 G418 抗性的转化克隆。

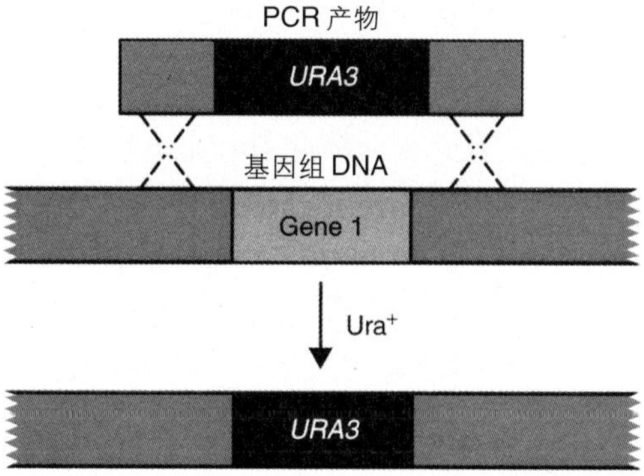

图 10.7 酵母中一步基因敲除。
用含有可选择基因（URA3，尿嘧啶合成通路）而且两侧有基因组DNA序列的线性DNA片段转化酵母，导致在同源区的插入（虚线所示）。同源区之间的基因被删除，为可选择基因替代。

单个基因缺失之后可能产生以下表型。

- *致死*。细胞无法生长。该基因为细胞生长过程所必需。酵母中的这些必需基因可以通过其出芽分离的方式而辨别。
- *野生型*。在突变型和野生型细胞之间没有可检测出的表现差别。如果在各种条件下都不能发现差别，那么就提示可能存在另一个基因可以补偿缺失基因的功能，或者可能尚未发现可表现出表型的改变的条件。
- *生长改变*。基因缺失的细胞在某些特殊条件下可能比野生型生长缓慢（或加快）。通过不同条件下的生长实验，可能会揭示出该基因编码蛋白的潜在功能。

对酵母基因缺失突变株的分析表明大约20%的酵母基因为在葡萄糖丰富的培养基生长所必需，在其他的筛选中，15% 的基因突变影响了细胞大小或形态（Giaever *et al.*, 2002）。类似的筛选方法对于单个基因功能的分析相当粗略，但在不同条件下对生长所需的不同组基因的分析能提供更多的信息。此外，缺失分析可以结合基因表达谱（基因芯片，见上文），通过比较野生型和突变型的表达谱可以得到基因功能的进一步信息。例如，缺失酵母的TUP1转录抑制子导致3%酵母基因的表达上调（DeRisi, Iyer and Brown, 1997）。这些基因可能在野生株中被 TUP1 蛋白所抑制。

10.4 反义技术和 RNA 干扰（RNAi）

在高等真核生物中的基因敲除比在酵母中更复杂，这是因为同源重组的几率更低及缺少相应的遗传学信息。然而一段时期以来，已经证实反义 RNA 的表达（mRNA 的互补链的序列）可以抑制基因表达（Green, Pines & Inouye, 1986）。通过在细胞中相对启动子反转编码序列，这样就可以转录互补链，从而实现反义技术。在mRNA和反义RNA之间形成的RNA双链被认为可以干扰RNA转录后处理或翻译，导致所编码的蛋白质产量大大降低。例如，表达多聚半乳糖醛酸酶（与软化和过熟有关）反义序列的西红柿大约仅表达正常水平该酶的5%，从而延长了上架期并且更能防碰撞（Smith *et al.*, 1988）。在细胞中表达或反义核酸或向细胞内导入反义寡核苷酸能够显著影响相应mRNA编码蛋白的产量。导入可诱导的反义表达载体到细胞中可以造成条件性基因沉默。例如利用四环素诱导启动子（见第8章）表达反义RNA可以使蛋白质产量仅在四环素存在的条件下被抑制（Handler & Iozzo, 2001）。随种属和基因的不同，反义抑制的效率变化很大，而且特异的反义序列可能导致非特异的蛋白表达抑制（Cohen, 1991）。

现已发现导入的特异双链RNA分子可以有效抑制很多真核生物细胞中基因的表达。这种现象被称为 RNA 干扰（RNA interference，RNA：），最早发现于秀丽线虫的 RNA 注射实验中。注射某基因的正义或反义RNA链均难以降低该基因的表达。然而，同时注射正义和反义链则大大抑制了该基因的表达（Fire *et al.*, 1998）。随后进行了许多其他实验观察。

- 给 *C.elegans* 注射特异基因的双链 RNA 导致体细胞和 F1 后代中相应基因产物的消失。
- 双链 RNA 能在注射部位一定距离内抑制基因功能并且能够越过细胞边界，提示导致抑制效应的是一种小的可扩散分子。
- 只有来自外显子的双链 RNA 序列能发挥作用而来自内含子的序列没有任何作用。
- 相对小的双链 RNA 序列——大大短于完整的基因序列——就能有效关闭相应 mRNA 编码的蛋白质的表达。
- 仅需很少量的双链 RNA，即每个细胞只有几个双链 RNA，就能抑制蛋白质表达，提示存在着某种催化或放大过程。

通过摄入双链 RNA 也可以在 *C.elegans* 中诱导 RNAi。饲入表达特异双链 RNA 的 *E. coli* 的线虫中有 40% ～ 80% 表现出基因沉默的特异表型（Timmons, Court & Fire, 2001）。RNA 干扰已经在C.elegans的基因功能分析中得到广泛使用。因为其易于达到沉默效果并且非常有效，使其成为基因分析的强大工具。*C.elegans*有六个染色体，其中两个上面的所有基因都已经使用RNAi进行了敲除（Gonczy *et al.*, 2000; Fraser *et al.*, 2000）。大量基因的敲除导致不育或胚胎致死表型，从而使其他分析变得困难，但很多其他基因通过这种分析都能明确其功能（Kamath *et al.*, 2003）。

对于我们所介绍的反义RNA，双链RNA分子并不一定必须导入，它也可在细胞内产生。例如，在锥虫中，已经构建了在四环素控制下的锥虫基因的可整合质粒，它可以转录一个头对头并且相距一定距离的基因片段，从而可以产生双链发夹RNA并诱导RNAi（Shi *et al.*, 2000）。最初，由于在大多数哺乳动物细胞中双链RNA的表达造成蛋白质表达普遍下调，而非基因特异的的作用，因此RNAi被认为作用有限（Hope, 2001）。然而，随后发现被称为小抑制RNA（siRNAs）的21个核苷酸的RNA（双链配对，在3'端有两个核苷酸）能够在哺乳动物细胞中降低特异基因的表达（Elbashir *et al.*, 2001）。在哺乳动物细胞中，RNAi的抑制效果没有在果蝇或线虫中那么强大，但对于许多以前难以研究的生物体，RNAi在确定基因功能方面有很大潜力。

信息栏 10.1 RNA干扰的机制

目前RNA干扰的分子机制尚未完全明确。现已证实RNAi是一种转录后现象（Montgomery,Xu & Fire, 1998），但它是如何作用的呢？双链RNA的表达导致与其相对应的mRNA的特异性降解（Ngo *et al.*, 1998）。例如在果蝇中，表达一段与cyclin E基因（细胞周期调控的关键组分）相对应，540个核苷酸的双链RNA，会造成细胞周期阻滞并会产生21～25个核苷酸的RNA片段，这些RNA片段与cyclin E基因的正链和反链同源（Hammond et al, 2000）。RNA降解是ATP依赖的，不需要相应的mRNA的存在，并且被序列特异的核酸酶催化（Zamore *et al.*, 2000）。通过基因组序列比对分析，果蝇和C.elegans的基因组中仅含有三种双链特异的RNase酶（Bernstein *et al.*, 2001）。其中一个名为RNase III或Dicer，它被认为与RNAi有关。缺失Dicer活性的细胞不能通过RNA干扰沉默基因（Hutvagner et al, 2001）。

产生于双链RNA的小RNA干扰分子（siRNA）作为引物以靶mRNA为模板合成双链RNA，双链RNA可以进一步降解产生新的siRNA分子（Lipardi,Wei & Paterson, 2001）。一种RNA依赖的RNA聚合酶可能在扩增双链RNA中发挥作用，这点尚待实验证实。图10.8所示是一种RNAi分子机制的模型（Nishikura, 2001）。导入某个mRNA的反义序列（绿色）导致双链RNA的形成。RNA依赖的RNA聚合酶（RdRp）生成更大的双链RNA分子，进而由Dicer酶降解为21～23个核苷酸片段。这些siRNA能与它们来源的母板mRNA相结合。结合之后，一些siRNA将作为模板由RdRp产生更多的siRNA（Hutvagner & Zamore, 2002）。通过参与产生siRNA，或通过活化RNA诱导的沉默复合体（RISC）（降解mRNA-siRNA双链），最终导致靶mRNA得到有效降解（Martinez *et al.*, 2002）。

RNAi的机制很复杂（见Box 10.1），但其天然作用可能在于保护细胞，清除在复制中产生双链RNA的转座子和病毒。当然也有很多例子中双链RNA是发生于细胞中的自然过程，例如作为剪接体的组成，然而它们并不产生RNAi，可能是因为其中双链RNA也与胞内蛋白有关。在植物中，RNA沉默可能作为抵抗病毒感染的防御机制。RNA病毒能诱导RNA沉默，因为在其复制中会产生双链RNA。此外，RNAi可以提供对于近缘病毒的免疫。如上述讨论，一个可移动的沉默信号（可能是双链RNA）能在植物细胞之间扩散并提供病毒免疫。有些病毒被认为通过在植物里快速扩散而逃避RNA沉默（Voinnet, 2001）。

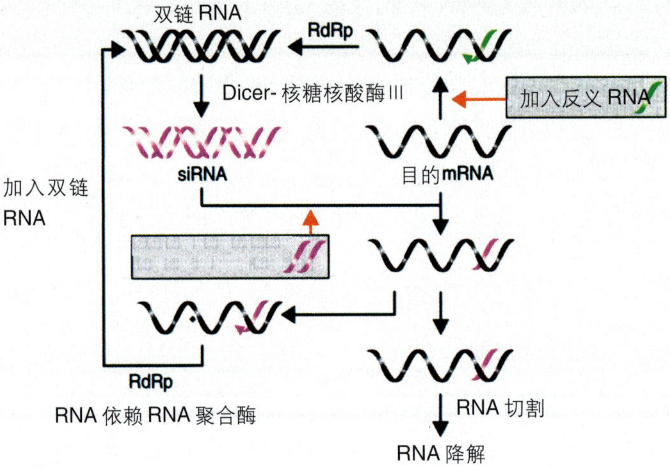

图 10.8 反义抑制和 RNA 干扰机制。
在细胞中导入或表达反义 RNA（绿色）或双链 RNA（粉色）能引起特异 mRNA 的降解。详见 Box 10.1。

10.5 全基因组双杂交筛选

我们已经讨论过利用双杂交筛选检测特异蛋白之间的相互作用并从 cDNA 文库中克隆潜在的作用伴侣（第 6 章）。为了在基因组尺度上完成此类分析，就要求每一个可能的“诱饵”蛋白都针对一种生物的每一个潜在靶蛋白进行实验，以确定得到该生物的完整的蛋白质作用图谱。而且，如果该基因组中的每一个基因已经通过序列分析验证，就没有必要构建和筛选一个复杂的cDNA文库。更系统的方法是克隆和分析基因组中的每一个蛋白编码基因。因此，在双杂交筛选中，每一个潜在的蛋白编码基因必须以正确的读码框融合于编码转录激活域的序列中。以酵母为例，为检验所有“诱饵”蛋白，必需构建大约6000个质粒。这绝不是简单的工作。但是，利用每个基因的特异引物通过PCR从基因组DNA中扩增大约6000个基因（图 10.9），就可以得到所有的克隆。在引物的构建中，所有正向引物都有一个共同的5'端20个核苷酸尾，而所有反向引物都有另处一个共同尾部。共同尾部可就以作为引物结合部位，在第二轮 PCR 中使用一套引物来扩增 6000 个 PCR 反应产物（Uetz *et al.*, 2000）。在第二轮 PCR 中，每一个扩增产物的 5' 端都有一段共同的 50bp 的序列，3' 端有另外的一段共同的 50bp 的序列。然后将PCR产物和两端含有这些共同序列的线性化质粒混合并转化入酵母细胞。在酵母细胞中，PCR 产物的共同序列和质粒的共同序列发生同源重组形成环状的可复制的质粒。以上过程使每一个 PCR 产物和编码基因插入到一个酵母质粒而无需额外的 DNA 操作。类似的无需连接的克隆原理也已经设计并应用于*E. coli*中的质粒构建（Donahue,Turczyk & Jarrell, 2002）。

构建之后，能合成不同转录激活域融合体（靶蛋白）的 6000 个酵母细胞分别与一株表达独特“诱饵”蛋白（融合于DNA结合域）的酵母配对以产生一系列的双倍体酵母细胞，这些细胞能够合成一个“诱饵”蛋白并且每一个都合成不同的靶蛋白。然后将双倍体细胞置于细胞培养孔中，培养条件只适当于“诱饵”蛋白和靶蛋白发生相互作用的细胞的生长。这样在一个实验中能够鉴别一个“诱饵”蛋白所有的潜在的相互作用的靶蛋白（图 10.10）。使用不同“诱饵”蛋白重复筛选得到的数据可以用于建立一个全面的蛋白质-蛋白质作用图（Uetz *et al.*, 2000）。到目前为止，仅制作了酵母细胞内部蛋白相互作用的图谱，但是已经揭示了关于细胞内部不同蛋白复合体的数目的重要信息。我们在第六章中讨论的许多双杂交筛选的问题在这里同样适用。

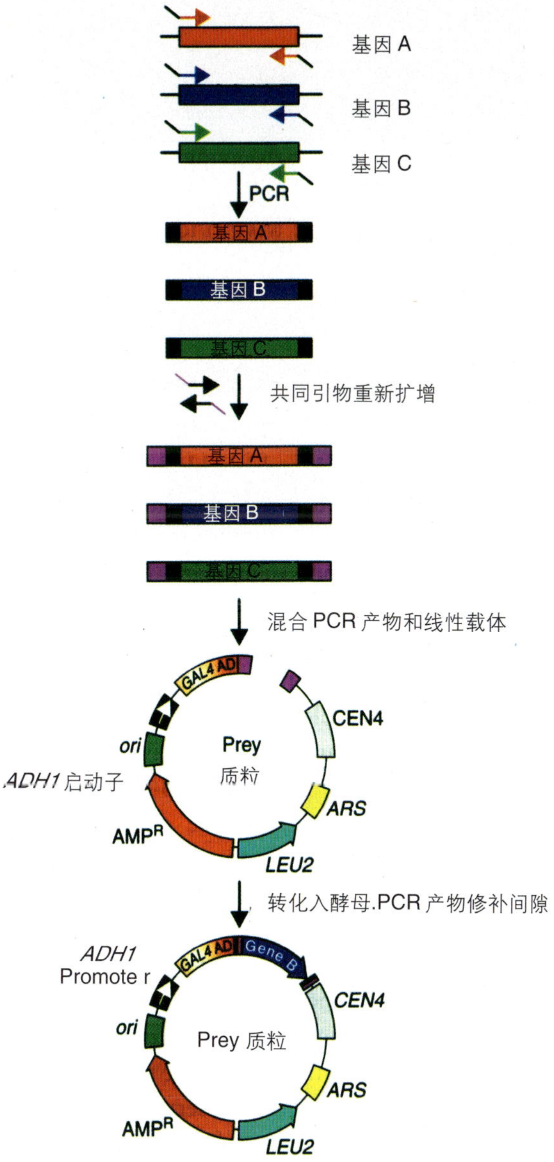

图 10.9 构建用于基因组双杂交筛选的合成不同靶蛋白的质粒。
用 5' 端含有共同序列的引物扩增基因。使用第二对引物再扩增从而使所有基因在 5' 和 3' 端得到标记（Hudson et al, 1997）。标记的基因与线性质粒混合并转化入酵母。由于标记基因和线性质粒末端之间的互补，在质粒和 PCR 产物之间发生同源重组。结果使 PCR 产物插入质粒并表达靶蛋白。

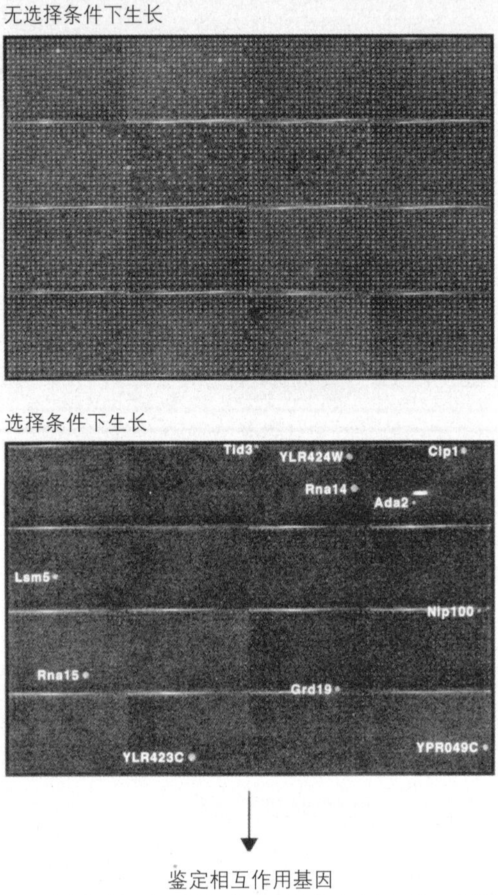

图 10.10 基因组双杂交筛选验证蛋白 - 蛋白相互作用。
每一个合成单独的“诱饵”蛋白的酵母细胞（这里是融合于 Gal4p DNA 结合域的 Pcf11p）都与 6000 个合成不同靶蛋白（融合于Gal4p 转录激活域）的酵母细胞配对并培养于384孔细胞培养板中。只有当“诱饵”蛋白和靶蛋白之间发生相互作用并激活报告基因转录，酵母细胞才能在选择条件下生长。图中底部所示为蛋白可能与 Pcf11p 相互作用的基因。(Images courtesy of Stan Fields（University of Washington), reprinted by permission from Nature（Uetz *et al.*, 2000） copyright 2000 Macmillan Publishers Ltd)

10.6 蛋白质检测芯片

相对于依赖RNA转录物的存在而推断在某种细胞内是否存在一个蛋白，更好的方法是直接检测蛋白存在与否。可能更严谨的方法是检测细胞合成的单个蛋白的活性（Kodadek, 2002)，类似于DNA芯片的蛋白质检测方法仍在发展中。但一些蛋白识别芯片已经可以使用(Fung *et al.*, 2001)。它们由配体组成，例如抗体或者小分子，将它们包埋于一个表面而固定，但仍然能特异地结合蛋白。然后用细胞提取物浸洗芯片的表面，结合的蛋白可以通过质谱分析检测。

10.7 结构基因组学

结构生物学在增进理解分子过程中的重要性不容忽视。这种使蛋白质在三维空间高分辨率可视，从而可深入了解其活性机制的作用，除此之外，别无他法。

高分辨率结构一般通过X线晶体学或核磁共振（NMR）两种方法获得。这两种方法都需要大量时间和人力才能确定蛋白质结构。X 线晶体学确定的第一个蛋白是肌红蛋白和血红蛋白的结构。Max Perutz 于 1936 年开始致力于血红蛋白的结构研究并最终于 1959 年获得该结构，其结果发表于 1960 年（Perutz *et al.*, 1960）。现在通过 X 线晶体学确定蛋白结构要快得多，这主要得力于计算能力的提高，但是目前依然采用 Perutz 及其同事所发展的技术。一般来说，X 线晶体学和核磁共振都需要获得大量的高度纯化的蛋白。一直以来，蛋白结构的基础很薄弱。首先在一种生物特性蛋白的研究中，工作者发现他们能够得到大量蛋白，于是试着解析其结构。然而基因组序列的阐明提供了在基因组DNA序列基础上的解析蛋白结构的新方法（图10.11）。现在正在各种已经完全测序的生物中试用这种方法。图10.11所示结构确定方案的自动化已经使这种分析方法成为可能。例如，嗜热细菌Thermotoga maritime的1877个基因中已经有 1376 个（73%）得以克隆到 *E.coli* 的表达载体中，并且合成的蛋白带有多聚组氨酸标签（见第 8 章）。其中 542 个克隆可以产生足量纯化蛋白供结晶使用，有 432 个蛋白已经得以成功地结晶，占 T.maritime 蛋白组的 23%（Lesley *et al.*, 2002）。可能不是所有的晶体都能得到蛋白结构，这更加减少了能得到结构的蛋白数目。上文表明成功确定蛋白结构的瓶颈在于得到纯化的蛋白，类似上文的方法得到的许多蛋白是不溶性的，因此不能解析其结构，膜结合蛋白和其他不利于*E.coli*生长的蛋白可能很难合成，一个替代方案是在体外合成蛋白供结构解析用，这样有关细胞的相关问题就可能得以克服。体外转录 / 翻译系统已经使用了多年。通常这些系统将待表达基因克隆到质粒的 RNA 聚合酶启动子结合位点，如 T7 或 SP6 的下游，然后将质粒和重组聚合酶混合以合成 RNA。最后用 *E.coli* 或兔网织红细胞的裂解物在体外进行翻译（Turner & Foster, 1998）。然而这种系统的局限在于能合成的蛋白数量有限而且一般不能产生足够的蛋白供结构解析。最近发展了转录/翻译偶联系统，在该系统中用半透膜将反应发生小室与维持反应所需的底物和能量组分隔离。转录和翻译可以在反应小室中同时进行，而产物所致的抑制作用则因为产物通过半透膜扩散入饲室而减小。这样蛋白表达就可以持续直到 24 小时从而表达出大量蛋白（Martin *et al.*, 2001）。

结构基因组学将提高我们对于多肽折叠方式的认识。但问题在于只能解析那些易于结晶的蛋白或者适合用NMR研究的小蛋白的结构。对于具某种生物特性而难于解析结构的蛋白，尚需进一步努力。

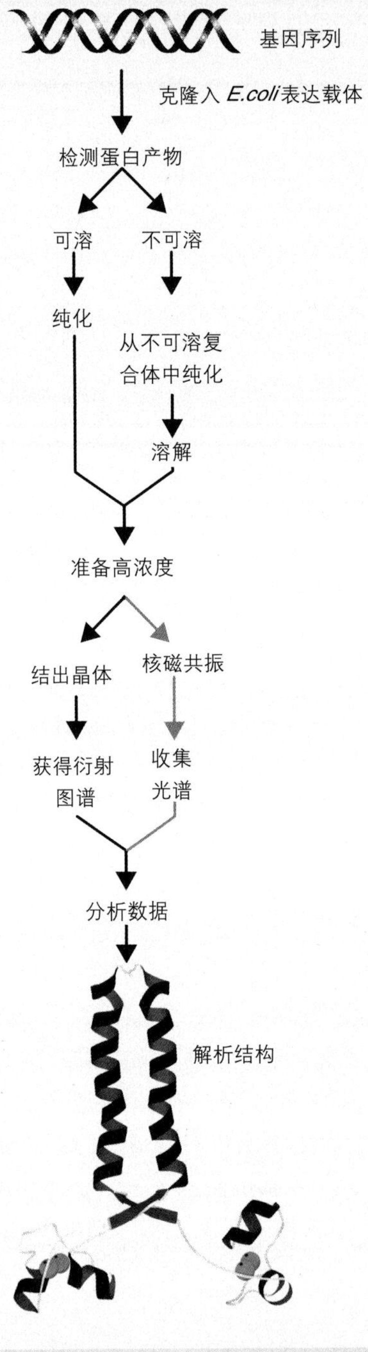

图 10.11 仅基于基因序列的蛋白结构解析。
大多数结构基因组学策略基于 X 线结晶学或 NMR，但并不同时利用两者。

第 11 章 植物基因工程

要点

- 植物因其商业重要性而成为基因修饰的富有吸引力的目标。
- 根癌农杆菌 Ti 质粒修饰的方法可使基因随机插入多种双子叶植物的基因组中。
- 叶绿体基因组转化的方法可使外源基因插入到特异的位置，并且不会使此外源基因进入花粉。
- 对农作物进行基因修饰的必要性和可能的危险性正在引起激烈的争论。

在前面各章中，我们已经初步讨论了原核生物（如 *E. coli*）和低等单细胞真核生物（如酵母）中的 DNA 操作。我们看到，实际上任何来源的 DNA 都能被引入其他生物体，并且，依照前面谈到的一些规律，可以在这些生物体中起到特定的作用。在高等真核生物中的基因操作提供了在整个生物体中改变其基因表达的机会。

11.1 植物中的克隆

植物基因工程具有极为诱人的前景。例如，改变植物的蛋白组分可使其营养得到改进，或使其能够在不利的环境下生长，或改变其部分性质而提升其消费需求，可带来巨大的经济效益。在本章的末尾我们将讨论若干此类话题。但是，首先我们需要了解动物细胞与植物细胞的区别，以及使植物细胞获得外源DNA的机制（称为“转基因”）。植物细胞与动物细胞的一个主要差别是植物细胞保留了高度的可塑性。也就是说，一个游离的植物细胞在适当的培养条件下可再生为全新的植株。这种能力在基因工程植物的生产中已经被证明是至关重要的，因为人工培养的或其他形式的单个细胞，均可被操作并改建为另一完整的植物。近来，一系列植物转化技术已经发展起来，使胚芽、种子甚至花粉都能够吸收外源DNA（Touraev et al., 1997），但细胞培养与再生的方法仍被广泛应用。

11.1.1 根癌农杆菌（agrobacterium tumefaciens）

植物不含有任何自然生成的质粒DNA分子。但是，有一种广泛用于将基因引入植物细胞的细菌质粒，即土壤中的微生物根癌农杆菌的诱癌质粒（Ti质粒）。根癌农杆菌在冠瘿病发病中有重要作用，这种病害侵袭多种双子叶植物，如番茄，烟草，马铃薯，豌豆，菜豆等（图 11.1）。植物茎部的损伤可使细菌侵入，继而引起茎部组织的癌性增生。细菌中的质粒对于细菌诱发冠瘿病的能力是很关键的（Zaenen *et al.*, 1974;Van Larebeke *et al.*, 1974）。这种诱癌质粒（Ti）比较大（约 200kbp），并且载有感染过程所需的多种基因（图 11.2）（Suzuki *et al.*, 2000）。感染之后，Ti 质粒的一部分（称为 T-DNA）以非同源重组的方式明显呈随机性地整合入植物基因组中。T-DNA 大小约 23kbp，不仅含有与被转化细胞的癌性相关的基因（例如

图11.1 根癌农杆菌侵入马铃薯植株茎部损伤部位形成冠瘿（Paul Hooykaas教授提供，Leiden University，The Netherlands）。

刺激植物细胞分裂和生长的激素——生长素和细胞分裂素生成的调控基因），也含有合成氨基酸衍生物冠瘿碱相关的基因（图11.2）。不同的Ti质粒控制不同的冠瘿碱的合成。被感染的植物合成的冠瘿碱（例如由精氨酸与α-酮戊二酸缩聚形成的胭脂碱）将作为农杆菌细胞生长的唯一碳与能量的来源。土壤中的其他细菌不能代谢冠瘿碱，因而这些分子可促进更多的农杆菌细胞的生长，使根癌农杆菌在与其他土壤微生物竞争中获得选择优势。在Ti质粒中，T-DNA包含两个25bp的不完全直接重复序列，称为左、右边界序列（图11.3）。这两个序列对T-DNA整合入植物基因组是必需的（Yadav *et al.*, 1982），并且所有在这两个序列之间的 DNA 序列也将被整合进植物基因组中。一旦整合完成，T-DNA 将稳定存在并可传递至子代细胞。

除 T-DNA 外，Ti 质粒同时载有细菌利用冠瘿碱所需的基因，大约 35 个与毒力相关的基因（vir），以及农杆菌复制起点（ori）（图 11.3）。因为 T-DNA 片段可被整合进植物基因组，Ti质粒提供了一个完美的机制，可将天然的或修饰的基因引入植物。首先，需要将T-DNA中肿瘤诱导基因去除，使之不能促进植物细胞向癌细胞转化，这种转化对基因克隆实验是有破坏性的。这通过将 T-DNA 片段上编码生长素和细胞分裂素蛋白的基因移除即可实现(Zambryski *et al.*,1983)。新的 DNA 可插入左右边界重复序列之间，并整合于植物基因组同时不引起植物细胞的癌性转化。但是前面我们也分析到，较大的DNA分子难于进行体外的基因操作（第 3 章），因而 Ti 质粒的大小使克隆操作复杂化了。为此已有人设计了两个基本方法，用于将新序列插入 T-DNA 区域。

- 共整合载体。利用小质粒载体重组可将新的 DNA 插入到 Ti 质粒，例如 *E. coli* 质粒载体与农杆菌中的 Ti 质粒的重组。这种重组发生在两个质粒的同源性区域（Matzke and Chilton,1981）。

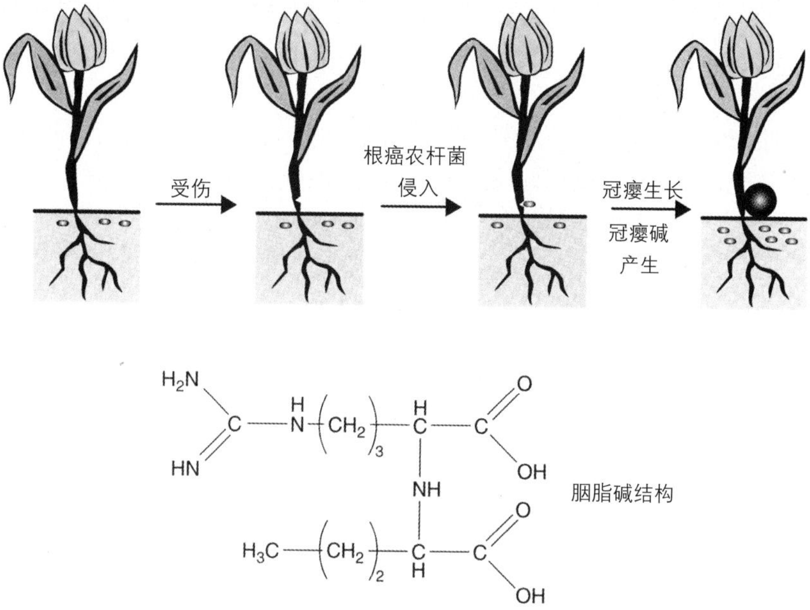

图 11.2 冠瘿形成的机制。
健康植物损伤后土壤中的根癌农杆菌侵入，菌中携带的部分质粒DNA分子插入植物基因组并感染植物细胞，导致细胞转化使癌性冠瘿生长。另外，冠瘿产生氨基酸衍生物冠瘿碱（如下文介绍的胭脂碱），可被农杆菌作为代谢物的来源而利用。

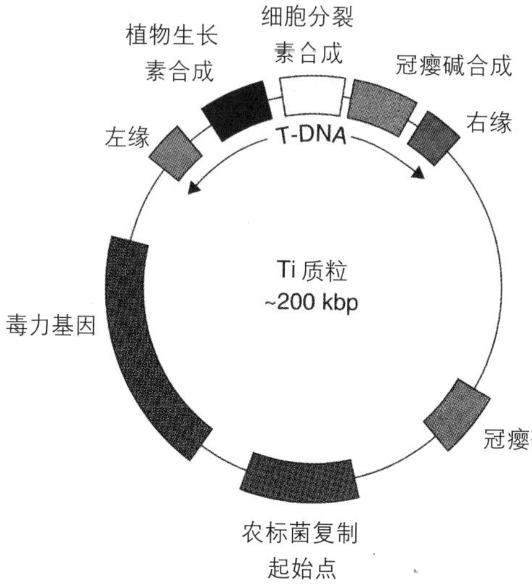

图 11.3 农杆菌的 Ti 质粒。
左右边界序列之间的 DNA 可被整合入植物基因组。

- 双元载体。T-DNA 在整合入植物基因组的过程中，并不需要毒力基因的物理辅助（Bevan, 1984）。因而，可将去除了诱癌基因的T-DNA克隆入一个小质粒并进行适当的操作，再以转化的方式将这个质粒引入包括了所有毒力基因但移除了 T-DNA 的 Ti 质粒的农杆菌。毒力蛋白具有 T-DNA 整合入植物基因组所需的全部功能。

像 *E. coli* 的转化一样（第 2 章），使用修饰过的农杆菌 Ti 质粒进行植物转化也需要排除未转化细胞，选择性识别出转化的细胞。去除诱癌基因的T-DNA仍含有合成冠瘿碱所需的基因，这种转化后产生的新的生化活性可作为探测转化细胞的基础，但技术上仍很难做到。为此选择目的，当前使用的大多载体都包含一个位于左右重复边界之间的选择性标记基因，主要是卡那霉素耐药基因（见第3章），但也可能是其他抗生素或除草剂的耐药基因。例如拟南芥中编码乙酰乳酸合成酶的 csr1-1 基因可使植物对氯磺隆（chlorsulphuron）等磺脲类除草剂具有耐药性（Haughn *et al*., 1988）。但我们也将讨论到，这种给植物加入耐药基因的做法已经引起了普遍的顾虑，因为它们可能在环境中传播。

通过农杆菌进行植物转化最常用于叶组织（Horsch *et al*., 1985）。用纸打孔机从叶子上切下小圆形叶片，与重组农杆菌共同孵育，细菌在因打孔而受损的圆叶片边缘处侵入，再将感染的叶片转移到含有高浓度细胞分裂素的培养基中使植物细胞发芽，之后加入卡那霉素和安苄青霉素混合抗生素共同孵育，可在选择转化细胞的同时杀灭细菌。如此处理后存活的细胞在植物激素作用下进行组织培养，用于植物再生。

现已证明农杆菌是一个在植物中插入基因的奇妙工具（Hooykaas, 1989），但它的应用范围局限于可被细菌感染的植物。小麦、大麦、水稻、玉米等单子叶植物虽是富有吸引力的基因操作目标，但基本上是抗农杆菌感染的，原因尚不完全清楚，这可能是由于双子叶植物损伤后诱导细胞分裂，进而合成DNA，有助于整合过程。而单子叶植物的损伤更容易导致木质化作用。当反应中存在*acteosyringone*（一种由损伤的双子叶植物组织生成的酚类物质时），农杆菌介导的水稻转化可以获得更高的成功率（Hiei *et al*., 1994）。在特殊化学物质存在下，或使用植物胚芽，其他多种单子叶植物也可在农杆菌介导下成功转化，此时细胞快速分裂，T-DNA易于整合（Cheng *et al*., 1997）。农杆菌介导转化的另一个困难是必须在人工培养条件下由细胞重建出完整的植物。这个问题的难度随种系不同而不同，有时可能成为培植转基因植物的一个主要障碍。

若已插入植物基因组中的外源DNA得到表达，则必然有植物启动子的控制。农杆菌冠瘿碱合成基因的启动子已被广泛应用于建立高水平的损伤诱导的转基因表达（An, Costa & Ha, 1990）。在双子叶植物中，花椰菜花叶病毒（CaMV）35S RNA的启动子能够产生高水平的转基因表达（Rathus, Bower & Birch, 1993），但这个启动子在单子叶植物中并无活性。此外，大量启动子已被用于直接调控某些特定组织的基因表达。例如，一些种子储存的蛋白质的启动子，只能被用于种子中靶基因的表达（Schubert *et al*., 1994）。除启动子活性外，其他因素对转基因表达水平也有重要影响。如当转基因中包含 5' 非翻译序列和一个内含子，3' 末端有一个聚腺苷酸位点时，转基因将有较高水平的表达。但是转基因的表达已被发现具有很强的多样性。这似乎主要是转基因整合入不同位置的结果。在植物基因组中插入外源基因是非同源重组，这意味着外源基因的插入是随机性的。

在基因组中的某些位置，特定转基因的表达可能是极高水平的，而在其他位置同样的转基因可能根本得不到表达。当外源DNA插入端粒附近时，此类位置效应表现得尤其明显。另外，整合事件的随机性常常导致转基因插入植物基因组时的多重拷贝，这可能是发生在单一位点的串联重复形式，也可能分散于整个植物基因组中。这并不能使外源基因的表达水平升高，相反却能导致转基因的沉默以至无法表达（Plasterk & Ketting, 2000）。转基因的沉默是一个复杂的过程。在一个对此过程的极佳证明中，Garrick等（1998）构建了一个含有某基因多重复拷贝的转基因。该基因每个都包含了一个loxP位点（见图3.7）。多重重复起初表达很有限，但如果细胞中同时表达Cre重组酶（将loxP位点重组，只保留一个基因序列），则转基因将被高表达。此外，基因拷贝数的减少也有助于转基因位点处染色质紧缩程度和DNA甲基化的减少。这些表明基因拷贝是一个抑制基因活性的重要因素。已有尝试试图发展一个系统，通过引入一个同源重组体系的元素（例如 Cre/lox 体系）将目标转基因插入植物（Kumar & Fladung, 2001），但至今这也没有取得可靠的结果。

11.1.2 细胞核直接转化

农杆菌感染的植物的相对局限性，引发了对植物细胞中引入DNA其他方法的研究，这些研究主要可归为两类。

（a）*原生质体转化*。原生质体是去除了细胞壁的细胞。在植物中，分别用果胶酶和纤维素酶处理组织以破坏细胞聚集，消化除去细胞壁，即可得到原生质体。原生质体在10天内可合成新的细胞壁，之后又能够进行细胞分裂，在合适条件下，还可再生为新的植物。在原生质体状态下，通过化学方法（Negrutiu *et al*., 1987）、电穿孔方法（Shillito *et al*., 1985）或脂质体方法（Hansen & Wright, 1999）可使细胞摄取 DNA。以这些方式插入细胞的 DNA 不能独立复制，但它可能通过一个非同源重组过程随机整合入植物的某条染色体中（Paszkowski *et al*., 1984）。如DNA同时包含一个标记基因（例如编码卡那霉素耐药性的基因），则转化细胞可被筛选出。

（b）*基因枪*。“基因枪”的名字本身就比拟了将包被着DNA的小金属颗粒（常为钨或金）射入靶细胞的过程（Finer, Finer & Ponappa, 1999）。颗粒的加速可通过使用火药、电或高压气体实现。这个方法可应用于将 DNA 引入较多种类的细胞中。DNA 进入植物细胞的结果比较复杂。外源 DNA 往往以多重拷贝插入植物基因组中某个特定的随机位置（Pawlowski & Somers, 1998）。

11.1.3 病毒载体

植物有很多天然的病毒病原体。前面我们已经看到细菌的病毒已被开发用于在细菌中引入基因（第 3 章）。两类植物 DNA 病毒也已被用作在植物中引入外源 DNA 的载体。

- *花椰菜花叶病毒*。花椰菜花叶病毒（CaMV）包括一个编码 8 个基因的 8000bp 双链环状基因组（Hull & Shepherd, 1977）。基因组被包于衣壳蛋白中，像噬菌体 λ 一样，为保持病毒的感染能力，衣壳蛋白限制了重组基因组的大小（图11.4（a））。病毒基因组最大可被包被的大小是 8.3kbp（Daubert,Shepherd & Gardner, 1983）。即使移除两个非必需的病毒基因，可插入的基因最大仍小于 1kbp。这极大地限制了这种载体的应用。花椰菜花叶病毒的复制是以RNA为中介进行的，而且归根结底是相对易出错的（Hull,

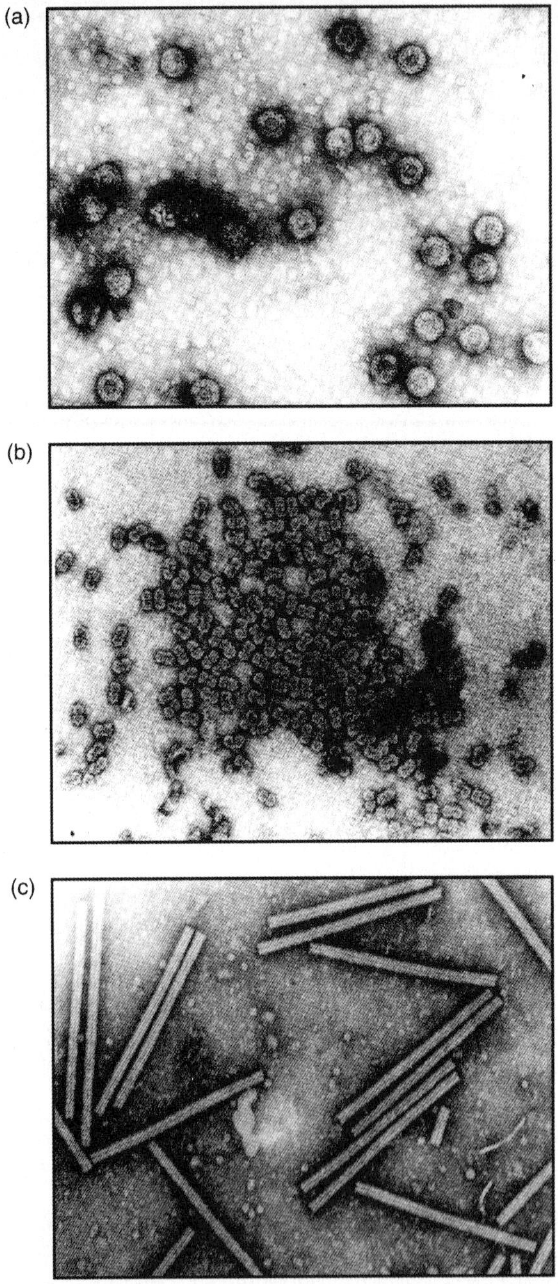

图 11.4　植物病毒。
(a) 花椰菜花叶病毒。
(b) 玉米线条病毒——双生病毒群的一种。
(c) 烟草花叶病毒。每幅图像在 300000 倍放大率下获得，复制自下面的网址：http://www.iacr.bbsrc.ac.uk/ppi/links/pplinks/virusems/index.html

Covey & Maule, 1987)。另外，花椰菜花叶病毒只有很小的宿主范围（例如花椰菜，芜菁和卷心菜），所以它只能被用于在相对较少的植物种系中引入外源DNA。尽管存在这些限制，应用此方法，已将一些较小的基因和基因片段引入植物（De Zoeton *et al*., 1989）。

- *双生病毒群*。双生病毒群的特征是含有两个包覆单链DNA的颗粒，此DNA的复制在核中以双链DNA为中介，克隆后仍保留感染力（图11.4（b））。如玉米线条病毒（MSV）的单分裂双生病毒群，包含一个单一的基因组DNA；番茄金色花叶病毒（TGMV）的二分裂双生病毒群，包含一个分节段的基因组（Scholthof, Scholthof & Jackson, 1996）。双生病毒群的复制采用了以DNA为模板的DNA复制，而非如花椰菜花叶病毒的相对易错的逆转录过程。这使人们想到双生病毒群可用作相对稳定的瞬时基因表达载体，这种方法的重要性也缘于它们对很多农作物都有感染力（Stanley, 1993）。但是双生病毒群在感染周期中易导致高频率的基因重排和丢失，这对克隆载体而言是很不利的。

大量植物病毒含有RNA基因组，因此用标准的技术很难操作。但是，对应于整个RNA基因组的全长cDNA克隆的分离（Ahlquist & Janda, 1984）已使此类基因操作成为可能。随后使用细菌RNA聚合酶进行的体外基因组转录可将修饰的RNA基因组重新引入植物细胞。例如，修饰的烟草花叶病毒（图11.4（c））和马铃薯X病毒均可使外源基因引入植物（Zaitlin & Palukaitis, 2000）。

11.1.4 叶绿体转化

近年来，叶绿体转化已作为细胞核转化的一种重要替代方法而出现（图11.5）。叶绿体同线粒体一样也含有自身的基因组。叶绿体基因组是一个单一的环状双链DNA分子，此分子在模式双子叶植物拟南芥中由一个约155kbp的DNA组成，包含87个编码蛋白的基因（Sato *et al*., 1999）。叶绿体基因像细菌的基因一样主要存在于操纵子中。这使插入叶绿体的多个外源基因可在同一个多作用子转录中被表达。叶绿体有明显的多倍体性质，每个叶绿体可能包含基因组的多个拷贝。同时光合成细胞可能包含上千个叶绿体。这样的结果是插入叶绿体的基因的表达水平远高过细胞核中的基因。重要的是，在花粉中未发现叶绿体基因组。因此，插入叶绿体基因组的外源基因通过杂交传播的机会很小。

与前面我们看到的所有把基因引入植物的方法不同，在叶绿体基因组中插入DNA是通过在精确位置上进行同源重组而实现的。引入叶绿体的外源基因必须有与叶绿体本身基因组同源的序列（Staub & Maliga, 1992）。为了在一个合适的频率下获得转化的叶绿体，外源基因应当同时在5'和3'末端含有大于400bp的同源序列。叶绿体基因自身通过叶绿体特异性的启动子进行转录，并且使用叶绿体特异的终止信号。因而，外源基因只有置于适当的启动子和终止序列之间时才能在叶绿体中被表达。此外，识别转化细胞，应有一个选择性标记。普遍应用的是叶绿体特异性的抗生素耐药标志基因aadA，对壮观霉素等氨基糖苷类抗生素有耐药性（Goldschmidt-Clermont, 1991）。壮观霉素是一种原核生物翻译抑制剂，可抑制叶绿体中蛋白质的合成，但对植物细胞本身没有影响。也可应用卡那霉素耐药基因，但仍需要可替代抗生素耐药基因的选择性标记，因为应用抗生素耐药基因有一个风险，即这种耐药性可能从植物转移至土壤中或动物肠道中的细菌（一些动物食入了含耐药基因的植物）。一种不需抗生素选择性的筛选方法是用甜菜醛脱氢酶（BADH）基因。这种基因可制造一种酶，将毒性物质甜菜醛转化为无毒的衍生物甜菜碱，是一个有效的选择性标记（Daniell, Muthukumar & Lee, 2001）。或者，筛选标记在转基因植物中被构建后可以被选择性移除（Iamtham & Day, 2000）。例如，标记可由loxP序列组成，通过Cre介导的重组而被基因组删除（Corneille et al., 2001）。

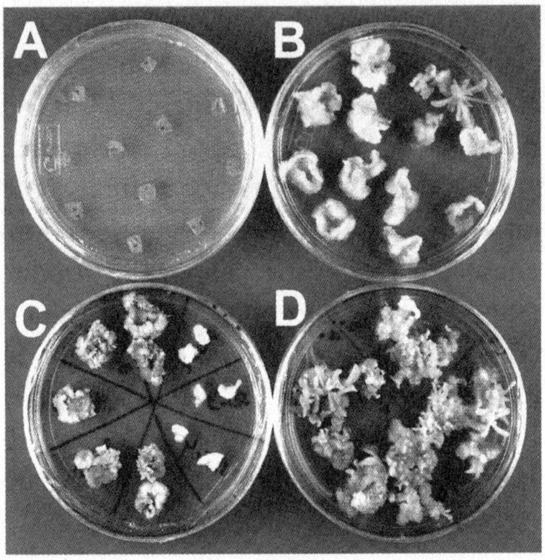

图 11.5 叶绿体转化。
(A) 通过基因枪方法用包含aadA壮观霉素耐药基因的DNA片段轰击小叶片的部分，此基因的一些区域与叶绿体基因组 5’和 3’末端均有同源性。
(B) 四周后在含有壮观霉素的培养基上叶片由于叶绿体蛋白合成受阻而被漂白。成功转化的叶绿体开始时像其他未转化的绿色愈伤组织一样生长，但在合适的生长激素存在下可生成枝条。
(C) 对壮观霉素有反应性的叶片被置于壮观霉素和链霉素中。aadA基因的存在带来了广谱的抗生素耐药性，因而这两种抗生素可用作确保自发的壮观霉素耐药突变不能生长。培养皿中右边的三个叶片在两种抗生素存在下已褪色，因为它们有自发的壮观霉素耐药性。
(D) 若干轮次再生和检查后，同类的转基因幼苗可被筛选出以用于目的植物的生产。此图由 Ralf Bock 教授（Universitat Munster, Germany）提供，由 Bock（2001）复制。

植物细胞中叶绿体的双层膜可能是引入外源DNA的一个令人头疼的物理屏障。但是基因枪的方法（见前）能够将 DNA 转入这些叶绿体（Svab, Hajdukiewicz & Maliga, 1990）。但用这种方法进行叶绿体转化将导致单个植物细胞中只有一个或少数几个基因组的拷贝转化。这可产生同时包括了转化和野生型的叶绿体基因组的遗传上不稳定的细胞。为确保细胞仅仅包括重组的叶绿体，在二到四个植物再生的循环中，一定要用高抗生素浓度来选择（图 11.6）。但是这是一个耗费时间的过程，限制了转化植物的产生速度。

一部分蛋白质已经通过叶绿体转化合成出来。这些蛋白包括介导抗昆虫、抗除草剂和抗干旱的蛋白。另外，人类治疗用的蛋白也可通过此途径合成。例如，人类生长激素（一种用于治疗垂体性侏儒症的生长激素）已在烟草叶绿体中得到表达（Staub *et al.*, 2000）。该表达蛋白高浓度聚集，并具有正确的折叠形式和适当的二硫键。这个工作的一个极有吸引力的拓展，是在可食用植物中合成治疗用蛋白。虽然此类蛋白可以用该方法合成，但是通过何种机制可使它们被吸收并保持活性结构仍需研究。在马铃薯和番茄的叶绿体中表达重组蛋白也是有可能的。例如，已在番茄植株中表达了aadA标记基因，在其果实和叶中表达重组蛋白（Ruf *et al.*, 2001）。

叶绿体工程的一个独特方面是使用操纵子以表达多种转基因的可能性，这在植物细胞核基因组中是不可能的，因为每一个基因产生一个单独的mRNA。因而，多种转基因的表达依赖于含单基因植物的杂交或转基因的共转移（Daniell & Dhingra, 2002）。在叶绿体中大多基因是作为多顺反子信息而被转录的，因此多种外源基因可在同一个转基因上表达。例如，烟

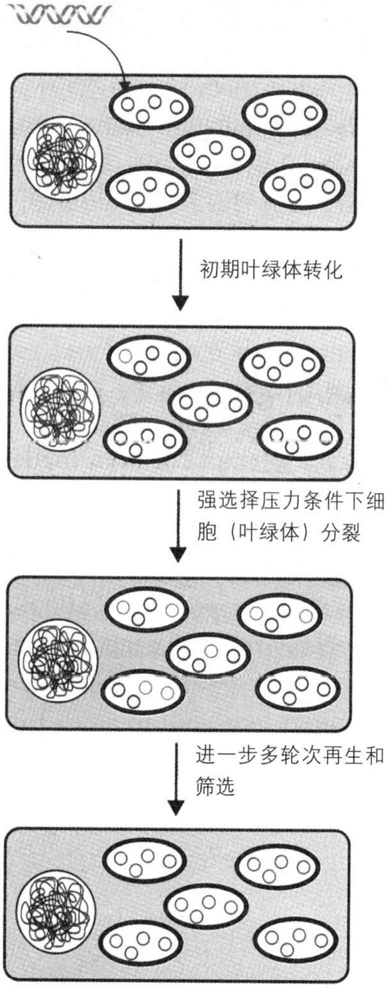

图 11.6　同源转基因叶绿体的筛选。
植物细胞可以包括50到100个叶绿体，每一个叶绿体包括10到20个核质体。每一个核质体包括5到10个叶绿体基因组。因而，每一个植物细胞可能包括10000个以上的叶绿体基因组。转化可能导致这些基因组中只有一个发生变化。叶绿体中包含一个非同源的基因组似乎是不稳定的，所以为获得一个植物细胞中的转基因叶绿体的同源性集落（常被定义为“同质的”），必须进行多轮次的再生和筛选。改编自Bock (2001)。

草叶绿体已被工程化以表达苏云金芽孢杆菌cry操纵子的三个基因（De Cosa *et al.*, 2001）。我们将在后面讨论苏云金芽孢杆菌 cry 系统的应用，这种方法使植物表达高水平的杀虫蛋白质（超过总可溶蛋白的45%），对有害昆虫有潜在作用，只要基因或其致命的蛋白质产物不进入花粉，就减少了对非防治的和有益的昆虫造成伤害的危险。因此，对植物生物技术工程而言，叶绿体工程似乎是对细胞核基因转移的一种安全的，环保的替代方式（Maliga, 2002）。

11.2 植物转基因学的商业开发

数千年来，人类一直尝试着提高农作物品质。用选择育种计划来选择具有更好的营养质量，更高的产量，或一些有利于农作物种植和收获的品种。但是遗传工程的应用可以按一个给定的方向改变植物的性质。表 11.1 中列举了一些商业开发的转基因植物的例子。

11.2.1 延熟

成熟是水果的商业生产中一个重要的环节。未熟或过熟的水果对消费者都没有足够的吸引力。但是很多完全成熟的软水果在运输中可能被破坏，特别是番茄的运输，任何损坏都能使它们无法贩卖。大量基因的蛋白产物控制着成熟过程，其中之一是编码多聚半乳糖醛酸酶的基因，其蛋白产物参与果皮细胞壁的多聚半乳糖醛酸成分的慢性破坏，起到使果实逐渐软化适于食用的作用。此酶在细胞壁发挥效应的时间越长，果实就越软，越有可能过熟。因而，如果此酶的这种效应可被延迟，则果实会更慢地成熟，使番茄可在枝头生长更长时间以达到更佳的味道。凭借基因工程，番茄现已可表达较少量的多聚半乳糖醛酸酶。这是通过在番茄基因组中插入多聚半乳糖醛酸酶基因5'区域的反义序列达到的。反义序列的表达是由花椰菜花叶病毒的 35S 启动子驱动的，这个启动子由农杆菌作中介插入番茄细胞（Smith *et al.*, 1988）。与类似的野生株相比，上述转基因番茄多聚半乳糖醛酸酶基因的表达水平下降 6%，且其果实可储存更久而不会变质。反义RNA也用于减少一些乙烯合成所需酶的表达，也可获得延熟的效果（Fray & Grierson, 1993）。

表 11.1　一些商业开发的转基因植物（Birch（1997））

农作物与开发时间	命名	公司	新品质
番茄（1994）	Flavr Savr	Calgene	成熟后有葡萄味道，上架期延长
番茄（1995）		Zeneca	果肉坚实
黄豆		Monsanto	对草甘膦除草剂有耐药性
加拿大菜籽（芥菜籽，芸苔属欧洲油菜）	Roundup Ready		
棉花（1995-1996）			
南瓜（1995）	Freedom III	Upjohn	对多种病毒有抗性
棉花	Bollgard	Monsanto	产苏云金芽孢杆菌毒素抗昆虫
马铃薯	NewLeaf		
玉米（1996-1997）	YieldGuard		

11.2.2 除虫剂抗性

用基因工程技术可使农作物表达苏云金芽孢杆菌的杀虫毒性基因，这样就可以杀死这些以植物为食的昆虫。苏云金芽孢杆菌是一种革兰阳性的产芽孢细菌，可合成一个含杀虫毒素的大胞质结晶。不同的菌株合成对不同种属的昆虫有效应的毒素。这种结晶是一个约130kDa的蛋白聚集体（图11.7），作为毒素原，它必须被激活才能发挥效应。由于结晶蛋白溶解性极差因而对人类，高等动物和大多数昆虫是相对安全的。但是这种蛋白可溶解于高pH（>9.5）的还原环境下，如鳞翅目幼虫（蛾与蝴蝶）的中肠。一旦它在这些昆虫肠道中溶解，这些毒素原就被肠肽酶裂解产生有活性的毒素，称为δ - 内毒素，约 60kDa。它与中肠上皮细胞结合，在细胞膜上制造孔洞，导致膜两侧离子的均一化。这将导致肠道迅速固化，上皮细胞溶解，幼虫停止进食，并且因与血液 pH 平衡，肠道 pH 将下降。较低的 pH 可使细菌芽孢发芽生长，细菌可进而侵犯宿主，导致致命的菌血症。现在一些农作物已工程化而包含一个编码毒素原的苏云金芽孢杆菌cry1Ac基因的拷贝（图11.1）。另外，该基因已在番茄叶绿体中得到高表达，使番茄对一些有害昆虫产生了抗性（McBride *et al.*, 1995）。这个研究非常成功，但是也可能有消极的一面，即昆虫持续接触毒素后可能通过自然选择产生毒素抗性。

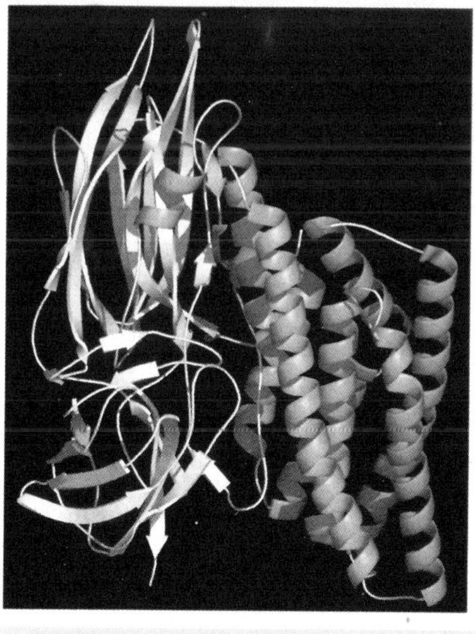

图 11.7　苏云金芽孢杆菌δ - 内毒素的结构（Li, Carroll and Ellar,1991）。

11.2.3 除草剂抗性

有些已经工程化的农作物可耐受草甘膦等除草剂（图11.8）。草甘膦是植物和细菌中芳香族氨基酸合成的抑制剂。有两项研究成果已应用于基因工程耐药性研究中，使除草剂可用于杂草的控制，同时不会损坏农作物。第一个是过度产生除草剂靶向的酶蛋白（EPSPSase），使细胞有更多可用的酶，从而产生耐药性（Shah *et al.*, 1986）。第二个研究成果是突变的EPSPSase的表达，这种突变的蛋白可在细胞内耐受除草剂（Stalker, Hiatt & Comai, *et al.*, 1985）。因为减少了杂草，草甘膦耐药的农作物（例如由孟山都公司推向市场的“Roundup Ready”）具有增高产量的优势。但可能的有害效应是增加了除草剂的使用，并且，除草剂耐药基因是否会传播到其他种属植物尚不清楚（Gressel, 2000）。当然，批评那些同时生产除草剂和耐受该除草剂的农作物的农用化学品公司是很容易的。对一个相对吸引人的市场的兴趣所带来的可能的矛盾，已招致这样的谴责，认为农业的利益和实践不仅仅是引入遗传修饰的农作物这么简单。

(a)

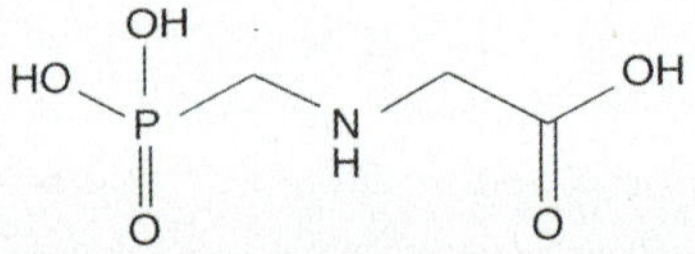

(b)

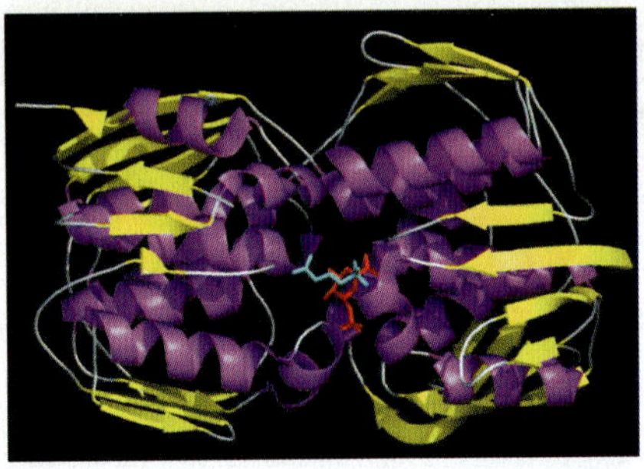

图 11.8 除草剂草甘膦的结构。
(a) 草甘膦，N-膦甲基甘氨酸，以其异丙酸盐的形式，冠以商品名Roundup进行销售。它是一种芳香族氨基酸合成的抑制剂，尤其抑制 5-enolpyruvylshikimate-3-phosphate 合成酶（EPSPSase）。该除草剂可被植物叶子吸收，但很快被移至植物顶端区域并抑制蛋白合成。由于缺乏蛋白质，植物停止生长，组织缓慢降解。植物最终死于脱水和干燥而死亡。
(b) 草甘膦（N-phosphonomethyl-glycine, Glyphosate）和 5- 烯醇丙酮莽草酸 -3- 磷酸合成酶（简称 EPSP 合成酶，EPSPSase，5 − enolpyruvylshikimate-3-phosphate synthase）的相互作用。酶的活性位点位于两个亚基内部的裂隙中。草甘膦（蓝色）与莽草酸 -3- 磷酸（shikimate-3-phosphate，S-3-P）（红色）紧密结合，占据了磷酸烯醇式丙酮酸（phosphoenol pyruvate）的结合位点，因此EPSPSase的第二个底物就成为了三元的酶 - 底物复合物的中间态（Schonbrunn et al.,2001）。

11.2.4 病毒抗性

病毒对农作物的毁坏会带来巨大的商业损失。病毒感染的控制是基于对二重感染（植物被一种病毒株保护而不受另一种病毒侵害的病毒感染）的耐药性的观察进行的。植物中烟草花叶病毒衣壳蛋白的表达，并不能有效地引起感染，但可使植物获得病毒感染的抗性（Abel *et al.*, 1986）。此外，与烟草花叶病毒衣壳蛋白编码区和 3’ 非翻译区互补的 RNA 序列在植物中的表达使植物受到保护而不受其他病毒感染（Powell *et al.*, 1989）。尽管衣壳蛋白在植物不同组织中的表达将会带来不同水平的病毒抗性（Clark *et al.*, 1990），这种二重感染抗性的机制尚未完全阐明。病毒蛋白在植物细胞中的表达同时也提出了一种可能性，即尚可感染植物的病毒可能获得已表达的衣壳蛋白。但至今没有获得这种情况确实可以发生明确证据。

11.2.5 真菌抗性

植物已被工程化以获得对多种真菌侵袭的更强的抗性。 可通过在植物中表达抗真菌蛋白而达到。例如，转基因烟草籽苗在花椰菜花叶病毒 35S 启动子的控制下稳定表达豆类植物壳多糖酶基因，可获得在病原真菌立枯丝核菌侵入的土壤中更强的存活能力，发病症状的恶化也更缓慢（Broglie *et al*., 1991）。壳多糖酶可水解几丁质，后者是一种 β（1 → 4）连接的 N-乙酰-D-葡糖胺（GlcNAc），见于很多真菌的细胞壁中，另一个替代的方式是从病原菌中转移部分无毒基因到植物中（Melchers & Stuiver, 2000）。

11.2.6 终止子技术

植物基因工程操作最引起争议的用途可能缘于种子生产者的能力，他们出售的种子只能获得一代作物。也就是说，卖出的种子可生长出正常的植株，但该植株的种子是不育的。这种终止子技术（图 11.9）确保栽培者无法保存自己的种子用于来年，而是必须从种子生产者处购买新鲜的种子。这种无繁殖力、其他性质正常的种子的产生，有赖于插入植物的三个基因：

- 在一个结构性启动子控制之下的四环素抑制子编码基因；
- Cre 重组酶蛋白编码基因，它的启动子与四环素抑制子结合后表达被抑制；
- 一个在胚胎发生晚期表达的基因，使种子无繁殖力。如图 11.9 所示，有一种核糖体失活蛋白（RIP）的基因，由只在胚胎发生晚期活化的启动子控制（lea，胚胎发生晚期大量存在的基因的启动子）。核糖体失活蛋白是植物中对真核蛋白合成有抑制作用的强有力的酶系（Stirpe *et al*., 1992）。核糖体失活蛋白通过酶促反应裂解28S rRNA中一个特异的A残基，这可使真核细胞核糖体失活。这个不可逆的修饰使核糖体无法结合延伸因子，从而阻断了翻译。

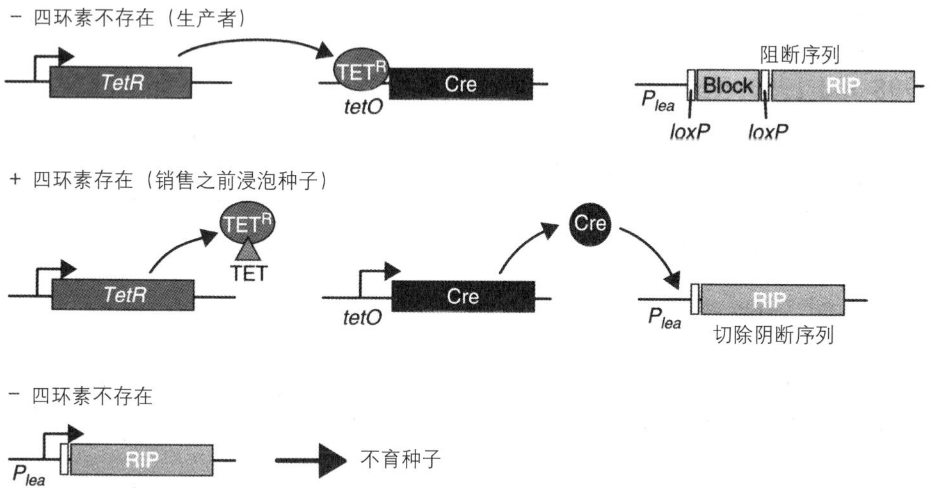

图 11.9　生产不育种的终止子技术。细节见文中。

当阻断性DNA序列存在时，RIP基因不被表达，转基因植物就构建起来了。阻断序列两侧是loxP重组位点，使植物能够正常生长并产生正常和可育的种子。之后种子生产者将种子浸泡在四环素中，阻碍四环素抑制子和Cre基因的结合，Cre基因随后被转录。在Cre蛋白催化下，阻断性DNA从RIP基因中被切除。这样的种子可生长出表观正常的植株，但由于RIP基因在胚胎发生晚期的表达，因而这些表观正常的植株所产的种子是不育的。和可育种相比，不育种保留了所有的营养价值，但是不能形成新的植株。

这个保护转基因作物投资的无比出色的方法，在其1998～1999年间第一次获得专利权的时候，就受到了大众的强烈抗议。终止子基因从植物传播到其他生物的潜在危险，加上种子生产者对种子的控制，不管这种控制是真实的还是仅仅是一种感觉，特别是在第三世界国家，这意味着该技术的实施仍需时日。

11.3 基因工程农作物的伦理学

农作物基因工程的伦理学的细节讨论超出了本书的范围。植物特性的基因工程已经进行了数千年，DNA技术的引入，已经并且将要使极多的新颖而重要的特性传播开。产出农作物的安全性，从可食用的产品角度，从可能的对环境的影响角度，都需要进行严格的评估。达到此目的的唯一现实的方式是在自然环境中进行谨慎的设计，对尝试的研究进行精确彻底的分析。只有这样才能认识到基因工程的可能的消极方面的影响。

第 12 章 动物细胞工程

要点

- 高等真核细胞较难于体外培养——大多数细胞一生仅分裂数次。
- 通过病毒转化可制备永生化细胞系。
- 采用一系列化学、物理和病毒学方法可将外源 DNA 导入到培养的细胞中。

与植物细胞不同，大多数动物细胞已经分化完全或者已定向于某个分化途径，致使导入外源DNA后的动物细胞较难产生完整个体。随着核转移技术的发展，人们实现了由成体细胞克隆动物的创举。在第 13 章中我们将详细讨论核转移过程，本章讨论的重点为将 DNA 导入体细胞及体外培养的动物细胞系的方法。

12.1 细胞培养

体外培养动物细胞时，首先从某种器官（如皮肤，肝脏等）中切取少量组织块（体积通常小至 $2mm^3$），将其置于无菌皿内。用蛋白酶处理组织块以降解细胞之间的胶合蛋白，并充分研磨组织块至单个细胞状态。然后将细胞转移至另一块有含血清培养基的表面皿中增殖。此法得到的体外原代细胞不易分裂，分裂数次后随即老化。我们能够采用细胞传代法使细胞实现多代繁殖，形成次化细胞系。细胞系由大量均质细胞构成。多数细胞系在衰老之前一般仅能分裂 10 ～ 20 代。由于它们最终将步入自行死亡，故称其为非永生细胞。另外那些永远不会衰老死亡的细胞系，称为永生化细胞。我们已经知道，非永生细胞通常能通过一定的措施转化成为癌化或永生化细胞。常见的永生化细胞系包括：

- HeLa 细胞（源于 1951 年 31 岁死于宫颈癌的黑人妇女 Henrietta Lacks ）
- 中华仓鼠卵细胞（CHO）

病毒感染或其他能导致细胞生长和分裂失调的因素均引发细胞向永生型转变。在此，转化（transformation）不是指上文所说的 DNA 摄入，而是指高等真核生物细胞永生化的过程。

12.2 动物细胞转染

动物细胞外源 DNA 摄入通常经历两个阶段，第一阶段为细胞摄入 DNA 过程，第二阶段为外源 DNA 的基因组整合过程。目前，构建携带染色体外载体的稳定动物细胞系已成为可能。例如，携带 EB 病毒核抗原（EBNA-1）和复制起点（*oriP*）等信息的质粒能长期驻留在灵长类动物和犬科动物细胞系内，但不能在啮齿类动物细胞系中存留（Yates *et al*., 1985）。采用非同源性整合的方法将外源DNA整合入宿主染色体，我们能构建许多包含特定目标基因的稳定细胞系。细胞转染法比较外源DNA的基因组整合法而言更为有效。目前证实转染方法能够有效地促使外源 DNA 进入多种类型细胞，它们驻留于细胞核中，却不与基因组发生整合。依照 DNA 在细胞内存留的时间长短，细胞转染分为瞬时转染和稳定转染。

- *瞬时转染* 若转染入细胞的外源DNA不与基因组整合或缺乏动物细胞复制起点，则其进入细胞后很快被降解或于细胞分裂过程中被稀释。与细胞内其他DNA序列一样，外源DNA中的基因在合适的启动子作用下进行表达，同时蛋白质得到翻译。瞬时转染是于细胞内研究外源基因及其基因产物的快速途径。例如，我们利用合适的报告基因转染细胞，24～48小时内收集数据，即可实现对各种基因表达状况的检测。相对于大多数细胞系的生活周期（16～24小时）而言，从转染到细胞收集的时间相对较短。总体而言，应根据 DNA 摄入效率的遗传差异为每种类型细胞设计各自优化的瞬时转染步骤。
- *稳定转染* 与宿主细胞核内（恢复）染色体状态（extra-chromosomal state）DNA 不同，外源DNA亦可随机整合入宿主基因组中。一旦发生整合，外源DNA就会随宿主染色体一起复制，并在合适的转录调节因子的调控下得到表达。重组蛋白质的长时期、大剂量的表达需以建立稳定的细胞系为前提。整合过程的低效性是构建稳定细胞系的主要难题，构建一个克隆细胞系常需数月时间（Power & Meyer, 2000）。过长时间跨度通常阻碍目标蛋白的产生。

外源生物基因转染动物细胞起源于 40 多年以前（Szybalska & Szybalski, 1962）。当时将 DNA 成功地导入动物细胞是非常罕见的事情。动物细胞由单层薄膜包被，称为细胞膜或浆膜。该膜由镶嵌多种蛋白的磷脂双分子层组成。通常状况下细胞膜不具通透性，仅允许几种物质自由出入。组织中，细胞被细胞外基质（ECM）——一种蛋白质和糖蛋白的混合物所包被，通常认为ECM与细胞-细胞信号传递，损伤修复，细胞黏附和组织功能等密切相关。大多数体外培养动物细胞不具备 ECM，相比天然状态更有利于外源 DNA 的导入。与其他转化过程类似，我们能通过多种方式来提高转化效率，下面将详细讨论。

12.2.1 化学法转染

与细胞共沉淀能够有效地提高裸露DNA的转染效率。首先用磷酸盐缓冲液清洗细胞，而后分别加入DNA、氯化钙充分混合（图12.1）。沉淀物沉积在细胞表面，并通过内吞作用进入细胞（Orrantia & Chang, 1990）。部分 DNA 进入核内，得到表达，或整合入基因组。计算吸收DNA细胞的百分比可用于评估转染效率，一般认为磷酸钙转染的效率很低（仅有1%～2%）（Graham & van der Eb,1973）。另有报道显示提高 DNA 纯度及降低沉淀速度均有助于提高转染效率（Chen & Okayama, 1988）。

12.2.2 电穿孔法

前面我们曾经讨论过细菌细胞的电穿孔转化方法（见第2章）。该技术对哺乳动物细胞依然有效（Wong & Neumann, 1982）。通过改变电场强度和细胞暴露于电场的时间，对几乎所有类型的细胞进行电穿孔转染。

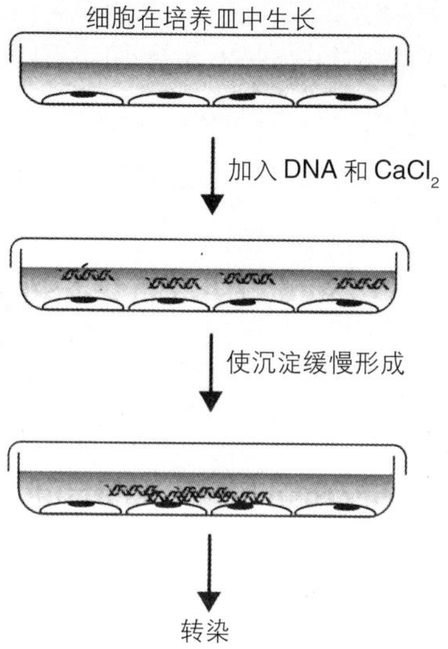

图 12.1 用氯化沉淀法转染动物细胞

12.2.3 脂质体介导的转染法

脂质体是一种能高效地将分子转入细胞的脂质球体。经典的脂质体是由包裹待传输分子的脂质双层球体构成，是通过与细胞膜的融合作用完成传输的。阳离子脂质（带有正电荷）负责核酸的运输，天然状况下阳离子脂质形成单层脂质载体（Schaefer-Ridder, Wang & Hofschneider, 1982）。与 DNA 相互作用的方式并非脂质球体包裹形式，而是通过表面阳离子单层与带负电荷DNA之间的静电作用构成一个沿DNA长链排列的聚合复合体（图12.2）。事实上，已报道存在多种阳离子脂质形成的脂质体，例如DOTAP（N-1（-（2，3-dioleoyloxy）propyl）-N,N,N-trimethylammoniumethyl sulphate）和 DOTMA（N-1（-（2，3-dioleoyloxy）propyl）-N,N,N-trimethylammonium chloride）。这些体外转染试剂均已商品化，其中后者即常见的Lipofectin^R。一般的商业脂质体产品包含一种中性脂组分，DOPE (dioleoylhosphatidylethanolamine)，它具有促进脂质体形成及细胞膜融合等作用。阳离子脂质体比不带电荷脂质体更易与负电荷细胞膜结合，阳离子脂质体与细胞膜融合作用将直接导致DNA的跨膜传输（图12.2）。另外，通过阳性脂质体转染法传输DNA还可有效避免内吞作用及内涵体介导的降解作用。综上所述，脂质体介导的DNA传输具有技术操作简便，可重复性好和效率高等多种优点。因此，已成为细胞系 DNA 转染的常规手段之一。

12.2.4 肽法

目前已报道存在许多肽段序列能够结合和浓缩 DNA，有利于 DNA 分子的细胞内运输；例如，四肽段丝氨酸－脯氨酸－赖氨酸－赖氨酸（位于H1组蛋白C末端）能促进DNA转染(Schwartz *er al.*, 1999)。带正电荷的赖氨酸侧链能与DNA骨架的磷酸基团负电荷作用（见附录A)，从而使DNA分子相互靠近。目前人们已经可以通过合理的肽序列设计合成DNA结合肽段了。例如，已成功合成的酪氨酸－赖氨酸－丙氨酸－（赖氨酸）8－色氨酸－赖氨酸片段能有效地与 DNA 结合形成复合体（Gottschalk *et al.*, 1996）。与细胞特异性配体偶联的 DNA 结合肽段亦能体外合成，这使得肽/DNA复合物能够成功定位于特殊类型细胞的表面受体。现已合成一段由16个赖氨酸和一个精氨酸－甘氨酸－天冬氨酸（RGD）构成的阳离子肽段，可促进肽 /DNA 复合体体外结合 Caco-2 细胞表面的整合素受体（Harbottle *et al.*, 1998）。合成肽段设计应有助于内吞作用后肽 /DNA 自内涵体释放。

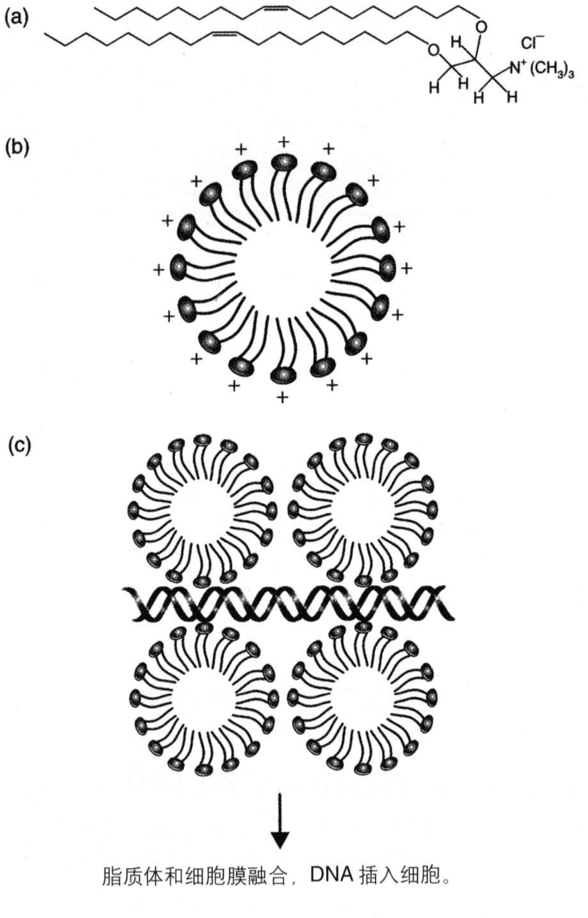

图 12.2 脂质体介导的 DNA 导入
(a) DOTMA（N-1（-（2，3-dioleoyloxy）propyl）-N,N,N-trimethylammonium chloride）一种用于构成脂质体阳离子脂质的化学结构（Felgner *et al.*，1987）
(b) 脂质体的结构。正电“头”位于由脂质“尾”形成的疏水内芯的外侧，构成脂质体表面。
(c) 使 DNA 处于脂质体环境，有利于细胞膜融合后的 DNA 插入。

12.2.5 直接 DNA 转移法

DNA能通过注射的方法直接注入体外培养细胞的细胞核中（Capecchi,1980）。该方法技术上较难实现，因为只有单体状态且体积较大的细胞才能有效地实施外源DNA注入。例如非洲爪蟾卵细胞（可于成年雌蛙卵巢内大量繁殖），它直径约为1mm，包含有相对较大的细胞核。

在蛙的发育过程中，被植入细胞核的 DNA 或 RNA 亦能以镶嵌体（嵌合体）形式得到同步表达（Melton, 1987）。被注入的外源DNA的整合几率是很低的，但其表达却可以持续多代。不同生物的整合效率大不相同。将DNA直接注入某些动物组织，如肌肉和皮肤，呈现出高水平的转基因表达活性（Wolff *et al.*, 1990）。例如由转谷氨酰胺酶 1 表达活性缺失导致的片层状鱼鳞癣病人（皮肤呈鳞片状及红斑）经过反复注入编码 TGase1 基因的质粒 DNA 可部分恢复皮肤再生功能。（Choate & Khavari, 1997）TGase1 的表达恢复只发生在皮肤的特定位置。进一步分析显示，其表达是非均一的且不能矫正疾病引起的组织和功能失调。直接DNA注射法在癌症的基因治疗方面已得到应用，例如DNA可以直接注射入肿瘤或肌肉细胞以表达肿瘤抗原，起到肿瘤疫苗的作用。虽然，质粒DNA直接注射入体内后会导致基因表达，但是其总体表达水平不如脂质体转染。在后续转基因动物制备的章节中，我们再详细讨论直接DNA注射法（第 13 章）。

12.3 病毒载体

如前所述，外源基因整合入动物细胞效率低下，自然界存在的染色体外质粒又非常稀少，病毒作为基因转移的潜在载体正越来越多地引起人们的关注。

12.3.1 SV40

第一个哺乳动物细胞的病毒载体是基于猿猴病毒 40 （SV40，simian virus 40）开发成功的（Hamer & Leder, 1979）。SV40 系灵长类双链 DNA 致瘤病毒，基因组大小为 5243 碱基对（图 12.3）。基因组双链均参与表达且相互重叠。病毒感染最初出现在猴肾脏细胞，可感染多种哺乳动物细胞类型。根据感染细胞的类型不同，可以分为溶细胞性或溶原性生活周期（Das

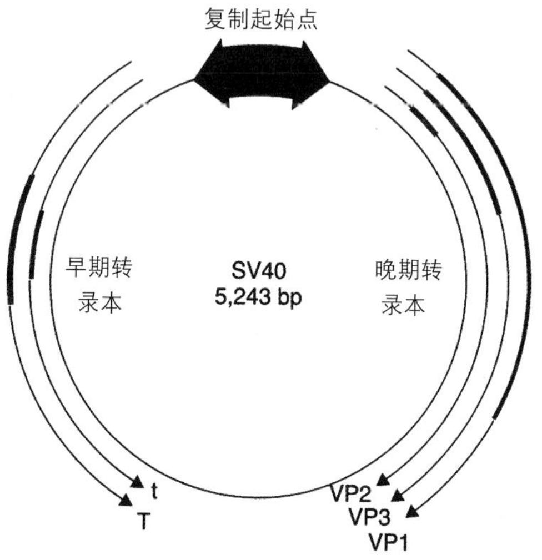

图 12.3 SV40 基因组

SV40有两个转录单位，其表达分别由早期和晚期启动子启动。两个转录本通过可变剪接均可以产生多种蛋白质。大T和小t抗原对于病毒的复制是必需的，而VP蛋白组成病毒衣壳。剪接中去掉的内含子在图中以粗线条表示。

& Niyogi, 1981)。SV40 包含两组表达基因。

- 早期基因 感染后即刻表达，为病毒复制必需。早期基因包括编码大 T 和小 t 抗原的基因。
- 晚期基因 于感染周期晚期表达，编码形成新病毒颗粒所需的病毒衣壳蛋白。这些基因受 SV40 主要晚期启动子（MLP）调控。

外源基因可通过置换早期或晚期基因插入SV40基因组中。若外源基因置换晚期基因，则病毒不能正常复制，然而使用早期基因缺陷的SV40辅助病毒反式提供晚期功能可使感染过程持续。和 λ 噬菌体相似（第3章），SV40对外源DNA的插入也存在容量限制。对现有基因置换，插入的外源 DNA 片段最大为～ 2300bp。

12.3.2 腺病毒

据统计，约25%的普通感冒是由腺病毒引起的。引起人类感染的腺病毒类型很多，但它们均为无包膜的二十面体病毒（60 ～ 90nm 长），基因组由 ~36kb 线性双链 DNA 构成（图 12.4）。

(a)

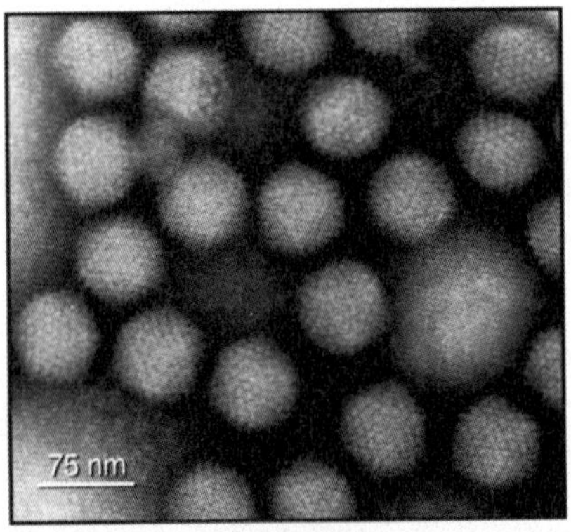

(b)

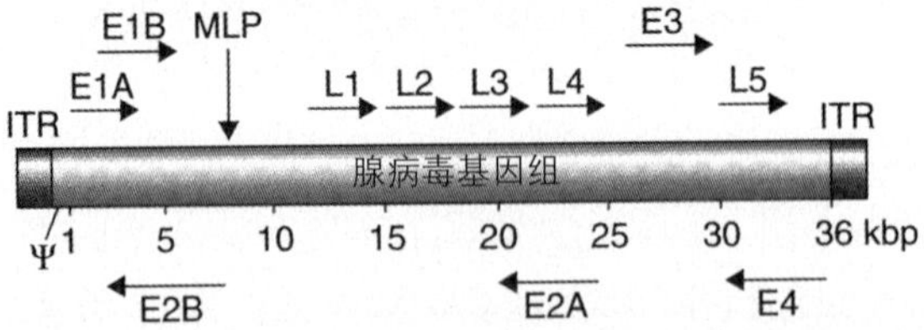

图 12.4 腺病毒

(a) 人类粪便腺病毒的电镜照片。由 Tony Oliver（IBMS London Region Virology Discussion Group）提供。

(b) 腺病毒基因组，显示了一些早期基因（E）和晚期基因（L）的大致位置，主要晚期启动子（MLP）的位置以及与病毒基因组包装相关的长约300bp包装位点（ψ）。基因组两末端都有100bp的反向末端重复序列（ITRs）。ITRs是DNA起始复制进程的复制起点，也是复制复合体相关蛋白的组装点。腺病毒基因组还编码数种病毒相关 RNAs（VA RNAs），在 RNA 聚合酶Ⅲ作用下高水平持续性转录。VA RNAs 长约 160 核苷酸，GC 含量高，具有高度的二级结构，可能参与调控 mRNA 剪接或控制晚期基因翻译速度。(Mathews, 1995)

腺病毒基因组转录分两个时段——早期和晚期——分别发生在病毒DNA复制前、后。转录过程伴随一系列复杂的剪接事件，包含4个早期转录区域（E1-E4，病毒复制所需）和表达晚期基因的MLP（L1-L5，编码病毒衣壳）（Logan & Shenk, 1984）。一旦病毒基因组DNA转染入细胞后，病毒即可在许多不同哺乳动物细胞系中复制。此外，病毒颗粒繁殖数量巨大（大于 10 指数病毒颗粒 / 每细胞），使得针对重组病毒或其它病毒颗粒的大量纯化成为可能。

大多数来源于腺病毒基因组的载体是复制缺陷性的。它们缺乏重要的E1 基因以及E3 基因。这就决定了它们必须在转染了含有E1 基因的DNA 的细胞系中才能增殖复制。例如能够反式提供E1功能的人胚胎肾细胞系293细胞。此类载体的最大承载外源DNA的能力约为7kb。另有一些腺病毒载体不仅缺乏E1 和E3 基因，还缺乏E2 或E4，进一步扩大了外源DNA 的承载力，所失去的功能同样也需要相应细胞系反式补给（Gorziglia *et al*., 1996）。

携带外源DNA的腺病毒还可被用于外源蛋白在多种不同类型细胞中的表达，但由于病毒DNA不整合入宿主基因组，基因表达通常是短暂的。然而对于载体介导的基因治疗，这一点反而可能成为优势。此外，运用腺病毒载体在细胞特异性启动子和增强子元件调控下即可实现外源基因的组织特异性表达，此类启动子和增强子包括如肌球蛋白轻链1启动子（Shi,Wang & Worton, 1997）、平滑肌细胞 SM22a 启动子（Kim *et al*., 1997）。

腺病毒载体的DNA转染效率颇高，具有广泛的使用价值。它们能够携带直至8kb的DNA片段，能感染分裂和分化期细胞。另因其不整合入宿主基因组，所以不会导致随机整合引起的突变效应。腺病毒载体亦存在缺陷，描述如下：

- 病毒 DNA 不整合入宿主，因此基因表达短暂。
- 腺病毒载体是基于一种极其常见的人类病原体衍生而来，故其细胞内传输可能受到宿主的前期免疫应答机制阻碍。

12.3.3 腺病毒相关病毒（AAV）

腺病毒相关病毒最初作为腺病毒制备过程中的污染物被发现（Atchison *et al*., 1965）。尽管名称相似，但腺病毒相关病毒与腺病毒毫不相干，它属于细小病毒家族成员，含有约5000nt的单链DNA基因组。该病毒常见于扁桃体组织，尚未发现与哪种特殊的人类疾病相关。腺病毒相关病毒属复制缺陷型病毒，自身复制需要其他病毒的存在，如腺病毒等。一些早期腺病毒基因被证实能增进AAV复制。另有报道显示，用紫外线，放线菌酮及其他致癌试剂处理AAV感染细胞能够有效地减低AAV病毒对辅助病毒的依赖性（Bantel-Schaal, 1991）。因此，辅助病毒的作用靶点可能是细胞环境而不是某种病毒蛋白。

在缺乏辅助病毒的情况下，AAV基因组整合入宿主细胞并以潜伏的原病毒形式存在。病毒DNA 整合入宿主基因组并非随机过程；它特异性地整合入第 19 号染色体上特定的遗传位点（Kotin *et al*., 1990）。病毒载体基因组中含有两个 145 碱基的反向末端重复序列，是全基因组中唯一的参与复制，转录，原病毒整合和修复的DNA元件。这些重复序列构成的发夹环结构对病毒复制十分重要。将夹有待克隆的外源 DNA 片段的反向末端重复序列插入质粒载体，有利于载体克隆进入AAV基因组的过程。用相应的限制酶切割上述质粒载体即可得到含有外源基因（两端配以ITR 侧翼）的线性DNA 片段。该DNA 片段被转入细胞，与一些辅助质粒协同作用，提供病毒整合所需要的AAV 基因。用腺病毒感染细胞能刺激增强AAV 的裂解复制和包装，从而大大提高病毒产量。最后可使用生物化学的方法从腺病毒混合物中纯化提取AAV病毒（Gao *et al.*, 2000）。该方法的局限性在于腺病毒的使用将直接导致AAV颗粒的复活，污染的可能性非常高，因此重组AAV病毒不能用于人类疾病的治疗。图12.5给出了另一种重组AAV病毒颗粒制备的方法。如图所示，两侧带有反向末端重复序列的外源基因与其他两种DNA片段共转入293细胞，其中一个片段包含了单链AAV基因组DNA复制所必需基因，另一片段则携带了病毒裂解复制和包装所必需的腺病毒基因（Matsushita *et al.*, 1998）。该法获得的重组AAV颗粒能用于感染靶细胞，从而实现外源基因的表达。

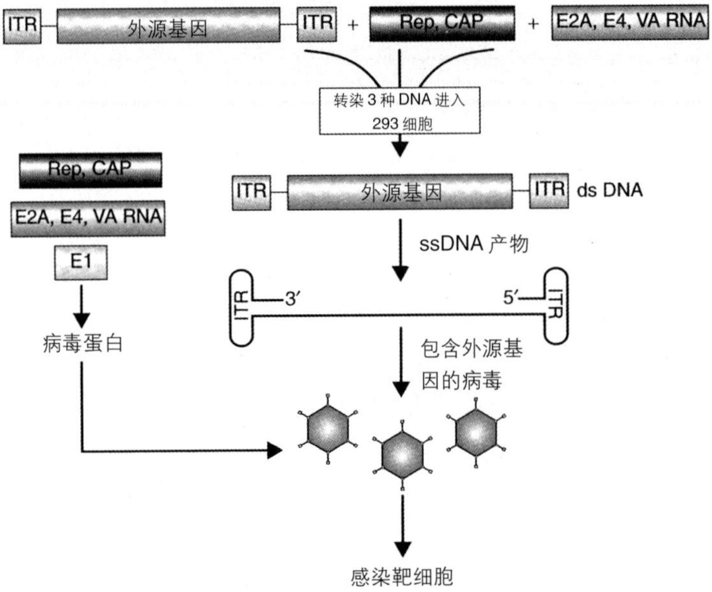

图12.5 无需腺病毒感染的重组AAV病毒颗粒制备法
同时将携带外源基因和适合启动子的DNA线形片段，包含AAV Rep和Cap基因的DNA片段和另一个带有腺病毒E2A，E4和VA RNA基因的DNA片段导入人类肾293细胞系。Rep和Cap蛋白负责制备单链AAV基因组，并将其包装入包被蛋白内。源于腺病毒的辅助蛋白为AAV裂解增殖所必需，它们在细胞内表达促进包含外源基因的病毒颗粒的形成，进而感染其他的目的细胞。

AAV载体已被用于多种类型细胞的外源DNA导入，包括神经细胞（Davidson *et al.*, 2000），肌肉细胞（Pruchnic *et al.*, 2000），上皮细胞（Pajusola *et al.*, 2002）。可预测DNA整合入宿主细胞基因组的位置，可转染分裂及非分裂型细胞，其感染具备细胞类型多样性，所有这些优势均显示AAV载体在基因治疗方面具有巨大的前景（Sanlioglu *et al.*, 2001）。

12.3.4 逆转录病毒

逆转录病毒是唯一能于细胞正常生长周期内进入动物宿主细胞的病毒。人类易感的逆转录病毒主要有两种：HTLV逆转录病毒（例如，人类T细胞白血病病毒，HTLV-1）（Yoshida & Seiki, 1987）和慢病毒属（例如，人类免疫缺陷病毒，HIV-1）（Luciw *et al.*, 1984），但逆转录病毒在许多生物体中均存在，包括脊椎和无脊椎动物。它们均为包被颗粒（直径约100nm），其包膜系病毒出芽时攫取的宿主细胞脂质双分子层。包膜也包括一些病毒编码的蛋白构成。一旦包膜蛋白与宿主细胞表面特异受体结合，即发生感染（Sommerfelt, 1999）。与受体结合直接导致后续的病毒颗粒内吞（图12.6）。部分病毒脱衣壳过程发生于逆转录作用之前。DNA合成起始于受感染宿主细胞的一个特异的tRNA分子，它与逆转录酶一起装入病毒颗粒。新合成的原病毒DNA随机整合入宿主基因组，并编码新的病毒蛋白，组装新的病毒颗粒。新病毒将通过出芽的方式释放出细胞，因此它的产生不会直接导致宿主细胞死亡。逆转录病毒相关疾病与逆转录病毒插入宿主基因组的位点有关， 或者是与其感染的细胞类型有关，例如，HIV-1 侵入免疫系统将导致 AIDS。

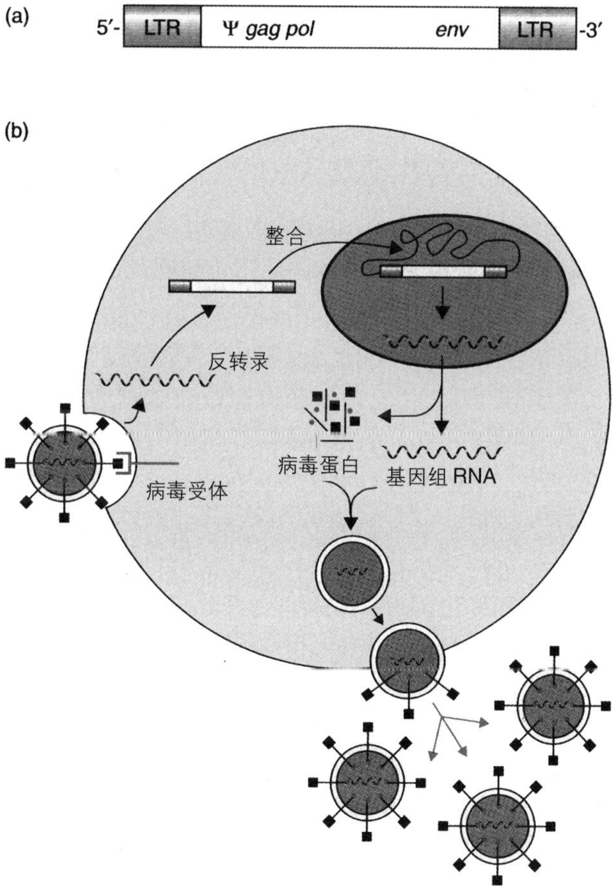

图 12.6　逆转录病毒

(a) 典型逆转录病毒基因组完整结构示意图。结构基因（gag、pol、env）两侧为左右长末端重复（LTRs）。包装位点（ψ）为病毒 RNA 基因组插入病毒颗粒所必需。

(b) 逆转录病毒生活周期，详见文本部分。

逆转录病毒基因组由两条相同的单链RNA分子构成（长约8000 ~ 11000核苷酸），结构类似 mRNA 分子，具有 5' 帽子和 3' 多聚腺苷酸尾（Ratner *et al.*, 1985）。在未整合入宿主基因组之前，病毒RNA基因组不能作为模板完成翻译功能。所有逆转录病毒均含有以下三种主要结构基因，各自具有一定的蛋白质编码活性（Katz & Skalka, 1994）：

- *gag* －编码多种衣壳蛋白；
- *pol* －编码逆转录酶，整合酶（负责将DNA插入宿主基因组）和蛋白酶（与成熟过程中 *gag* 基因产物的切割有关）；
- *env* －编码病毒包被的表面和跨膜蛋白；

某些逆转录病毒亦含有其他基因，例如*pro*就是由一个单独的基因编码。由*gag*，*pol*和*pro*等基因编码的蛋白均来自于一条RNA转录本。而*env*蛋白则是由一条剪切mRNA分子翻译而来的。病毒往往采用剪接、核糖体漂移等一系列策略实现将大量基因压缩到小的基因组(Farabaugh, 1996)。例如，*pro* 基因就与 *gag* 基因和 / 或 *pol* 基因重叠，并由同一 mRNA 完成蛋白编码。LTR通常分布于病毒基因组中结构基因两侧，并于基因整合前随病毒基因组进行复制。病毒RNA合成起始于左侧LTR内的单个启动子，终止于右侧LTR的多腺苷酸化信号。转录本RNA的包装入病毒颗粒的过程需要位于左侧LTR和结构基因之间的包装信号（ψ）的参与（图 12.6（a））。

包装受到本来可以保持在病毒基因组中的附加核酸的数量的控制表明，基于逆转录病毒的大多数载体进行复制通常是有缺陷的。LTRs（包装位点和引物结合位点）是全基因组中复制过程所必需的唯一元件。与前文谈及的腺病毒载体类似，感染性病毒颗粒必须在能够提供特殊的病毒蛋白的细胞系中才能复制。例如，外源基因必须首先克隆入带有一定的DNA元件的载体，并位于左、右侧LTR之间。而后重组病毒穿梭载体转入能够稳定表达病毒逆转录酶和衣壳蛋白的细胞系中。该细胞系产生的病毒颗粒即能用于感染靶细胞，进而完成载体的细胞基因组整合及外源基因表达过程。此外载体中还需插入一个标记基因来估测单个细胞是否吸收了重组 DNA。

逆转录病毒载体最大的优势在于病毒基因组宿主整合过程的相对稳定性。单拷贝病毒DNA 随机整合入宿主基因组的任意位点使得被整合外源基因能在细胞体内长期表达。此外，逆转录病毒亦是DNA转染的有效工具。尽管如此，此类载体亦存在其局限性，主要表现于以下两点：首先，宿主细胞整合过程的随机性，这可能导致宿主细胞毒性效应；再者，我们需要保证逆转录病毒只感染分裂细胞。这些都将大大限制其应用。只有慢病毒属如HIV1能感染非分裂细胞并于其中增殖复制。因此（Zufferey *et al*., 1998）。专家一直在努力制造相对安全可靠的慢病毒（lentivirus）载体。

12.4 动物细胞的可选择标记和基因扩增

与所有其它DNA转移过程一样，我们可以通过对细胞表型变化的观察以筛选出那些成功吸收了外源DNA的细胞（图 12.7）。一些早期实验采用细胞系的营养缺陷特性来筛选被转染细胞。例如，次黄嘌呤－鸟嘌呤磷酸核糖转移酶（HPRT-次黄苷酸循环组分，负责催化嘌呤碱基再生和次黄嘌呤核苷酸的产生等过程）缺陷而不能在含有次黄嘌呤，氨蝶呤和胸腺嘧啶脱氧核苷（HAT，阻断次黄嘌呤核苷酸的产生）的培养基中生长的细胞一旦转染入来自野生型细胞系的全基因组DNA，少数细胞即具有了在上述培养基中生长的能力，说明它们已从野生型细胞获得了合成HPRT的能力（Szybalska & Szybalski, 1962）。同样，胸腺嘧啶脱氧核苷激酶（TK，核苷酸再生循环途径的组分）缺陷型鼠细胞不能在含有HAT的培养基中生存，但转染单纯疱疹病毒胸腺嘧啶脱氧核苷激酶基因后细胞生长恢复（Wigler *et al*., 1977）。迄今为止，已有许多代谢标记被用于对转染过程监控，但这首先需要建立突变性细胞系，较难实现。显性选择性标记（如药物抗性表型）的使用解决了上述问题（见表12.1）。动物细胞对氨苄类抗生素无响应，因其缺乏细胞壁。而其它一些抗生素如蛋白合成抑制剂等对原核及真核细胞均具活性。例如，*E. coli* 转座子基因 Tn5 编码的卡那霉素抗性基因（Yamamoto & Yokota, 1980）。卡那霉素是一类氨基葡糖苷类抗生素，它特异性地进攻16S核糖体RNA，阻挠正常翻译过程从而导致细菌细胞死亡。高浓度状态下，氨基葡糖苷亦能通过非特异性结合核糖体和/或核苷酸抑制哺乳动物细胞蛋白合成（Mingeot-Leclercq, Glupczynski & Tulkens, 1999）。为将抗性用于选择性标记，需将另一Tn5 转座子内部基因（编码新霉素磷酸转移酶）构建于哺乳动物启动子下游，例如HSV tk 启动子或SV40 早期启动子等（Berg, 1981）。下面我们会更详细地讨论用于表达调控的动物细胞启动子。

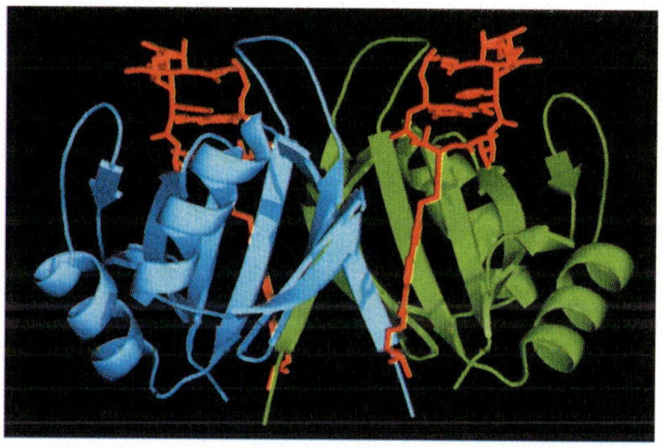

图 12.7 博来霉素 - 博来霉素结合蛋白复合体结构（Maruyama et al.,2001）。
药物结合位点（红色部分）位于蛋白二聚体（绿色和蓝色部分）两侧的深沟中。

将动物细胞长期暴露于筛选目的的高浓度毒性药物中会使其以很低的频率自发地产生抗性突变。例如，暴露于甲氨蝶呤（一种叶酸类似物，二氢叶酸还原酶抑制剂，DHFR）的鼠细胞会产生三种抗性突变（Schimke *et al*., 1978）：

- DHFR 酶内部突变产生抑制剂抗性
- 抑制细胞摄入药物的突变
- Dhfr 等位基因的扩增，增加 Dhfr 基因的拷贝数已产生足够数量的酶对抗药物活性。扩增过程较随机，Dhfr 等位基因两侧大量区域的 DNA 同样得到复制。

最后一种突变对外源基因的高水平表达尤其重要。外源基因克隆入带有Dhfr基因的质粒载体，转染入甲氨蝶呤抗性细胞，或其他能在高剂量药物作用下存活的重组体。这些扩增Dhfr等位基因的细胞同时亦含有高拷贝外源 DNA（Wigler *et al*., 1980）。

12.5 动物细胞中的基因表达

前面我们探讨了外源基因在杆状病毒感染细胞中的表达（第8章），实际上在哺乳类细胞中重组蛋白亦能得到表达。但仅将外源基因导入动物细胞不足以引导该基因的有效表达及编码蛋白的产生，必须辅以适合该细胞类型的转录和翻译调节因子。对于动物体内大多数外源基因表达，启动子驱动是基本的条件。前文曾经谈论过哺乳类细胞的Tet 表达系统（第8章）。许多强启动子在多种细胞或组织中均表现出转录活性，但大多数启动子一定程度上仍呈现组织特异性。例如，已被广泛使用的巨细胞病毒即刻早期启动子（CMV）在肝细胞中表现出很低的转录活性（Najjar & Lewis, 1999）。主要的多细胞类型强启动子包括腺病毒MLP启动子，巨细胞病毒立早期启动子，SV40 和劳斯肉瘤病毒启动子以及鼠 3- 磷酸甘油酸激酶启动子等（Makrides, 1999）。

除合适的启动子外，动物细胞的基因表达还需要一个多腺苷酸化位点，转录终止信号和一系列翻译控制元件。一般认为含有内含子的基因比相应的 cDNA 拷贝具有更高的表达水平（Buchman & Berg, 1988）。这与高等真核细胞中存在的转录，剪接和 mRNA 加工的偶联机制相关（Maniatis & Reed, 2002）。

第 13 章 转基因动物

要点

- 新基因或改变了的基因可以整合入基因组以创造改良的动物
  ⊙原核注射—将 DNA 片段注入早期受精卵的细胞核。
- 对早期胚胎发生的深入了解，使利用单个细胞所含 DNA 创造动物整体技术得以发展。
  ⊙从胚泡中分离出来的胚胎干细胞可以无比限期地保存在培养基中并在试管中操作，然后再送回到胚泡中从而形成动物整体的各个部分。
- 完全分化的成熟细胞的细胞核转移到无核卵细胞能够导致成熟细胞 DNA 重组，从而创造出克隆动物。
- 基因疗法用于纠正人类遗传疾病具有很大的潜力，近期也取得一些成就，但离应用于多种疾病还有很大的距离。

对于理解诸如发育和疾病发展等复杂的生物现象，整体动物特定遗传性状工程有着巨大的潜在益处。为了理解转基因动物的创造基础，我们必须首先注意一下早期的胚胎学（Burki, 1986）（图 13.1）。精子刚进入卵子时，受精的细胞（现在称为受精卵）包含两个细胞核—称为原核，然后雌原核和雄原核互相融合形成一个受精核。受精卵开始分裂，先分成两个细胞，接着四个，八个等等，形成一个细胞球叫作桑椹胚。桑椹胚继续分裂，内部形成一个充满子宫液的空腔。这个时期的受精卵称为胚泡，内部的空腔称为胚泡腔。胚泡腔将胚泡细胞分成两部分：内细胞群和外部的滋养层，前者将会发育成胚胎，后者则发育成胎盘。在植入子宫壁之前，胚泡会在子宫腔内停留两天并释放蛋白水解酶，以使其能够粘附到子宫壁上。胚植入后继续分裂分化直到出生以后。并非所有新分裂成的细胞会继续形成动物的各个部分，作为正常发育过程的一部分，一些细胞将会程序性地死亡（Sulston & Horvitz, 1977）。

目前已形成三种主要的方法可以将外源DNA导入动物体内。小鼠的遗传特性相对容易理解和控制，长期以来一直被用于这种操作技术的实验。改造后的小鼠胚胎用于创造转基因小鼠的方法当然是很先进了，不过其他动物，特别是家畜，也已可以通过同类方式进行修饰。

13.1 原核注射

按照前面讨论的将 DNA 片段直接注射入非洲蟾蜍卵母细胞的方法，DNA 可直接注入刚受精的小鼠卵细胞原核内（Palmiter & Brinster, 1986）。受精刚刚完成时，在显微镜下可见互相分离的大雄原核和小雌原核。通常是在一种微操作装置中用吸管将卵子固定，并将DNA注入较大的雄原核内（图13.2）。注入的DNA可整合到原核DNA上并通过雌雄原核的融合结合到受精卵。经注射的胚胎培养在试管内，到桑椹胚时期植入假孕雌鼠体内。之前该雌鼠与切

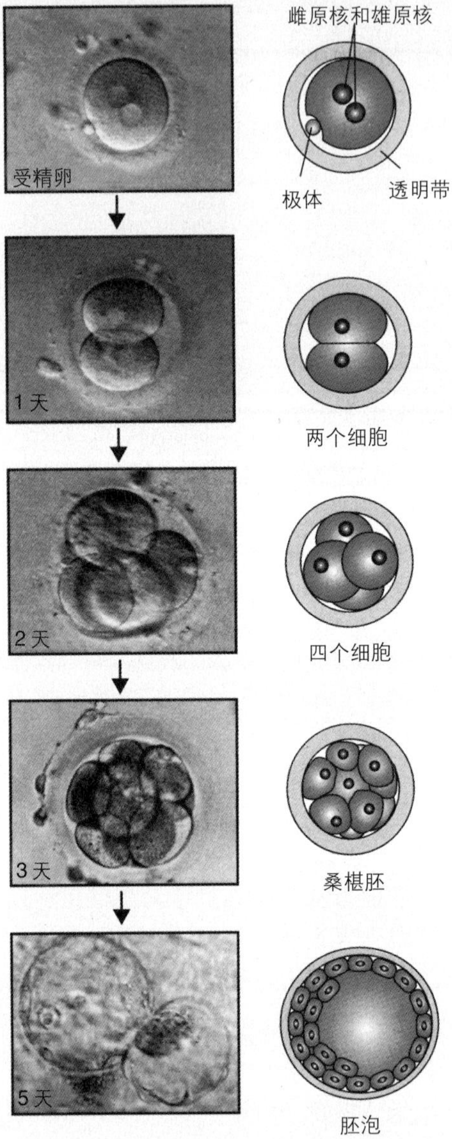

图 13.1 早期胚胎的发育。显微图像取自 HYPERLINK http://www.fertilita.org

除输精管的雄鼠进行过交配，交配可刺激雌鼠体内激素的适当变化而使其子宫处于敏感状态。植入的胚胎最后发育成小鼠。如果外源DNA已成功导入小鼠体内，小鼠新的DNA就成为杂合的。通常取刚出生小鼠尾巴的一小部分进行DNA分析（如DNA印迹法，PCR等）来检测外源DNA的存在。杂合体交配产生的子代小鼠中对于转入基因来说有1/4是纯合的。

原核注射已用于将多种外源DNA片段导入小鼠体内。例如，将一段含有与鼠生长激素基因结合的小鼠I型金属硫蛋白基因启动子的线性化的DNA片段显微注射到小鼠受精卵原核内(Palmiter *et al.*, 1982)。在21个由注射卵发育成的小鼠中，有7个携带整合基因，6个明显比同胞仔长得大。7只转基因小鼠肝脏中存在特别高水平的生长激素信使RNA，而在血清中存在特别高水平的生长激素。出生后74天时，转基因小鼠重达44g，而非转基因小鼠大约重29g。这种技术也已用于尝试在转基因动物内生产药物蛋白，例如，已经可在小鼠体内生产人α1抗胰酶蛋白（AAT）并用于治疗肺囊性纤维化和结缔组织不可逆损坏的情况。AAT是一种可以抑制胰弹性酶的血浆蛋白，在可导致过度组织破坏的炎症反应中起着关键作用。将一段含人AAT基因的DNA片段注入小鼠胚胎的原核内，该片段的原启动子已被羊β乳球蛋白基因启动子所代替（Archibald *et al*., 1990）。在胸腺内表达转基因的小鼠乳汁中人AAT蛋白的含量高达7mg/ml。以同样的方式也可以创造出乳汁中含有AAT的转基因羊，据报道这种羊每ml乳汁中的AAT可达60mg。

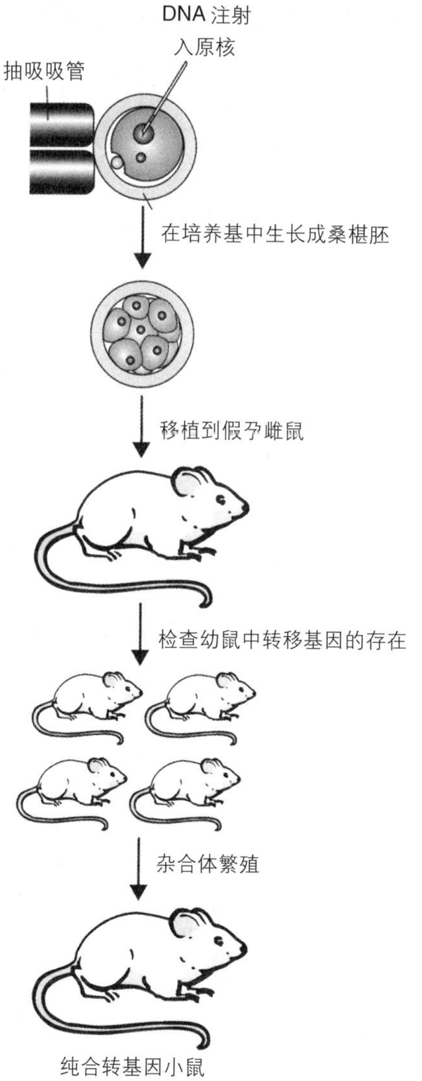

图 13.2 经原核注射产生转基因小鼠。

DNA被注入较大的雄原核内，受精卵在培养基中分裂数次，然后将胚胎植入假孕母鼠内。如果转入基因在第一次细胞分裂之前整合，那么后代将是杂合的。杂合体同系交配会产生纯合个体。

原核注射的一大优点是插入的外源DNA不必依赖于载体。线性化的DNA片段可以注射到原核内，并以数个到数百个不等的串联拷贝的形式随机整合到小鼠基因组内。原核注射的缺点包括如下几点：

- DNA整合的特性意味着原核注射仅能用于给动物增加基因，而不能剔除基因（敲除），或者在基因组内更改已存在的基因。
- DNA插入的随机性对动物个体内精确位点插入的外源基因的表达会产生显著影响。因此，转基因的表达不易控制。
- 转基因的表达不严格遗传。也就是说，转基因高度表达的亲本动物的子代可能会表现出水平迥异的表达。有时这种情况可归因于转基因位点变更基因组的甲基化方式不同(Palmiter,Chen & Brinster, 1982)。
- 原核注射有时会产生镶嵌型转基因小鼠，这种鼠体内的转基因仅限存在于某些组织和器官。当转入基因的整合推迟到第一次细胞分裂后时就会发生这种情况，也可能在不同时期不同基因位点发生多重插入。因此，针对于一个单个细胞它是镶嵌于一个插入位点，而不是另一个。

13.2 胚胎干细胞

胚胎干细胞（ES 细胞）是从胚泡的内细胞群分离而来的一类未分化的细胞（Evans 和 Kaufman,1981）（见图 13.1），可以培养在铺有经过处理而不再分化的小鼠胚胎表皮细胞的试管内，这层培养细胞（称作营养层）为胚胎干细胞提供了附着的场所并释放养分。不同于大多数其他的动物细胞的是，ES 细胞可以长期连续地分裂而保存在培养基内。如其互相分离，生长良好，则彼此不会有什么区别；而如果它们成团生长在一起，就会自发地发生分化。ES 细胞有形成包括配子在内的成熟动物各种细胞（肌肉细胞，神经细胞，皮肤细胞等）的潜能(Nagy *et al.*, 1993)。此外，将培养的 ES 细胞定向分化的方法已经形成（Keller, 1995)。例如，培养在间质细胞和多种细胞因子中的 ES 细胞会分化成原始红细胞和其它血细胞前体。

ES细胞可以长期培养在培养基中并能分化成多种细胞，从而成为基因操作的目标。图13.3表示了ES细胞动物产生的基本方法。利用前面讨论的方法（第十二章）和选择转染细胞可以将外源 DNA 导入培养的 ES 细胞中。重新组合的 ES 细胞导入刚形成的胚泡内，和内细胞群的细胞融合。然后将胚泡植入假孕雌性的子宫内，产生转基因动物。由于植入的胚泡含有正常和发生重组的两种不同的ES 细胞，其产生的子代将会是嵌合的：一些细胞含有转基因，而另外一些则不含有。嵌合体后代与野生型动物杂交产生杂合子，杂合子同系繁殖产生纯合子。因此胚胎干细胞动物的产生需要两次繁殖循环，才会产生纯合体。

ES细胞的一大优点是较其他动物细胞能更有效地同源重组。这意味着可通过基因组特定基因的剔除或更改产生目的基因（Thomas & Capecchi, 1987)。载体 DNA 和内源基因组之间的同源重组可以将外源DNA 片段定点整合到基因组的特定位置上。虽然ES 细胞可以完成同源重组，但显著水平的非同源重组仍会发生。因此，区别这两种情况很重要。图13.4表示通过同源重组剔除基因的方法。有些基因的 5' 端和 3' 端将会被删除。若 DNA 中有与这些末端两侧的区域相符的序列，则这些序列就会在供选择的标记基因的任意一侧被复制（例如新霉

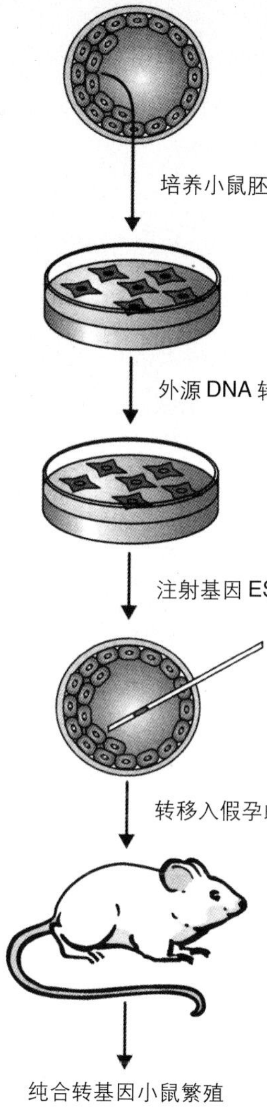

图13.3 胚胎干细胞。
从胚泡的内细胞群中采集ES细胞，培养在培养皿中，并可以在其转回胚泡之前对其遗传物质进行修饰。

素耐药基因，这个基因使细胞能在G418存在的条件下生长）。在序列被复制的地方会组建起载体，载体也包含单纯疱疹病毒胸腺嘧啶激酶（*tk*）基因。承载这些序列的线性化DNA片段被转染到培养的胚胎干细胞，并在含G418的培养基中进行选择。只有接受了这些DNA片段的胚胎干细胞才能生长。整合的DNA片段中，用丙氧鸟苷就可以区分哪些是同源的，哪些是非同源的。丙氧鸟苷是一种人工合成的2'-脱氧鸟苷的类似物（如图13.4（c）），2'-脱氧鸟苷被胸腺嘧啶激酶磷酸化，形成dGTP类似物，这种类似物可以阻碍DNA多聚酶的活性。如果DNA的插入是随机的，那么*tk*基因就会一直同转基因相结合，细胞也会死于丙氧鸟苷的作用。但如果发生同源整合，那么*tk*基因就会丢失，细胞就会幸免于丙氧鸟苷的作用（Mansour、

Thomas & Capecchi, 1988)。除了提供敲除基因的机制之外，特定的基因也可被它们的突变产物所取代。基因突变产物被简单地复制到新霉素耐药基因旁边的载体中，然后被转染入胚胎干细胞。线性化 DNA 片段末端的同源区域决定了转基因插入的基因定位（或单个基因）。

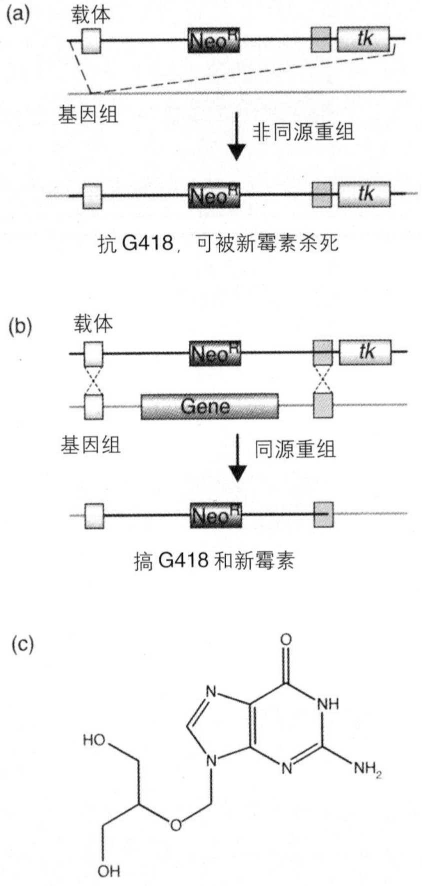

图 13.4　培养的胚胎干细胞中基因敲除的选择。
(a) 由于非同源重组，导致新霉素耐药基因和胸腺嘧啶激酶（tk）基因转移到宿主细胞
(b) 同源重组仅导致新霉素耐药基因转移到宿主细胞
(c) 丙氧鸟苷的结构。
丙氧鸟苷先被胸腺嘧啶激酶磷酸化，再被细胞激酶进一步磷酸化。当处于三磷酸化的状态时，丙氧鸟苷能作为 DNA 合成的终止子阻碍 DNA 多聚酶。因此，含有 tk 基因的细胞可死于丙氧鸟苷的作用。

特异性敲除基因为动物，特别是小鼠（Osada & Maeda, 1988年）对基因功能的分配提供了十分强有力的手段。或许更重要的是，敲除可以为分析人类疾病提供理想的模型系统。在前文中，我们已经讨论了其他生物体中此类分析的潜在难题（见第 10 章）。在动物的基因敲除中，也会遇到许多同样的问题。

敲除可产生三种结果：

- *致死* 侣伴分子 hsp47 的删除，对小鼠胚胎是致命的，因为这会导致胶原生物合成的失败（Nagai *et al*., 2000）；
- *可见表型* 删除肿瘤抑制基因 p53 的小鼠能够正常生长，但它们在幼年时就会对自发肿瘤特别易感（Donehower *et al*, 1992）；
- *不可见表型* Matrilin1 基因在软骨中表达细胞外基质蛋白，删除它之后，转基因小鼠同它们的野生对照组没有表型差异（Aszodi *et al*., 1999）。

致死的表型大致反映了基因最早期不可或缺的作用，排除了对发育过程中基因作用分析的分析。高等生物是二倍体，这就意味着对于此类突变的分析应该在杂合子（+/ −）状态下进行。此外，条件敲除也是可行的（见下文）。最后一种敲除结果（不可见表型）的出现，可能是因为两个基因作用相同而互相弥补，也可能是因为我们现在的技术还太原始，无法探查到野生株和敲除株的区别。同时，动物基因组的复杂性意味着，敲除可能在一个种系小鼠（CF-1）编码表皮生长因子的基因，会导致胚胎植入子宫时死亡；但如果相同的操作在另一个种系小鼠（CD-1）身上进行，它们会在出生后存活三个星期（Threadgill *et al*, 1995）。从理论上说，敲除实验应该在多个种系上进行，但时间和财力不允许进行这样的分析。

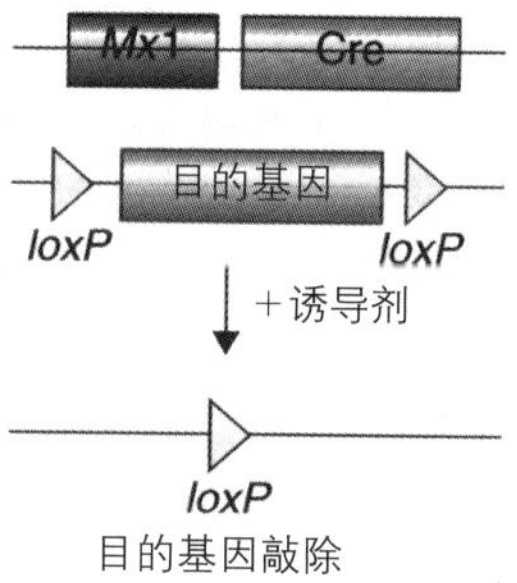

图 13.5 组织特异性基因敲除。详见正文

这种转基因动物的制造方法存在的一个问题是把可选择的标记基因传给了转基因动物，我们在介绍转基因植物时已注意到了这个问题。抗生素耐药基因在转基因动物的高水平表达是不合适的。标记基因的表达可能会导致其他相邻基因的不正常表达。同时，标记基因传给非转基因动物的可能性也是应当防备的。如果 *loxP* 位点（Cre 重组酶的识别序列）在标记基因序列的两侧，那么当基因转移在胚胎中组建之后，标记基因会很有效地移开（Kilby、Snaith& Murray *et al*, 1993）。含有表达 Cre 重组酶的质粒的细胞的转染可以催化两个 *lox*P 位点之间 DNA 的删除，从而把标记基因移开，在原位留下单独的 *lox*P 位点。

在很多情况下，插入转基因只需要在特定的组织或细胞中表达。若我们建造的外来基因处于组织特异性启动子的控制之下，则这种特异表达是可以实现的。例如，钙－钙调蛋白依赖激酶Ⅱ（CaMKⅡα）基因的启动子只在大脑海马的神经元中启动基因表达（Mayford *et al*, 1996）。在有合适的组织特异性启动子的前提下，这种方法是很有效的（表 13.1）。

运用*lox*P-Cre位点特异性重组系统还可以实现条件敲除（Gossen & Bujard, 2002）。例如，如果基因敲除导致胚胎致死性表型，那么这个基因就应该在动物出生后，再从基因组中敲除。

表 13.1 小鼠的一些组织特异性启动子（采自 Lewandoski,2001 年）

启动子	正常被控制基因	表达的组织或细胞	参考资料
Alb	白蛋白	肝	Postic *et al*，1999
Camk2 α	钙－钙调蛋白依赖激酶Ⅱ,α	前脑	Mayford *et al*，1995
Cry α a	眼晶体蛋白α A	晶状体	Lakso *et al*，1992
En2	Engrailed	中脑 / 菱脑	Logan *et al*，1993
Gcg	胰高血糖素	胰岛α细胞	Herrera *et al*，2000
Ins2	胰岛素Ⅱ	胰岛β细胞	Rommel *et al*，1994
KRT5	角蛋白 5	表皮	Ramirez *et al*，1994
Lck	淋巴细胞特异性酪氨酸激酶	T 细胞	Chaffin *et al*，1990
Msx2	Msh 样同源异形盒基因 2	顶端外胚层嵴	Liu *et al*，1994
Myog	肌细胞生成素	骨骼肌	Yee & Rigby，1993
Nes	神经巢蛋白	神经细胞	Zimmerman *et al*，1994
Pax6	成对盒基因 6	视网膜	Gruss & Walther，1992
*Wnt*1	无翅相关 MMTV 整合位点 1	神经嵴	Echelard Vassileva &，McMahon，1994

图13.5显示了实现这种假设的一种方法（Kühn *et al*, 1995）。两侧有*lox*P位点的基因序列（简称 *lox*P 伴随基因）。此外，转基因动物还被修饰，带上了在可诱变启动子，如 *Mx1* 控制之下编码 Cre 重组酶基因的拷贝。Mx1 是小鼠病毒防御系统的一部分，在健康小鼠中是转录惰性的（Hug *et al*, 1988）。但这种启动子可被高水平的干扰素激活，也可通过在细胞中加入人工合成的双链RNA（可以诱导干扰素的合成）来实现。用这种方式制造的转基因动物保留了将要被删除基因的功能性拷贝，直到将双链RNA注入它们体内，从而使我们观察到丢失基因的作用。

除了同时携带两种基因（①表达 Cre 重组酶的组织特异性启动子、②被 *lox*P 位点环绕的靶基因）的转基因小鼠之外，我们还制造了一系列转基因小鼠，它们各自携带一个不同的组织特异性启动子，控制 Cre 的表达。这些小鼠可以作为一个小鼠种系库，从而实现 *lox*P 伴随基因的杂交。而这些种系的杂交会使后代的基因只在表达 Cre 的组织中不被激活（Gu *et al*, 1994）。这意味着我们可以不必进行更多的离体操作，就可以从多种组织中删除同一个*lox*P伴随基因。

四环素诱导表达系统（见第 8 章）可被用来驱动 *Cre* 表达，从而调节敲除功能。在这个系统中，由四环素阻遏物（*tetR*）组成的反式作用子融合蛋白和单纯疱疹病毒16（VP16）蛋白的酸性活化域调节了从包含 *tet* 操纵基因序列的启动子（*tet-O*）开始的Cre基因。在没有四环素的情况下，*Cre* 基因可以表达，并将诱发两个 *loxP* 位点之间的位点特异性重组；在有四环素的情况下，*Cre* 基因不会表达，重组也不会发生（St-Orge、Furth & Gruss, 1996）。

13.3 核转移

随着分化与发育过程的进行，动物细胞的特化性变得越来越高，但每个分化细胞含有的

DNA仍然存有形成一个完整动物的必要的信息。如果一个分化细胞的细胞核被导入一个脱核的卵细胞中，在适宜的条件下，该核将会再度编码，比如该动物再生的发育过程。克隆动物（源于一个细胞或重组体、细胞系）的生产存在多种潜在用途。

- *重组蛋白的生产*。前面我们已经讨论过，重组蛋白生产中的表达水平并不严格遵循遗传的（见12章）。因此，只有运用克隆动物的方法才有可能实现使大量的动物在一种治疗蛋白上有相同的表达水平。
- *保护濒危物种*。稀有动物可以被克隆以使其从自然的减少动物中恢复过来。

将细胞核从一个细胞转移至另一个细胞并非新技术。50多年前，人们已经发现将蛙的胚泡细胞植入缺少细胞核的卵细胞中，可以创造出一系列与供体提包形同的克隆蛙（Briggs & King, 1952）。但是，人们又发现，随着供体细胞分化性的增高，重新编码以形成一个新动物也变得越来越困难。一些从已分化细胞克隆来的存活下来变成蝌蚪的胚胎出现异常的生长。该现象引起人们思考，有可能随着细胞的分化，基因的潜在能力降低；因此一个分化成熟的细胞是不可能克隆出一个动物体的。然而，1975 年，John Gurdon 发明了一种利用完全分化成熟的细胞和 Xenopus 卵细胞进行细胞核转移的方法（Gurdon, Laskey & Reeves, 1975）。该方法有两个阶段。

- *脱核卵细胞的产生*。运用精细的探针和强大的电子显微镜从蛙的卵母细胞中将核吸走，一个脱核卵细胞就产生了。移走核物质的去核卵细胞即使受精也无法分化或特化。
- *新细胞核的导入*。运用相同的技术将成年的 Xenopus 蛙脚蹼上角化的上皮细胞移入去核的卵母细胞中。许多这些新细胞表现得像正常受精卵一样并且可以发育成为蝌蚪。由于这些蝌蚪是从同一个成年蛙的细胞发育来的，因此，这些从显然已经分化成熟细胞来的个体包含有相同的基因物质并且是彼此的克隆。

最近一种改良的程序被用于生产克隆的哺乳动物（图13.6）。这项技术首先是通过取出一只羊胚胎中处于卵泡细胞的细胞并将其与去核卵细胞融合来实现（Smith & Wilmut, 1989）。在植入代孕母羊前，重组细胞通常接受短促的电脉冲以刺激胚胎发育。来此培养的胚胎细胞（Campbell *et al*, 1996）及成熟的胸腺上皮细胞（Wilmut *et al*, 1997）的细胞核随后发育成活羊羔。后者产生了可能是世界上最著名的羊——Dolly（Box13.1）。这项试验的成功似乎依赖于供体细胞和进行融合的受体细胞周期的同步化。以Dolly为例，在细胞融合过程前，导入的供体细胞处于静止期。在形成成熟的融合中，非同步化的细胞似乎成功的概率要低一些。

这项用分化成熟的细胞进行核转移来产生可正常生活的后代的方法不是没有问题存在的（Wilmut *et al*, 2002）。伴随着胚胎培育后的相同的畸变的报道，似乎并不是所有下面讨论的困难都是由于细胞核转移过程带来的。

- 程序极端低效。以 Dolly 为例，产生的 277 个融合细胞中只有一个融合的细胞能发育成为羊羔。相同的效率水平在其他所有动物克隆试验中均有报道。
- 很多由细胞核转移技术产生的胚胎有较大的畸变。除去胚胎期的丢失外，细胞核转移伴随有胎儿期、围生期、新生期的丢失以及畸形后代的产生。
- 尽管 Dolly 是由正常妊娠期后产生，并且为正常重量，大部分由细胞核转移技术产生的后代都遭受大胎儿综合征（LOS），即妊娠期与出生重量均增加（Lazzari *et al.*, 2002）。而LOS频率及症状的严重程度即使在相同的试验条件下也表现出很大的差异。正常发育阶段中的早期分化，尤其是关于胚胎基因的表达，可能与此种现象有关

- 由于 Dolly 是从一个已经有六岁大的细胞创造来的，那么，当她出生时的基因年龄究竟有多大呢？这个已经从观察染色体末端端粒的长度确定。随着年龄的增长，端粒普遍缩短，尽管这种现象的精确效应还没有被完全了解。人们发现，与同年龄的羊相比，多利的端粒较短（Shiels *et al.*, 1999）。最近的报道说 Dolly 患有关节炎，这在同龄的羊中是很罕见的（Williams, 2002）。这个与其他与年龄有关疾病包括Dolly的死因，是否是由细胞核转移引起的还尚待观察。
- 有报道说在大量克隆动物的克隆胚胎中发现广泛存在 DNA 甲基化的损害（Fairburn, Young & Hendrich, 2002）。但这些改变的效应还不清楚。
- 细胞核转移技术仍尚待完善。这就意味着年龄及基因遗传效应并没有被完全确定。在两项独立的研究中，由一个细胞克隆来的动物成年以后均变得肥大（Tamashiro *et al.*, 2002）而那些由不同细胞发育来的动物则在不寻常早年死亡（Ogonuki *et al.*, 2002）。这个领域还需进一步工作。

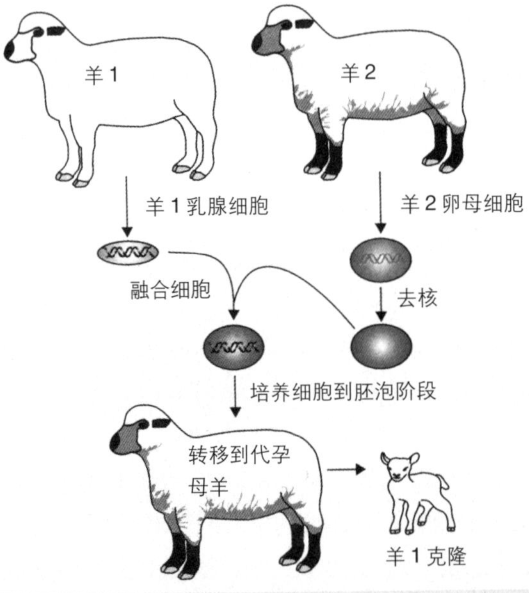

图 13.6 细胞核转移。
成年羊（羊1）的细胞与另一种不同品种的羊（羊2）的去核卵细胞融合。两者的融合在植入代孕羊之前培养到胚泡阶段。产生的羊羔含有羊 1 的细胞核染色体。

信息栏 13.1 Dolly 的生存与死亡

Dolly 是第一头从成熟细胞克隆来的哺乳动物。以下是 Dolly 的产生过程（Wilmut 等，1997）。

- *供体细胞*。一只称作 Finn Dorset 的母羊的哺乳腺细胞被用来进行最初的细胞培养。这种培养还包含有乳腺上皮细胞（>90%），肌上皮细胞和纤维母细胞。克隆过程成功的关键一步就是将供体细胞在核转移植前引导出细胞周期并进入Go阶段。这个通过降低培养基中血清浓度时细胞进入饥饿状态来达到。
- *受体细胞*。在注射促性腺激素释放激素（GnRH）28 到 33 小时后，从苏格兰黑面母羊体内取出卵母细胞并用吸管吸出细胞核。
- *细胞融合*。供体细胞与受体细胞融合以及卵母细胞的激活均通过电脉冲引导——一次简单的直流电脉冲激活细胞，而一次简单的交流电脉冲加上随后的三次直流电脉冲用于促进细胞融合。
- *生长与植入*。融合的细胞被培养在结扎输卵管的羊体内。经过 6 天的培育，277 个重组胚胎中只有 29 个发育成桑椹胚或卵泡。一个，两个或三个胚胎被植入苏格兰黑面母羊体内。29 个桑椹胚 / 胚泡被植入 13 只不同的母羊内，但只有一只受孕。1996 年 6 月 5 日，在怀孕的 148 天—正常孕期—后，Dolly — 一只 Finn Dorset羊—以6.6Kg的重量健康的诞生了。Dolly，这只从乳腺细胞来的羊，以歌唱家 Dolly Parton 的名字命名。

信息栏 图 13.1 Dolly 和她的羊羔 Bonnie。Roslin 学院提供的图像

Dolly究竟是从何种细胞来的并不很清楚。进一步的分析证明她的确是从供体羊的乳腺细胞来的，而不是从一个污染的细胞（Ashworth *et al.*, 1998）。但是，并不清楚究竟是哪只羊的克隆创造了她。她的线粒体的DNA显然来自受体去核的卵细胞（Evans *et al.*, 1999）。因此，她是一只嵌合体，包含体细胞的细胞核DNA和卵细胞来源的线粒体DNA。很有趣的是，Dolly被公众与世的那篇论文（Wilmut *et al.*, 1997）中却没有用一个“clone”或“cloning”。也许作者注意到他们的发现的潜在影响，因此选择了引起较少争议的语言来描述他们的成果。Dolly随后长成一只成熟的羊并产下自己的后代（见

Box Figure13.1)。Finn Dorset 羊的平均寿命为 12 年，但是在 2002 年 1 月，Dolly 被报道患有在她的年龄段罕见的关节炎。2003 年 2 月 14 日，只有六岁的 Dolly 被诊断患有进行性肺部疾病后死去。

产生Dolly的核转移技术已经被复制或改良进而克隆其他不同的农场动物，如牛，羊，猪等（Cibelli *et al*, 1998；Baguisi *et al.*, 1999；Ploejaeva *et al*, 2000），以及更多的试验室常用动物，如老鼠（Wakayama *et al.*, 1998）。另有报道关于克隆家庭宠物，如猫（Shin *et al.*, 2002）和兔（Chesne *et al.*, 2002）。2003 年初，就有报道说第一个克隆人类婴儿诞生。尽管此类声明没有被科学的证实，但在达到某个阶段后克隆人类看来是不可避免的。从程序上来考虑，以上克隆动物所面临的问题对我们每个人来说都是一个警告。运用准确地复制使已死亡或即将死亡的婴儿复活对任何一对父母来说都无疑是一个诱惑，但随后带来的潜在的困扰却是不可估量的。

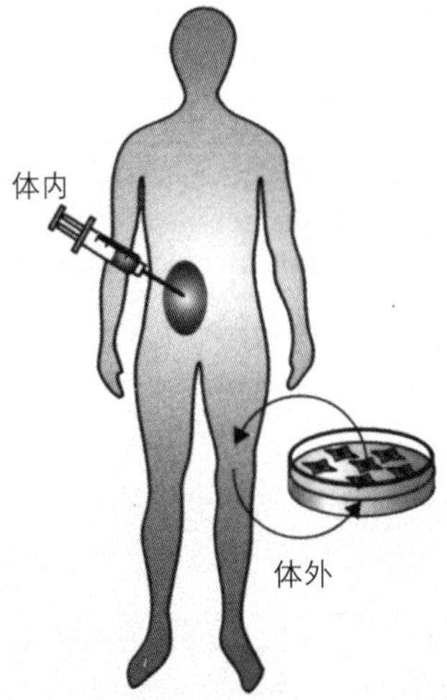

图 13.7　体内基因治疗和体外基因治疗。详见文中所述。

除上面已讨论的关于核转移的负面影响外，在创造有特殊用途动物方面该方法还是相当有用的。通过细胞再创一只完整新动物的方法，已经在体外培养中得以巧妙的广泛应用，这浆将对医疗方面产生深远的正面影响。例如，从动物身上获得人类损坏器官的替代物（如，肝脏，心脏等）成为可能。这项被称作异种移植术的技术经常是不成功的，因为在人体与动物中，许多细胞表面的碳水化合物时不同的。除了狭鼻动物以外（Old World Monkey, apes and human），所有动物均有α（1,3）－半乳糖转移酶，该酶用于催化细胞表面α（1,3）－半乳糖基二糖的形成。该二糖的存在可以引起人体器官急性过敏反应。只能暂时通过亲和吸附从受者移除α（1,3）－半乳糖基二糖抗体，从而使过敏反应在一定程度上得到缓解。但是，抗体的再次产生会损害移植器官并且即使在高水平的免疫抑制药物使用的前提下，仍会严重限制移植器官的存活。缺少编码编码α（1,3）－半乳糖转移酶的 *GGTA1* 基因的羊已经被制造

(Denning *et al.*, 2001)。在细胞培养中，通过新霉素－抑制基因，*GGTA1* 被取代，并且核转移用于产生羊胚胎。不幸的是，胎儿在出生前就死亡了，因此通过这项技术是否能产生适合人类器官移植的动物还尚待观察。就在最近，切掉*GGAT1*等位基因中的一个（Lai *et al.*, 2002；Dai *et al.*, 2002）或两个（Phelps *et al.*, 2002）的猪已经产生。一些基因切除猪的表现很健康，而进一步的工作将会确定这些器官是否适合人类器官移植。

13.4 基因疗法

基因疗法是通过改变个体的基因表达来治疗、治愈或最终预防疾病的发生的一种方法。该想法看起来似乎很简单——变异基因的正常拷贝导入受感染的个体以产生正常的蛋白，从而减轻疾病的症状（Morgan & Anderson, 1993）。尽管基因疗法的技术已经被广泛传播有一段时间，但实际治疗仍在起步阶段。多数人类临床尝试尚处于研究阶段。基因疗法对单个基因紊乱的纠正是相对最适用的，尤其是对那些用正常功能蛋白基因替代缺陷基因以修复错误功能蛋白活动的隐性疾病（表13.2）。这种反式基因插入既可使生殖细胞又可使体细胞发生我们预期的变化。

- *生殖细胞的基因治疗*。改变后的卵子或精子可以将此改变传递给后代。由于人工改变人类的基因序列的后果迄今为止还很不明确，因此，在很多国家人类生殖细胞基因疗法是被禁止的。
- *体细胞基因治疗*。受者的染色体组改变，但这种改变并不能传给下一代。体细胞基因疗法可分为体外和体内（图13.7）。体内基因治疗是直接对患者导入基因。体外基因治疗则是从病人体内取出细胞，进行体外培养及基因治疗，然后将修复基因的细胞放回病人体内。

人们根据所需修复的细胞的类型选择不同的方法。如果表现基因缺陷的细胞容易培养，那么体外培养途径具备极大优势。例如，所有血细胞都来自于骨髓的多功能干细胞。我们先前讨论的从ES细胞分化来的细胞只能分化成种类有限的一些细胞。但是，多功能干细胞可以在体外培养相当长一段时间。因此，对于血液系统的疾病，可以通过体外分离和培养骨髓干细胞来治疗。人们将这些细胞体外修复形成转基因细胞，送回患者体内。修复的干细胞将会产生功能不同的修复分化细胞从而可能治愈疾病。细胞体外修复可通过多种基因插入的方法实现——如病毒浸染，注射和其他方法（见 12 章）。其他细胞和组织相对不适宜体外治疗。比如，肺上皮细胞——在肺囊纤维化的病人中功能严重损伤——在培养基上难以生长。即使它们可以培养，也难于将转基因的上皮重新植入受损伤的肺中。因此，肺囊纤维化等疾病的治疗必须在体内修复受损肺细胞。这种途径对转基因植入的方法有严格限制。病毒，比如腺病毒，自然条件下可感染上皮细胞，人们经常通过它将外源基因转入受损细胞。

13.5 基因治疗的示例及前景

人类基因疗法的历史并不是很愉快的。除了一个显著的例外（见下面），将一个基因导入细胞后的效果无非是对治疗疾病的短暂缓解罢了。更有甚者，还有很多因基因治疗试验导致一系列继发疾病的例子。例如，在1999，一位来自Philadelpha的18岁的基因治疗试验志愿者，Jesse Gelsinger，因为基因治疗试验而死亡（TeichlerZallen, 2000）。Gelsinger患有鸟氨酸转氨基甲酰酶紊乱，一种罕见的肝脏基因缺陷疾病使身体无法清除血浆中的氨。对他的治疗是用腺病毒作为载体将健康基因插入肝脏细胞内，但病毒本身引起了一系列免疫反应，导致了他的死亡。这类例子凸现出对最大转运效率和最小毒性载体的发展的迫切需求。

然而，也有一些基因治疗成功了。先天性严重免疫缺陷疾病的孩子，X-SCID，对于传统的治疗预后很差。这种疾病时因为X染色体上编码白细胞介素2受体的伽玛链（γ c, gamma chain）的基因发生变异。这种变异阻止两种白细胞，T细胞和自然杀伤细胞的正常形成(Sgamura *et al.*, 1996)。由于没有或只有很低的抗感染能力，在没有骨髓移植的情况下，患者通常在出生后一年内死亡。干细胞被从患病婴儿的骨髓中取出，并用载有野生型正常γ c基因的逆转录病毒治疗（Cavazzana-Calvo *et al.*, 2000）。当转基因干细胞植回患病婴儿体内，他们便可以在至少十月内产生能维持正常免疫功能的所有的细胞（Fischer, Hacein-Bey & Cavazzana-Calvo, 2002）。在将降低急性感染能力的逆转录病毒进行感染之前，先将骨髓细胞从体内取出，并确保病毒只感染正确的目标细胞。在有了相对小数量的转基因骨髓细胞后重新恢复的免疫系统可以缓解疾病症状。该治疗方案会特别选择增值扩散的细胞，因而，增加了骨髓相关癌症的出现。已有报道一些接受此种疗法的病人出现了白血病（十例中仅有一例病人被治愈），原因在于外来DNA片段整合时位置的随意性。该病例中，位于11号染色体上的插入了调节区域的治疗基因的逆转录病毒称为Lmo2（Gansbache *et al.*, 2003）。治疗基因的活跃性似乎引起Lmo2致癌基因的表达（Davenport，Neale & Goorha, 2000）。即使存在这些问题，这些试验中，迄今为止，只有一例病人在使用基因疗法后完全康复。

基因治疗中，一些因转基因的随机整合而带来的问题可以通过利用位置特异结合系统来解决。例如，一些重组的DNA片段含有治疗基因临近区域的识别性位置特异性结合每序列。如果这些DNA片连同编码整合酶的DNA片段与iqizhuru老鼠的尾部静脉中，那么便会产生转基因的位置特异性基因整合（Olivares *et al*, 2002）。该方法可以从老鼠模型试验发展到人的治疗中。

其他基因疗法正在被用于基因或非遗传性疾病。

- *B型血友病*。患者由于缺少因子IX，在血液凝集过程中会出现严重症状。微小病毒可以被用来将缺失的基因插入骨骼肌细胞中（High, 2001）。细胞随后就会产生缺失因子，此方法可以替代每日注射缺失的蛋白。
- *癌症*。一些癌症可以用基因疗法来治疗（Wadhwa *et al*, 2002）。处理后的病毒载体被用来替代免疫系统对癌细胞进行攻击，而其他一些方法用病毒将自杀基因载入癌细胞中。
- *HIV*。特殊处理的HIV可以用来帮助控制对HIV-1的感染（Statham & Morgan, 1999）。

目前，基因治疗的应用只停留在上述阶段。即使因单个基因缺陷引起的疾病也可以通过不同细胞类型来表现它们的缺陷。因此，纠正一种细胞形式中的缺陷不足以完全治愈该病。但是，随着转基因运载系统的发展以及提高，及我们对干细胞的更多了解，基因治疗将在临床中会有更多应用机会，并可能成为临床治疗的重要手段。

术语表

腺嘌呤（adenine）－组成DNA和RNA的一种碱基，在DNA中与胸腺嘧啶配对，在RNA中与尿嘧啶配对。

丙氨酸扫描突变（alanine scanning mutagenesis）－将蛋白质中的氨基酸替换为丙氨酸，以检测特定氨基酸侧链的作用

碱裂解法（alkaline lysis）－－一种裂解细菌细胞收集染色体外DNA的方法

等位基因（allele）－位于一条染色体同一基因位点上的多种可选择性基因译本

α - 互补（α -complementation）－突变的大肠杆菌表达不具有活性的β - 半乳糖苷酶，通常在克隆载体中的*lac*Z基因表达产生的β - 半乳糖苷酶N端肽，与宿主菌表达的C端肽互补，而具有β -半乳糖苷酶活性（质粒和宿主编码的肽段各自都没有酶活性，两者融为一体而具酶活性），称为α - 互补

抗生素（antibiotic）－可以抑制或杀死微生物体的物质

抗体（antibody）－ B 细胞产生的蛋白，可以识别一种抗原并引发免疫反应

反密码子（anticodon）－tRNA中由核苷酸组成的三联体，可以识别被携带的氨基酸并与mRNA的密码子互补结合，在核糖体参与蛋白质的合成

抗原（antigen）－可以刺激引起免疫反应的蛋白质物质

BAC（bacterial artificial chromosomes）－细菌人工染色体

噬菌体（bacteriophage）－－一种细菌病毒

碱基对（base pair）-bp －双链 DNA 中的 A-T，G-C 配对

百慕大协议（Bermuda principle）－快速公布基因组 DNA 序列数据，没有使用限制

胚泡（blastocyst）　早期有代表性的胚胎，外表被覆单层细胞，内部为充满流体的腔体

分解代谢产物抑制（catabolite repression）－当生物体在葡萄糖中生长时，基因表达降低

cDNA －依据 RNA 合成的并与 RNA 互补的单链 DNA

cDNA 文库（cDNA library）－－一个载体内的双链 DNA 分子的集合

细胞周期（cell cycle）－－一个细胞分裂到下一个细胞的周期

细胞周期监视点（cell-cycle checkpoints）－当发生某些错误时打断细胞周期的机制

着丝点（centromere）－有丝分裂和减数分裂期间，染色体上纺锤体连接的点或区域

染色单体（chromatid）－复本染色体中通常成对平行的双链之一，与单一着丝粒相连

染色质（chromatin）－在细胞核中的 DNA 和蛋白质的混合体

染色质免疫沉淀（chromatin immunoprecipitation， ChIP）－－一种识别结合在特定序列DNA上的蛋白质的方法

染色体（chromosome）－在细胞分裂时形态上可见的基因组的不连续单位。每个染色体均是单一的 DNA 分子

染色体步移（chromosome walking）－携带重叠DNA序列克隆的连续分离，允许从单一起点

对染色体的大区域排序
克隆（clone）－从单一祖先而来的生物体、细胞或分子
克隆载体（cloning vector）－用于插入外源 DNA 的质粒或噬菌体
密码子（codon）－三联体核苷酸，导致一个氨基酸的插入以及作为氨基酸延伸的终止信号而形成多肽
密码子使用频度（codon usage）－合成蛋白质时，某种氨基酸密码子的使用频率
互补（complementary）－一条核苷酸链上的序列可以与另一条链上的序列以A-T，C-G的形式互补结合
结合（conjugation）－在细菌杂交时，染色体的全部或部分转移
保守复制（conservative replication）－一个错误的DNA合成模型，该模型认为新合成的DNA相互之间连在一起
叠连群（contig）- 从大量的小的交迭片段得来 DNA 连续序列
粘性质粒（cosmid）－一种 λ 噬菌体DNA载体，可插入大片段DNA，常用于构建基因文库。
细胞学图（cytological map）－通过细胞遗传学方法测定基因的实际位置，依此绘制出的基因位置图。
胞嘧啶（cytosine）－ DNA 和 RNA 中的一种嘧啶。与鸟嘌呤配对。
变性（denatured）－ DNA 由双链变为单链，蛋白质从活性状态变为不活性状态成为变性
差异显示（differential display）－观察不同来源基因表达差异的技术
二核苷酸（dinucleotide）－由磷酸二酯键连接在一起的两个核苷酸
散乱复制（dispersive replication）－一种错误的 DNA 合成模型，该模型认为在子代 DNA 分子中，来自亲代的片断以及新合成的片段随机交替排列
DNA －脱氧核糖核苷酸
DNA 连接酶（DNA ligase）－一种催化两条 DNA 链间形成磷酸二酯键结合的酶
DNA 聚合酶（DNA polymerase）－依照 DNA 模板合成新的 DNA 链的酶
DNA 拓扑异构酶（DNA topoisomerase）－可改变 DNA 分子键和数目的酶
电泳（electrophoresis）－通过凝胶利用电流分离特定分子，例如蛋白质和核酸
电穿孔（electroporation）－利用电流将 DNA 导入细胞的一种物理方法
抗原决定基（epitope）－抗原表面可引发免疫反应的分子区域
常染色质 DNA（euchromatic DNA）－基因组中的基因富含区（包括外显子和内含子）
外显子（exon）－可以在成熟 RNA 中表达的基因片段
表达序列标签（expressed sequence tag， EST）－是某一cDNA分子的特有的一段DNA序列（表达基因的任一头或两头），作为遗传标记和检测检测基因组中的编码序列。
表达载体（expression vector）－可以将克隆基因转录和翻译而设计的克隆载体
F 附加体（F episome）－一个染色体外的大的环形双链 DNA，携带有细菌性状的基因
FISH－fluorescent in situ hybridization， 荧光标记原位杂交
移码突变（frame-shift mutation）－是指 DNA 链上插入或丢失 1 个、2 个甚至多个碱基（但不是三联体密码子及其倍数），在读码时，由于原来的密码子移位，导致在插入或丢失碱基部位以后的编码都发生了相应改变

功能互补（functional complementation）－通过一个生物体的基因的功能作用去拮抗另一生物体由于同一基因的缺失所造成的缺陷

基因（gene）－不连续的基因单位，其携带的基因信息被用来合成多肽。包括编码序列，启动子，终止子和内含子

基因敲除（gene knockout）－把特殊的突变引入内源性基因以从基因组中灭活（或剔除）该基因的过程。

基因沉默（gene knock-down）－使用基因沉默技术降低或减少某一特定基因的表达

基因工程（genetic engineering）－通过转换某一或某些基因以及操控 DNA，有目的的改变生物体的特征

遗传标记（genetic mark）－一些可以被用来识别某一基因或与其相关的表形特征的基因

遗传转换（genetic switch）－特定信号所引起的转录控制

基因组（genome）－一个生物体的基因总和

基因组文库（genome library）－与克隆载体连接的来自一个生物体的基因组的 DNA 片段的集合

鸟嘌呤（guanine）－ DNA 和 RNA 中的一个嘌呤碱基，与胞嘧啶配对

HAC－human artificial chromosome， 人类人工染色体

辅助噬菌体（helper phage）－在混合感染中，为缺陷噬菌体提供特定的作用，保证噬菌体的完整复制

半甲基化 DNA（hemimethylated DNA）－仅在一条 DNA 链上含有甲基化碱基

异染色质 DNA（heterochromatic DNA）－染色质上高度浓缩而不能被转录的区域

杂合子（heterozygous）－在一个特定的基因位点存在不同等位基因的个体

组蛋白（histone）－ DNA 连接蛋白，核小体的组成成分

霍利迪连接体（holliday junction）－减数分裂、父源和母源染色体配对时，两条成对的染色体在某些地方会缠绕在一起形成的一种四链DNA，在修复受损DNA和将病毒DNA移入染色体中，作为染色体之间移动基因和基因片段的重要介质

同源重组（homologous recombination）－两条同源 DNA 分子间发生的 DNA 交叉

同源性（homology）－可归于共同起源的相似性

纯合子（homozygous）－在一个特定基因位点为相同等位基因的个体

杂交（hybridization）－互补核苷酸的配对（DNA-DNA，RNA-RNA）

增色效应（hyperchromic effect）－当 DNA 变成单链时，光密度将增高

插入失活（insertional inactivation）－克隆一段 DNA 序列进入基因，以破坏该基因功能

内含子（intron）－被转录但剪接过程中被移除的 DNA 片断

差速离心（isopycnic centrifugation）－利用分子密度上的差异将混合物中的组分分离

同裂酶（isoschizomer）－识别同一靶 DNA 序列的不同限制性内切酶

核型（karyotype）－代表某一细胞群体的染色体组

kozak 序列（kozak sequence）－转录起始的一致序列， 核糖体亚单位结合位点.

乳糖操纵子（lac operon）－细菌乳糖代谢所需要的基因

延滞链（lagging strand）－ 5' － 3' 方向不连续复制的短 DNA 片断，然后共价连接

套索结构（lariat）－ RNA 剪接的中间体
前导链（leading strand）－复制过程中 5' － 3' 方向连续合成的 DNA 链
变性温度（melting temperature，T_m）－DNA变性的中点温度
甲基化 DNA（methylated DNA）－ DNA 碱基的（CH_3）甲基化修饰
生物芯片（microarray）－可被用来检测与之结合的 DNA 片断的一组微型反应
微卫星体（microsatellites）－由一连串高度重复的 DNA 序列组成的基因组的一个区，能产生正常的基因多态性标记。
小量制备（mini-prep）－从小量的细菌细胞（例如1.5mL）纯化染色质外DNA（通常为质粒）
单顺反子（monocistronic）－编码单一蛋白的 RNA 分子
单克隆抗体（monoclonal antibody）－一种高特异蛋白质，与一种抗原的单一抗原决定基结合
桑椹胚（morula）－囊胚产生之前，由受精卵分裂所形成的实体球形细胞团块
mRNA －信使 RNA
northern 印迹（northern blot）－一种利用琼脂糖凝胶分离RNA分子后，通过与单链DNA杂交来检测特异 RNA 的技术
核苷（nucleoside）－在 DNA 中与脱氧核糖，在 RNA 中与核糖相连的嘌呤或嘧啶碱基
核小体（nucleosome）－染色质的基本结构单位
核苷酸（nucleotide）－在DNA或RNA中与脱氧核糖或核糖相连的嘌呤碱基或嘧啶碱基和磷酸基团
寡核苷酸（oligonucleotide）－一种短的单链 DNA 分子，通常由化学合成
卵母细胞（oocyte）－成熟前的卵子
冠瘿碱（opine）- 冠瘿氨基酸，冠瘿碱，酮酸或糖与氨基酸浓缩衍生的产物
复制起点（origin of replication）－启动 DNA 复制合成的核苷酸序列
PAC －来自人工染色体的P1。一种基于P1 抗生素基因组的用于在大肠杆菌中克隆DNA大片断的载体
回文（palindromic）－一种 DNA 序列，从一条链的 5' － 3' 的读码与另一条链的 5' － 3' 读码相同
PCR（polymerase reaction chain）－聚合酶链式反应－ DNA 变性，引物结合以及在 DNA 聚合酶的作用下延伸的多次循环，用于目的 DNA 序列的扩增
PFGE（pulsed field gel electrophoresis）－脉冲电场凝胶电泳
噬菌体（phage）－一种细菌病毒
噬菌体显示技术（phage display）-将外源多肽与噬菌体表面的外被蛋白以融合蛋白形式表达的技术。可以利用与特定配体结合的特征对噬菌体显示多肽文库进行筛选。
表型（phenotype）－基因型与环境相互作用决定的一个生物体的功能和结构特征
菌毛（pilus）－细菌表面成细丝状发散的毛
磷酸二酯键（phosphodiester bond）－一个核苷酸的 5' 磷酸基团与邻近核苷酸的 3' 羟基基团之间的共价结合
质粒（plasmid）－染色质外自我复制的闭环 DNA

多顺反子（polycistronic）－包含不只一个编码区域的 mRNA 分子
多克隆抗体（polyclonal antibody）－拮抗同一抗原的多种抗体的混合体
多核苷酸（polynucleotide）－由磷酸二酯键连接在一起的长链核苷酸
多肽（polypeptide）－由肽键相连的一条氨基酸链
多核糖体（polysome）－连在一起的多个核糖体，其作用是将单链 RNA 翻译为蛋白质
引物（primer）－与单链 DNA 配对的短 DNA 或 RNA，为引发 DNA 复制提供自由的 3' 羟基端
启动子（promoter）－在转录启动中为转录因子和 RNA 聚合酶提供结合位点的 DNA 序列
生殖核（pronucleus）－受精前的精子或卵子的单倍体核，在受精后精子和卵子立即融合为一个双倍体核
螺旋桨式扭转（propeller twist）- 用于描述碱基对的相对运动，双螺旋中单独的 DNA 碱基对的旋转
嘌呤（purine）－核酸中的含氮的双环碱性化合物。DNA 和 RNA 中的嘌呤为腺嘌呤和鸟嘌呤
嘧啶（pyrimidine）－核酸中的含氮的单环碱性化合物。DNA 中的嘧啶为胞嘧啶和胸腺嘧啶，RNA 中为胞嘧啶和尿嘧啶
静止（quiescence）－细胞生长的静止的状态。一个或一群细胞除最基本的功能活动外所有活动都停止，通常是对一个不利环境的反应，在其所处环境改善之前细胞一直保持静止状态。
复制子（replicon）－基因组上启动复制的部分序列，包括复制起始点
限制性内切酶（restriction enzyme）－（或限制性核酸内切酶）识别短的 DNA 序列（识别位点），通常为回文顺序，并剪切 DNA
限制性内切酶图谱（restriction map）－描述一个 DNA 分子上限制性内切酶的酶切点的位置和距离信息的线性图谱。
逆转录酶（reverse transcription）－从 RNA 模板合成 DNA 的酶
逆转录（reverse transcription －从 RNA 模板合成 DNA 的过程
RFLP（restriction fragment length polymorphism）- 限制性片断长度多态性－使用一种内切酶剪切 DNA 时，改变 DNA 序列可以得到不同长度的 DNA
核糖体（ribosome）－富含 RNA 的细胞质颗粒，蛋白质合成的场所
RNA －核糖核酸
RNA 干扰（RNA interference， RNAi）－在细胞中导入双链 RNA 抑制基因表达的过程
RNA 聚合酶（RNA polymerase）－从 DNA 模板合成 RNA 的酶
RT-PCR －用于扩增特定 RNA 的方法。首先在逆转录酶的作用下合成 cDNA，然后进行 PCR 扩增
半保留复制（semi-conservative replication）－ DNA 复制过程中，双链打开其中一条作为合成新的互补 DNA 链的模板
shine-dalgarno 序列（SD 序列）－转录启动子之前的与核糖体 RNA 互补的 mRNA 序列
信号序列（signal sequence）－决定细胞内蛋白质定位的短氨基酸序列
沉默突变（silent mutation）－不导致编码氨基酸序列改变的 DNA 突变
单核苷多态性（single-nucleotide polymorphisms， SNPs）－人群中的分散的个体的基因密码单个碱基的改变

siRNA －小干扰 RNA。合成的可以抑制基因表达的短的双链 RNA

位点特异性重组（site-specific recombination）－发生在两个特定的但并不一定同源的 DNA 序列间的重组

southern 印迹（southern blot）－利用琼脂糖凝胶分离 DNA 分子，变性后进行单链 DNA 杂交检测特定 DNA 分子的技术

剪接子（spliceosome）－ RNA 和小核核糖体蛋白的复合物，将转录RNA的内含子剪掉并将外显子末端连接起来

剪接（splicing）－除去内含子，连接外显子而形成成熟的 mRNA

干细胞（stem cell）－来自胚胎、胎儿和成人的可以自我复制的细胞。可以分化发育为组成身体组织和器官的特定细胞

超螺旋（supercoiling）－闭环 DNA 绕其轴在三维空间环绕的方式

T-DNA －根瘤土壤杆菌 Ti 质粒的一部分，可插入到植物宿主细胞基因组中

TA 克隆（TA cloning）－利用 Taq 聚合酶同时具有的末端连接酶的功能，在每条 PCR 扩增产物的 3' 端自动添加一个 3'-A 突出端

端粒（telomere）－染色体末端的 DNA 重复序列

末端转移酶（terminal transferase）－一种催化核苷酸附加到 DNA3' 端的酶

终止子（terminator）－导致 RNA 聚合酶停止转录的 DNA 序列

终止技术（terminator technology）－当农作物被收割后，所有新种子均不结果的植物工程

胸腺嘧啶（thymine）－ DNA 中的与腺嘌呤配对的嘧啶碱基

转录（transcription）－从 DNA 模板合成 RNA

转染（transfection）－将 DNA 导入真核细胞

转化（transformation）－将 DNA 导入细菌。在真核生物中指细胞培养中正常细胞向恶性细胞的转变

转化因子（transforming principle）－被格里菲斯鉴定的因子，可以转换细菌的类型

转基因动物（transgenic animals）－通过人工的实验方法，将别的基因导入动物的受精卵而创造的动物

转换突变（transition mutation）－ DNA 中一个嘌呤－嘧啶碱基对转变为另一嘌呤－嘧啶碱基对的突变

翻译（translation）－利用 RNA 模板合成蛋白质

颠换突变（transversion mutation）－ DNA 中的一个嘌呤－嘧啶碱基对转变为一个嘧啶－嘌呤碱基对的突变

三核苷酸（trinucleotide）－通过磷酸二酯键相结合得三个核苷酸

双杂交筛选（two-hybrid screen）－通过蛋白质间的相互作用鉴定蛋白的技术

尿嘧啶（uracil）－通常仅在 RNA 中发现的嘧啶碱基，与腺嘌呤配对

数目可变串联重复（variable number tandem repeats，VNTRs）－在给定位点的数目可变的串联重复 DNA 序列

载体（vector）－可自我复制的 DNA 分子。被用来将外源 DNA 导入宿主细胞，从而进行大量的自我复制

Western 印迹（ western blot）－电泳后，使用抗体检测特定蛋白的技术

异型生物质（ xenobiotic）－化学结构与生物体相异的复合体

异种移植（ xenotransplantation）－将一个生物种个体的组织或器官移植入另一生物物种个体的外科移植手术

YAC（ yeast artificial chromosome）－酵母人工染色体

受精卵（ zygote）－两个配子（卵细胞和精子）结合形成的一个细胞

蛋白质：

A1.1

基因编码的 20 种氨基酸结构

疏水性氨基酸：丙氨酸 缬氨酸 亮氨酸 异亮氨酸 脯氨酸 甲硫氨酸（蛋氨酸） 苯丙氨酸 色氨酸

亲水性氨基酸：甘氨酸 丝氨酸 苏氨酸 半胱氨酸 酪氨酸 天冬酰胺 谷氨酰胺

碱性氨基酸：赖氨酸 精氨酸 组氨酸

酸性氨基酸：天冬氨酸 谷氨酸

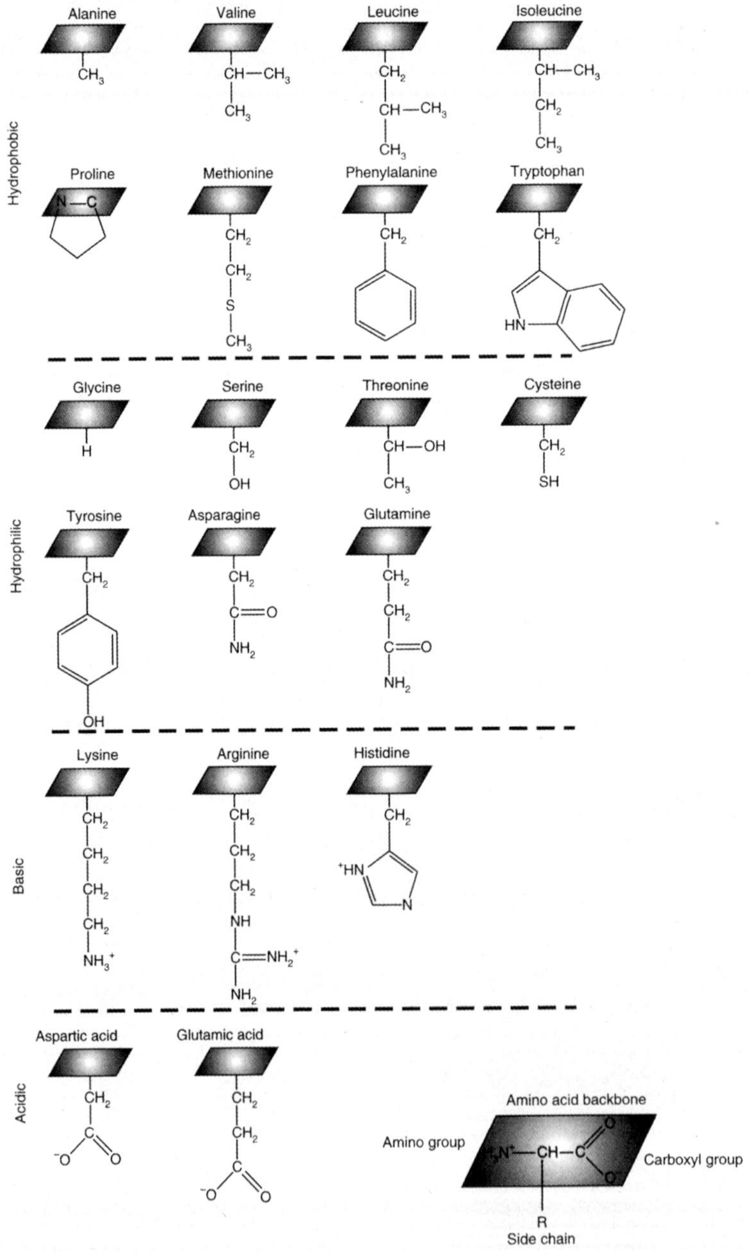

A1.2

α - 螺旋和 β - 折叠是最常见的蛋白质二级结构。

α - 螺旋来自酿酒酵母的转录活性蛋白 Gcn4p. β - 折叠来自伴刀豆球蛋白 A.每个范图显示，(A) 多肽背景及氨基酸侧链的所有原子，(B) 仅显示多肽背景，(C) 多肽背景的线迹描绘。

α - 螺旋

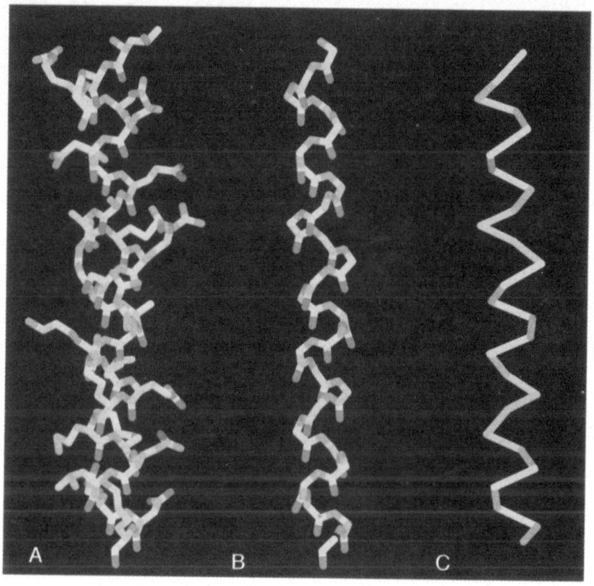

β - 折叠

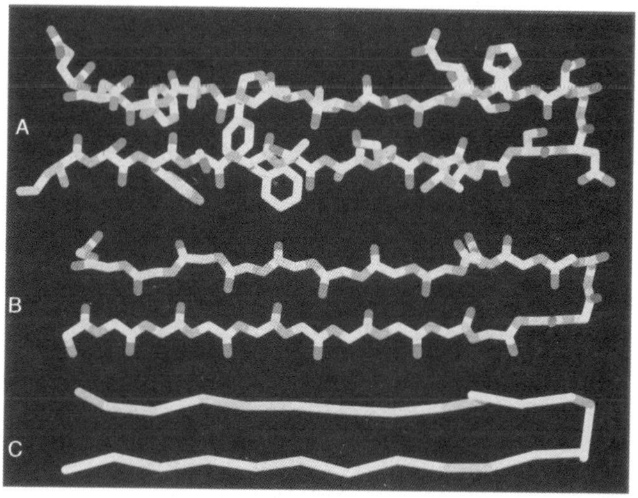

A1.3

基因密码子。转录起始蛋氨酸密码子以个浅底纹标明，终止密码子以深底纹标明。

Second position

First position (5′ end)	U		C		A		G		Third position (3′ end)
U	UUU	Phe	UCU	Ser	UAU	Tyr	UGU	Cys	U
	UUC		UCC		UAC		UGC		C
	UUA	Leu	UCA		UAA	Stop	UGA	Stop	A
	UUG		UCG		UAG	Stop	UGG	Trp	G
C	CUU	Leu	CCU	Pro	CAU	His	CGU	Arg	U
	CUC		CCC		CAC		CGC		C
	CUA		CCA		CAA	Gln	CGA		A
	CUG		CCG		CAG		CGG		G
A	AUU	Ile	ACU	Thr	AAU	Asn	AGU	Ser	U
	AUC		ACC		AAC		AGC		C
	AUA		ACA		AAA	Lys	AGA	Arg	A
	AUG	Met	ACG		AAG		AGG		G
G	GUU	Val	GCU	Ala	GAU	Asp	GGU	Gly	U
	GUC		GCC		GAC		GGC		C
	GUA		GCA		GAA	Glu	GGA		A
	GUG		GCG		GAG		GGG		G

诺贝尔奖获得者

下表列出了所做工作对本书所讨论主题有影响或有相关性的诺贝尔奖获得者。

2002
Sydney Brenner, H. Robert Horvitz and John E. Sulston 发现了与器官发育和“程序性细胞死亡”过程相关的基因规则（生理学和医学奖）

2001
Leland H. Hartwell, R. Tim Hunt and Paul M. Nurse 发现了细胞周期的关键分子调节机制。（生理学和医学奖）

1999
Günter Blobel 发现控制蛋白质在细胞内传送和定位的固有信号（生理学或医学奖）

1995
Edward B. Lewis, Christiane N ü sslein-Volhard and Eric F. Wieschaus 发现了控制早期胚胎发育的重要遗传机理 （生理学或医学奖）

1993
Richard J. Roberts and Phillip A. Sharp 分别独立发现断裂基因 （生理学或医学奖）
Kary. B. Mullis 发明聚合酶链式反应方法（PCR）
Michael Smith 对寡聚核苷酸基定点诱变的建立及其用于蛋白研究的发展所做的基础贡献（化学奖）

1989
Sidney Altman and Thomas R. Cech 发现 RNA 自身具有酶的催化功能（化学奖）
J. Michael Bishop and Harold E. Varmus 发现了动物肿瘤病毒的致癌基因源出于细胞基因（生理学和医学奖）

1987
Susumu Tonegawa 阐明抗体生成的有关遗传原理（生理学和医学奖）

1985
Michael S. Brown and Joseph L. Goldstein 发现与胆固醇代谢相关的规则（生理学和医学奖）

1984
Niels K. Jerne, Georges J. F. Köhler and César Milstein 确立有关免疫系统形成和控制理论，研制出了单克隆抗体理（生理学和医学奖）

1983
Barbara McClintock 发现了移动基因（生理学和医学奖）

1982
Aaron Klug 开发了结晶学的电子衍射法，并从事核酸蛋白质复合体的立体结构的研究（化学奖）

1980
Paul Berg 核酸的生物化学研究，尤其是与 DNA 重组体的相关研究（化学奖）
Walter Gilbert and Frederick Sanger 确定了核酸的碱基排列顺序（化学奖）

1978
Werner Arber, Daniel Nathans and Hamilton O. Smith 发现限制性内切酶以及在分子遗传学方面的应用（生理学和医学奖）

1975
David Baltimore, Renato Dulbecco and Howard M. Temin 有关肿瘤病毒与细胞基因物质的相互作用的发现（生理学和医学奖）

1972
Christian B. Anfinsen 对核糖核苷酸的研究，尤其是有关氨基酸序列与生化活性的联系（化学奖）
Stanford Moore and William H. Stein 从事化学结构与核糖核苷酸酶的活性区位的接触活性的联系研究（化学奖）

1969
Max DelbrÜck, Alfred D. Hershey and Salvador E. Luria 发现病毒的复制机制遗传结构（生理学和医学奖）

1968
Robert W. Holley, Har Gobind Khorana and Marshall W. Nirenberg 研究遗传信息的破译及其在蛋白质合成中的作用（生理学和医学奖）

1966
Peyton Rous 发现肿瘤诱导病毒（生理学和医学奖）

1965
Francois Jacob, Andr é L. Woff and Jacoues Monod 研究有关酶和病毒合成中的遗传调节机构（生理学和医学奖）

1964
Dorothy C. Hodgkin 使用 X 线衍射技术测定重要的生化物质结构（化学奖）

1962
Francis H. C. Crick, James D. Watson and Maurice H. F. Wilkins 发现核酸的分子结构及其对信息传递的重要性（生理学和医学奖）
Max F. Perutz and John C. Kendrew 对球状蛋白结构的研究（化学奖）

1959
Severo Ochoa and Arthur Kornberg 发现 RNA 和 DNA 的生物合成机制（生理学和医学奖）

1958
George W. Beadle and Edward L. Tatum 发现生物体内的精确的生化反应都是由基因控制的（生理学和医学奖）
Joshua Lederberg 从事基因重组以及细菌遗传物质方面的研究（生理学和医学奖）
Frederick Sanger 从事蛋白质尤其是胰岛素结构的研究（化学奖）

1957
Alexander R. Todd 从事核酸酶以及核酸酶辅酶的研究（化学奖）

1954
Linus C. Pauling 阐明化学结合的本性，解释了复杂的分子结构（化学奖）

1946
James B. Summer 首次分离提纯了酶（化学奖）
John H. Northrop and Wendell M. Stanley 分离提纯酶和病毒蛋白质（化学奖）
Hermann J. Muller 发现可以用 X 线使基因发生人工诱变（生理学和医学奖）

1933
Thomas H. Morgan 发现染色体的遗传机制，创立染色体遗传理论（生理学和医学奖）

1902
H．Emil Fischer 合成了糖类和嘌呤（化学奖）

参考文献

Abel, P.P., Nelson, R.S., De, B., Hoffmann, N., Rogers, S.G., Fraley, R.T. and Beachy, R.N. (1986) Delay of disease development in transgenic plants that express the tobacco mosaic virus coat protein gene. *Science*, **232**, 738–743.

Abremski, K. and Hoess, R. (1984) Bacteriophage P1 site-specific recombination: purification and properties of the Cre recombinase protein. *J. Biol. Chem.*, **259**, 1509–1514.

Abremski, K., Hoess, R. and Sternberg, N. (1983) Studies on the properties of P1 site-specific recombination: evidence for topologically unlinked products following recombination. *Cell*, **32**, 1301–1311.

Adams, M.D. *et al.* (2000) The genome sequence of *Drosophila melanogaster*. *Science*, **287**, 2185–2195.

Adesnik, M., Salditt, M., Thomas, W. and Darnell, J.E. (1972) Evidence that all messenger RNA molecules (except histone messenger RNA) contain Poly(A) sequences and that the Poly(A) has a nuclear function. *J. Mol. Biol.*, **71**, 21–30.

Ahlquist, P. and Janda, M. (1984) cDNA cloning and *in vitro* transcription of the complete brome mosaic virus genome. *Mol. Cell. Biol.*, **4**, 2876–2882.

Allfrey, V., Falkner, R.M. and Mirsky, A.E. (1964) Acetylation and methylation of histones and their possible role in the regulation of RNA synthesis. *Proc. Natl. Acad. Sci. USA*, **51**, 786–794.

Alt, F.W. and Baltimore, D. (1982) Joining of immunoglobulin heavy chain gene segments: implications from a chromosome with evidence of three D-JH fusions. *Proc. Natl. Acad. Sci. USA*, **79**, 4118–4122.

Amann, E., Brosius, J. and Ptashne, M. (1983) Vectors bearing a hybrid *trp–lac* promoter useful for regulated expression of cloned genes in *Escherichia coli*. *Gene*, **25**, 167–178.

An, G., Costa, M.A. and Ha, S.B. (1990) Nopaline synthase promoter is wound inducible and auxin inducible. *Plant Cell*, **2**, 225–233.

Anand, R., Villasante, A. and Tyler-Smith, C. (1989) Construction of yeast artificial chromosome libraries with large inserts using fractionation by pulsed-field gel electrophoresis. *Nucleic Acids Res.*, **17**, 3425–3433.

Arber, W. (1965) Host-controlled modification of bacteriophage. *Annu. Rev. Microbiol.*, **19**, 365–378.

Archibald, A.L., McClenaghan, M., Hornsey, V., Simons, J.P. and Clark, A.J. (1990) High-level expression of biologically active human α_1-antitrypsin in the milk of transgenic mice. *Proc. Natl. Acad. Sci. USA*, **87**, 5178–5182.

Analysis of Genes and Genomes Richard J. Reece

ISBNs: 0-470-84379-9 (HB); 0-470-84380-2 (PB)

Aronheim, A., Zandi, E., Hennemann, H., Elledge, S.J. and Karin, M. (1997) Isolation of an AP-1 repressor by a novel method for detecting protein–protein interactions. *Mol. Cell. Biol.*, **17**, 3094–3102.

Ashworth, D., Bishop, M., Campbell, K., Colman, A., Kind, A., Schnieke, A., Blott, S., Griffin, H., Haley, C., McWhir, J. and Wilmut, I. (1998) DNA microsatellite analysis of Dolly. *Nature*, **394**, 329.

Aszodi, A., Bateman, J.F., Hirsch, E., Baranyi, M., Hunziker, E.B., Hauser, N., Bosze, Z. and Fassler, R. (1999) Normal skeletal development of mice lacking matrilin 1: redundant function of matrilins in cartilage? *Mol. Cell. Biol.*, **19**, 7841–7845.

Atchison, R.W., Castro, B.C. and Hammon, W.M. (1965) Adenovirus-associated defective virus particles. *Science*, **149**, 754–756.

Avery, O.T., MacLeod, C.M. and McCarty, M. (1944) Studies on the chemical nature of the substance inducing transformation of pneumococcal types. *J. Exp. Med.*, **79**, 137–158.

Ayres, M.D., Howard, S.C., Kuzio, J., Lopez-Ferber, M. and Possee, R.D. (1994) The complete DNA sequence of *Autographa californica* nuclear polyhedrosis virus. *Virology*, **202**, 586–605.

Bachmair, A., Finley, D. and Varshavsky, A. (1986) *In vivo* half-life of a protein is a function of its amino-terminal residue. *Science*, **234**, 179–186.

Baguisi, A. *et al.* (1999) Production of goats by somatic cell nuclear transfer. *Nat. Biotechnol.*, **17**, 456–461.

Baltimore, D. (1970) RNA-dependent DNA polymerase in virions of RNA tumour viruses. *Nature*, **226**, 1209–1211.

Banfi, S., Guffanti, A. and Borsani, G. (1998) How to get the best of dbEST. *Trends Genet.*, **14**, 80–81.

Bantel-Schaal, U. (1991) Infection with adeno-associated parvovirus leads to increased sensitivity of mammalian cells to stress. *Virology*, **182**, 260–268.

Barnes, W.M. (1992) The fidelity of Taq polymerase catalyzing PCR is improved by an N-terminal deletion. *Gene*, **112**, 29–35.

Barnes, W.M. (1994) PCR amplification of up to 35-kb DNA with high fidelity and high yield from λ bacteriophage templates. *Proc. Natl. Acad. Sci. USA*, **91**, 2216–2220.

Barr, F.G. and Emanuel, B.S. (1990) Application of a subtraction hybridization technique involving photoactivatable biotin and organic extraction to solution hybridization analysis of genomic DNA. *Anal. Biochem.*, **186**, 369–373.

Bass, S.H., Mulkerrin, M.G. and Wells, J.A. (1991) A systematic mutational analysis of hormone-binding determinants in the human growth hormone receptor. *Proc. Natl. Acad. Sci. USA*, **88**, 4498–4502.

Bates, A.D. and Maxwell, A. (1993) *DNA Topology*. IRL Press, Oxford.

Baugh, C.M., Malone, J.H. and Butterworth, C.E., Jr. (1968) Human biotin deficiency. A case history of biotin deficiency induced by raw egg consumption in a cirrhotic patient. *Am. J. Clin. Nutr.*, **21**, 173–182.

Beard, D.A. and Schlick, T. (2001) Computational modeling predicts the structure and dynamics of chromatin fiber. *Structure*, **9**, 105–114.

Beck, Z.Q., Hervio, L., Dawson, P.E., Elder, J.H. and Madison, E.L. (2000) Identification of efficiently cleaved substrates for HIV-1 protease using a phage display library and use in inhibitor development. *Virology*, **274**, 391–401.

Becker, D.M., Fikes, J.D. and Guarente, L. (1991) A cDNA encoding a human CCAAT-binding protein cloned by functional complementation in yeast. *Proc. Natl. Acad. Sci. USA*, **88**, 1968–1972.

Bentley, S.D. *et al.* (2002) Complete genome sequence of the model actinomycete *Streptomyces coelicolor* A3(2). *Nature*, **417**, 141–147.

Benton, W.D. and Davis, R.W. (1977) Screening λgt recombinant clones by hybridization to single plaques *in situ*. *Science*, **196**, 180–182.

Benvenisti, L., Rogel, A., Kuznetzova, L., Bujanover, S., Becker, Y. and Stram, Y. (2001) Gene gun-mediate DNA vaccination against foot-and-mouth disease virus. *Vaccine*, **19**, 3885–3895.

Berg, P. (1981) Dissections and reconstructions of genes and chromosomes. *Science*, **213**, 296–303.

Berget, S.M., Moore, C. and Sharp, P.A. (1977) Spliced segments at the 5′ terminus of adenovirus 2 late mRNA. *Proc. Natl. Acad. Sci. U.S.A.*, **74**, 3171–3175.

Berman, B.P., Nibu, Y., Pfeiffer, B.D., Tomancak, P., Celniker, S.E., Levine, M., Rubin, G.M. and Eisen, M.B. (2002) Exploiting transcription factor binding site clustering to identify cis-regulatory modules involved in pattern formation in the *Drosophila* genome. *Proc. Natl. Acad. Sci. USA*, **99**, 757–762.

Bernard, H.U., Remaut, E., Hershfield, M.V., Das, H.K., Helinski, D.R., Yanofsky, C. and Franklin, N. (1979) Construction of plasmid cloning vehicles that promote gene expression from the bacteriophage lambda pL promoter. *Gene*, **5**, 59–76.

Bernardi, A. and Bernardi, F. (1984) Complete sequence of pSC101. *Nucleic Acids Res.*, **12**, 9415–9426.

Bernstein, E., Caudy, A.A., Hammond, S.M. and Hannon, G.J. (2001) Role for a bidentate ribonuclease in the initiation step of RNA interference. *Nature*, **409**, 363–366.

Bevan, M. (1984) Binary *Agrobacterium* vectors for plant transformation. *Nucleic Acids Res.*, **12**, 8711–8721.

Bhaumik, S.R. and Green, M.R. (2001) SAGA is an essential *in vivo* target of the yeast acidic activator Gal4p. *Genes Dev.*, **15**, 1935–1945.

Bilban, M., Buehler, L.K., Head, S., Desoye, G. and Quaranta, V. (2002) Normalizing DNA microarray data. *Curr. Issues Mol. Biol.*, **4**, 57–64.

Birch, R.G. (1997) Plant transformation: problems and strategies for practical application. *Annu. Rev. Plant Physiol. Plant Mol. Biol.*, **48**, 297–326.

Bird, A.P. (1980) DNA methylation and the frequency of CpG in animal DNA. *Nucleic Acids Res.*, 8, 1499–1504.

Birnboim, H.C. and Doly, J. (1979) A rapid alkaline extraction procedure for screening recombinant plasmid DNA. *Nucleic Acids Res.*, 7, 1513–1523.

Bittner, M. *et al.* (2000) Molecular classification of cutaneous malignant melanoma by gene expression profiling. *Nature*, **406**, 536–540.

Blattner, F.R. *et al.* (1997) The complete genome sequence of *Escherichia coli* K-12. *Science*, **277**, 1453–1474.

Blau, H.M., Brazelton, T.R. and Weimann, J.M. (2001) The evolving concept of a stem cell: entity or function? *Cell*, **105**, 829–841.

Blochlinger, K. and Diggelmann, H. (1984) Hygromycin B phosphotransferase as a selectable marker for DNA transfer experiments with higher eucaryotic cells. *Mol. Cell. Biol.*, **4**, 2929–2931.

Blumenthal, R.M. and Cheng, X. (2001) A Taq attack displaces bases. *Nat. Struct. Biol.*, **8**, 101–103.

Bock, R. (2001) Transgenic plastids in basic research and plant biotechnology. *J. Mol. Biol.*, **312**, 425–438.

Bolivar, F., Rodriguez, R.L., Greene, P.J., Betlach, M.C., Heyneker, H.L., Boyer, H.W., Crosa, J.H. and Falkow, S. (1977) Construction and characterization of new cloning vehicles. II. A multipurpose cloning system. *Gene*, **2**, 95–113.

Boos, W. and Shuman, H. (1998) Maltose/maltodextrin system of *Escherichia coli*: transport, metabolism, and regulation. *Microbiol. Mol. Biol. Rev.*, **62**, 204–229.

Boshart, M., Weber, F., Jahn, G., Dorsch-Hasler, K., Fleckenstein, B. and Schaffner, W. (1985) A very strong enhancer is located upstream of an immediate early gene of human cytomegalovirus. *Cell*, **41**, 521–530.

Botstein, D. and Fink, G.R. (1988) Yeast: an experimental organism for modern biology. *Science*, **240**, 1439–1443.

Bradshaw, R.A., Brickey, W.W. and Walker, K.W. (1998) N-terminal processing: the methionine aminopeptidase and N^{α}-acetyl transferase families. *Trends Biochem. Sci.*, **23**, 263–267.

Brady, G., Billia, F., Knox, J., Hoang, T., Kirsch, I.R., Voura, E.B., Hawley, R.G., Cumming, R., Buchwald, M., Siminovitch, K., Miyamoto, N., Boehmelt, G. and Iscove, N. (1995) Analysis of gene expression in a complex differentiation hierarchy by global amplification of cDNA from single cells. *Curr. Biol.*, **5**, 909–922.

Brady, G., Funk, A., Mattern, J., Schutz, G. and Brown, R. (1985) Use of gene transfer and a novel cosmid rescue strategy to isolate transforming sequences. *EMBO J.*, **4**, 2583–2588.

Brandhorst, B.P. and McConkey, E.H. (1974) Stability of nuclear RNA in mammalian cells. *J. Mol. Biol.*, **85**, 451–563.

Brent, R. and Finley, R.L., Jr. (1997) Understanding gene and allele function with two-hybrid methods. *Annu. Rev. Genet.*, **31**, 663–704.

Brent, R. and Ptashne, M. (1985) A eukaryotic transcriptional activator bearing the DNA specificity of a prokaryotic repressor. *Cell*, **43**, 729–736.

Briggs, R. and King, T.J. (1952) Transplantation of living nuclei from blastula cells into enucleated frogs' eggs. *Proc. Natl. Acad. Sci. USA*, **38**, 455–463.

Brinkmann, U., Mattes, R.E. and Buckel, P. (1989) High-level expression of recombinant genes in *Escherichia coli* is dependent on the availability of the *dnaY* gene product. *Gene*, **85**, 109–114.

Brock, T.D. and Freeze, H. (1969) *Thermus aquaticus* gen. n. and sp. n., a nonsporulating extreme thermophile. *J. Bacteriol.*, **98**, 289–297.

Broglie, K., Chet, I., Holliday, M., Cressman, R., Biddle, P., Knowlton, S., Mauvais, C.J. and Broglie, R. (1991) Transgenic plants with enhanced resistance to the fungal pathogen *Rhizoctonia solani*. *Science*, **254**, 1194–1197.

Broome, S. and Gilbert, W. (1978) Immunological screening method to detect specific translation products. *Proc. Natl. Acad. Sci. USA*, **75**, 2746–2749.

Brosius, J., Ullrich, A., Raker, M.A., Gray, A., Dull, T.J., Gutell, R.R. and Noller, H.F. (1981) Construction and fine mapping of recombinant plasmids containing the *rrnB* ribosomal RNA operon of *E. coli*. *Plasmid*, **6**, 112–118.

Buchman, A.R. and Berg, P. (1988) Comparison of intron-dependent and intron-independent gene expression. *Mol. Cell. Biol.*, **8**, 4395–4405.

Bult, C.J. *et al.* (1996) Complete genome sequence of the methanogenic archaeon, *Methanococcus jannaschii*. *Science*, **273**, 1058–1073.

Burke, D.T., Carle, G.F. and Olson, M.V. (1987) Cloning of large segments of exogenous DNA into yeast by means of artificial chromosome vectors. *Science*, **236**, 806–812.

Burki, K. (1986) Experimental embryology of the mouse. *Monogr. Dev. Biol.*, **19**, 1–77.

Burnette, W.N. (1981) 'Western blotting': electrophoretic transfer of proteins from sodium dodecyl sulfate–polyacrylamide gels to unmodified nitrocellulose and radiographic detection with antibody and radioiodinated protein A. *Anal. Biochem.*, **112**, 195–203.

Campbell, J.L. and Kleckner, N. (1988) The rate of *Dam*-mediated DNA adenine methylation in *Escherichia coli*. *Gene*, **74**, 189–190.

Campbell, K.H., McWhir, J., Ritchie, W.A. and Wilmut, I. (1996) Sheep cloned by nuclear transfer from a cultured cell line. *Nature*, **380**, 64–66.

Canatella, P.J., Karr, J.F., Petros, J.A. and Prausnitz, M.R. (2001) Quantitative study of electroporation-mediated molecular uptake and cell viability. *Biophys. J.*, **80**, 755–764.

Capecchi, M.R. (1980) High efficiency transformation by direct microinjection of DNA into cultured mammalian cells. *Cell*, **22**, 479–488.

Causton, H.C., Ren, B., Koh, S.S., Harbison, C.T., Kanin, E., Jennings, E.G., Lee, T.I., True, H.L., Lander, E.S. and Young, R.A. (2001) Remodeling of yeast genome expression in response to environmental changes. *Mol. Biol. Cell.*, **12**, 323–337.

Cavazzana-Calvo, M., Hacein-Bey, S., de Saint Basile, G., Gross, F., Yvon, E., Nusbaum, P., Selz, F., Hue, C., Certain, S., Casanova, J.L., Bousso, P., Deist, F.L. and Fischer, A. (2000) Gene therapy of human severe combined immunodeficiency (SCID)-X1 disease. *Science*, **288**, 669–672.

Celis, R.T., Leadlay, P.F., Roy, I. and Hansen, A. (1998) Phosphorylation of the periplasmic binding protein in two transport systems for arginine incorporation in *Escherichia coli* K-12 is unrelated to the function of the transport system. *J. Bacteriol.*, **180**, 4828–4833.

Cereghino, G.P. and Cregg, J.M. (1999) Applications of yeast in biotechnology: protein production and genetic analysis. *Curr. Opin. Biotechnol.*, **10**, 422–427.

Cesareni, G., Helmer-Citterich, M. and Castagnoli, L. (1991) Control of ColE1 plasmid replication by antisense RNA. *Trends Genet.*, **7**, 230–235.

Chabot, B. (1996) Directing alternative splicing: cast and scenarios. *Trends Genet.*, **12**, 472–478.

Chaffin, K.E., Beals, C.R., Wilkie, T.M., Forbush, K.A., Simon, M.I. and Perlmutter, R.M. (1990) Dissection of thymocyte signaling pathways by *in vivo* expression of pertussis toxin ADP-ribosyltransferase. *EMBO J.*, **9**, 3821–3829.

Chalfie, M., Tu, Y., Euskirchen, G., Ward, W.W. and Prasher, D.C. (1994) Green fluorescent protein as a marker for gene expression. *Science*, **263**, 802–805.

Chang, J.Y. (1985) Thrombin specificity. Requirement for apolar amino acids adjacent to the thrombin cleavage site of polypeptide substrate. *Eur. J. Biochem.*, **151**, 217–224.

Chang, L.M. and Bollum, F.J. (1986) Molecular biology of terminal transferase. *CRC Crit. Rev. Biochem.*, **21**, 27–52.

Chargaff, E., Lipshitz, R. and Green, C. (1952) Composition of the desoxypentose nucleic acids of four genera of sea-urchin. *J. Biol. Chem.*, **195**, 155–160.

Chargaff, E., Lipshitz, R., Green, C. and Hodes, M.E. (1951) The composition of the desoxyribonucleic acid of salmon sperm. *J. Biol. Chem.*, **192**, 223–230.

Chen, C.A. and Okayama, H. (1988) Calcium phosphate-mediated gene transfer: a highly efficient transfection system for stably transforming cells with plasmid DNA. *Biotechniques*, **6**, 632–638.

Cheng, M., Fry, J.E., Pang, S., Zhou, H., Hironaka, C.M., Duncan, D.R., Conner, T.W. and Wan, Y. (1997) Genetic transformation of wheat mediated by *Agrobacterium tumefaciens*. *Plant Physiol.*, **115**, 971–980.

Cheng, X. and Roberts, R.J. (2001) AdoMet-dependent methylation, DNA methyltransferases and base flipping. *Nucleic Acids Res.*, **29**, 3784–3795.

Chesné, P., Adenot, P.G., Viglietta, C., Baratte, M., Boulanger, L. and Renard, J.P. (2002) Cloned rabbits produced by nuclear transfer from adult somatic cells. *Nat. Biotechnol.*, **20**, 366–369.

Chien, A., Edgar, D.B. and Trela, J.M. (1976) Deoxyribonucleic acid polymerase from the extreme thermophile *Thermus aquaticus*. *J. Bacteriol.*, **127**, 1550–1557.

Chien, C.T., Bartel, P.L., Sternglanz, R. and Fields, S. (1991) The two-hybrid system: a method to identify and clone genes for proteins that interact with a protein of interest. *Proc. Natl. Acad. Sci. USA.*, **88**, 9578–9582.

Choate, K.A. and Khavari, P.A. (1997) Direct cutaneous gene delivery in a human genetic skin disease. *Hum. Gene Ther.*, **8**, 1659–1665.

Chong, S., Mersha, F.B., Comb, D.G., Scott, M.E., Landry, D., Vence, L.M., Perler, F.B., Benner, J., Kucera, R.B., Hirvonen, C.A., Pelletier, J.J., Paulus, H. and Xu, M.Q. (1997) Single-column purification of free recombinant proteins using a self-cleavable affinity tag derived from a protein splicing element. *Gene*, **192**, 271–281.

Chong, S. and Xu, M.Q. (1997) Protein splicing of the *Saccharomyces cerevisiae* VMA intein without the endonuclease motifs. *J. Biol. Chem.*, **272**, 15 587–15 590.

Chow, L.T., Gelinas, R.E., Broker, T.R. and Roberts, R.J. (1977) An amazing sequence arrangement at the 5′ ends of adenovirus 2 messenger RNA. *Cell*, **12**, 1–8.

Chu, S., DeRisi, J., Eisen, M., Mulholland, J., Botstein, D., Brown, P.O. and Herskowitz, I. (1998) The transcriptional program of sporulation in budding yeast. *Science*, **282**, 699–705.

Chung, C.H. (1993) Proteases in *Escherichia coli*. *Science*, **262**, 372–374.

Cibelli, J.B., Stice, S.L., Golueke, P.J., Kane, J.J., Jerry, J., Blackwell, C., Ponce de Leon, F.A. and Robl, J.M. (1998) Cloned transgenic calves produced from nonquiescent fetal fibroblasts. *Science*, **280**, 1256–1258.

Clark, W.G., Register, J.C., III, Nejidat, A., Eichholtz, D.A., Sanders, P.R., Fraley, R.T. and Beachy, R.N. (1990) Tissue-specific expression of the TMV coat protein in transgenic tobacco plants affects the level of coat protein-mediated virus protection. *Virology*, **179**, 640–647.

Clarke, L. (1990) Centromeres of budding and fission yeasts. *Trends Genet.*, **6**, 150–154.

Clarke, L. and Carbon, J. (1976) A colony bank containing synthetic Col El hybrid plasmids representative of the entire *E. coli* genome. *Cell*, **9**, 91–99.

Clewell, D.B. (1972) Nature of ColE1 plasmid replication in *Escherichia coli* in the presence of chloramphenicol. *J. Bacteriol.*, **110**, 667–676.

Cline, J., Braman, J.C. and Hogrefe, H.H. (1996) PCR fidelity of *Pfu* DNA polymerase and other thermostable DNA polymerases. *Nucleic Acids Res.*, **24**, 3546–3551.

Cohen, J.S. (1991) Oligonucleotides as therapeutic agents. *Pharmacol. Ther.*, **52**, 211–225.

Colas, P. and Brent, R. (1998) The impact of two-hybrid and related methods on biotechnology. *Trends Biotechnol.*, **16**, 355–363.

Colbère-Garapin, F., Horodniceanu, F., Kourilsky, P. and Garapin, A.C. (1981) A new dominant hybrid selective marker for higher eukaryotic cells. *J. Mol. Biol.*, **150**, 1–14.

Collins, F.S., Patrinos, A., Jordan, E., Chakravarti, A., Gesteland, R. and Walters, L. (1998) New goals for the U.S. Human Genome Project: 1998–2003. *Science*, **282**, 682–689.

Collins, J. and Brüning, H.J. (1978) Plasmids useable as gene-cloning vectors in an *in vitro* packaging by coliphage lambda: 'cosmids'. *Gene*, **4**, 85–107.

Cooper, A.A. and Stevens, T.H. (1995) Protein splicing: self-splicing of genetically mobile elements at the protein level. *Trends Biochem. Sci.*, **20**, 351–356.

Corneille, S., Lutz, K., Svab, Z. and Maliga, P. (2001) Efficient elimination of selectable marker genes from the plastid genome by the CRE-*lox* site-specific recombination system. *Plant J.*, **27**, 171–178.

Cramer, P., Bushnell, D.A., Fu, J., Gnatt, A.L., Maier-Davis, B., Thompson, N.E., Burgess, R.R., Edwards, A.M., David, P.R. and Kornberg, R.D. (2000) Architecture of RNA polymerase II and implications for the transcription mechanism. *Science*, **288**, 640–649.

Cramer, P., Bushnell, D.A. and Kornberg, R.D. (2001) Structural basis of transcription: RNA polymerase II at 2.8 Å resolution. *Science*, **292**, 1863–1876.

Crawford, D.R., Kochheiser, J.C., Schools, G.P., Salmon, S.L. and Davies, K.J. (2002) Differential display: a critical analysis. *Gene Expr.*, **10**, 101–107.

Cregg, J.M., Vedvick, T.S. and Raschke, W.C. (1993) Recent advances in the expression of foreign genes in *Pichia pastoris*. *Bio/technology*, **11**, 905–910.

Cross, S.H. and Bird, A.P. (1995) CpG islands and genes. *Curr. Opin. Genet. Dev.*, **5**, 309–314.

Crowlesmith, I. and Gamon, K. (1982) Rate of translation and kinetics of processing of newly synthesized molecules of two major outer-membrane proteins, the *Omp*A and *Omp*F proteins, of *Escherichia coli* K12. *Eur. J. Biochem.*, **124**, 577–583.

Cunningham, B.C. and Wells, J.A. (1989) High-resolution epitope mapping of hGH-receptor interactions by alanine-scanning mutagenesis. *Science*, **244**, 1081–1085.

Dai, Y. *et al.* (2002) Targeted disruption of the α1,3-galactosyltransferase gene in cloned pigs. *Nat. Biotechnol.*, **20**, 251–255.

Daniell, H. and Dhingra, A. (2002) Multigene engineering: dawn of an exciting new era in biotechnology. *Curr. Opin. Biotechnol.*, **13**, 136–141.

Daniell, H., Muthukumar, B. and Lee, S.B. (2001) Marker free transgenic plants: engineering the chloroplast genome without the use of antibiotic selection. *Curr. Genet.*, **39**, 109–116.

Das, G.C. and Niyogi, S.K. (1981) Structure, replication, and transcription of the SV40 genome. *Prog. Nucleic Acid Res. Mol. Biol.*, **25**, 187–241.

Daubert, S., Shepherd, R.J. and Gardner, R.C. (1983) Insertional mutagenesis of the cauliflower mosaic virus genome. *Gene*, **25**, 201–208.

Daugherty, P.S., Olsen, M.J., Iverson, B.L. and Georgiou, G. (1999) Development of an optimized expression system for the screening of antibody libraries displayed on the *Escherichia coli* surface. *Protein Eng.*, **12**, 613–621.

Davenport, J., Neale, G.A. and Goorha, R. (2000) Identification of genes potentially involved in *LMO2*-induced leukemogenesis. *Leukemia*, **14**, 1986–1996.

Davidson, B.L., Stein, C.S., Heth, J.A., Martins, I., Kotin, R.M., Derksen, T.A., Zabner, J., Ghodsi, A. and Chiorini, J.A. (2000) Recombinant adeno-associated virus type 2, 4, and 5 vectors: transduction of variant cell types and regions in the mammalian central nervous system. *Proc. Natl. Acad. Sci. USA*, **97**, 3428–3432.

Davies, D.R., Padlan, E.A. and Sheriff, S. (1990) Antibody–antigen complexes. *Annu. Rev. Biochem.*, **59**, 439–473.

Davis, G.D., Elisee, C., Newham, D.M. and Harrison, R.G. (1999) New fusion protein systems designed to give soluble expression in *Escherichia coli*. *Biotechnol. Bioeng.*, **65**, 382–388.

de Boer, H.A., Comstock, L.J. and Vasser, M. (1983) The *tac* promoter: a functional hybrid derived from the *trp* and *lac* promoters. *Proc. Natl. Acad. Sci. USA*, **80**, 21–25.

De Cosa, B., Moar, W., Lee, S.B., Miller, M. and Daniell, H. (2001) Overexpression of the *Bt cry2Aa2* operon in chloroplasts leads to formation of insecticidal crystals. *Nat. Biotechnol.*, **19**, 71–74.

de Wet, J.R., Fukushima, H., Dewji, N.N., Wilcox, E., O'Brien, J.S. and Helinski, D.R. (1984) Chromogenic immunodetection of human serum albumin and α-L-fucosidase clones in a human hepatoma cDNA expression library. *DNA*, **3**, 437–447.

de Wet, J.R., Wood, K.V., DeLuca, M., Helinski, D.R. and Subramani, S. (1987) Firefly luciferase gene: structure and expression in mammalian cells. *Mol. Cell. Biol.*, **7**, 725–737.

De Zoeten, G.A., Penswick, J.R., Horisberger, M.A., Ahl, P., Schultze, M. and Hohn, T. (1989) The expression, localization, and effect of a human interferon in plants. *Virology*, **172**, 213–222.

Denning, C., Burl, S., Ainslie, A., Bracken, J., Dinnyes, A., Fletcher, J., King, T., Ritchie, M., Ritchie, W.A., Rollo, M., de Sousa, P., Travers, A., Wilmut, I. and Clark, A.J. (2001) Deletion of the α(1,3)galactosyl transferase (*GGTA1*) gene and the prion protein (*PrP*) gene in sheep. *Nat. Biotechnol.*, **19**, 559–562.

Dente, L., Cesareni, G. and Cortese, R. (1983) pEMBL: a new family of single stranded plasmids. *Nucleic Acids Res.*, **11**, 1645–1655.

DeRisi, J.L., Iyer, V.R. and Brown, P.O. (1997) Exploring the metabolic and genetic control of gene expression on a genomic scale. *Science*, **278**, 680–686.

di Guan, C., Li, P., Riggs, P.D. and Inouye, H. (1988) Vectors that facilitate the expression and purification of foreign peptides in *Escherichia coli* by fusion to maltose-binding protein. *Gene*, **67**, 21–30.

Dib, C., Faure, S., Fizames, C., Samson, D., Drouot, N., Vignal, A., Millasseau, P., Marc, S., Hazan, J., Seboun, E., Lathrop, M., Gyapay, G., Morissette, J. and Weissenbach, J. (1996) A comprehensive genetic map of the human genome based on 5,264 microsatellites. *Nature*, **380**, 152–154.

Dickerson, R.E. (1983) Base sequence and helix structure variation in *B* and *A* DNA. *J. Mol. Biol.*, **166**, 419–441.

Doherty, A.J., Ashford, S.R., Subramanya, H.S. and Wigley, D.B. (1996) Bacteriophage T7 DNA ligase. Overexpression, purification, crystallization, and characterization. *J. Biol. Chem.*, **271**, 11 083–11 089.

Donahue, W.F., Turczyk, B.M. and Jarrell, K.A. (2002) Rapid gene cloning using terminator primers and modular vectors. *Nucleic Acids Res.*, **30**, e95.

Donehower, L.A., Harvey, M., Slagle, B.L., McArthur, M.J., Montgomery, C.A., Jr., Butel, J.S. and Bradley, A. (1992) Mice deficient for p53 are developmentally normal but susceptible to spontaneous tumours. *Nature*, **356**, 215–221.

Dotto, G.P., Enea, V. and Zinder, N.D. (1981) Functional analysis of bacteriophage f1 intergenic region. *Virology*, **114**, 463–473.

Dotto, G.P. and Horiuchi, K. (1981) Replication of a plasmid containing two origins of bacteriophage. *J. Mol. Biol.*, **153**, 169–176.

Dougherty, W.G., Parks, T.D., Cary, S.M., Bazan, J.F. and Fletterick, R.J. (1989) Characterization of the catalytic residues of the tobacco etch virus 49-kDa proteinase. *Virology*, **172**, 302–310.

Dryden, D.T., Murray, N.E. and Rao, D.N. (2001) Nucleoside triphosphate-dependent restriction enzymes. *Nucleic Acids Res.*, **29**, 3728–3741.

Dubendorff, J.W. and Studier, F.W. (1991) Controlling basal expression in an inducible T7 expression system by blocking the target T7 promoter with *lac* repressor. *J. Mol. Biol.*, **219**, 45–59.

Dunham, I. *et al.* (1999) The DNA sequence of human chromosome 22. *Nature*, **402**, 489–495.

Echelard, Y., Vassileva, G. and McMahon, A.P. (1994) Cis-acting regulatory sequences governing *Wnt-1* expression in the developing mouse CNS. *Development*, **120**, 2213–2224.

Efstratiadis, A., Kafatos, F.C., Maxam, A.M. and Maniatis, T. (1976) Enzymatic *in vitro* synthesis of globin genes. *Cell*, 7, 279–288.

Eide, D.J. (1998) The molecular biology of metal ion transport in *Saccharomyces cerevisiae*. *Annu. Rev. Nutr.*, **18**, 441–469.

Einhauer, A. and Jungbauer, A. (2001) The FLAG peptide, a versatile fusion tag for the purification of recombinant proteins. *J. Biochem. Biophys. Methods*, **49**, 455–465.

Elbashir, S.M., Harborth, J., Lendeckel, W., Yalcin, A., Weber, K. and Tuschl, T. (2001) Duplexes of 21-nucleotide RNAs mediate RNA interference in cultured mammalian cells. *Nature*, **411**, 494–498.

Endow, S.A. and Roberts, R.J. (1977) Two restriction-like enzymes from *Xanthomonas malvacearum*. *J. Mol. Biol.*, **112**, 521–529.

Erkman, L., McEvilly, R.J., Luo, L., Ryan, A.K., Hooshmand, F., O'Connell, S.M., Keithley, E.M., Rapaport, D.H., Ryan, A.F. and Rosenfeld, M.G. (1996) Role of transcription factors Brn-3.1 and Brn-3.2 in auditory and visual system development. *Nature*, **381**, 603–606.

Evan, G.I., Lewis, G.K., Ramsay, G. and Bishop, J.M. (1985) Isolation of monoclonal antibodies specific for human *c-myc* proto-oncogene product. *Mol. Cell. Biol.*, 5, 3610–3616.

Evans, M.J., Gurer, C., Loike, J.D., Wilmut, I., Schnieke, A.E. and Schon, E.A. (1999) Mitochondrial DNA genotypes in nuclear transfer-derived cloned sheep. *Nat. Genet.*, **23**, 90–93.

Evans, M.J. and Kaufman, M.H. (1981) Establishment in culture of pluripotential cells from mouse embryos. *Nature*, **292**, 154–156.

Fairburn, H.R., Young, L.E. and Hendrich, B.D. (2002) Epigenetic reprogramming: how now, cloned cow? *Curr. Biol.*, **12**, R68–70.

Fan, F., Lorenzen, J.A. and Plapp, B.V. (1991) An aspartate residue in yeast alcohol dehydrogenase I determines the specificity for coenzyme. *Biochemistry*, **30**, 6397–6401.

Farabaugh, P.J. (1996) Programmed translational frameshifting. *Annu. Rev. Genet.*, **30**, 507–528.

Felgner, P.L., Gadek, T.R., Holm, M., Roman, R., Chan, H.W., Wenz, M., Northrop, J.P., Ringold, G.M. and Danielsen, M. (1987) Lipofection: a highly efficient, lipid-mediated DNA-transfection procedure. *Proc. Natl. Acad. Sci. USA*, **84**, 7413–7417.

Ferretti, L. and Sgaramella, V. (1981) Specific and reversible inhibition of the blunt end joining activity of the T4 DNA ligase. *Nucleic Acids Res.*, **9**, 3695–3705.

Fickett, J.W. (1996) Finding genes by computer: the state of the art. *Trends Genet.*, **12**, 316–320.

Fields, S. and Johnston, M. (2002) Genomics. A crisis in postgenomic nomenclature. *Science*, **296**, 671–672.

Fields, S. and Song, O. (1989) A novel genetic system to detect protein-protein interaction. *Nature*, **340**, 245–246.

Figge, J., Wright, C., Collins, C.J., Roberts, T.M. and Livingston, D.M. (1988) Stringent regulation of stably integrated chloramphenicol acetyl transferase genes by *E. coli lac* repressor in monkey cells. *Cell*, **52**, 713–722.

Finer, J.J., Finer, K.R. and Ponappa, T. (1999) Particle bombardment mediated transformation. *Curr. Top. Microbiol. Immunol.*, **240**, 59–80.

Finley, R.L., Jr. and Brent, R. (1994) Interaction mating reveals binary and ternary connections between *Drosophila* cell cycle regulators. *Proc. Natl. Acad. Sci. USA*, **91**, 12 980–12 984.

Fire, A., Xu, S., Montgomery, M.K., Kostas, S.A., Driver, S.E. and Mello, C.C. (1998) Potent and specific genetic interference by double-stranded RNA in *Caenorhabditis elegans*. *Nature*, **391**, 806–811.

Fischer, A., Hacein-Bey, S. and Cavazzana-Calvo, M. (2002) Gene therapy of severe combined immunodeficiencies. *Nat. Rev. Immunol.*, **2**, 615–621.

Fleischmann, R.D. *et al.* (1995) Whole-genome random sequencing and assembly of *Haemophilus influenzae* Rd. *Science*, **269**, 496–512.

Foord, O.S. and Rose, E.A. (1994) Long-distance PCR. *PCR Methods Appl.*, **3**, S149–S161.

Foote, S., Vollrath, D., Hilton, A. and Page, D.C. (1992) The human Y chromosome: overlapping DNA clones spanning the euchromatic region. *Science*, **258**, 60–66.

Foster, T.J., Davis, M.A., Roberts, D.E., Takeshita, K. and Kleckner, N. (1981) Genetic organization of transposon Tn10. *Cell*, **23**, 201–213.

Franklin, R.E. and Gosling, R.G. (1953) Molecular configuration in sodium thymonucleate. *Nature*, **171**, 740–741.

Fraser, A.G., Kamath, R.S., Zipperlen, P., Martinez-Campos, M., Sohrmann, M. and Ahringer, J. (2000) Functional genomic analysis of *C. elegans* chromosome I by systematic RNA interference. *Nature*, **408**, 325–330.

Fraser, M.J. (1992) The baculovirus-infected insect cell as a eukaryotic gene expression system. *Curr. Top. Microbiol. Immunol.*, **158**, 131–172.

Fray, R.G. and Grierson, D. (1993) Molecular genetics of tomato fruit ripening. *Trends Genet.*, **9**, 438–443.

Frohman, M.A., Dush, M.K. and Martin, G.R. (1988) Rapid production of full-length cDNAs from rare transcripts: amplification using a single gene-specific oligonucleotide primer. *Proc. Natl. Acad. Sci. USA*, **85**, 8998–9002.

Fung, E.T., Thulasiraman, V., Weinberger, S.R. and Dalmasso, E.A. (2001) Protein biochips for differential profiling. *Curr. Opin. Biotechnol.*, **12**, 65–69.

Gänsbacher, B., Danos, O., Dickson, G., Thielemans, K., Cosset, F.L., Deglon, N., Dilber, M.S., Galun, E., Klatzmann, D., Mavilio, F. and Taylor, N. (2003) French gene therapy group reports on the adverse event in a clinical trial of gene therapy for X-linked severe combined immune deficiency (X-SCID). *J. Gene Med.*, **5**, 82–84.

Gao, G., Qu, G., Burnham, M.S., Huang, J., Chirmule, N., Joshi, B., Yu, Q.C., Marsh, J.A., Conceicao, C.M. and Wilson, J.M. (2000) Purification of recombinant adeno-associated virus vectors by column chromatography and its performance *in vivo*. *Hum. Gene Ther.*, **11**, 2079–2091.

Garcia-Sáez, I., Párraga, A., Phillips, M.F., Mantle, T.J. and Coll, M. (1994) Molecular structure at 1.8 Å of mouse liver class pi glutathione S-transferase complexed with S-(p-nitrobenzyl)glutathione and other inhibitors. *J. Mol. Biol.*, **237**, 298–314.

Garrick, D., Fiering, S., Martin, D.I. and Whitelaw, E. (1998) Repeat-induced gene silencing in mammals. *Nat. Genet.*, **18**, 56–59.

Gatignol, A., Durand, H. and Tiraby, G. (1988) Bleomycin resistance conferred by a drug-binding protein. *FEBS Lett.*, **230**, 171–175.

Gavin, A.C. *et al.* (2002) Functional organization of the yeast proteome by systematic analysis of protein complexes. *Nature*, **415**, 141–147.

Genilloud, O., Garrido, M.C. and Moreno, F. (1984) The transposon Tn5 carries a bleomycin-resistance determinant. *Gene*, **32**, 225–233.

Georgiadis, M.M., Jessen, S.M., Ogata, C.M., Telesnitsky, A., Goff, S.P. and Hendrickson, W.A. (1995) Mechanistic implications from the structure of a catalytic fragment of Moloney murine leukemia virus reverse transcriptase. *Structure*, **3**, 879–892.

Giaever, G. *et al.* (2002) Functional profiling of the *Saccharomyces cerevisiae* genome. *Nature*, **418**, 387–391.

Giga-Hama, Y. and Kumagai, H. (1999) Expression system for foreign genes using the fission yeast *Schizosaccharomyces pombe*. *Biotechnol. Appl. Biochem.*, **30**, 235–244.

Giniger, E., Varnum, S.M. and Ptashne, M. (1985) Specific DNA binding of GAL4, a positive regulatory protein of yeast. *Cell*, **40**, 767–774.

Glazer, A.N. and Mathies, R.A. (1997) Energy-transfer fluorescent reagents for DNA analyses. *Curr. Opin. Biotechnol.*, 8, 94–102.

Gnatt, A.L., Cramer, P., Fu, J., Bushnell, D.A. and Kornberg, R.D. (2001) Structural basis of transcription: an RNA polymerase II elongation complex at 3.3 Å resolution. *Science*, **292**, 1876–1882.

Goff, S.A. *et al.* (2002) A draft sequence of the rice genome (*Oryza sativa* L. ssp. *japonica*). *Science*, **296**, 92–100.

Goffeau, A. *et al.* (1997) The yeast genome directory. *Nature*, **387 supp**, 5–6.

Goldfarb, D.S., Gariepy, J., Schoolnik, G. and Kornberg, R.D. (1986) Synthetic peptides as nuclear localization signals. *Nature*, **322**, 641–644.

Goldschmidt-Clermont, M. (1991) Transgenic expression of aminoglycoside adenine transferase in the chloroplast: a selectable marker of site-directed transformation of *Chlamydomonas*. *Nucleic Acids Res.*, **19**, 4083–4089.

Gönczy, P. *et al.* (2000) Functional genomic analysis of cell division in *C. elegans* using RNAi of genes on chromosome III. *Nature*, **408**, 331–336.

Gorman, C.M., Merlino, G.T., Willingham, M.C., Pastan, I. and Howard, B.H. (1982) The Rous sarcoma virus long terminal repeat is a strong promoter when introduced into a variety of eukaryotic cells by DNA-mediated transfection. *Proc. Natl. Acad. Sci. USA*, **79**, 6777–6781.

Gorman, C.M., Moffat, L.F. and Howard, B.H. (1982) Recombinant genomes which express chloramphenicol acetyltransferase in mammalian cells. *Mol. Cell. Biol.*, **2**, 1044–1051.

Gorziglia, M.I., Kadan, M.J., Yei, S., Lim, J., Lee, G.M., Luthra, R. and Trapnell, B.C. (1996) Elimination of both E1 and E2 from adenovirus vectors further improves prospects for *in vivo* human gene therapy. *J. Virol.*, **70**, 4173–4178.

Gossen, M. and Bujard, H. (1992) Tight control of gene expression in mammalian cells by tetracycline-responsive promoters. *Proc. Natl. Acad. Sci. USA*, **89**, 5547–5551.

Gossen, M. and Bujard, H. (2002) Studying gene function in eukaryotes by conditional gene inactivation. *Annu. Rev. Genet.*, **36**, 153–173.

Gossen, M., Freundlieb, S., Bender, G., Muller, G., Hillen, W. and Bujard, H. (1995) Transcriptional activation by tetracyclines in mammalian cells. *Science*, **268**, 1766–1769.

Gottesman, S. (1996) Proteases and their targets in *Escherichia coli*. *Annu. Rev. Genet.*, **30**, 465–506.

Gottschalk, A., Bartels, C., Neubauer, G., Lührmann, R. and Fabrizio, P. (2001) A novel yeast U2 snRNP protein, Snu17p, is required for the first catalytic step of splicing and for progression of spliceosome assembly. *Mol. Cell. Biol.*, **21**, 3037–3046.

Gottschalk, S., Sparrow, J.T., Hauer, J., Mims, M.P., Leland, F.E., Woo, S.L. and Smith, L.C. (1996) A novel DNA-peptide complex for efficient gene transfer and expression in mammalian cells. *Gene Ther.*, **3**, 48–57.

Graham, F.L., Smiley, J., Russell, W.C. and Nairn, R. (1977) Characteristics of a human cell line transformed by DNA from human adenovirus type 5. *J. Gen. Virol.*, **36**, 59–74.

Graham, F.L. and van der Eb, A.J. (1973) A new technique for the assay of infectivity of human adenovirus 5 DNA. *Virology*, **52**, 456–467.

Green, E.D., Riethman, H.C., Dutchik, J.E. and Olson, M.V. (1991) Detection and characterization of chimeric yeast artificial-chromosome clones. *Genomics*, **11**, 658–669.

Green, N.M. (1963) Avidin. 1. The use of [^{14}C] biotin for kinetic studies and for assay. *Biochem. J.*, **89**, 585–591.

Green, P.J., Pines, O. and Inouye, M. (1986) The role of antisense RNA in gene regulation. *Annu. Rev. Biochem.*, **55**, 569–597.

Gressel, J. (2000) Molecular biology of weed control. *Transgenic Res.*, **9**, 355–382.

Griffin, H.G. and Griffin, A.M. (1993) Dideoxy sequencing reactions using Sequenase version 2.0. *Methods Mol. Biol.*, **23**, 103–108.

Griffith, F. (1928) The significance of pneumococcal types. *J. Hyg.*, **27**, 113–159.

Griggs, D. and Johnston, M. (1991) Regulated expression of the GAL4 activator gene in yeast provides a sensitive genetic switch for glucose repression. *Proc. Natl. Acad. Sci. USA*, **88**, 8597–8601.

Gronenborn, B. (1976) Overproduction of phage lambda repressor under control of the *lac* promotor of *Escherichia coli*. *Mol. Gen. Genet.*, **148**, 243–250.

Gross, C., Kelleher, M., Iyer, V.R., Brown, P.O. and Winge, D.R. (2000) Identification of the copper regulon in *Saccharomyces cerevisiae* by DNA microarrays. *J. Biol. Chem.*, **275**, 32 310–32 316.

Grunstein, M. and Hogness, D.S. (1975) Colony hybridization: a method for the isolation of cloned DNAs that contain a specific gene. *Proc. Natl. Acad. Sci. USA*, **72**, 3961–3965.

Grunstein, M. and Wallis, J. (1979) Colony hybridization. *Methods Enzymol.*, **68**, 379–389.

Gruss, P. and Walther, C. (1992) Pax in development. *Cell*, **69**, 719–722.

Gu, H., Marth, J.D., Orban, P.C., Mossmann, H. and Rajewsky, K. (1994) Deletion of a DNA polymerase β-gene segment in T cells using cell type-specific gene targeting. *Science*, **265**, 103–106.

Gubler, U. and Hoffman, B.J. (1983) A simple and very efficient method for generating cDNA libraries. *Gene*, **25**, 263–269.

Gurdon, J.B., Laskey, R.A. and Reeves, O.R. (1975) The developmental capacity of nuclei transplanted from keratinized skin cells of adult frogs. *J. Embryol. Exp. Morphol.*, **34**, 93–112.

Hamer, D.H. and Leder, P. (1979) Expression of the chromosomal mouse β-maj-globin gene cloned in SV40. *Nature*, **281**, 35–40.

Hammond, S.M., Bernstein, E., Beach, D. and Hannon, G.J. (2000) An RNA-directed nuclease mediates post-transcriptional gene silencing in *Drosophila* cells. *Nature*, **404**, 293–296.

Hampsey, M. (1998) Molecular genetics of the RNA polymerase II general transcriptional machinery. *Microbiol. Mol. Biol. Rev.*, **62**, 465–503.

Hanahan, D. (1983) Studies on transformation of *Escherichia coli* with plasmids. *J. Mol. Biol.*, **166**, 557–580.

Hanahan, D. and Meselson, M. (1980) Plasmid screening at high colony density. *Gene*, **10**, 63–67.

Handler, M. and Iozzo, R.V. (2001) Constitutive and inducible antisense expression. *Methods Mol. Biol.*, **171**, 251–259.

Hansen, G. and Wright, M.S. (1999) Recent advances in the transformation of plants. *Trends Plant. Sci.*, **4**, 226–231.

Harbottle, R.P., Cooper, R.G., Hart, S.L., Ladhoff, A., McKay, T., Knight, A.M., Wagner, E., Miller, A.D. and Coutelle, C. (1998) An RGD-oligolysine peptide: a prototype construct for integrin-mediated gene delivery. *Hum. Gene Ther.*, **9**, 1037–1047.

Hardy, E., Martinez, E., Diago, D., Diaz, R., Gonzalez, D. and Herrera, L. (2000) Large-scale production of recombinant hepatitis B surface antigen from *Pichia pastoris*. *J. Biotechnol.*, **77**, 157–167.

Hargreaves, D., Rice, D.W., Sedelnikova, S.E., Artymiuk, P.J., Lloyd, R.G. and Rafferty, J.B. (1998) Crystal structure of *E. coli* RuvA with bound DNA Holliday junction at 6Å resolution. *Nat. Struct. Biol.*, **5**, 441–446.

Harlow, E. and Lane, D. (1999) *Using Antibodies: a Laboratory Manual*. Cold Spring Harbor Laboratory Press, Cold Spring Harbor, NY.

Harrington, J.J., Van Bokkelen, G., Mays, R.W., Gustashaw, K. and Willard, H.F. (1997) Formation of *de novo* centromeres and construction of first-generation human artificial microchromosomes. *Nat. Genet.*, **15**, 345–355.

Harris, L.J., Larson, S.B., Hasel, K.W., Day, J., Greenwood, A. and McPherson, A. (1992) The three-dimensional structure of an intact monoclonal antibody for canine lymphoma. *Nature*, **360**, 369–372.

Haughn, G.W., Smith, J., Mazur, B. and Somerville, C. (1988) Transformation with a mutant *Arabidopsis* acetolactate synthase gene renders tobacco resistant to sulfonylurea herbicides. *Mol. Gen. Genet.*, **211**, 266–271.

Hayashi, M.N. and Hayashi, M. (1985) Cloned DNA sequences that determine mRNA stability of bacteriophage ϕX174 *in vivo* are functional. *Nucleic Acids Res.*, **13**, 5937–5948.

Hecht, A. and Grunstein, M. (1999) Mapping DNA interaction sites of chromosomal proteins using immunoprecipitation and polymerase chain reaction. *Methods Enzymol.*, **304**, 399–414.

Hedgpeth, J., Goodman, H.M. and Boyer, H.W. (1972) DNA nucleotide sequence restricted by the RI endonuclease. *Proc. Natl. Acad. Sci. USA*, **69**, 3448–3452.

Helmer-Citterich, M., Anceschi, M.M., Banner, D.W. and Cesareni, G. (1988) Control of ColE1 replication: low affinity specific binding of Rop (Rom) to RNAI and RNAII. *EMBO J.*, **7**, 557–566.

Hendrix, R.W. (1983) *Lambda II*. Cold Spring Harbor Laboratory, Cold Spring Harbor, NY.

Henning, K.A., Novotny, E.A., Compton, S.T., Guan, X.Y., Liu, P.P. and Ashlock, M.A. (1999) Human artificial chromosomes generated by modification of a yeast artificial chromosome containing both human alpha satellite and single-copy DNA sequences. *Proc. Natl. Acad. Sci. USA*, **96**, 592–597.

Herr, W., Sturm, R.A., Clerc, R.G., Corcoran, L.M., Baltimore, D., Sharp, P.A., Ingraham, H.A., Rosenfeld, M.G., Finney, M., Ruvkun, G. and Horvitz, H.R. (1988) The POU domain: a large conserved region in the mammalian pit-1, oct-1, oct-2, and Caenorhabditis elegans unc-86 gene products. *Genes Dev.*, **2**, 1513–1516.

Herrera, P.L. (2000) Adult insulin- and glucagon-producing cells differentiate from two independent cell lineages. *Development*, **127**, 2317–2322.

Hershey, A.D. (1947) Spontaneous mutations in bacterial viruses. *Cold Spring Harbor Symp. Quant. Biol.*, **11**, 67–77.

Hershey, A.D. and Chase, M. (1952) Independent functions of viral protein and nucleic acid in growth of bacteriophage. *J. Gen. Physiol.*, **36**, 39–56.

Hexham, J.M. (1998) Production of human Fab antibody fragments from phage display libraries. *Methods Mol. Biol.*, **80**, 461–474.

Hiei, Y., Ohta, S., Komari, T. and Kumashiro, T. (1994) Efficient transformation of rice (*Oryza sativa L.*) mediated by *Agrobacterium* and sequence analysis of the boundaries of the T-DNA. *Plant J.*, **6**, 271–282.

High, K.A. (2001) AAV-mediated gene transfer for hemophilia. *Ann. NY Acad. Sci.*, **953**, 64–74.

Higuchi, R., Krummel, B. and Saiki, R. (1988) A general method of *in vitro* preparation and specific mutagenesis of DNA fragments: study of protein and DNA interactions. *Nucleic Acids Res.*, **16**, 7351–7367.

Hinnebusch, A.G. (1997) Translational regulation of yeast GCN4. A window on factors that control initiator–tRNA binding to the ribosome. *J. Biol. Chem.*, **272**, 21 661–21 664.

Hirose, Y. and Manley, J.L. (1998) RNA polymerase II is an essential mRNA polyadenylation factor. *Nature*, **395**, 93–96.

Hirt, R.P., Poulain-Godefroy, O., Billotte, J., Kraehenbuhl, J.P. and Fasel, N. (1992) Highly inducible synthesis of heterologous proteins in epithelial cells carrying a glucocorticoid-responsive vector. *Gene*, **111**, 199–206.

Ho, S.Y. and Mittal, G.S. (1996) Electroporation of cell membranes: a review. *Crit. Rev. Biotechnol.*, **16**, 349–362.

Hoffman, A. and Roeder, R.G. (1991) Purification of his-tagged proteins in non-denaturing conditions suggests a convenient method for protein interaction studies. *Nucleic Acids Res.*, **19**, 6337–6338.

Holland, P.M., Abramson, R.D., Watson, R. and Gelfand, D.H. (1991) Detection of specific polymerase chain reaction product by utilizing the 5′–3′ exonuclease activity of *Thermus aquaticus* DNA polymerase. *Proc. Natl. Acad. Sci. USA*, **88**, 7276–7280.

Holley, R.W. (1966) The nucleotide sequence of a nucleic acid. *Sci. Am.*, **214**, 30–39.

Holliday, R. (1964) A mechanism for gene conversion in fungi. *Genet. Res.*, **5**, 282–304.

Holt, R.A. *et al.* (2002) The genome sequence of the malaria mosquito *Anopheles gambiae*. *Science*, **298**, 129–149.

Hooykaas, P.J. (1989) Transformation of plant cells *via Agrobacterium*. *Plant Mol. Biol.*, **13**, 327–336.

Hope, I.A. (2001) RNAi surges on: application to cultured mammalian cells. *Trends Genet.*, **17**, 440.

Horsch, R.B., Fry, J.E., Hoffmann, N.L., Eichholtz, D., Rogers, S.G. and Fraley, R.T. (1985) A simple and general method for transferring genes into plants. *Science*, **227**, 1229–1231.

Hosoda, F., Arai, Y., Kitamura, E., Inazawa, J., Fukushima, M., Tokino, T., Nakamura, Y., Jones, C., Kakazu, N., Abe, T. and Ohki, M. (1997) A complete *Not*I restriction map covering the entire long arm of human chromosome 11. *Genes Cells*, **2**, 345–357.

Hu, J.C., Kornacker, M.G. and Hochschild, A. (2000) *Escherichia coli* one- and two-hybrid systems for the analysis and identification of protein–protein interactions. *Methods*, **20**, 80–94.

Huang, J. and Schreiber, S.L. (1997) A yeast genetic system for selecting small molecule inhibitors of protein–protein interactions in nanodroplets. *Proc. Natl. Acad. Sci. USA*, **94**, 13 396–13 401.

Hudson, J.R., Jr., Dawson, E.P., Rushing, K.L., Jackson, C.H., Lockshon, D., Conover, D., Lanciault, C., Harris, J.R., Simmons, S.J., Rothstein, R. and Fields, S. (1997) The complete set of predicted genes from *Saccharomyces cerevisiae* in a readily usable form. *Genome Res.*, **7**, 1169–1173.

Hudson, T.J. *et al.* (1995) An STS-based map of the human genome. *Science*, **270**, 1945–1954.

Hug, H., Costas, M., Staeheli, P., Aebi, M. and Weissmann, C. (1988) Organization of the murine *Mx* gene and characterization of its interferon- and virus-inducible promoter. *Mol. Cell. Biol.*, 8, 3065–3079.

Hull, R., Covey, S.N. and Maule, A.J. (1987) Structure and replication of caulimovirus genomes. *J. Cell. Sci. Suppl.*, 7, 213–229.

Hull, R. and Shepherd, R.J. (1977) The structure of cauliflower mosaic virus genome. *Virology*, 79, 216–230.

Hutvágner, G., McLachlan, J., Pasquinelli, A.E., Bálint, E., Tuschl, T. and Zamore, P.D. (2001) A cellular function for the RNA-interference enzyme Dicer in the maturation of the *let*-7 small temporal RNA. *Science*, **293**, 834–838.

Hutvágner, G. and Zamore, P.D. (2002) RNAi: nature abhors a double-strand. *Curr. Opin. Genet. Dev.*, **12**, 225–232.

Iamtham, S. and Day, A. (2000) Removal of antibiotic resistance genes from transgenic tobacco plastids. *Nat. Biotechnol.*, **18**, 1172–1176.

Ichikawa, H., Hosoda, F., Arai, Y., Shimizu, K., Ohira, M. and Ohki, M. (1993) A *Not*I restriction map of the entire long arm of human chromosome 21. *Nat. Genet.*, **4**, 361–366.

Innis, M.A., Gelfand, D.H. and Sninsky, J.J. (eds.). (1999) *PCR Applications: Protocols for Functional Genomics*. Academic, San Diego, CA.

Ioannou, P.A., Amemiya, C.T., Garnes, J., Kroisel, P.M., Shizuya, H., Chen, C., Batzer, M.A. and de Jong, P.J. (1994) A new bacteriophage P1-derived vector for the propagation of large human DNA fragments. *Nat. Genet.*, **6**, 84–89.

Ish-Horowicz, D. and Burke, J.F. (1981) Rapid and efficient cosmid cloning. *Nucleic Acids Res.*, **9**, 2989–2998.

Isono, K., McIninch, J.D. and Borodovsky, M. (1994) Characteristic features of the nucleotide sequences of yeast mitochondrial ribosomal protein genes as analyzed by computer program GeneMark. *DNA Res.*, **1**, 263–269.

Ivanova, N.B., Dimos, J.T., Schaniel, C., Hackney, J.A., Moore, K.A. and Lemischka, I.R. (2002) A stem cell molecular signature. *Science*, **298**, 601–604.

Jackson, D.A., Symons, R.H. and Berg, P. (1972) Biochemical method for inserting new genetic information into DNA of Simian Virus 40: circular SV40 DNA molecules containing lambda phage genes and the galactose operon of *Escherichia coli*. *Proc. Natl. Acad. Sci. USA*, **69**, 2904–2909.

Jacob, F. and Monod, J. (1961) Genetic regulatory mechanisms in the synthesis of proteins. *J. Mol. Biol.*, **3**, 318–356.

James, P., Halladay, J. and Craig, E.A. (1996) Genomic libraries and a host strain designed for highly efficient two-hybrid selection in yeast. *Genetics*, **144**, 1425–1436.

Janknecht, R., de Martynoff, G., Lou, J., Hipskind, R.A., Nordheim, A. and Stunnenberg, H.G. (1991) Rapid and efficient purification of native histidine-tagged protein expressed by recombinant vaccinia virus. *Proc. Natl. Acad. Sci. USA*, **88**, 8972–8976.

Jefferson, R.A., Burgess, S.M. and Hirsh, D. (1986) β-Glucuronidase from *Escherichia coli* as a gene-fusion marker. *Proc. Natl. Acad. Sci. USA*, 83, 8447–8451.

Jen-Jacobson,L., Engler, L.E., Lesser, D.R., Kurpiewski, M.R., Yee, C. and McVerry, B. (1996) Structural adaptations in the interaction of *Eco*RI endonuclease with methylated GAATTC sites. *EMBO J.*, **15**, 2870–2882.

Johnsson, N. and Varshavsky, A. (1994) Split ubiquitin as a sensor of protein interactions *in vivo*. *Proc. Natl. Acad. Sci. USA*, **91**, 10 340–10 344.

Johnston, S.A., Salmeron, J.M. and Dincher, S.S. (1987) Interaction of positive and negative regulatory proteins in the galactose regulon of yeast. *Cell*, **50**, 143–146.

Johnston, S.A. and Tang, D.C. (1994) Gene gun transfection of animal cells and genetic immunization. *Methods Cell. Biol.*, **43 Pt A**, 353–365.

Joshi, L., Davis, T.R., Mattu, T.S., Rudd, P.M., Dwek, R.A., Shuler, M.L. and Wood, H.A. (2000) Influence of baculovirus-host cell interactions on complex N-linked glycosylation of a recombinant human protein. *Biotechnol. Prog.*, **16**, 650–656.

Juers, D.H., Jacobson, R.H., Wigley, D., Zhang, X.J., Huber, R.E., Tronrud, D.E. and Matthews, B.W. (2000) High resolution refinement of β-galactosidase in a new crystal form reveals multiple metal-binding sites and provides a structural basis for α-complementation. *Protein Sci.*, **9**, 1685–1699.

Kamada, K., Horiuchi, T., Ohsumi, K., Shimamoto, N. and Morikawa, K. (1996) Structure of a replication-terminator protein complexed with DNA. *Nature*, **383**, 598–603.

Kamath, R.S., Fraser, A.G., Dong, Y., Poulin, G., Durbin, R., Gotta, M., Kanapin, A., Le Bot, N., Moreno, S., Sohrmann, M., Welchman, D.P., Zipperlen, P. and Ahringer, J. (2003) Systematic functional analysis of the *Caenorhabditis elegans* genome using RNAi. *Nature*, **421**, 231–237.

Karger, A.E., Harris, J.M. and Gesteland, R.F. (1991) Multiwavelength fluorescence detection for DNA sequencing using capillary electrophoresis. *Nucleic Acids Res.*, **19**, 4955–4962.

Karimi, M., Inze, D. and Depicker, A. (2002) GATEWAY™ vectors for *Agrobacterium*-mediated plant transformation. *Trends Plant. Sci.*, **7**, 193–195.

Katz, R.A. and Skalka, A.M. (1994) The retroviral enzymes. *Annu. Rev. Biochem.*, **63**, 133–173.

Keller, G.M. (1995) *In vitro* differentiation of embryonic stem cells. *Curr. Opin. Cell. Biol.*, **7**, 862–869.

Kellermann, O.K. and Ferenci, T. (1982) Maltose-binding protein from *Escherichia coli*. *Methods Enzymol.*, **90**, 459–463.

Kellogg, D.E., Rybalkin, I., Chen, S., Mukhamedova, N., Vlasik, T., Siebert, P.D. and Chenchik, A. (1994) TaqStart Antibody: 'hot start' PCR facilitated by a neutralizing monoclonal antibody directed against Taq DNA polymerase. *Biotechniques*, **16**, 1134–1137.

Kennedy, M., Firpo, M., Choi, K., Wall, C., Robertson, S., Kabrun, N. and Keller, G. (1997) A common precursor for primitive erythropoiesis and definitive haematopoiesis. *Nature*, **386**, 488–493.

Keohavong, P., Ling, L., Dias, C. and Thilly, W.G. (1993) Predominant mutations induced by the *Thermococcus litoralis*, vent DNA polymerase during DNA amplification *in vitro*. *PCR Methods Appl.*, **2**, 288–292.

Keohavong, P. and Thilly, W.G. (1989) Fidelity of DNA polymerases in DNA amplification. *Proc. Natl. Acad. Sci. USA*, **86**, 9253–9257.

Kilby, N.J., Snaith, M.R. and Murray, J.A. (1993) Site-specific recombinases: tools for genome engineering. *Trends Genet.*, **9**, 413–421.

Kim, K.K., Chamberlin, H.M., Morgan, D.O. and Kim, S.H. (1996a) Three-dimensional structure of human cyclin H, a positive regulator of the CDK-activating kinase. *Nat. Struct. Biol.*, **3**, 849–855.

Kim, S., Lin, H., Barr, E., Chu, L., Leiden, J.M. and Parmacek, M.S. (1997) Transcriptional targeting of replication-defective adenovirus transgene expression to smooth muscle cells *in vivo*. *J. Clin. Invest.*, **100**, 1006–1014.

Kim, U.J., Birren, B.W., Slepak, T., Mancino, V., Boysen, C., Kang, H.L., Simon, M.I. and Shizuya, H. (1996b) Construction and characterization of a human bacterial artificial chromosome library. *Genomics*, **34**, 213–218.

Knapp, J.E., Carroll, D., Lawson, J.E., Ernst, S.R., Reed, L.J. and Hackert, M.L. (2000) Expression, purification, and structural analysis of the trimeric form of the catalytic domain of the *Escherichia coli* dihydrolipoamide succinyltransferase. *Protein Sci.*, **9**, 37–48.

Knittel, T. and Picard, D. (1993) PCR with degenerate primers containing deoxyinosine fails with Pfu DNA polymerase. *PCR Methods Appl.*, **2**, 346–347.

Kodadek, T. (2002) Development of protein-detecting microarrays and related devices. *Trends Biochem. Sci.*, **27**, 295–300.

Koleske, A. and Young, R.A. (1994) An RNA polymerase II holoenzyme responsive to activators. *Nature*, **368**, 466–469.

Konisky, J. and Tokuda, H. (1979) Mode of action of colicins Ia, E1 and K. *Zentralbl. Bakteriol. [Orig. A]*, **244**, 105–120.

Kornberg, A. and Baker, T.A. (1992) *DNA Replication*. Freeman, New York.

Kotin, R.M., Siniscalco, M., Samulski, R.J., Zhu, X.D., Hunter, L., Laughlin, C.A., McLaughlin, S., Muzyczka, N., Rocchi, M. and Berns, K.I. (1990) Site-specific integration by adeno-associated virus. *Proc. Natl. Acad. Sci. USA*, **87**, 2211–2215.

Koutz, P., Davis, G.R., Stillman, C., Barringer, K., Cregg, J. and Thill, G. (1989) Structural comparison of the *Pichia pastoris* alcohol oxidase genes. *Yeast*, **5**, 167–177.

Kovall, R.A. and Matthews, B.W. (1999) Type II restriction endonucleases: structural, functional and evolutionary relationships. *Curr. Opin. Chem. Biol.*, **3**, 578–583.

Kozak, M. (1986) Point mutations define a sequence flanking the AUG initiator codon that modulates translation by eukaryotic ribosomes. *Cell*, **44**, 283–292.

Kramer, B., Kramer, W. and Fritz, H.J. (1984) Different base/base mismatches are corrected with different efficiencies by the methyl-directed DNA mismatch-repair system of *E. coli*. *Cell*, **38**, 879–887.

Kühn, R., Schwenk, F., Aguet, M. and Rajewsky, K. (1995) Inducible gene targeting in mice. *Science*, **269**, 1427–1429.

Kumar, S. and Fladung, M. (2001) Controlling transgene integration in plants. *Trends Plant Sci.*, **6**, 155–159.

Kunkel, T.A. (1985) Rapid and efficient site-specific mutagenesis without phenotypic selection. *Proc. Natl. Acad. Sci. USA*, **82**, 488–492.

Kunst, F. *et al.* (1997) The complete genome sequence of the gram-positive bacterium *Bacillus subtilis*. *Nature*, **390**, 249–256.

Lai, L., Kolber-Simonds, D., Park, K.W., Cheong, H.T., Greenstein, J.L., Im, G.S., Samuel, M., Bonk, A., Rieke, A., Day, B.N., Murphy, C.N., Carter, D.B., Hawley, R.J. and Prather, R.S. (2002) Production of α-1,3-galactosyltransferase knockout pigs by nuclear transfer cloning. *Science*, **295**, 1089–1092.

Lakso, M., Sauer, B., Mosinger, B., Jr., Lee, E.J., Manning, R.W., Yu, S.H., Mulder, K.L. and Westphal, H. (1992) Targeted oncogene activation by site-specific recombination in transgenic mice. *Proc. Natl. Acad. Sci. USA*, **89**, 6232–6236.

Lama, J. and Carrasco, L. (1992) Inducible expression of a toxic poliovirus membrane protein in *Escherichia coli*: comparative studies using different expression systems based on T7 promoters. *Biochem. Biophys. Res. Commun.*, **188**, 972–981.

Lander, E.S. *et al.* (2001) Initial sequencing and analysis of the human genome. *Nature*, **409**, 860–921.

Larschan, E. and Winston, F. (2001) The *S. cerevisiae* SAGA complex functions *in vivo* as a coactivator for transcriptional activation by Gal4. *Genes Dev.*, **15**, 1946–1956.

LaVallie, E.R., DiBlasio, E.A., Kovacic, S., Grant, K.L., Schendel, P.F. and McCoy, J.M. (1993a) A thioredoxin gene fusion expression system that circumvents inclusion body formation in the *E. coli* cytoplasm. *Bio/technology*, **11**, 187–193.

LaVallie, E.R., Rehemtulla, A., Racie, L.A., DiBlasio, E.A., Ferenz, C., Grant, K.L., Light, A. and McCoy, J.M. (1993b) Cloning and functional expression of a cDNA encoding the catalytic subunit of bovine enterokinase. *J. Biol. Chem.*, **268**, 23 311–23 317.

Lawlor, D.A., Dickel, C.D., Hauswirth, W.W. and Parham, P. (1991) Ancient HLA genes from 7,500-year-old archaeological remains. *Nature*, **349**, 785–788.

Lawyer, F.C., Stoffel, S., Saiki, R.K., Myambo, K., Drummond, R. and Gelfand, D.H. (1989) Isolation, characterization, and expression in *Escherichia coli* of the DNA polymerase gene from *Thermus aquaticus*. *J. Biol. Chem.*, **264**, 6427–6437.

Lazzari, G., Wrenzycki, C., Herrmann, D., Duchi, R., Kruip, T., Niemann, H. and Galli, C. (2002) Cellular and molecular deviations in bovine *in vitro*-produced embryos are related to the large offspring syndrome. *Biol. Reprod.*, **67**, 767–775.

Leanna, C.A. and Hannink, M. (1996) The reverse two-hybrid system: a genetic scheme for selection against specific protein/protein interactions. *Nucleic Acids Res.*, **24**, 3341–3347.

Lederberg, J. and Tatum, E.L. (1946) Gene recombination in *Escherichia coli*. *Nature*, **158**, 558.

Lee, J. and Goldfarb, A. (1991) *lac* repressor acts by modifying the initial transcribing complex so that it cannot leave the promoter. *Cell*, **66**, 793–798.

Lee, P., Morley, G., Huang, Q., Fischer, A., Seiler, S., Horner, J.W., Factor, S., Vaidya, D., Jalife, J. and Fishman, G.I. (1998) Conditional lineage ablation to model human diseases. *Proc. Natl. Acad. Sci. USA*, **95**, 11 371–11 376.

Lee, T.I. *et al.* (2002) Transcriptional regulatory networks in *Saccharomyces cerevisiae*. *Science*, **298**, 799–804.

Lee, T.I. and Young, R.A. (2000) Transcription of eukaryotic protein-coding genes. *Annu. Rev. Genet.*, **34**, 77–137.

Legrain, P. and Selig, L. (2000) Genome-wide protein interaction maps using two-hybrid systems. *FEBS Lett.*, **480**, 32–36.

Lesley, S.A. *et al.* (2002) Structural genomics of the *Thermotoga maritima* proteome implemented in a high-throughput structure determination pipeline. *Proc. Natl. Acad. Sci. USA*, **99**, 11 664–11 669.

Lester, S.C., LeVan, S.K., Steglich, C. and DeMars, R. (1980) Expression of human genes for adenine phosphoribosyltransferase and hypoxanthine–guanine phosphoribosyltransferase after genetic transformation of mouse cells with purified human DNA. *Somatic Cell Genet.*, **6**, 241–259.

Levene, P.A. and Simms, H.S. (1926) Nucleic acid structure as determined by electrometric titration data. *J. Biol. Chem.*, **70**, 327–341.

Lewandoski, M. (2001) Conditional control of gene expression in the mouse. *Nat. Rev. Genet.*, **2**, 743–755.

Li, H.H., Gyllensten, U.B., Cui, X.F., Saiki, R.K., Erlich, H.A. and Arnheim, N. (1988) Amplification and analysis of DNA sequences in single human sperm and diploid cells. *Nature*, **335**, 414–417.

Li, J.D., Carroll, J. and Ellar, D.J. (1991) Crystal structure of insecticidal δ-endotoxin from *Bacillus thuringiensis* at 2.5 Å resolution. *Nature*, **353**, 815–821.

Li, J.J. and Herskowitz, I. (1993) Isolation of ORC6, a component of the yeast origin recognition complex by a one-hybrid system. *Science*, **262**, 1870–1874.

Li, Q.B. and Guy, C.L. (1996) Prolonged final extension time increases cloning efficiency of PCR products. *Biotechniques*, **21**, 192–196.

Li, S., Crenshaw, E.B., III, Rawson, E.J., Simmons, D.M., Swanson, L.W. and Rosenfeld, M.G. (1990) Dwarf locus mutants lacking three pituitary cell types result from mutations in the POU-domain gene pit-1. *Nature*, **347**, 528–533.

Liang, P., Averboukh, L., Keyomarsi, K., Sager, R. and Pardee, A.B. (1992) Differential display and cloning of messenger RNAs from human breast cancer versus mammary epithelial cells. *Cancer Res.*, **52**, 6966–6968.

Liang, P. and Pardee, A.B. (1992) Differential display of eukaryotic messenger RNA by means of the polymerase chain reaction. *Science*, **257**, 967–971.

Licitra, E.J. and Liu, J.O. (1996) A three-hybrid system for detecting small ligand–protein receptor interactions. *Proc. Natl. Acad. Sci. USA*, **93**, 12 817–12 821.

Lillycrop, K.A., Budrahan, V.S., Lakin, N.D., Terrenghi, G., Wood, J.N., Polak, J.M. and Latchman, D.S. (1992) A novel POU family transcription factor is closely related to Brn-3 but has a distinct expression pattern in neuronal cells. *Nucleic Acids Res.*, **20**, 5093–5096.

Lin, H.J. and Chargaff, E. (1966) On the denaturation of deoxyribonucleic acid. *Biochim. Biophys. Acta*, **123**, 65–75.

Lin-Goerke, J.L., Robbins, D.J. and Burczak, J.D. (1997) PCR-based random mutagenesis using manganese and reduced dNTP concentration. *Biotechniques*, **23**, 409–412.

Lipardi, C., Wei, Q. and Paterson, B.M. (2001) RNAi as random degradative PCR: siRNA primers convert mRNA into dsRNAs that are degraded to generate new siRNAs. *Cell*, **107**, 297–307.

Lisser, S. and Margalit, H. (1993) Compilation of *E. coli* mRNA promoter sequences. *Nucleic Acids Res.*, **21**, 1507–1516.

Liu, H.Y. and Rashidbaigi, A. (1990) Comparison of various competent cell preparation methods for high efficiency DNA transformation. *Biotechniques*, **8**, 21–25.

Liu, M., Cao, D., Russell, R., Handschumacher, R.E. and Pizzorno, G. (1998) Expression, characterization, and detection of human uridine phosphorylase and identification of variant uridine phosphorolytic activity in selected human tumors. *Cancer Res.*, **58**, 5418–5424.

Liu, Y.H., Ma, L., Wu, L.Y., Luo, W., Kundu, R., Sangiorgi, F., Snead, M.L. and Maxson, R. (1994) Regulation of the *Msx2* homeobox gene during mouse embryogenesis: a transgene with 439 bp of 5′ flanking sequence is expressed exclusively in the apical ectodermal ridge of the developing limb. *Mech. Dev.*, **48**, 187–197.

Lockhart, D.J. and Winzeler, E.A. (2000) Genomics, gene expression and DNA arrays. *Nature*, **405**, 827–836.

Logan, C., Khoo, W.K., Cado, D. and Joyner, A.L. (1993) Two enhancer regions in the mouse *En-2* locus direct expression to the mid/hindbrain region and mandibular myoblasts. *Development*, **117**, 905–916.

Logan, J. and Shenk, T. (1984) Adenovirus tripartite leader sequence enhances translation of mRNAs late after infection. *Proc. Natl. Acad. Sci. USA*, **81**, 3655–3659.

Lopez-Ferber, M., Sisk, W.P. and Possee, R.D. (1995) Baculovirus transfer vectors. *Methods Mol. Biol.*, **39**, 25–63.

Luciw, P.A., Potter, S.J., Steimer, K., Dina, D. and Levy, J.A. (1984) Molecular cloning of AIDS-associated retrovirus. *Nature*, **312**, 760–763.

Luckow, V.A., Lee, S.C., Barry, G.F. and Olins, P.O. (1993) Efficient generation of infectious recombinant baculoviruses by site-specific transposon-mediated insertion of foreign genes into a baculovirus genome propagated in *Escherichia coli*. *J. Virol.*, **67**, 4566–4579.

Lue, N.F., Chasman, D.I., Buchman, A.R. and Kornberg, R.D. (1987) Interaction of *GAL4* and *GAL80* gene regulatory proteins *in vitro*. *Mol. Cell. Biol.*, **7**, 3446–3451.

Luger, K., Mader, A.W., Richmond, R.K., Sargent, D.F. and Richmond, T.J. (1997) Crystal structure of the nucleosome core particle at 2.8 Å resolution. *Nature*, **389**, 251–260.

Luo, Y., Batalao, A., Zhou, H. and Zhu, L. (1997) Mammalian two-hybrid system: a complementary approach to the yeast two-hybrid system. *Biotechniques*, **22**, 350–352.

Luqmani, Y.A. and Lymboura, M. (1994) Subtraction hybridization cloning of RNA amplified from different cell populations microdissected from cryostat tissue sections. *Anal. Biochem.*, **222**, 102–109.

Ma, J. and Ptashne, M. (1987a) The carboxy-terminal 30 amino acids of GAL4 are recognized by GAL80. *Cell*, **50**, 137–142.

Ma, J. and Ptashne, M. (1987b) Deletion analysis of GAL4 defines two transcriptional activating segments. *Cell*, **48**, 847–853.

Ma, J. and Ptashne, M. (1987c) A new class of yeast transcriptional activators. *Cell*, **51**, 113–119.

Madhani, J., Movsowitz, H. and Kotler, M.N. (1993) Tissue plasminogen activator (t-PA). *Ther. Drug Monit.*, **15**, 546–551.

Mak, J. and Kleiman, L. (1997) Primer tRNAs for reverse transcription. *J. Virol.*, **71**, 8087–8095.

Makrides, S.C. (1996) Strategies for achieving high-level expression of genes in *Escherichia coli. Microbiol. Rev.*, **60**, 512–538.

Makrides, S.C. (1999) Components of vectors for gene transfer and expression in mammalian cells. *Protein Expr. Purif.*, **17**, 183–202.

Maliga, P. (2002) Engineering the plastid genome of higher plants. *Curr. Opin. Plant. Biol.*, **5**, 164–172.

Malik, S. and Roeder, R.G. (2000) Transcriptional regulation through mediator-like coactivators in yeast and metazoan cells. *Trends Biochem. Sci.*, **25**, 277–283.

Mandel, M. and Higa, A. (1970) Calcium-dependent bacteriophage DNA infection. *J. Mol. Biol.*, **53**, 159–162.

Maniatis, T., Hardison, R.C., Lacy, E., Lauer, J., O'Connell, C., Quon, D., Sim, G.K. and Efstratiadis, A. (1978) The isolation of structural genes from libraries of eucaryotic DNA. *Cell*, **15**, 687–701.

Maniatis, T. and Reed, R. (2002) An extensive network of coupling among gene expression machines. *Nature*, **416**, 499–506.

Mansour, S.L., Thomas, K.R. and Capecchi, M.R. (1988) Disruption of the proto-oncogene *int-2* in mouse embryo-derived stem cells: a general strategy for targeting mutations to non-selectable genes. *Nature*, **336**, 348–352.

Marchuk, D., Drumm, M., Saulino, A. and Collins, F.S. (1991) Construction of T-vectors, a rapid and general system for direct cloning of unmodified PCR products. *Nucleic Acids Res.*, **19**, 1154.

Marmorstein, R., Carey, M., Ptashne, M. and Harrison, S.C. (1992) DNA recognition by GAL4: structure of a protein–DNA complex. *Nature*, **356**, 408–414.

Marmorstein, R. and Harrison, S.C. (1994) Crystal structure of a PPR1–DNA complex: DNA recognition by proteins containing a Zn_2Cys_6 binuclear cluster. *Genes Dev.*, **8**, 2504–2512.

Marsolier, M.C., Prioleau, M.N. and Sentenac, A. (1997) A RNA polymerase III-based two-hybrid system to study RNA polymerase II transcriptional regulators. *J. Mol. Biol.*, **268**, 243–249.

Martegani, E., Vanoni, M., Zippel, R., Coccetti, P., Brambilla, R., Ferrari, C., Sturani, E. and Alberghina, L. (1992) Cloning by functional complementation of a mouse cDNA encoding a homologue of CDC25, a *Saccharomyces cerevisiae* RAS activator. *EMBO J.*, **11**, 2151–2157.

Martin, G.A., Kawaguchi, R., Lam, Y., DeGiovanni, A., Fukushima, M. and Mutter, W. (2001) High-yield, *in vitro* protein expression using a continuous-exchange, coupled transcription/translation system. *Biotechniques*, **31**, 948–953.

Martinez, J., Patkaniowska, A., Urlaub, H., Lührmann, R. and Tuschl, T. (2002) Single-stranded antisense siRNAs guide target RNA cleavage in RNAi. *Cell*, **110**, 563.

Maruyama, M., Kumagai, T., Matoba, Y., Hayashida, M., Fujii, T., Hata, Y. and Sugiyama, M. (2001) Crystal structures of the transposon Tn5-carried bleomycin resistance determinant uncomplexed and complexed with bleomycin. *J. Biol. Chem.*, **276**, 9992–9999.

Mascorrogallardo, J.O., Covarrubias, A.A. and Gaxiola, R. (1996) Construction of a *CUP1* promoter-based vector to modulate gene expression in *Saccharomyces cerevisiae*. *Gene*, **172**, 169–170.

Mathews, M.B. (1995) Structure, function, and evolution of adenovirus virus-associated RNAs. *Curr. Top. Microbiol. Immunol.*, **199**, 173–187.

Matsumura, M., Signor, G. and Matthews, B.W. (1989) Substantial increase of protein stability by multiple disulphide bonds. *Nature*, **342**, 291–293.

Matsushita, T., Elliger, S., Elliger, C., Podsakoff, G., Villarreal, L., Kurtzman, G.J., Iwaki, Y. and Colosi, P. (1998) Adeno-associated virus vectors can be efficiently produced without helper virus. *Gene Ther.*, **5**, 938–945.

Matzke, A.J. and Chilton, M.D. (1981) Site-specific insertion of genes into T-DNA of the *Agrobacterium* tumor-inducing plasmid: an approach to genetic engineering of higher plant cells. *J. Mol. Appl. Genet.*, **1**, 39–49.

Maundrell, K. (1990) *nmt1* of fission yeast. A highly transcribed gene completely repressed by thiamine. *J. Biol. Chem.*, **265**, 10 857–10 864.

Maundrell, K. (1993) Thiamine-repressible expression vectors pREP and pRIP for fission yeast. *Gene*, **123**, 127–130.

Maxam, A.M. and Gilbert, W. (1977) A new method for sequencing DNA. *Proc. Natl. Acad. Sci. USA*, **74**, 560–564.

Maxam, A.M. and Gilbert, W. (1980) Sequencing end-labeled DNA with base-specific chemical cleavages. *Methods Enzymol.*, **65**, 499–560.

Mayford, M., Bach, M.E., Huang, Y.Y., Wang, L., Hawkins, R.D. and Kandel, E.R. (1996) Control of memory formation through regulated expression of a CaMKII transgene. *Science*, **274**, 1678–1683.

Mayford, M., Wang, J., Kandel, E.R. and O'Dell, T.J. (1995) CaMKII regulates the frequency-response function of hippocampal synapses for the production of both LTD and LTP. *Cell*, **81**, 891–904.

McBride, K.E., Svab, Z., Schaaf, D.J., Hogan, P.S., Stalker, D.M. and Maliga, P. (1995) Amplification of a chimeric *Bacillus* gene in chloroplasts leads to an extraordinary level of an insecticidal protein in tobacco. *Bio/technology*, **13**, 362–365.

McBride, L.J. and Caruthers, M.H. (1983) An investigation of several deoxynucleoside phosphoramidites useful for synthesizing deoxyoligonucleotides. *Tetrahedron Lett.*, **24**, 245–248.

McCracken, S., Fong, N., Yankulov, K., Ballantyne, S., Pan, G., Greenblatt, J., Patterson, S.D., Wickens, M. and Bentley, D.L. (1997) The C-terminal domain of RNA polymerase II couples mRNA processing to transcription. *Nature*, **385**, 357–361.

McCreery, T. (1997) Digoxigenin labeling. *Mol. Biotechnol.*, **7**, 121–124.

McPherson, M.J. and Møller, S.G. (eds.). (2000) *PCR Basics: from Background to Bench*. BIOS, Oxford.

Melchers, L.S. and Stuiver, M.H. (2000) Novel genes for disease-resistance breeding. *Curr. Opin. Plant. Biol.*, **3**, 147–152.

Melton, D.A. (1987) Translation of messenger RNA in injected frog oocytes. *Methods Enzymol.*, **152**, 288–296.

Mertz, J.E. and Davis, R.W. (1972) Cleavage of DNA by R1 restriction endonuclease generates cohesive ends. *Proc. Natl. Acad. Sci. USA*, **69**, 3370–3374.

Meselson, M. and Stahl, F.W. (1958) The replication of DNA in *Escherichia coli*. *Proc. Natl. Acad. Sci. USA*, **44**, 671–682.

Meselson, M. and Yuan, R. (1968) DNA restriction enzyme from *E. coli*. *Nature*, **217**, 1110–1114.

Meselson, M.S. and Radding, C.M. (1975) A general model for genetic recombination. *Proc. Natl. Acad. Sci. USA*, **72**, 358–361.

Messing, J., Gronenborn, B., Müller-Hill, B. and Hans Hopschneider, P. (1977) Filamentous coliphage M13 as a cloning vehicle: insertion of a *Hin*dII fragment of the *lac* regulatory region in M13 replicative form *in vitro*. *Proc. Natl. Acad. Sci. USA*, **74**, 3642–3646.

Mierendorf, R.C., Percy, C. and Young, R.A. (1987) Gene isolation by screening λgt11 libraries with antibodies. *Methods Enzymol.*, **152**, 458–469.

Mingeot-Leclercq, M.P., Glupczynski, Y. and Tulkens, P.M. (1999) Aminoglycosides: activity and resistance. *Antimicrob. Agents Chemother.*, **43**, 727–737.

Mocharla, H., Mocharla, R. and Hodes, M.E. (1990) Coupled reverse transcription–polymerase chain reaction (RT–PCR) as a sensitive and rapid method for isozyme genotyping. *Gene*, **93**, 271–275.

Moir, D.T. and Dumais, D.R. (1987) Glycosylation and secretion of human α-1-antitrypsin by yeast. *Gene*, **56**, 209–217.

Monteilhet, C., Perrin, A., Thierry, A., Colleaux, L. and Dujon, B. (1990) Purification and characterization of the *in vitro* activity of I-Sce I, a novel and highly specific endonuclease encoded by a group I intron. *Nucleic Acids Res.*, **18**, 1407–1413.

Montgomery, M.K., Xu, S. and Fire, A. (1998) RNA as a target of double-stranded RNA-mediated genetic interference in *Caenorhabditis elegans*. *Proc. Natl. Acad. Sci. USA*, **95**, 15 502–15 507.

Morgan, R.A. and Anderson, W.F. (1993) Human gene therapy. *Annu. Rev. Biochem.*, **62**, 191–217.

Morgan, T.H. (1910) Sex-limited inheritance in *Drosophila*. *Science*, **32**, 120–122.

Mouse Genome Sequencing Consortium. (2002) Initial sequencing and comparative analysis of the mouse genome. *Nature*, **420**, 540–562.

Müller-Hill, B., Crapo, L. and Gilbert, W. (1968) Mutants that make more *lac* repressor. *Proc. Natl. Acad. Sci. USA*, **59**, 1259–1264.

Mulligan, R.C. and Berg, P. (1981) Selection for animal cells that express the *Escherichia coli* gene coding for xanthine–guanine phosphoribosyltransferase. *Proc. Natl. Acad. Sci. USA*, 78, 2072–2076.

Mullis, K.B. (1990) The unusual origin of the polymerase chain reaction. *Sci. Am.*, **262**, 56–61, 64–55.

Mullis, K.B. and Faloona, F.A. (1987) Specific synthesis of DNA *in vitro via* a polymerase-catalyzed chain reaction. *Methods Enzymol.*, **155**, 335–350.

Munro, S. and Pelham, H.R.B. (1987) A C-terminal signal prevents secretion of luminal ER proteins. *Cell*, **48**, 899–907.

Murakawa, G.J., Zaia, J.A., Spallone, P.A., Stephens, D.A., Kaplan, B.E., Wallace, R.B. and Rossi, J.J. (1988) Direct detection of HIV-1 RNA from AIDS and ARC patient samples. *DNA*, 7, 287–295.

Murby, M., Uhlén, M. and Ståhl, S. (1996) Upstream strategies to minimize proteolytic degradation upon recombinant production in *Escherichia coli*. *Protein Expr. Purif.*, 7, 129–136.

Murray, V. (1989) Improved double-stranded DNA sequencing using the linear polymerase chain reaction. *Nucleic Acids Res.*, **17**, 8889.

Myers, E.W., Sutton, G.G., Smith, H.O., Adams, M.D. and Venter, J.C. (2002) On the sequencing and assembly of the human genome. *Proc. Natl. Acad. Sci. USA*, **99**, 4145–4146.

Myers, T.W. and Gelfand, D.H. (1991) Reverse transcription and DNA amplification by a *Thermus thermophilus* DNA polymerase. *Biochemistry*, **30**, 7661–7666.

Mylin, L.M., Hofmann, K.J., Schultz, L.D. and Hopper, J.E. (1990) Regulated *GAL4* expression cassette providing controllable and high-level output from high-copy galactose promoters in yeast. *Methods Enzymol.*, **185**, 297–308.

Nagai, K., Perutz, M.F. and Poyart, C. (1985) Oxygen binding properties of human mutant hemoglobins synthesized in *Escherichia coli*. *Proc. Natl. Acad. Sci. USA*, **82**, 7252–7255.

Nagai, N., Hosokawa, M., Itohara, S., Adachi, E., Matsushita, T., Hosokawa, N. and Nagata, K. (2000) Embryonic lethality of molecular chaperone hsp47 knockout mice is associated with defects in collagen biosynthesis. *J. Cell. Biol.*, **150**, 1499–1506.

Nagy, A., Rossant, J., Nagy, R., Abramow-Newerly, W. and Roder, J.C. (1993) Derivation of completely cell culture-derived mice from early-passage embryonic stem cells. *Proc. Natl. Acad. Sci. USA*, **90**, 8424–8428.

Naim, H.Y. and Roth, M.G. (1994) SV40 virus expression vectors. *Methods Cell Biol.*, **43**, 113–136.

Najjar, S.M. and Lewis, R.E. (1999) Persistent expression of foreign genes in cultured hepatocytes: expression vectors. *Gene*, **230**, 41–45.

Nakamaye, K.L. and Eckstein, F. (1986) Inhibition of restriction endonuclease *Nci*I cleavage by phosphorothioate groups and its application to oligonucleotide-directed mutagenesis. *Nucleic Acids Res.*, **14**, 9679–9698.

Nakano, T., Kodama, H. and Honjo, T. (1994) Generation of lymphohematopoietic cells from embryonic stem cells in culture. *Science*, **265**, 1098–1101.

Negrutiu, I., Shillito, R.D., Potrykus, I., Biasini, G. and Sala, F. (1987) Hybrid genes in the analysis of transformation conditions I. Setting up a simple method for direct gene transfer in plant protoplasts. *Plant Mol. Biol.*, **8**, 363–373.

Neville, M., Stutz, F., Lee, L., Davis, L.I. and Rosbash, M. (1997) The importin-β family member Crm1p bridges the interaction between Rev and the nuclear pore complex during nuclear export. *Curr. Biol.*, **7**, 767–775.

Newton, C.R., Graham, A., Heptinstall, L.E., Powell, S.J., Summers, C., Kalsheker, N., Smith, J.C. and Markham, A.F. (1989) Analysis of any point mutation in DNA. The amplification refractory mutation system (ARMS). *Nucleic Acids Res.*, **17**, 2503–2516.

Ngo, H., Tschudi, C., Gull, K. and Ullu, E. (1998) Double-stranded RNA induces mRNA degradation in *Trypanosoma brucei*. *Proc. Natl. Acad. Sci. USA*, **95**, 14 687–14 692.

NIH/CEPH Collaborative Mapping Group. (1992) A comprehensive genetic linkage map of the human genome. *Science*, **258**, 67–86.

Nishikura, K. (2001) A short primer on RNAi: RNA-directed RNA polymerase acts as a key catalyst. *Cell*, **107**, 415–418.

Norrander, J., Kempe, T. and Messing, J. (1983) Construction of improved M13 vectors using oligodeoxynucleotide-directed mutagenesis. *Gene*, **26**, 101–106.

Norton, P.A. and Coffin, J.M. (1985) Bacterial β-galactosidase as a marker of Rous sarcoma virus gene expression and replication. *Mol. Cell. Biol.*, **5**, 281–290.

O'Neil, K.T. and Hoess, R.H. (1995) Phage display: protein engineering by directed evolution. *Curr. Opin. Struct. Biol.*, **5**, 443–449.

O'Reilly, D., Hanscombe, O. and O'Hare, P. (1997) A single serine residue at position 375 of VP16 is critical for complex assembly with Oct-1 and HCF and is a target of phosphorylation by casein kinase II. *EMBO J.*, **16**, 2420–2430.

Ogonuki, N., Inoue, K., Yamamoto, Y., Noguchi, Y., Tanemura, K., Suzuki, O., Nakayama, H., Doi, K., Ohtomo, Y., Satoh, M., Nishida, A. and Ogura, A. (2002) Early death of mice cloned from somatic cells. *Nat. Genet.*, **30**, 253–254.

Okazaki, R., Okazaki, T., Sakabe, K., Sugimoto, K. and Sugino, A. (1968) Mechanism of DNA chain growth. I. Possible discontinuity and unusual secondary structure of newly synthesized chains. *Proc. Natl. Acad. Sci. USA*, **59**, 598–605.

Old, R.W., Woodland, H.R., Ballantine, J.E., Aldridge, T.C., Newton, C.A., Bains, W.A. and Turner, P.C. (1982) Organization and expression of cloned histone gene clusters from *Xenopus laevis* and *X. borealis*. *Nucleic Acids Res.*, **10**, 7561–7580.

Olins, A.L. and Olins, D.E. (1974) Spheroid chromatin units (ν bodies). *Science*, **183**, 330–332.

Olivares, E.C., Hollis, R.P., Chalberg, T.W., Meuse, L., Kay, M.A. and Calos, M.P. (2002) Site-specific genomic integration produces therapeutic Factor IX levels in mice. *Nat. Biotechnol.*, **20**, 1124–1128.

Olsen, M.J., Stephens, D., Griffiths, D., Daugherty, P., Georgiou, G. and Iverson, B.L. (2000) Function-based isolation of novel enzymes from a large library. *Nat. Biotechnol.*, **18**, 1071–1074.

Orel, V. (1995) *Gregor Mendel: the First Geneticist*. Oxford University Press, Oxford.

Orrantia, E. and Chang, P.L. (1990) Intracellular distribution of DNA internalized through calcium phosphate precipitation. *Exp. Cell. Res.*, **190**, 170–174.

Osada, J. and Maeda, N. (1998) Preparation of knockout mice. *Methods Mol. Biol.*, **110**, 79–92.

Pajusola, K., Gruchala, M., Joch, H., Luscher, T.F., Yla-Herttuala, S. and Bueler, H. (2002) Cell-type-specific characteristics modulate the transduction efficiency of adeno-associated virus type 2 and restrain infection of endothelial cells. *J. Virol.*, **76**, 11 530–11 540.

Palmer, B.R. and Marinus, M.G. (1994) The *dam* and *dcm* strains of *Escherichia coli* – a review. *Gene*, **143**, 1–12.

Palmiter, R.D. and Brinster, R.L. (1986) Germ-line transformation of mice. *Annu. Rev. Genet.*, **20**, 465–499.

Palmiter, R.D., Brinster, R.L., Hammer, R.E., Trumbauer, M.E., Rosenfeld, M.G., Birnberg, N.C. and Evans, R.M. (1982) Dramatic growth of mice that develop from eggs microinjected with metallothionein–growth hormone fusion genes. *Nature*, **300**, 611–615.

Palmiter, R.D., Chen, H.Y. and Brinster, R.L. (1982) Differential regulation of metallothionein–thymidine kinase fusion genes in transgenic mice and their offspring. *Cell*, **29**, 701–710.

Panne, D., Muller, S.A., Wirtz, S., Engel, A. and Bickle, T.A. (2001) The *Mcr*BC restriction endonuclease assembles into a ring structure in the presence of G nucleotides. *EMBO J.*, **20**, 3210–3217.

Panne, D., Raleigh, E.A. and Bickle, T.A. (1999) The *Mcr*BC endonuclease translocates DNA in a reaction dependent on GTP hydrolysis. *J. Mol. Biol.*, **290**, 49–60.

Paszkowski, J., Shillito, R.D., Saul, M., Vandak, V., Hohn, T., Hohn, B. and Potrykus, I. (1984) Direct gene transfer to plants. *EMBO J.*, **3**, 2717–2722.

Pauling, L. and Corey, R.B. (1953) A proposed structure for the nucleic acids. *Proc. Natl. Acad. Sci. USA*, **39**, 84–97.

Pauling, L., Corey, R.B. and Branson, H.R. (1951) The structure of proteins: two hydrogen bonded helical configurations of the polypeptide chain. *Proc. Natl. Acad. Sci. USA*, **37**, 205–211.

Pawlowski, W.P. and Somers, D.A. (1998) Transgenic DNA integrated into the oat genome is frequently interspersed by host DNA. *Proc. Natl. Acad. Sci. USA*, **95**, 12 106–12 110.

Pazin, M.J. and Kadonaga, J.T. (1997) SWI2/SNF2 and related proteins: ATP-driven motors that disrupt protein–DNA interactions? *Cell*, **88**, 737–740.

Pennica, D., Holmes, W.E., Kohr, W.J., Harkins, R.N., Vehar, G.A., Ward, C.A., Bennett, W.F., Yelverton, E., Seeburg, P.H., Heyneker, H.L., Goeddel, D.V. and Collen, D. (1983) Cloning and expression of human tissue-type plasminogen activator cDNA in *E. coli*. *Nature*, **301**, 214–221.

Pérez-Martín, J. (1999) Chromatin and transcription in *Saccharomyces cerevisiae*. *FEMS Microbiol. Rev.*, **23**, 503–523.

Perou, C.M., Jeffrey, S.S., van de Rijn, M., Rees, C.A., Eisen, M.B., Ross, D.T., Pergamenschikov, A., Williams, C.F., Zhu, S.X., Lee, J.C., Lashkari, D., Shalon, D., Brown, P.O. and Botstein, D. (1999) Distinctive gene expression patterns in human mammary epithelial cells and breast cancers. *Proc. Natl. Acad. Sci. USA*, **96**, 9212–9217.

Perutz, M.F., Rossmann, M.G., Cullis, A.F., Muirhead, H., Will, G. and North, A.C.T. (1960) Structure of haemoglobin. A three-dimensional Fourier synthesis at 5.5Å resolution, obtained by X-ray analysis. *Nature*, **185**, 416–422.

Phelps, C.J. *et al.* (2002) Production of α1,3-galactosyltransferase-deficient pigs. *Science*, **299**, 411–414.

Pierce, J.C., Sauer, B. and Sternberg, N. (1992) A positive selection vector for cloning high molecular weight DNA by the bacteriophage P1 system: improved cloning efficacy. *Proc. Natl. Acad. Sci. USA*, **89**, 2056–2060.

Pingoud, A. and Jeltsch, A. (2001) Structure and function of type II restriction endonucleases. *Nucleic Acids Res.*, **29**, 3705–3727.

Plasterk, R.H. and Ketting, R.F. (2000) The silence of the genes. *Curr. Opin. Genet. Dev.*, **10**, 562–567.

Polejaeva, I.A., Chen, S.H., Vaught, T.D., Page, R.L., Mullins, J., Ball, S., Dai, Y., Boone, J., Walker, S., Ayares, D.L., Colman, A. and Campbell, K.H. (2000) Cloned pigs produced by nuclear transfer from adult somatic cells. *Nature*, **407**, 86–90.

Portner-Taliana, A., Russell, M., Froning, K.J., Budworth, P.R., Comiskey, J.D. and Hoeffler, J.P. (2000) *In vivo* selection of single-chain antibodies using a yeast two-hybrid system. *J. Immunol. Methods*, **238**, 161–172.

Possee, R.D. (1997) Baculoviruses as expression vectors. *Curr. Opin. Biotechnol.*, **8**, 569–572.

Postic, C., Shiota, M., Niswender, K.D., Jetton, T.L., Chen, Y., Moates, J.M., Shelton, K.D., Lindner, J., Cherrington, A.D. and Magnuson, M.A. (1999) Dual roles for glucokinase in glucose homeostasis as determined by liver and pancreatic beta cell-specific gene knock-outs using Cre recombinase. *J. Biol. Chem.*, **274**, 305–315.

Powell, P.A., Stark, D.M., Sanders, P.R. and Beachy, R.N. (1989) Protection against tobacco mosaic virus in transgenic plants that express tobacco mosaic virus antisense RNA. *Proc. Natl. Acad. Sci. USA*, **86**, 6949–6952.

Power, C.A. and Meyer, A. (2000) Generation of stable cell lines expressing chemokine receptors. *Methods Mol. Biol.*, **138**, 99–104.

Pruchnic, R., Cao, B., Peterson, Z.Q., Xiao, X., Li, J., Samulski, R.J., Epperly, M. and Huard, J. (2000) The use of adeno-associated virus to circumvent the maturation-dependent viral transduction of muscle fibers. *Hum. Gene Ther.*, **11**, 521–536.

Ptashne, M. (1992) *A Genetic Switch: Phage λ and Higher Organisms*. Cell Press–Blackwell, Cambridge, MA.

Pugliese, L., Coda, A., Malcovati, M. and Bolognesi, M. (1993) Three-dimensional structure of the tetragonal crystal form of egg-white avidin in its functional complex with biotin at 2.7 Å resolution. *J. Mol. Biol.*, **231**, 698–710.

Puig, O., Caspary, F., Rigaut, G., Rutz, B., Bouveret, E., Bragado-Nilsson, E., Wilm, M. and Seraphin, B. (2001) The tandem affinity purification (TAP) method: a general procedure of protein complex purification. *Methods*, **24**, 218–229.

Quinlan, R.A., Moir, R.D. and Stewart, M. (1989) Expression in *Escherichia coli* of fragments of glial fibrillary acidic protein: characterization, assembly properties and paracrystal formation. *J. Cell. Sci.*, **93**, 71–83.

Quiocho, F.A., Spurlino, J.C. and Rodseth, L.E. (1997) Extensive features of tight oligosaccharide binding revealed in high-resolution structures of the maltodextrin transport/chemosensory receptor. *Structure*, **5**, 997–1015.

Rackwitz, H.R., Zehetner, G., Murialdo, H., Delius, H., Chai, J.H., Poustka, A., Frischauf, A. and Lehrach, H. (1985) Analysis of cosmids using linearization by phage λ terminase. *Gene*, **40**, 259–266.

Raines, R.T., McCormick, M., Van Oosbree, T.R. and Mierendorf, R.C. (2000) The S. Tag fusion system for protein purification. *Methods Enzymol.*, **326**, 362–376.

Ramalho-Santos, M., Yoon, S., Matsuzaki, Y., Mulligan, R.C. and Melton, D.A. (2002) 'Stemness': transcriptional profiling of embryonic and adult stem cells. *Science*, **298**, 597–600.

Ramirez, A., Bravo, A., Jorcano, J.L. and Vidal, M. (1994) Sequences 5′ of the bovine keratin 5 gene direct tissue- and cell-type-specific expression of a *lacZ* gene in the adult and during development. *Differentiation*, **58**, 53–64.

Rathus, C., Bower, R. and Birch, R.G. (1993) Effects of promoter, intron and enhancer elements on transient gene expression in sugar-cane and carrot protoplasts. *Plant Mol. Biol.*, **23**, 613–618.

Ratner, L. *et al.* (1985) Complete nucleotide sequence of the AIDS virus, HTLV-III. *Nature*, **313**, 277–284.

Ratzkin, B. and Carbon, J. (1977) Functional expression of cloned yeast DNA in *Escherichia coli. Proc. Natl. Acad. Sci. USA*, **74**, 487–491.

Raymond, S. and Weintraub, L. (1959) Acrylamide gel as a supporting medium for zone electrophoresis. *Science*, **130**, 711.

Reece, R.J. and Platt, A. (1997) Signaling activation and repression of RNA polymerase II transcription in yeast. *BioEssays*, **19**, 1001–1010.

Reece, R.J. and Ptashne, M. (1993) Determinants of binding-site specificity among yeast C_6 zinc cluster proteins. *Science*, **261**, 909–911.

Reece, R.J., Rickles, R.J. and Ptashne, M. (1993) Overproduction and single-step purification of GAL4 fusion proteins from *Escherichia coli. Gene*, **126**, 105–107.

Ren, B., Robert, F., Wyrick, J.J., Aparicio, O., Jennings, E.G., Simon, I., Zeitlinger, J., Schreiber, J., Hannett, N., Kanin, E., Volkert, T.L., Wilson, C.J., Bell, S.P. and Young, R.A. (2000) Genome-wide location and function of DNA binding proteins. *Science*, **290**, 2306–2309.

Rigaut, G., Shevchenko, A., Rutz, B., Wilm, M., Mann, M. and Seraphin, B. (1999) A generic protein purification method for protein complex characterization and proteome exploration. *Nat. Biotechnol.*, **17**, 1030–1032.

Roberts, L. (1991) GRAIL seeks out genes buried in DNA sequence. *Science*, **254**, 805.

Roberts, R.J., *et al.* (2003) A nomenclature for restriction enzymes, DNA methyltransferases, homing endonucleases and their genes. *Nucleic Acids Res.*, **31**, 1805–1812.

Rome, J.J., Shayani, V., Newman, K.D., Farrell, S., Lee, S.W., Virmani, R. and Dichek, D.A. (1994) Adenoviral vector-mediated gene transfer into sheep arteries using a double-balloon catheter. *Hum. Gene Ther.*, **5**, 1249–1258.

Rommel, C., Leibiger, I.B., Leibiger, B. and Walther, R. (1994) CT-boxes are involved in control of the rat insulin II gene expression. *FEBS Lett.*, **345**, 17–22.

Rothstein, R.J. (1983) One-step gene disruption in yeast. *Methods Enzymol.*, **101**, 202–211.

Roy, P., Mikhailov, M. and Bishop, D.H. (1997) Baculovirus multigene expression vectors and their use for understanding the assembly process of architecturally complex virus particles. *Gene*, **190**, 119–129.

Roy, P.J., Stuart, J.M., Lund, J. and Kim, S.K. (2002) Chromosomal clustering of muscle-expressed genes in *Caenorhabditis elegans*. *Nature*, **418**, 975–979.

Rozen, S. and Skaletsky, H.J. (1998) Primer3. Code available at http://www-genome.wi.mit.edu/genome_software/other/primer3.html.

Ruf, S., Hermann, M., Berger, I.J., Carrer, H. and Bock, R. (2001) Stable genetic transformation of tomato plastids and expression of a foreign protein in fruit. *Nat. Biotechnol.*, **19**, 870–875.

Saiki, R.K., Scharf, S., Faloona, F., Mullis, K.B., Horn, G.T., Erlich, H.A. and Arnheim, N. (1985) Enzymatic amplification of β-globin genomic sequences and restriction site analysis for diagnosis of sickle cell anemia. *Science*, **230**, 1350–1354.

Sanger, F., Air, G.M., Barrell, B.G., Brown, N.L., Coulson, A.R., Fiddes, C.A., Hutchison, C.A., Slocombe, P.M. and Smith, M. (1977) Nucleotide sequence of bacteriophage ϕX174 DNA. *Nature*, **265**, 687–695.

Sanger, F. and Coulson, A.R. (1975) A rapid method for determining sequences in DNA by primed synthesis with DNA polymerase. *J. Mol. Biol.*, **94**, 441–448.

Sanger, F., Nicklen, S. and Coulson, A.R. (1977) DNA sequencing with chain-terminating inhibitors. *Proc. Natl. Acad. Sci. USA*, **74**, 5463–5467.

Sanlioglu, S., Monick, M.M., Luleci, G., Hunninghake, G.W. and Engelhardt, J.F. (2001) Rate limiting steps of AAV transduction and implications for human gene therapy. *Curr. Gene Ther.*, **1**, 137–147.

Sato, S., Nakamura, Y., Kaneko, T., Asamizu, E. and Tabata, S. (1999) Complete structure of the chloroplast genome of *Arabidopsis thaliana*. *DNA Res.*, **6**, 283–290.

Schaefer-Ridder, M., Wang, Y. and Hofschneider, P.H. (1982) Liposomes as gene carriers: efficient transformation of mouse L cells by thymidine kinase gene. *Science*, **215**, 166–168.

Schimke, R.T., Kaufman, R.J., Alt, F.W. and Kellems, R.F. (1978) Gene amplification and drug resistance in cultured murine cells. *Science*, **202**, 1051–1055.

Schlötterer, C. (2000) Evolutionary dynamics of microsatellite DNA. *Chromosoma*, **109**, 365–371.

Scholthof, H.B., Scholthof, K.-B.G. and Jackson, A.O. (1996) Plant virus gene vectors for transient expression of foreign proteins in plants. *Annu. Rev. Phytopathol.*, **34**, 299–323.

Schönbrunn, E., Eschenburg, S., Shuttleworth, W.A., Schloss, J.V., Amrhein, N., Evans, J.N. and Kabsch, W. (2001) Interaction of the herbicide glyphosate with its target enzyme 5-enolpyruvylshikimate 3-phosphate synthase in atomic detail. *Proc. Natl. Acad. Sci. USA*, **98**, 1376–1380.

Schubert, R., Panitz, R., Manteuffel, R., Nagy, I., Wobus, U. and Baumlein, H. (1994) Tissue-specific expression of an oat 12S seed globulin gene in developing tobacco seeds: differential mRNA and protein accumulation. *Plant Mol. Biol.*, **26**, 203–210.

Schueler, M.G., Higgins, A.W., Rudd, M.K., Gustashaw, K. and Willard, H.F. (2001) Genomic and genetic definition of a functional human centromere. *Science*, **294**, 109–115.

Schultz, L.D., Hofmann, K.J., Mylin, L.M., Montgomery, D.L., Ellis, R.W. and Hopper, J.E. (1987) Regulated overproduction of the *GAL4* gene product greatly increases expression from galactose-inducible promoters on multi-copy expression vectors in yeast. *Gene*, **61**, 123–133.

Schwartz, B., Ivanov, M.A., Pitard, B., Escriou, V., Rangara, R., Byk, G., Wils, P., Crouzet, J. and Scherman, D. (1999) Synthetic DNA-compacting peptides derived from human sequence enhance cationic lipid-mediated gene transfer *in vitro* and *in vivo*. *Gene Ther.*, **6**, 282–292.

Schwartz, D.C. and Cantor, C.R. (1984) Separation of yeast chromosome-sized DNAs by pulsed field gradient gel electrophoresis. *Cell*, **37**, 67–75.

Schwartz, T., Behlke, J., Lowenhaupt, K., Heinemann, U. and Rich, A. (2001) Structure of the DLM-1-Z-DNA complex reveals a conserved family of Z-DNA-binding proteins. *Nat. Struct. Biol.*, **8**, 761–765.

SenGupta, D.J., Zhang, B., Kraemer, B., Pochart, P., Fields, S. and Wickens, M. (1996) A three-hybrid system to detect RNA–protein interactions *in vivo*. *Proc. Natl. Acad. Sci. USA*, **93**, 8496–8501.

Serebriiskii, I., Khazak, V. and Golemis, E.A. (1999) A two-hybrid dual bait system to discriminate specificity of protein interactions. *J. Biol. Chem.*, **274**, 17 080–17 087.

Sgaramella, V. and Ehrlich, S.D. (1978) Use of the T4 polynucleotide ligase in the joining of flush-ended DNA segments generated by restriction endonucleases. *Eur. J. Biochem.*, **86**, 531–537.

Shah, D.M., Horsch, R.B., H.J., K., Kishore, G.M., Winter, J.A., Tumer, N.E., Hironaka, C.M., Sanders, P.R., Gasser, C.S., Aykent, S., Siegel, N.R., Rogers, S.G. and Fraley, R.T. (1986) Engineering herbicide tolerance in transgenic plants. *Science*, **233**, 478–481.

Shalon, D., Smith, S.J. and Brown, P.O. (1996) A DNA microarray system for analyzing complex DNA samples using two-color fluorescent probe hybridization. *Genome Res.*, **6**, 639–645.

Sharp, P.A. (1994) Split genes and RNA splicing. *Cell*, **77**, 805–815.

Shi, H., Djikeng, A., Mark, T., Wirtz, E., Tschudi, C. and Ullu, E. (2000) Genetic interference in *Trypanosoma brucei* by heritable and inducible double-stranded RNA. *RNA*, **6**, 1069–1076.

Shi, Q., Wang, Y. and Worton, R. (1997) Modulation of the specificity and activity of a cellular promoter in an adenoviral vector. *Hum. Gene Ther.*, **8**, 403–410.

Shiels, P.G., Kind, A.J., Campbell, K.H., Waddington, D., Wilmut, I., Colman, A. and Schnieke, A.E. (1999) Analysis of telomere lengths in cloned sheep. *Nature*, **399**, 316–317.

Shillito, R.D., Saul, M.W., Paszkowski, J., Müller, M. and Potrykus, I. (1985) High efficiency direct gene transfer to plants. *Bio/technology*, **3**, 1099–1103.

Shin, T., Kraemer, D., Pryor, J., Liu, L., Rugila, J., Howe, L., Buck, S., Murphy, K., Lyons, L. and Westhusin, M. (2002) A cat cloned by nuclear transplantation. *Nature*, **415**, 859.

Shine, J. and Dalgarno, L. (1975) Determinant of cistron specificity in bacterial ribosomes. *Nature*, **254**, 34–38.

Shizuya, H., Birren, B., Kim, U.J., Mancino, V., Slepak, T., Tachiiri, Y. and Simon, M. (1992) Cloning and stable maintenance of 300-kilobase-pair fragments of human DNA in *Escherichia coli* using an F-factor-based vector. *Proc. Natl. Acad. Sci. USA*, **89**, 8794–8797.

Shoemaker, D.D. and Linsley, P.S. (2002) Recent developments in DNA microarrays. *Curr. Opin. Microbiol.*, **5**, 334–337.

Short, J.M., Fernandez, J.M., Sorge, J.A. and Huse, W.D. (1988) λZAP: a bacteriophage lambda expression vector with *in vivo* excision properties. *Nucleic Acids Res.*, **16**, 7583–7600.

Singh, H., LeBowitz, J.H., Baldwin, A.S., Jr. and Sharp, P.A. (1988) Molecular cloning of an enhancer binding protein: isolation by screening of an expression library with a recognition site DNA. *Cell*, **52**, 415–423.

Slater, G.W., Mayer, P. and Drouin, G. (1996) Migration of DNA through gels. *Methods Enzymol.*, **270**, 272–295.

Slatko, B.E. (1996) Thermal cycle dideoxy DNA sequencing. *Mol. Biotechnol.*, **6**, 311–322.

Smith, C.J.S., Watson, C.F., Ray, J., Bird, C.R., Morris, P.C., Schuch, W. and Grierson, D. (1988) Antisense RNA inhibition of polygalacturonasegene expression in transgenic tomatoes. *Nature*, **334**, 724–726.

Smith, D.R., Smyth, A.P. and Moir, D.T. (1990) Amplification of large artificial chromosomes. *Proc. Natl. Acad. Sci. USA*, **87**, 8242–8246.

Smith, G.E., Summers, M.D. and Fraser, M.J. (1983) Production of human β-interferon in insect cells infected with a baculovirus expression vector. *Mol. Cell. Biol.*, **3**, 2156–2165.

Smith, G.P. (1985) Filamentous fusion phage: novel expression vectors that display cloned antigens on the virion surface. *Science*, **228**, 1315–1317.

Smith, L.C. and Wilmut, I. (1989) Influence of nuclear and cytoplasmic activity on the development *in vivo* of sheep embryos after nuclear transplantation. *Biol. Reprod.*, **40**, 1027–1035.

Sommerfelt, M.A. (1999) Retrovirus receptors. *J. Gen. Virol.*, **80**, 3049–3064.

Sorek, R. and Amitai, M. (2001) Piecing together the significance of splicing. *Nat. Biotechnol.*, **19**, 196.

Sorlie, T. *et al.* (2001) Gene expression patterns of breast carcinomas distinguish tumor subclasses with clinical implications. *Proc. Natl. Acad. Sci. USA*, **98**, 10 869–10 874.

Southern, E.M. (1975) Detection of specific sequences among DNA fragments separated by gel electrophoresis. *J. Mol. Biol.*, **98**, 503–517.

St John, T.P. and Davis, R.W. (1981) The organization and transcription of the galactose gene cluster of *Saccharomyces*. *J. Mol. Biol.*, **152**, 285–315.

St-Onge, L., Furth, P.A. and Gruss, P. (1996) Temporal control of the Cre recombinase in transgenic mice by a tetracycline responsive promoter. *Nucleic Acids Res.*, **24**, 3875–3877.

Stalker, D.M., Hiatt, W.R. and Comai, L. (1985) A single amino acid substitution in the enzyme 5-enolpyruvylshikimate-3-phosphate synthase confers resistance to the herbicide glyphosate. *J. Biol. Chem.*, **260**, 4724–4728.

Stanley, J. (1993) Geminiviruses: plant viral vectors. *Curr. Opin. Genet. Dev.*, **3**, 91–96.

Stark, M.J.R. (1987) Multicopy expression vectors carrying the *lac* repressor gene for regulated high-level expression of genes in *Escherichia coli*. *Gene*, **51**, 255–267.

Statham, S. and Morgan, R.A. (1999) Gene therapy clinical trials for HIV. *Curr. Opin. Mol. Ther.*, **1**, 430–436.

Staub, J.M., Garcia, B., Graves, J., Hajdukiewicz, P.T., Hunter, P., Nehra, N., Paradkar, V., Schlittler, M., Carroll, J.A., Spatola, L., Ward, D., Ye, G. and Russell, D.A. (2000) High-yield production of a human therapeutic protein in tobacco chloroplasts. *Nat. Biotechnol.*, **18**, 333–338.

Staub, J.M. and Maliga, P. (1992) Long regions of homologous DNA are incorporated into the tobacco plastid genome by transformation. *Plant Cell*, **4**, 39–45.

Sternberg, N., Hamilton, D., Austin, S., Yarmolinsky, M. and Hoess, R. (1981) Site-specific recombination and its role in the life cycle of bacteriophage P1. *Cold Spring Harbor Symp. Quant. Biol.*, **45**, 297–309.

Stevens, A. (1960) Incorporation of the adenine ribonucleotide into RNA by cell fractions from *E. coli* B. *Biochem. Biophys. Res. Commun.*, **3**, 92–96.

Stewart, F.J., Panne, D., Bickle, T.A. and Raleigh, E.A. (2000) Methyl-specific DNA binding by *Mcr*BC, a modification-dependent restriction enzyme. *J. Mol. Biol.*, **298**, 611–622.

Stirpe, F., Barbieri, L., Battelli, M.G., Soria, M. and Lappi, D.A. (1992) Ribosome-inactivating proteins from plants: present status and future prospects. *Bio/technology*, **10**, 405–412.

Strahl-Bolsinger, S., Hecht, A., Luo, K. and Grunstein, M. (1997) *SIR2* and *SIR4* interactions differ in core and extended telomeric heterochromatin in yeast. *Genes Dev.*, **11**, 83–93.

Strange, R.C., Jones, P.W. and Fryer, A.A. (2000) Glutathione S-transferase: genetics and role in toxicology. *Toxicol. Lett.*, **112/113**, 357–363.

Studier, F.W. and Moffatt, B.A. (1986) Use of bacteriophage T7 RNA polymerase to direct selective high-level expression of cloned genes. *J. Mol. Biol.*, **189**, 113–130.

Studier, F.W., Rosenberg, A.H., Dunn, J.J. and Dubendorff, J.W. (1990) Use of T7 RNA polymerase to direct expression of cloned genes. *Methods Enzymol.*, **185**, 60–89.

Studitsky, V.M., Clark, D.J. and Felsenfeld, G. (1995) Overcoming a nucleosomal barrier to transcription. *Cell*, **83**, 19–27.

Sturtevant, A.H. (1913) The linear arrangement of six sex-linked factors in *Drosophila*, as shown by their mode of association. *J. Exp. Biol.*, **14**, 43–59.

Stutz, F., Neville, M. and Rosbash, M. (1995) Identification of a novel nuclear pore-associated protein as a functional target of the HIV-1 Rev protein in yeast. *Cell*, **82**, 495–506.

Sugamura, K., Asao, H., Kondo, M., Tanaka, N., Ishii, N., Ohbo, K., Nakamura, M. and Takeshita, T. (1996) The interleukin-2 receptor γ chain: its role in the multiple cytokine receptor complexes and T cell development in XSCID. *Annu. Rev. Immunol.*, **14**, 179–205.

Sukharev, S.I., Klenchin, V.A., Serov, S.M., Chernomordik, L.V. and Chizmadzhev, Yu.A. (1992) Electroporation and electrophoretic DNA transfer into cells. The effect of DNA interaction with electropores. *Biophys. J.*, **63**, 1320–1327.

Sulston, J.E. and Horvitz, H.R. (1977) Post-embryonic cell lineages of the nematode, *Caenorhabditis elegans*. *Dev. Biol.*, **56**, 110–156.

Suzuki, K., Hattori, Y., Uraji, M., Ohta, N., Iwata, K., Murata, K., Kato, A. and Yoshida, K. (2000) Complete nucleotide sequence of a plant tumor-inducing Ti plasmid. *Gene*, **242**, 331–336.

Svab, Z., Hajdukiewicz, P. and Maliga, P. (1990) Stable transformation of plastids in higher plants. *Proc. Natl. Acad. Sci. USA*, **87**, 8526–8530.

Svejstrup, J.Q., Li, Y., Fellows, J., Gnatt, A., Bjorklund, S. and Kornberg, R.D. (1997) Evidence for a mediator cycle at the initiation of transcription. *Proc. Natl. Acad. Sci. USA*, **94**, 6075–6078.

Swaminathan, K., Flynn, P.J., Reece, R.J. and Marmorstein, R. (1997) Crystal structure of the PUT3–DNA complex reveals a novel mechanism for DNA recognition by a protein containing a Zn_2Cys_6 binuclear cluster. *Nature Struct. Biol.*, **4**, 751–759.

Szybalska, E.H. and Szybalski, W. (1962) Genetics of human cell lines, IV. DNA-mediated heritable transformation of a biochemical trait. *Proc. Natl. Acad. Sci. USA*, **48**, 2026–2034.

Taanman, J.W., van der Veen, A.Y., Schrage, C., de Vries, H. and Buys, C.H. (1991) Assignment of the gene coding for human cytochrome c oxidase subunit VIb to chromosome 19, band q13.1, by fluorescence *in situ* hybridisation. *Hum. Genet.*, **87**, 325–327.

Takahashi, M., Degenkolb, J. and Hillen, W. (1991) Determination of the equilibrium association constant between Tet repressor and tetracycline at limiting Mg^{2+} concentrations: a generally applicable method for effector-dependent high-affinity complexes. *Anal. Biochem.*, **199**, 197–202.

Takumi, T. (1997) Use of PCR for cDNA library screening. *Methods Mol. Biol.*, **67**, 339–344.

Tamashiro, K.L., Wakayama, T., Akutsu, H., Yamazaki, Y., Lachey, J.L., Wortman, M.D., Seeley, R.J., D'Alessio, D.A., Woods, S.C., Yanagimachi, R. and Sakai, R.R. (2002) Cloned mice have an obese phenotype not transmitted to their offspring. *Nat. Med.*, **8**, 262–267.

Tassabehji, M., Read, A.P., Newton, V.E., Harris, R., Balling, R., Gruss, P. and Strachan, T. (1992) Waardenburg's syndrome patients have mutations in the human homologue of the Pax-3 paired box gene. *Nature*, **355**, 635–636.

Taylor, I.C.A., Workman, J.L., Schuetz, T.J. and Kingston, R.E. (1991) Facilitated binding of GAL4 and heat shock factor to nucleosome templates: Differential function of DNA-binding domains. *Genes Dev.*, **5**, 1285–1298.

Taylor, J.H., Woods, P.S. and Hughes, W.C. (1957) The organization and duplication of chromosomes revealed by autoradiographic studies using tritium-labeled thymidine. *Proc. Natl. Acad. Sci. USA*, **48**, 122–128.

Taylor, J.W., Ott, J. and Eckstein, F. (1985) The rapid generation of oligonucleotide-directed mutations at high frequency using phosphorothioate-modified DNA. *Nucleic Acids Res.*, **13**, 8765–8785.

Teichler Zallen, D. (2000) US gene therapy in crisis. *Trends Genet.*, **16**, 272–275.

Temin, H.M. and Mizutani, S. (1970) RNA-dependent DNA polymerase in virions of Rous sarcoma virus. *Nature*, **226**, 1211–1213.

The *Arabidopsis* Genome Initiative. (2000) Analysis of the genome sequence of the flowering plant *Arabidopsis thaliana*. *Nature*, **408**, 796–815.

The *C. elegans* Sequencing Consortium. (1998) Genome sequence of the nematode *C. elegans*: a platform for investigating biology. *Science*, **282**, 2012–2018.

Thomas, K.R. and Capecchi, M.R. (1987) Site-directed mutagenesis by gene targeting in mouse embryo-derived stem cells. *Cell*, **51**, 503–512.

Thomas, P.S. (1980) Hybridization of denatured RNA and small DNA fragments transferred to nitrocellulose. *Proc. Natl. Acad. Sci. USA*, **77**, 5201–5205.

Thomas, R. (1993) The denaturation of DNA. *Gene*, **135**, 77–79.

Threadgill, D.W., Dlugosz, A.A., Hansen, L.A., Tennenbaum, T., Lichti, U., Yee, D., LaMantia, C., Mourton, T., Herrup, K., Harris, R.C., Barnard, J.A., Yuspa, S.H., Coffey, R.J. and Magnuson, T. (1995) Targeted disruption of mouse EGF receptor: effect of genetic background on mutant phenotype. *Science*, **269**, 230–234.

Timmons, L., Court, D.L. and Fire, A. (2001) Ingestion of bacterially expressed dsRNAs can produce specific and potent genetic interference in *Caenorhabditis elegans*. *Gene*, **263**, 103–112.

Timson, D.J., Singleton, M.R. and Wigley, D.B. (2000) DNA ligases in the repair and replication of DNA. *Mutat. Res.*, **460**, 301–318.

Tobias, J.W., Shrader, T.E., Rocap, G. and Varshavsky, A. (1991) The N-end rule in bacteria. *Science*, **254**, 1374–1377.

Todd, R.B. and Andrianopoulos, A. (1997) Evolution of a fungal regulatory gene family: the $Zn(II)_2Cys_6$ binuclear cluster DNA binding motif. *Fungal Genet. Biol.*, **21**, 388–405.

Touraev, A., Stöger, E., Voronin, V. and Heberle-Bors, E. (1997) Plant male germ line transformation. *Plant J.*, **12**, 949–956.

Triezenberg, S.J. (1995) Structure and function of transcriptional activation domains. *Curr. Opin. Gen. Dev.*, **5**, 190–196.

Tschopp, J.F., Brust, P.F., Cregg, J.M., Stillman, C.A. and Gingeras, T.R. (1987) Expression of the *lacZ* gene from two methanol-regulated promoters in *Pichia pastoris*. *Nucleic Acids Res.*, **15**, 3859–3876.

Turner, R. and Foster, G.D. (1998) *In vitro* transcription and translation. *Methods Mol. Biol.*, **81**, 293–299.

Uetz, P. *et al.* (2000) A comprehensive analysis of protein–protein interactions in *Saccharomyces cerevisiae*. *Nature*, **403**, 623–627.

Ullmann, A. (1992) Complementation in β-galactosidase: from protein structure to genetic engineering. *Bioessays*, **14**, 201–205.

Van Larebeke, N., Engler, G., Holsters, M., Van den Elsacker, S., Zaenen, I., Schilperoort, R.A. and Schell, J. (1974) Large plasmid in *Agrobacterium tumefaciens* essential for crown gall-inducing ability. *Nature*, **252**, 169–170.

Vara, J.A., Portela, A., Ortin, J. and Jimenez, A. (1986) Expression in mammalian cells of a gene from *Streptomyces alboniger* conferring puromycin resistance. *Nucleic Acids Res.*, **14**, 4617–4624.

Varshavsky, A. (1992) The N-end rule. *Cell*, **69**, 725–735.

Vashee, S., Simancek, P., Challberg, M.D. and Kelly, T.J. (2001) Assembly of the human origin recognition complex. *J. Biol. Chem.*, **276**, 26 666–26 673.

Vasquez, J.R., Evnin, L.B., Higaki, J.N. and Craik, C.S. (1989) An expression system for trypsin. *J. Cell. Biochem.*, **39**, 265–276.

Vassalli, J.D. and Saurat, J.H. (1996) Cuts and scrapes? Plasmin heals! *Nat. Med.*, **2**, 284–285.

Venter, J.C. *et al.* (2001) The sequence of the human genome. *Science*, **291**, 1304–1351.

Vieira, J. and Messing, J. (1982) The pUC plasmids, an M13mp7-derived system for insertion mutagenesis and sequencing with synthetic universal primers. *Gene*, **19**, 259–268.

Vinograd, J., Lebowitz, J., Radloff, R., Watson, R. and Laipis, P. (1965) The twisted circular form of polyoma viral DNA. *Proc. Natl. Acad. Sci. USA*, **53**, 1104–1111.

Vinson, C.R., LaMarco, K.L., Johnson, P.F., Landschulz, W.H. and McKnight, S.L. (1988) *In situ* detection of sequence-specific DNA binding activity specified by a recombinant bacteriophage. *Genes Dev.*, **2**, 801–806.

Voinnet, O. (2001) RNA silencing as a plant immune system against viruses. *Trends Genet.*, **17**, 449–459.

von Freiesleben, U., Krekling, M.A., Hansen, F.G. and Lobner-Olesen, A. (2000) The eclipse period of *Escherichia coli*. *EMBO J.*, **19**, 6240–6248.

Wach, A., Brachat, A., Pöhlmann, R. and Philippsen, P. (1994) New heterologous modules for classical or PCR-based gene disruptions in Saccharomyces cerevisiae. *Yeast*, **10**, 1793–1808.

Wadhwa, P.D., Zielske, S.P., Roth, J.C., Ballas, C.B., Bowman, J.E. and Gerson, S.L. (2002) Cancer gene therapy: scientific basis. *Annu. Rev. Med.*, **53**, 437–452.

Wakayama, T., Perry, A.C., Zuccotti, M., Johnson, K.R. and Yanagimachi, R. (1998) Full-term development of mice from enucleated oocytes injected with cumulus cell nuclei. *Nature*, **394**, 369–374.

Walker, J., Crowley, P., Moreman, A.D. and Barrett, J. (1993) Biochemical properties of cloned glutathione S-transferases from *Schistosoma mansoni* and *Schistosoma japonicum*. *Mol. Biochem. Parasitol.*, **61**, 255–264.

Walker, P.A., Leong, L.E., Ng, P.W., Tan, S.H., Waller, S., Murphy, D. and Porter, A.G. (1994) Efficient and rapid affinity purification of proteins using recombinant fusion proteases. *Bio/technology*, **12**, 601–605.

Wallace, R.B., Schold, M., Johnson, M.J., Dembek, P. and Itakura, K. (1981) Oligonucleotide directed mutagenesis of the human β-globin gene: a general method for producing specific point mutations in cloned DNA. *Nucleic Acids Res.*, **9**, 3647–3656.

Wallace, R.B., Shaffer, J., Murphy, R.F., Bonner, J., Hirose, T. and Itakura, K. (1979) Hybridization of synthetic oligodeoxyribonucleotides to ΦX174 DNA: The effect of single base pair mismatch. *Nucleic Acids Res.*, **6**, 3543–3557.

Wang, A., Deems, R.A. and Dennis, E.A. (1997) Cloning, expression, and catalytic mechanism of murine lysophospholipase I. *J. Biol. Chem.*, **272**, 12 723–12 729.

Wang, M.M. and Reed, R.R. (1993) Molecular cloning of the olfactory neuronal transcription factor Olf-1 by genetic selection in yeast. *Nature*, **364**, 121–126.

Wang, R.F., Cao, W.W. and Johnson, M.G. (1992) A simplified, single tube, single buffer system for RNA-PCR. *Biotechniques*, **12**, 702–704.

Wang, W. and Malcolm, B.A. (1999) Two-stage PCR protocol allowing introduction of multiple mutations, deletions and insertions using QuikChange site-directed mutagenesis. *Biotechniques*, **26**, 680–682.

Watanabe, T., Suzuki, K., Oyanagi, W., Ohnishi, K. and Tanaka, H. (1990) Gene cloning of chitinase A1 from *Bacillus circulans* WL-12 revealed its evolutionary relationship to *Serratia* chitinase and to the type III homology units of fibronectin. *J. Biol. Chem.*, **265**, 15 659–15 665.

Waterston, R.H., Lander, E.S. and Sulston, J.E. (2002) On the sequencing of the human genome. *Proc. Natl. Acad. Sci. USA*, **99**, 3712–3716.

Watson, J.D. and Crick, F.C.H. (1953a) Molecular structure of nucleic acids. A structure for deoxyribose nucleic acid. *Nature*, **171**, 737–738.

Watson, J.D. and Crick, F.H.C. (1953b) Genetical implications of the structure of deoxyribonucleic acid. *Nature*, **171**, 964–967.

Watson, R. and Yamazaki, H. (1973) Alkali hydrolysis of RNA of *Escherichia coli* deposited on filter paper disks. *Anal. Biochem.*, **51**, 312–314.

Weinmann, A.S., Yan, P.S., Oberley, M.J., Huang, T.H. and Farnham, P.J. (2002) Isolating human transcription factor targets by coupling chromatin immunoprecipitation and CpG island microarray analysis. *Genes Dev.*, **16**, 235–244.

Weiss, B. and Richardson, C.C. (1967) Enzymatic breakage and joining of deoxyribonucleic acid, I. Repair of single-strand breaks in DNA by an enzyme system from *Escherichia coli* infected with T4 bacteriophage. *Proc. Natl. Acad. Sci. USA*, **57**, 1021–1028.

Weiss, S.B. (1960) Enzymatic incorporation of ribonucleotide triphosphates into the interpolynucleotide linkages of ribonucleic acid. *Proc. Natl. Acad. Sci. USA*, **46**, 1020–1030.

Wells, J.A., Vasser, M. and Powers, D.B. (1985) Cassette mutagenesis: an efficient method for generation of multiple mutations at defined sites. *Gene*, **34**, 315–323.

White, J., Maltais, L. and Nebert, D. (1998) Networking nomenclature. *Nat. Genet.*, **18**, 209.

Wigler, M., Perucho, M., Kurtz, D., Dana, S., Pellicer, A., Axel, R. and Silverstein, S. (1980) Transformation of mammalian cells with an amplifiable dominant-acting gene. *Proc. Natl. Acad. Sci. USA*, **77**, 3567–3570.

Wigler, M., Silverstein, S., Lee, L.S., Pellicer, A., Cheng, Y. and Axel, R. (1977) Transfer of purified herpes virus thymidine kinase gene to cultured mouse cells. *Cell*, **11**, 223–232.

Wild, J., Hradecna, Z. and Szybalski, W. (2001) Single-copy/high-copy (SC/HC) pBAC/oriV novel vectors for genomics and gene expression. *Plasmid*, **45**, 142–143.

Wilks, H.M., Hart, K.W., Feeney, R., Dunn, C.R., Muirhead, H., Chia, W.N., Barstow, D.A., Atkinson, T., Clarke, A.R. and Holbrook, J.J. (1988) A specific, highly active malate dehydrogenase by redesign of a lactate dehydrogenase framework. *Science*, **242**, 1541–1544.

Willard, H.F. (2000) Artificial chromosomes coming to life. *Science*, **290**, 1308–1309.

Williams, G.J., Domann, S., Nelson, A. and Berry, A. (2003) Modifying the stereochemistry of an enzyme-catalyzed reaction by directed evolution. *Proc. Natl. Acad. Sci. USA*, **100**, 3143–3148.

Williams, N. (2002) Dolly clouds cloning hopes. *Curr. Biol.*, **12**, R79–R80.

Wilmut, I., Beaujean, N., de Sousa, P.A., Dinnyes, A., King, T.J., Paterson, L.A., Wells, D.N. and Young, L.E. (2002) Somatic cell nuclear transfer. *Nature*, **419**, 583–586.

Wilmut, I., Schnieke, A.E., McWhir, J., Kind, A.J. and Campbell, K.H. (1997) Viable offspring derived from fetal and adult mammalian cells. *Nature*, **385**, 810–813.

Wilson, I.A., Niman, H.L., Houghten, R.A., Cherenson, A.R., Connolly, M.L. and Lerner, R.A. (1984) The structure of an antigenic determinant in a protein. *Cell*, **37**, 767–778.

Winge, D.R. (1998) Copper-regulatory domain involved in gene expression. *Prog. Nucleic Acid Res. Mol. Biol.*, **58**, 165–195.

Winge, D.R., Jensen, L.T. and Srinivasan, C. (1998) Metal-ion regulation of gene expression in yeast. *Curr. Opin. Chem. Biol.*, **2**, 216–221.

Wingert, L. and Von Hippel, P.H. (1968) The conformation dependent hydrolysis of DNA by micrococcal nuclease. *Biochim. Biophys. Acta*, **157**, 114–126.

Winzeler, E.A. *et al.* (1999) Functional characterization of the *S. cerevisiae* genome by gene deletion and parallel analysis. *Science*, **285**, 901–906.

Wittwer, C.T., Herrmann, M.G., Moss, A.A. and Rasmussen, R.P. (1997) Continuous fluorescence monitoring of rapid cycle DNA amplification. *Biotechniques*, **22**, 130–138.

Wolff, J.A., Malone, R.W., Williams, P., Chong, W., Acsadi, G., Jani, A. and Felgner, P.L. (1990) Direct gene transfer into mouse muscle *in vivo*. *Science*, **247**, 1465–1468.

Wong, T.K. and Neumann, E. (1982) Electric field mediated gene transfer. *Biochem. Biophys. Res. Commun.*, **107**, 584–587.

Wood, V. *et al.* (2002) The genome sequence of *Schizosaccharomyces pombe*. *Nature*, **415**, 871–880.

Worrall, A.F. (1994) Site-directed mutagenesis by the cassette method. *Methods Mol. Biol.*, **30**, 199–210.

Wrestler, J.C., Lipes, B.D., Birren, B.W. and Lai, E. (1996) Pulsed-field gel electrophoresis. *Methods Enzymol.*, **270**, 255–272.

Wright, G., Carver, A., Cottom, D., Reeves, D., Scott, A., Simons, P., Wilmut, I., Garner, I. and Colman, A. (1991) High level expression of active human α_1-antitrypsin in the milk of transgenic sheep. *Bio/technology*, **9**, 830–834.

Wu, D.Y., Ugozzoli, L., Pal, B.K. and Wallace, R.B. (1989) Allele-specific enzymatic amplification of β-globin DNA for diagnosis of sickle cell anemia. *Proc. Natl. Acad. Sci. USA*, **86**, 2757–2760.

Wu, R. and Taylor, E. (1971) Nucleotide sequence analysis of DNA. II. Complete nucleotide sequence of the cohesive ends of bacteriophage λ DNA. *J. Mol. Biol.*, **57**, 491–511.

Wurm, F.M., Gwinn, K.A. and Kingston, R.E. (1986) Inducible overproduction of the mouse c-myc protein in mammalian cells. *Proc. Natl. Acad. Sci. USA*, **83**, 5414–5418.

Wyckoff, E. and Hsieh, T.S. (1988) Functional expression of a *Drosophila* gene in yeast: genetic complementation of DNA topoisomerase II. *Proc. Natl. Acad. Sci. USA*, **85**, 6272–6276.

Wysocki, L.J. and Gefter, M.L. (1989) Gene conversion and the generation of antibody diversity. *Annu. Rev. Biochem.*, **58**, 509–531.

Xu, C.W., Mendelsohn, A.R. and Brent, R. (1997) Cells that register logical relationships among proteins. *Proc. Natl. Acad. Sci. USA*, **94**, 12 473–12 478.

Yadav, N.S., Vanderleyden, J., Bennett, D.R., Barnes, W.M. and Chilton, M.-D. (1982) Short direct repeats flank the T-DNA on a nopaline Ti plasmid. *Proc. Natl. Acad. Sci. USA*, **79**, 6322–6326.

Yamamoto, T. and Yokota, T. (1980) Construction of a physical map of a kanamycin (Km) transposon, Tn5, and a comparison to another Km transposon, Tn903. *Mol. Gen. Genet.*, **178**, 77–83.

Yanisch-Perron, C., Vieira, J. and Messing, J. (1985) Improved M13 phage cloning vectors and host strains: nucleotide sequences of the M13mp18 and pUC19 vectors. *Gene*, **33**, 103–119.

Yansura, D.G. and Henner, D.J. (1990) Use of *Escherichia coli trp* promoter for direct expression of proteins. *Methods Enzymol.*, **185**, 54–60.

Yates, J.L., Warren, N. and Sugden, B. (1985) Stable replication of plasmids derived from Epstein–Barr virus in various mammalian cells. *Nature*, **313**, 812–815.

Yee, S.P. and Rigby, P.W. (1993) The regulation of myogenin gene expression during the embryonic development of the mouse. *Genes Dev.*, **7**, 1277–1289.

Yie, Y., Wei, Z. and Tien, P. (1993) A simplified and reliable protocol for plasmid DNA sequencing: fast miniprep and denaturation. *Nucleic Acids Res.*, **21**, 361.

Yip, T.T. and Hutchens, T.W. (1996) Immobilized metal ion affinity chromatography. *Methods Mol. Biol.*, **59**, 197–210.

Yocum, R.R., Hanley, S., West, R. and Ptashne, M. (1984) Use of *lacZ* fusions to delimit regulatory elements of the inducible divergent *GAL1–GAL10* promoter in *Saccharomyces cerevisiae. Mol. Cell. Biol.*, **4**, 1985–1998.

Yoshida, M. and Seiki, M. (1987) Recent advances in the molecular biology of HTLV-1: trans-activation of viral and cellular genes. *Annu. Rev. Immunol.*, **5**, 541–559.

Yu, J. *et al.* (2002) A draft sequence of the rice genome (*Oryza sativa* L. ssp. *indica*). *Science*, **296**, 79–92.

Zaenen, I., Van Larebeke, N., Van Montagu, M. and Schell, J. (1974) Supercoiled circular DNA in crown-gall inducing *Agrobacterium* strains. *J. Mol. Biol.*, **86**, 109–127.

Zaitlin, M. and Palukaitis, P. (2000) Advances in understanding plant viruses and virus diseases. *Annu. Rev. Phytopathol.*, **38**, 117–143.

Zambryski, P., Joos, H., Genetello, C., Leemans, J., Van Montagu, M. and Schell, J. (1983) Ti plasmid vector for the introduction of DNA into plant cells without altering their normal regeneration capacity. *EMBO J.*, **2**, 2143–2150.

Zamenhof, S., Brawerman, G. and Chargaff, E. (1952) On the desoxypentose nucleic acids from several microorganisms. *Biochim. Biophys. Acta*, **9**, 402–405.

Zamore, P.D., Tuschl, T., Sharp, P.A. and Bartel, D.P. (2000) RNAi: double-stranded RNA directs the ATP-dependent cleavage of mRNA at 21 to 23 nucleotide intervals. *Cell*, **101**, 25–33.

Zenke, F.T., Engles, R., Vollenbroich, V., Meyer, J., Hollenberg, C.P. and Breunig, K.D. (1996) Activation of Gal4p by galactose-dependent interaction of galactokinase and Gal80p. *Science*, **272**, 1662–1665.

Zhang, Y.L. and Cramer, W.A. (1993) Intramembrane helix–helix interactions as the basis of inhibition of the Colicin E1 ion channel by its immunity protein. *J. Biol. Chem.*, **268**, 10 176–10 184.

Zhou, M.Y., Clark, S.E. and Gomez-Sanchez, C.E. (1995) Universal cloning method by TA strategy. *Biotechniques*, **19**, 34–35.

Zimmerman, L., Parr, B., Lendahl, U., Cunningham, M., McKay, R., Gavin, B., Mann, J., Vassileva, G. and McMahon, A. (1994) Independent regulatory elements in the nestin gene direct transgene expression to neural stem cells or muscle precursors. *Neuron*, **12**, 11–24.

Zimmerman, S.B., Little, J.W., Oshinsky, C.K. and Gellert, M. (1967) Enzymatic joining of DNA strands: a novel reaction of diphosphopyridine nucleotide. *Proc. Natl. Acad. Sci. USA*, **57**, 1841–1848.

Zinder, N.D. and Boeke, J.D. (1982) The filamentous phage (Ff) as vectors for recombinant DNA – a review. *Gene*, **19**, 1–10.

Zoller, M.J. and Smith, M. (1983) Oligonucleotide-directed mutagenesis of DNA fragments cloned into M13 vectors. *Methods Enzymol.*, **100**, 468–500.

Zufferey, R., Dull, T., Mandel, R.J., Bukovsky, A., Quiroz, D., Naldini, L. and Trono, D. (1998) Self-inactivating lentivirus vector for safe and efficient *in vivo* gene delivery. *J. Virol.*, **72**, 9873–9880.

索引